普通高等教育农业农村部"十三五"规划教材

蛋与蛋制品加工学

第二版

马美湖　主编

中国农业出版社
北　京

内容提要

　　本书不仅系统地介绍了蛋的形成与结构、化学成分与特性、品质鉴别与分级、贮运与保鲜等蛋品科学方面的基本理论知识，而且对皮蛋、咸蛋、糟蛋、干蛋品、湿蛋品、蛋粉、冰蛋品、蛋黄酱、蛋类罐头、蛋品饮料、鸡蛋酸奶、风味熟制蛋、蛋类果冻、铁蛋、醉蛋等蛋品加工技术进行了比较全面的介绍，尤其对洁蛋生产、液态蛋加工、方便蛋制品加工、蛋内有效成分的提取、传统蛋制品现代化等最新内容做了大量的介绍。既系统反映了蛋品科学的基础理论知识，又对蛋品加工技术与产品的国内外最新研究开发进展做了较多的介绍。为提高蛋品工业的经济效益，还详细介绍了禽蛋中溶菌酶、卵磷脂、胆固醇、免疫球蛋白、蛋白多肽、蛋黄油、鸡卵类黏蛋白等物质高效的提取技术。

　　本书可以作为食品科学与工程、农产品贮藏与加工等专业蛋与蛋制品加工学课程的教材，还可以作为动物科学与动物医学专业相关课程的教材，同时可以作为广大蛋品科技工作者、企业生产管理者以及蛋品加工产业从业人员的参考用书。

第二版编者名单

主　编　马美湖

副主编　刘静波　徐永平　蔡朝霞

　　　　　迟玉杰　仝其根　黄　群

编　者（按姓氏笔画排序）

　　　　马美湖（华中农业大学）

　　　　王庆玲（石河子大学）

　　　　毛学英（中国农业大学）

　　　　仝其根（北京农学院）

　　　　刘丽莉（河南科技大学）

　　　　刘静波（吉林大学）

　　　　孙术国（中南林业科技大学）

　　　　李述刚（湖北工业大学）

　　　　吴汉东（锦州医科大学）

　　　　迟玉杰（东北农业大学）

　　　　张晓维（天津科技大学）

　　　　陈　杰（湖南省出入境检验检疫局）

　　　　金永国（华中农业大学）

　　　　单媛媛（西北农林科技大学）

　　　　娄爱华（湖南农业大学）

　　　　耿　放（成都大学）

　　　　徐永平（大连理工大学）

　　　　徐明生（江西农业大学）

　　　　黄　茜（华中农业大学）

　　　　黄　群（福建农林大学）

　　　　盛　龙（华中农业大学）

　　　　蔡朝霞（华中农业大学）

第一版编者名单

主　编　马美湖

副主编　（按姓氏笔画排序）

马长伟　王向东

刘静波　陈有亮

编　者　（按姓氏笔画排序）

马长伟（中国农业大学）

马美湖（湖南农业大学）

王向东（山西师范大学）

刘静波（吉林大学）

迟玉杰（东北农业大学）

陈有亮（浙江大学）

娄爱华（湖南农业大学）

高　新（西北大学）

第二版前言

禽蛋是我国的大宗农产品，是我国城乡居民"菜篮子"与"餐桌子"中必不可少的日常食品，随着对禽蛋营养价值与营养成分认识的深入，禽蛋加工规模越来越大，加工比例不断提升，尤其是近 10 年来，我国蛋品加工业与蛋品加工科技均取得快速发展，蛋品加工新概念、新理论、新技术、新方法、新产品、新装备等不断呈现，洁蛋、液体蛋、专用蛋粉、溶菌酶及多种禽蛋功能成分产品在全国各地纷纷上市。传统蛋品产业在新技术、新装备的支撑下获得快速发展，产业规模和出口增长迅速，正在迈向现代化。在产业科技与规模快速发展的形势下，修订《蛋与蛋制品加工学》教材势在必行。

《蛋与蛋制品加工学》教材自出版以来，接受教学实践检验，受到全国有关高等院校以及全国蛋品加工产业读者的普遍好评。10 年来，不仅蛋品加工产业与科技发生了较大的改变，而且我国高等教育人才培养目标也在与时俱进，对教材提出了更高的要求。在新的形势与新的要求下，本教材正副主编及部分编委在华中农业大学召开专门会议，共同商讨教材的修订事宜。经过商议，达成共识，决定在第一版的基础上将有关章节内容重新编排，力求使教材内容更加贴近产业实际，更加反映当代科技新进展，更加有利于人才培养。根据修订的提纲，进行了编写任务的分工。经过全体编委们的辛勤劳动，完成了各章的修订初稿，在主编与部分副主编统稿、商榷的基础上，方成此稿。

由于编者的水平有限，本教材在编写过程中仍然存在着许多不足，恳请广大读者和使用本教材的师生给予批评指正，以便下次修订时更正。

编 者

2018 年 9 月

第一版前言

　　自从 1985 年以来，我国一直是世界上第一产蛋大国，2005 年我国禽蛋产量达到 2 879.5万吨以上，但我国蛋品加工技术比较落后，2005 年之前蛋品加工的比例只占原料蛋的 0.5% 左右。虽然最近几年来，我国的蛋品加工业得到适当发展，新的蛋类产品与新的蛋品加工生产企业正在涌现，许多的蛋品加工企业正在不断做大做强，出现了喜人的势头，但 2005 年蛋品加工的比例仍然只占原料蛋的 1% 左右。因此，在我国蛋品生产数量巨大，蛋品加工技术相对落后，蛋品加工企业正在快速发展的时期，出版一本全国高等农林院校统编的《蛋与蛋制品加工学》，既作为蛋品加工的教学用教材，又作为蛋品加工技术指导用书，不仅十分必要和及时，而且很有意义。

　　本教材在编写过程中，广泛收集和查阅了大量的国内外蛋品加工资料，尤其是国内外蛋品加工的教材及有关书籍（专著），吸纳了国外大型先进蛋品加工企业的相关资料，使本教材具有以下几个明显的特点：第一，内容新颖，及时反映了国内外蛋品加工科技的最新进展。例如，增加洁蛋生产、液态蛋加工、方便蛋制品、蛋内功能性成分提取与利用、蛋壳制备多种活性钙以及蛋品加工机械化等内容。第二，内容全面丰富。不仅全面介绍了蛋品加工的基础理论部分内容，而且比较详细地介绍了各类蛋制品的加工，尤其是增加了目前国内所没有的许多蛋类产品加工知识。第三，内容深浅适当。在蛋品加工基础理论部分，既注重一定的深度，又适可而止；在产品加工方面，既注重产品的代表性，又注重了实际操作性。第四，具备完整的教材体系，适合作为各类教材。在每章附有简要的"本章学习目的与要求"与复习思考题，全书后面附有主要参考文献与学习参考资料，供学生学习期间参考与阅读，扩大知识面，掌握更多的蛋品加工技术与知识。

　　因此，本书不仅适用于食品科学与工程、农产品贮藏与加工、食品质量与安全等专业蛋与蛋制品加工学课程的教材，还适合作为动物科学（畜牧专业）与动物医学（兽医专业）等专业相关课程的教材，并且是广大蛋品科技工作者、企业生产管理者、蛋禽养殖生产者必备的科技专业书籍，也是各类大中专院校、职业技术学校、培训学校等极有用的培训教材。

本教材从开始申报、确定编写队伍到编写、审稿、统稿，直至交稿和出版，经历了2年左右的时间，不仅凝集了作者、编者和出版人员的心血，也得到了许多企业和领导的大力支持与关心。2004年上半年教材选题得到批准以后，所有编写人员在北京市禽蛋公司的资助和安排下，于同年8月在北京召开了第一次全体编委会议，讨论了编写提纲，确定了编写任务。编写完成后，将各章内容发给副主编进行审稿。在此基础上，于2006年6月在湖南农业大学召开正、副主编审稿与统稿会议。之后由主编再次统稿，对各章进行了适当的修改，方成正稿。借本书出版之机，在此向给予本教材帮助和支持的有关单位与人员表示衷心的感谢，尤其感谢福建省福清市阳光蛋品有限公司、北京市禽蛋公司对本教材全体编委会议所给予的资助和安排。感谢湖南农业大学和有关编者单位的大力支持，值得指出的是由于本书的篇幅所限，对给本书做出不同贡献的各界人士，不能全部提出，同时本书编写过程中参考的大量国内外文献，也未能一一列出，在此一并致以谢意！

由于编者的水平有限，书中错误之处难以避免，恳请读者批评指正。

编　者

2006年12月于长沙

目　录

CHAPTER 1 第一章

绪　论

学习目的与要求

　　了解蛋与蛋制品的重要性，熟悉国内外蛋品工业发展概况，掌握我国蛋品工业的现状与特点，了解我国蛋品科技有关进展，以及蛋品工业科技急需解决的重大关键技术问题，思考禽蛋营养与人类健康的有关科学问题，熟悉蛋与蛋制品加工学的研究内容与学习要求。

一、蛋与蛋制品的重要性

1. 禽蛋是我国的大宗农产品和城乡居民必不可少的日常食品　为了保障国民生活的需要，粮食、猪肉、禽蛋、食用油等均是我国十分重要的大宗农产品，我国不仅禽蛋生产产量很大，而且食用消费也十分普遍，全国各地居民都有食用禽蛋及其制品的习惯，在人们日常生活的"菜篮子"中必不可少，也是人们"餐桌子"上的重要食品。因此，禽蛋及其制品对于保障和稳定居民的生活具有十分重要的意义。

2. 禽蛋及其制品是人类最理想的食品之一　禽蛋是一种营养丰富又易被人体消化吸收的食品，它与肉品、乳制品、蔬菜一样是人们日常生活中的重要营养食品之一。禽蛋也是人类已知天然的、营养最完善的食品之一。禽蛋提供极为均衡的蛋白质、脂类、糖类、矿物质和维生素，是发育中的小鸡在 20 d 壳内期间唯一的食物来源。一枚受精的鸡蛋，在适当温湿度条件下经过孵化，鸡蛋就会发育成小鸡，可见其营养价值之高。禽蛋含有较高的蛋白质，且是全价蛋白质。这可从其蛋白质含量（11%～15%）、蛋白质消化率（98%）、蛋白质生物价（全蛋为 94、蛋黄为 96、蛋白为 83）和必需氨基酸的含量及其相互构成比例（与人体的需要比较接近和相适宜，全蛋氨基酸构成比例评分为 100）4 个方面来衡量得出结论。另外，禽蛋内脂肪含量 11%～16%，并含有丰富的磷脂类和固醇等特别重要的营养素。除此而外，蛋黄中铁、磷含量较多，且易被人体吸收利用，可作婴幼儿及贫血患者补充铁的良好食品。禽蛋还含有丰富的维生素（除维生素 C 外）。因此，禽蛋是婴幼儿生长发育、成年及老年人保持身体强壮、病人恢复健康重要的营养食品，被人们誉为"理想的滋补食品"。

3. 禽蛋及其制品具有多方面的保健功能　古代中医学认为，蛋品有食疗功能。其性味甘平，有镇静、益气、安五脏的功效。《本草纲目》中有"鸡子白和赤小豆末，涂一切热毒、丹肿、腮痛有神效""鸡子黄补阴血，解热毒，治下痢甚验"等记载。现代医学也证明鸡蛋白可以清热解毒、消炎和保护黏膜，鸡蛋黄可以镇静、消炎、祛热，蛋壳可以止酸、止痛，蛋膜衣可以润肺止咳。广为流行的"醋蛋"，对动脉硬化、高血压、胃下垂、糖尿病、神经衰弱、风湿病等具有治疗保健作用。松花蛋具有清凉、解热消火、平肝明目、降血压、开胃等功效。广东人爱吃的"皮蛋粥"是老、弱、产妇和肠胃病患者的良好食疗食品。至于经现代科学手段从禽蛋中提炼研制的水解蛋白、卵磷脂、碳酸钙、活性钙、溶菌酶、超氧化物歧化酶、蛋膜多肽等更是医药工业的重要原料或新特医药产品。

4. 禽蛋及其制品是食品、生物、化学等许多工业的重要原料　禽蛋及其制品还是食品、生物、化学等工业的重要原料，尤其是食品工业中具有多种用途的重要原料。在许多食品加工中添加，能起到改善食品的风味结构、提高食品的营养价值等作用。蛋类除供直接食用外，也是轻工业的重要原料，被广泛应用于造纸、制革、纺织、医药、化工、陶瓷、塑料、涂料等工业中。

5. 禽蛋及其制品是我国重要的出口商品　鲜蛋以及我国品种繁多的传统蛋制品，是我国外贸大宗出口商品，在我国对外贸易中占有重要的位置，在国际市场上也享有盛誉。松花蛋和咸蛋已成为我国新兴的独立而完整的特色食品，近年来由于新技术的支撑，我国传统蛋制品不断增加，远销欧、亚、美三大洲 30 多个国家和地区，年出口量逐年增加，为国家建设换回了可观的外汇资金，在国家经济建设中发挥了重要作用。

二、国外蛋品工业发展概况

目前，世界养禽业和蛋品加工业的发展已呈现出专业化、集约化、机械化和自动化的特点，发展速度快，生产水平高。禽蛋投放市场的方式也有所改变，以鲜蛋的方式投放市场正在逐年减少，多数是经加工后向市场提供。

世界蛋品工业的发展已有百年历史，随着蛋品深加工科技水平的不断提高，逐步形成了专业化、机械化、规模化、集约化的生产模式。目前，美国、日本、加拿大、意大利、澳大利亚、德国等发达国家的养禽业和蛋品加工业已形成现代化的大工业生产体系。各国的蛋品市场也大有改观，经过初加工或深加工的半成品、调理制品和精制品及以禽蛋为主要原料的新产品不断涌入市场。由于文化传统、饮食习惯的不同，液体蛋、冰冻蛋、专用干燥蛋粉等成熟加工技术在欧美国家比较普及，并且都有上百年历史的发展与变革。其中蛋粉干燥技术是 1865 年的美国专利，蛋液冷冻技术也发明于 1890 年，经过低温消毒的液体蛋加工技术于 1938 年在欧洲就完全具备商品化生产的能力。液体鲜蛋是禽蛋打蛋去壳后，将蛋液经一定处理后包装冷冻，代替鲜蛋消费的产品。液体蛋加工技术可有效地解决鲜蛋易碎、难运输、难贮藏的问题，我国在这方面的产品刚刚起步，而国外该类产品则比较成熟，美国的一家食品公司成功开发了"Easy Eggs"，代替鲜蛋销售，加拿大也开发了一种速冻全蛋液产品，亦具有许多的优点。

在洁蛋的清洗、消毒、分级、包装等方面，美国、加拿大以及一些欧洲国家早在 20 世纪 50 年代就开始了，市场上几乎全部都是包装洁蛋。现在亚洲的日本、新加坡、马来西亚等 70% 以上的鸡蛋都要经过清洗、消毒。在美国，所有进入超市的鲜蛋，都必须经过清洗、消毒，然后按一定的重量将蛋分为特级、大、中、小 4 个等级，并经过检测，符合卫生质量标准的才准许进入市场。

在美国，所有养鸡场生产的鸡蛋，必须送到洗蛋工厂进行处理。这种洗蛋厂有两种：一种是大型的，自动化程度较高，采用流水作业线；另一种是小型的，适合于家庭养鸡场。

欧洲一些国家，在鸡蛋前期处理过程中，一部分直接在蛋鸡场使用农场包装机（farm packer）将鸡蛋装于蛋盘内包装后上市供应。另一部分由蛋鸡场送至专门的清洗、消毒、分级包装中心做加工处理，然后销往各地超级市场。

从北美和欧洲许多国家蛋品加工的发展来看，蛋制品的品种主要是鲜蛋、洁蛋、液体蛋和其他蛋类深加工产品，占据了蛋品市场的主要部分。而亚洲许多国家的市场，如中国、朝鲜、泰国、越南等，主要是未经清洗的脏鲜蛋，洁蛋和液体蛋较少。

三、我国蛋品工业发展概况

1. 我国蛋品工业历史沿革情况 养禽产蛋在我国已有数千年的历史。相传殷商时代，马、牛、羊、鸡、犬、豕都已经成为家养畜禽，俗称"六畜"，所以直到现在人们仍然把畜牧业的发展称为"六畜兴旺"。我国的养禽业驰名中外，我国劳动人民曾培育了许多优良品种，直至现在，世界上许多国家的优良品种禽都有中国家禽的血统。在禽蛋人工孵化方面，我国也是最早的国家之一，可见我国对世界养禽业的发展有着卓越的贡献。随着养禽业的兴旺发展，蛋品生产也得到了相应的发展。我国再制蛋的生产历史悠久，如我国劳动人民发明创造的松花蛋已有 600 多年历史，至今仍是世界上独一无二的传统风味食品。据有关考证，在元代《农桑衣食撮要》收鹅、鸭蛋篇所述："每一百个用盐十两，灰三升，米饮调成团，收于瓮内，可留至夏间食。"据焦艺谱氏《家禽和蛋》介绍，松花蛋成为商品行销海内外已有 200 多年历史。从"石灰拾蛋""柴灰拾蛋"创始松花蛋以后，经劳动人民不断探索改进和提高，又有流行于南方的"湖彩蛋"，以及流行于北方的浸泡法生产的"京彩蛋"出现。咸蛋的历史非常悠久，在《礼记·内则》中就有："桃诸、梅诸、卵盐"的记载，"卵盐"即咸蛋。名扬中外的江苏高邮咸蛋，也有 300 余年的历史。浙江平湖糟蛋的创制，据考也有 200 多年历史。清朝乾隆年间浙江地方官吏曾以平湖糟蛋作为向皇室进贡的佳品，曾得过乾隆帝"御赐"金牌以及南洋劝业会、伦敦博览会奖牌。它的声誉遍及大江南北，甚及东南亚地区，成为相互馈赠的名贵礼品。1929年，我国上海就成立蛋品同业公会，拥有蛋行145家、蛋厂8家（其中外资7家），年生产皮蛋1000万枚以上。至1936年前后，专门从事皮蛋的厂商发展到数十家，年产量在2500万～3000万枚。这些传统手工业生产各种再制蛋的方式，一直延续到今天，仍有不少有待我们去发掘整理、继承发扬的宝贵财富。

2. 我国蛋品工业近现代发展情况　长期以来，我国禽蛋生产和蛋品加工一直处于分散经营和落后的手工操作状态，禽蛋生产和加工发展受限。中华人民共和国成立后，党和政府采取各种措施鼓励和扶植蛋品生产的发展。1960年10月，天津蛋厂正式开工生产，这是中华人民共和国成立后第一个蛋品生产厂，年产冰蛋品1万吨。接着各地相继建立蛋品加工厂并在设备和技术方面得到了很大改进，尤其是国家在大中城市和鲜蛋重点产区新建了一批专营蛋厂、专业公司，从而极大地促进了蛋品业的迅速发展。为了提高蛋制品生产的技术水平，1954年中央召开了蛋品技术出口资料编纂会议，对我国的蛋品加工技术和经验做了科学总结，为我国蛋品加工技术奠定了新的理论基础。1955年、1956年两度召开全国蛋品专业会议，1956年中央又成立了中国蛋品品质改进委员会，并邀请有关科学工作者对蛋品生产原料——鲜蛋、半成品及成品等做了系统科学的试验与研究，推动了蛋品加工技术和科学研究工作水平的提高，促进了蛋品生产不断地发展。另外，国家还在全国各重点产区和大中城市相继建立了具有相当规模的松花蛋厂或专业车间，扩大生产规模，培训技术队伍，并号召科研单位、生产厂家总结经验，对传统松花蛋生产进行大胆革新，逐步向半机械化、机械化和电子技术等方向迈进，实现原卫生部、外经部、商业部提出的"两无一小"（即无铅、无泥、小包装化）目标。为了鼓励提高传统名优产品的质量，1984年在哈尔滨市还召开了全国松花蛋质量评审会议。

改革开放以来，我国实施的"菜篮子"工程，运用系统工程的方法，在理顺副食品价格的基础上，改革生产流通体制，合理开发利用国土资源，调整副食品供给水平，在较短时期内，养禽产蛋和蛋品加工得到迅速发展，集体养禽和大中城市集约化、机械化、自动化养禽场和蛋品加工厂如雨后春笋般建立，农村的养禽专业户也大有增加，使鲜蛋的生产、收购和销售量都超过历史最高水平。2016年全国禽蛋产量突破3000万吨，雄居世界首位，占世界禽蛋总量的40%左右。

随着科技进步，蛋品生产迅速发展，产品质量得到很大提高，品种也逐渐增多，加工生产的机械化和自动化程度正逐步提高。30多年来相继从日本、丹麦、美国、韩国、荷兰、法国等引进一批具有国际先进水平的蛋制品加工专用设备，采用先进技术生产优质液体蛋、冰蛋品以及各种蛋粉、溶菌酶等产品。与此同时，在大力发展蛋品生产的实践中，培养和造就了一大批专业技术干部，科学研究和教学工作也得到了重视和提高，各地相继成立了一批国家级、省级蛋品加工技术研发平台，如蛋品加工技术国家地方联合工程研究中心（国家发展和改革委员会）、国家蛋品工程技术研发中心（科学技术部）、国家蛋品加工技术研发分中心（农业农村部）以及多家省级工程技术研发中心。据初步统计，国家级蛋品科技研发平台2个，省部级研发平台已经达到10多个。从1998年开始，中国畜产品加工研究会蛋品专业委员会发起举办"中国蛋品科技大会"，已召开10多届。目前，全国已有50多所院校开设蛋与蛋制品工艺学课程，已为国家培养出了一批专业人才。一大批专门从事蛋品科技研发的博士、硕士等研究生成为我国蛋品科技研发、人才培养、技术推广、社会服务的生力军。

四、我国蛋品工业的现状与特点

1. 禽蛋产量快速攀升，长期雄居世界第一　1980年中国蛋类在世界上所占份额只有9.07%，到1995年为42.85%，15年间增加了33.78个百分点。1980年蛋类产量最高的国家是美国（413

万吨），中国的年产量只有美国的62.23％，1985年中国禽蛋产量一跃超过美国，1995年的产量是美国的3.85倍。作为全球禽蛋生产和消费大国，2016年，我国禽蛋总产量达到3 095万吨，占世界总产量的40％左右，禽蛋年人均占有量达到22.5 kg以上。截至2016年，我国禽蛋总产量雄居世界第一已超过30年。

2. 禽蛋结构开始发生变化　20世纪80年代以前，我国蛋类供给主要以鸡蛋为主，占84％左右，鸭蛋和鹅蛋分别占12％和4％左右。中国从20世纪60年代开始引入国外优良鸡种，用来改良和提高国内地方鸡种。特别是进入80年代后，中国通过引进罗斯褐壳蛋鸡、伊莎黄蛋鸡、星杂288、星杂579蛋鸡等良种鸡，初步建立了曾祖代、祖代、父母代、商品代相互配套的良种繁育体系，从而促进了蛋鸡业的迅速发展。20世纪80年代以后，我国鹌鹑养殖大量出现，鹌鹑蛋产量明显上升，尤其是湖南、江西、浙江、江苏、北京等地，出现大量养殖鹌鹑，鹌鹑蛋产量明显增加。由于食物结构的调整，我国鸭蛋的产量也出现快速上升，尤其在湖南、江西、山东等洞庭湖区、鄱阳湖区、微山湖地区和水面较多的江苏、福建、安徽等地，发展更快。在2013年禽蛋总产量中，鸡蛋2 198万吨，鸭蛋600万吨，鹌鹑蛋110万吨，鹅蛋60万吨，其他禽蛋127万吨）。这说明我国禽蛋品种结构开始丰富，鸡蛋所占的比例下降，鸭蛋比例上升，其他禽蛋也开始增多。

3. 蛋品加工行业发展迅速，产业规模不断扩大，整体效益不断增强　自20世纪90年代末期以来，我国蛋品加工业在蛋品市场下跌、蛋禽养殖起伏不定和禽流感等不利因素影响下，仍然得到了快速发展。整个蛋品行业的生产、效益、技术等各个方面均表现不俗，年增长速率在15％左右，有的年份甚至更高。据有关调查，我国目前在各级工商部门注册的蛋品加工企业在2 000家以上。我国现有蛋与蛋制品14大类，共60多个品种。蛋制品品种比较丰富，但加工量少。我国蛋品行业总产值接近3 000亿元，其中，蛋品加工总产值400亿元左右，蛋品加工总产值占蛋品行业总产值比例为13％左右。在蛋品加工中，皮蛋、咸蛋、糟蛋、咸蛋黄、卤蛋等传统蛋制品加工总产值达280亿～300亿元，洁蛋、液体蛋、蛋粉、蛋黄酱、溶菌酶 禽品饮料以及新型方便蛋制品等新型禽蛋加工制品总产值在100亿～120亿元。根据有关初步估计，我国禽蛋加工比例在10％～12％。其中，鸭蛋加工比例在70％以上，鸡蛋加工比例较低，为3％～5％。就蛋品加工产业的整体效益来看，我国蛋品加工企业经营状况不断好转，尤其是大中型蛋品加工企业盈利能力增加，企业规模不断壮大。各种信息显示，我国蛋品加工业呈现"朝阳产业"的特点。

4. 蛋品加工技术取得长足发展，蛋类产品不断丰富　20世纪80年代以来，由于养禽业迅速发展，禽蛋产量不断增加，市场销售不断增长，蛋品加工科学技术不断提高，促进了蛋品工业的快速发展。

（1）传统蛋制品加工技术快速发展，新品种不断增多，产业规模不断扩大，我国传统蛋制品产业正在迈向现代化与工业化。通过研究氧化铅、多种铜盐、锌盐、铁盐及锰盐作用差异与分子机理及对料液碱度、鸭蛋蛋白、蛋黄物性参数的影响，找到铜盐、锌盐合加代铅及其合适比例、用量与生产规律，建立"无铅工艺"技术，改变了长期使用氧化铅加工皮蛋的现状，产生了巨大经济、社会效益。研制出的复合涂膜保鲜剂与真空包装，改变了长期包泥裹糠的传统方法。皮蛋"清料生产法"被广泛采用，为料液管道运输与机械化生产奠定了基础。建立了腌渍料液循环利用模式与技术，降低了生产成本，显著减少了碱液对环境污染。综合联用能谱扫描电子显微镜（SEM-DES）、光电子能谱仪（XPS）和X-射线衍射仪（XRD）等现代手段，探明了皮蛋表面斑点成分及形成机制，建立了机器视觉评价皮蛋表面斑点的科学方法，突破了无斑点出口皮蛋生产技术难关，降低了次品率，提高了皮蛋外观品质。建立了基于机器视觉的鸭蛋品质与鲜度等级检测分级方法，开发出鸭蛋品质检测和自动分级软件，研制成功"DZJFJ-1型鸭蛋品质无损自动检测分级设备"。利用视觉图像处理和神经网络系统获取品质信息，创建BP神经网络检测模型，研究出基于视觉图像处理和神经网络的咸鸭蛋品质与蛋壳裂纹无损检测方法，检验正确率很高。研制出鲜鸭蛋、腌渍出缸咸蛋和皮蛋清洗机，发明了禽蛋多场耦合腌渍装备，攻克腌渍环节不能实现机械的重大难题。在传统蛋制品加工方面实现了理论、工艺、技术、方法、产品、标准、装备和集成等重大创新，产业规模快速扩大。目前，我国传统蛋制品的规模在快速增长，由改革开放前的全国2亿～3亿元总产值规模，发展成2017年的320亿元的产业规模，产品出口与国内销售十分旺盛，新技术、新产品以及皮蛋、咸蛋、卤蛋、鹌鹑蛋加工等成套生产线的推广，正在改变我国传统蛋制品产业的现状，促进我国传统蛋制品产业迈向现代化。

（2）我国新型蛋制品得到快速发展。2005年以来，我国新型蛋制品如洁蛋、液体蛋、专用蛋粉生产加快，市场销售大幅增长。洁蛋产品已在我国多家企业生产，如某企业的洁蛋年生产规模超过3亿元，甚至有的企业在传统蛋制品及其他蛋制品加工中也采用清洁蛋作为加工原料。液体蛋自2008年我国主办国际奥林匹克运动会以来，销售形势十分看好，许多糕点、面包、蛋黄派等加工企业，需要蛋品加工企业生产的蛋液作为加工配料。专用蛋粉或酶解蛋粉也在越来越多的企业生产，并应用到相关行业。

（3）我国"禽蛋营养与人类健康"等基础科学研究正在崛起。现在，我国围绕禽蛋蛋白质相互作用与蛋白质组、禽蛋脂质（胆固醇）营养与脂质组、禽蛋抗菌机制与抗菌网络研究以及禽蛋胚珠生物学超微结构与孵化信息早期无损检测方法等系列基础科学问题的研究，发展十分迅速，相关的禽蛋营养基础成分与鸡蛋蛋白质组学、蛋白质功能、脂质营养以及人类健康的科学问题正在逐步深入揭示，蛋品科学高水平的SCI/EI论文数量不断增多，在国际上异军突起，受到国际同行的高度关注。

（4）新产品不断涌现，产品种类不断增多。由于蛋品加工科技的进步，蛋品加工的产品种类不断增多，主要有：鲜蛋品类（包括普通鲜蛋、洁蛋、功能强化蛋等）、腌蛋品类（包括皮蛋、咸蛋、糟蛋、咸蛋黄、醉蛋等）、发酵蛋品类（包括鸡蛋酸奶等发酵蛋产品）、液态蛋类（包括液体全蛋、液体蛋白、液体蛋黄以及各种烹调用液体蛋终端产品等）、干蛋品类（包括干蛋白片、全蛋粉、蛋清粉、蛋黄粉等）、冰蛋品类（包括冰全蛋、冰蛋黄、冰蛋白等）、湿蛋品类（包括无盐湿蛋黄、有盐湿蛋黄、蜜湿蛋黄或根据防腐剂使用的不同，有的将湿蛋黄分为新粉盐黄和老粉盐黄）、蛋品饮料类（包括蛋白发酵饮料、蛋乳发酵饮料、蛋蔬复合饮料、蜂蜜鸡蛋饮料、醋蛋功能饮料、干酪鸡蛋饮料、全蛋多肽饮料、蛋清肽饮料等）、蛋调味品类（包括蛋黄酱、皮蛋酱、咸蛋酱、调理蛋制品等）、蛋品罐头类（包括虎皮蛋罐头、五香蛋罐头、五香鹌鹑蛋罐头、鸡胚蛋罐头以及各种软罐头产品）、方便蛋品类（包括鸡蛋干、蛋脯、五香茶叶蛋、卤煮蛋、蛋松、蛋黄果冻、全蛋营养果冻、铁蛋等）、蛋肠类（包括皮蛋肠、复合蛋菜肠、蛋清肠、鸡蛋素食肠、风味蛋肠等）、油炸蛋品类（包括虎皮蛋、油炸蛋片、油炸蛋豆腐等）、熏蛋品类（包括熏卤蛋、熏蛋干以及各种烟熏味蛋制品等）、蛋内功能成分类（包括溶菌酶、免疫球蛋白、胆固醇、蛋黄卵磷脂、蛋清寡肽、蛋清白蛋白、蛋黄油、涎酸、卵黄高磷蛋白等）。我国现有蛋制品14大类60多个品种，虽然加工量少，但却是世界上蛋制品品种比较丰富的国家。然而，从我国的消费人口、饮食习惯以及消费方式的多样化来看，我国蛋制品种类还远远不能适应人民的消费需要。因此，必须加大蛋制品研发力度，进一步开发新产品，尤其要加大蛋制品的加工。

五、我国蛋品工业科技急需解决的重大关键技术问题

虽然我国蛋品加工科学技术取得了快速发展，但同国外发达国家相比还有很大的差距，主要体现在：原创性科技成果少，工程化技术集成缺乏；加工关键技术未能突破，技术关联度低；蛋品保鲜加工技术研发落后，不能满足蛋品行业的需要；蛋品生产机械装备长期依赖进口。这种差

距使我国蛋品加工行业呈现以下特点：禽蛋生产加工与经营高度分散；产业化集中程度不高；禽蛋产业很不稳定，跌宕起伏很大；禽蛋产量大，加工企业多，规模化程度低；加工技术落后，作坊式生产多，装备水平差；禽蛋加工率低，产业链很不健全，辐射带动作用远没发挥出来；禽蛋产品质量标准体系不完善，检测方法严重缺乏；禽蛋及产品面临严峻的国外技术壁垒，出口比例低，国际贸易少；传统蛋品面临诸多食品安全瓶颈；产业创新能力差；优质绿色品牌产品比重小等。

鉴于此，我国蛋品加工业必须解决一些重大科学技术问题，才能支撑和引领蛋品加工产业健康、可持续发展。

（1）要解决禽蛋产业关系民生与国民营养健康方面的重要基础科学问题，如禽蛋营养与消化代谢及其主要作用等基础科学问题的研究。因为禽蛋不仅关系到大众饮食营养，还关系到儿童、婴幼儿、妇女、老人、病人等一系列特殊人群的健康与营养。禽蛋是关系到民生的特殊食品，要开展我国"禽蛋营养与人类健康"重大基础科学理论问题的研究。在禽蛋蛋白质方面，要开展禽蛋比较蛋白质组学、差异蛋白质组学等蛋白质组学的研究，研究禽蛋蛋白质营养生理、功能及调控蛋白复合物的三维结构，诠释其营养分子机制与功能；研究禽蛋蛋白质相互作用和动态过程，揭示禽蛋蛋白质结构和相互作用，探索金属离子对蛋白质功能调控与催化机制；研究禽蛋蛋白质的结构变化与抗菌等功能变化之间的关系；明确鸡蛋蛋白质、蛋白质-胆固醇复合体、胆固醇-卵磷脂复合体的体内吸收途径、代谢干预机理，探明禽蛋蛋白质-脂类协同干预胆固醇的分子机制；研究禽蛋胚胎发育与营养功能蛋白质复合物结构特征；进行禽蛋蛋白质细胞、生命体的连续"在体"研究；从禽蛋蛋白质相互作用的网络结构及其动态规律中揭示胚蛋生命发育与营养作用，构建具有抗菌、抗病毒、降脂等功能蛋白质。

禽蛋中具有种类繁多、功能十分重要的脂质成分，包括甘油三酯、甾醇类、磷脂类以及多种不饱和脂肪酸等，因此，要开展禽蛋脂质组学与脂质相互作用方面的研究。研究禽蛋脂质，尤其要研究胆固醇消化吸收、代谢与作用利弊的理论问题，这是国人普遍关心的营养与健康问题。例如，胆固醇消化与吸收机制、胆固醇代谢与作用机理、胆固醇消化吸收与代谢调控机制研究以及胆固醇利弊的一些基础科学问题。要研究禽蛋蛋黄中亚油酸、亚麻酸、花生四烯酸、二十二碳六烯酸等重要功能性脂质的作用与利用机制。

（2）要研究解决禽蛋产业涉及食品安全方面的重大科学问题以及洁蛋加工技术。如经蛋传播人禽传染病调查与控制技术研究。禽蛋流通中，致病微生物不仅可以通过蛋内携带，也可以通过蛋壳表面的禽粪、污物等传染，在禽流感等疾病流行的今天，必须加以高度重视。在我国要尽快研究并推进洁蛋加工技术，改变几千年来一直采用脏蛋流通与加工的问题。在十分注重食品安全与人类健康的今天，必须开展禽蛋高效清洁消毒、分级、保鲜关键技术与装备研究。

（3）要研究传统蛋制品现代加工技术与装备。虽然我国传统蛋制品已经采用"无铅工艺""涂膜保鲜""真空包装"以及部分加工机械等新技术与新装备，传统蛋制品生产规模已经扩大了几十倍，但仍然面临许多的技术与装备瓶颈。传统蛋制品加工中由于长期采用非食品添加剂，如泥土、草灰、稻壳等辅助材料，产品质量不稳定，至今没有完全替代和取消非食品添加剂的方法，很有必要开展传统蛋制品现代化加工技术及装备研究。

（4）要开展禽蛋产业涉及生物科学与利用前沿科学问题的研究。如38 ℃环境下禽蛋抑劣防腐机制与抗菌体系激活机制研究，为什么在38 ℃左右条件下，其他食品的保存只有几小时或十几小时就会腐败变质，而禽蛋不仅不会变质，还能孵化出新的生命个体？奥秘何在？机理是什么？有没有开发利用的价值？由于新鲜蛋液中具有庞大的抗菌系统，要开展益生菌发酵蛋液的生物学互作变化及其规律与机理的研究，为禽蛋发酵制品的开发提供基础理论的支撑，有利于开发出十分有益的发酵禽蛋制品。

（5）要研究涉及高效与环保利用关键技术，如禽蛋产业加工副产物高效环保利用技术。蛋品加工产生 13%～15%的废弃物，容易造成环境污染，滋生蚊蛆，气味恶臭，必须进行高效环保利用。要研究禽蛋中功能性成分无损与联产提取技术。禽蛋中可以提取许多功能性成分，这是其他农产品难以比拟的。但禽蛋是一种高档原料，不能只提取一种功能性成分后，其余大部分原料被损害，不能加以利用，必须研究禽蛋的无损提取技术，并在无损提取的基础上，推行功能成分的联产技术，以期进一步提高效益，降低成本。

（6）要开展禽蛋产业主要危害物阈值确定与在线无损检测及可持续发展科学技术问题的研究。如蛋品加工业主要危害物阈值及在线无损检测研究，蛋壳超微结构的三维重构及力学和传质特性研究，禽蛋检测分级智能机械系统和智能机器人研究。通过这些研究，使我国由现在的赶超世界蛋品加工业先进科技水平，逐步改变到由我国引领世界蛋品加工业科技发展，形成我国蛋品加工业的科技特色。

（7）要开展液态蛋生产技术及其终端产品与关键装备的研究。液体鲜蛋是禽蛋打蛋去壳后，将蛋液经一定处理后包装，代替鲜蛋消费的产品。目前在欧美发达国家相当普及。不仅有全蛋液、蛋白液、蛋黄液，而且有经过不同配料调制的产品，专门用于烹调菜肴和焙烤使用。这些产品，不仅有效地解决鲜蛋易碎、难运输、难贮藏的问题，而且广泛地应用于家庭、餐馆、宾馆和单位食堂。为了适应不同的消费需要，产品包装有 200 g、500 g、1 000 g 和 5 kg、20 kg 等规格。我国应该尽快研究或引进国外先进技术与设备，大力开发研究液体鲜蛋，尽快实行商业化生产。同时，功能蛋液的开发在我国也十分重要，具有广阔的应用市场。

（8）要开展高特性专用蛋粉现代生产技术与应用的研究。蛋粉即以蛋液为原料，经干燥加工除去水分而制得的粉末，就是在高温短时间内或低温冷冻干燥的条件下，使蛋液中的大部分水分脱去，制成含水量在 4.5%左右的粉状制品。目前常用的脱水方法有离心式喷雾干燥法、喷射式喷雾或低温冷冻干燥法等多种。

我国蛋粉生产的历史比较悠久，但主要采用传统的喷雾干燥，加工技术简单。品种只有常规的全蛋粉、蛋白粉和蛋黄粉，性质普通。这些普通的产品应用到许多行业，没有考虑不同行业的不同需要。为了提高各种蛋粉应用的效果，根据国外发达国家的经验，须发展专用蛋粉，我国应该尽快采用现代化新技术、新工艺、新设备研究出满足各个行业需要的专用蛋粉，如焙烤行业专用蛋粉、冰淇淋专用蛋粉、烹调专用蛋粉、发酵专用蛋粉、糕点专用蛋粉、制革专用蛋粉，等等。

（9）要研究蛋制品加工、包装、运输、流通、销售过程中质量监控体系。以禽蛋为原料可以加工 200 余种蛋制品，如消毒分级洁蛋、再制蛋、液态蛋、蛋品饮料、蛋粉蛋片、湿蛋品、冰蛋品、方便熟蛋制品等许多类蛋制品。这些蛋制品的加工生产、包装、流通运输、销售等各个环节，要进行规范，建立生产、技术、管理模式，研究建立操作规程和每类产品的质量监测体系，加强生产过程的生产、技术管理，确保各类产品的质量与品质。

（10）要研究蛋与蛋制品中特殊质量影响成分检测方法。饲料、兽药、加工、环境很多因素都会对产品产生影响，往往导致产品中抗生素、重金属、兽药、农残物质等残留超标。如何在实际工作中快速、有效、准确地检测出这些有毒有害物质的存在与含量情况，是一件极其重要的工作。虽然我国目前在其他农产品和食品方面，已经开始研究采用有关的检测方法，但在蛋品方面，由于原料的特性不同，效果很不理想。很有必要研究在蛋与蛋制品中应用的专门检测方法，提高检测的准确性、实用性、特定性，尤其是在现场、车间、超市等场所应用的快速检测方法，更是发展的重点。

（11）要研究制定蛋与蛋制品标准体系。我国蛋品产业相关标准十分缺乏，同时，随着技术与市场发展的变化，尤其是食品安全与质量控制的需要，许多标准法规已经不再适应新形势下国内、国际贸易的需要，在蛋与蛋制品标准的建立和健全上，要与国际标准接轨，标准制定要考虑到国际的认同性和等效性，有利于积极参与国际化活动，采用国际先进标准来改造我国的蛋品工业，提高产品质量，促进我国蛋品工业走向世界、走向未来。

我国禽蛋无论是国家标准还是行业标准，都是以产品标准和产品检验标准为主，而涉及加工过程要素的标准很少。蛋制品标准必须按产品的加工方法、工艺流程和食用方法的性质与特点，严格分类制定，切忌笼统，以防在执法操作中带来诸多不便。分类要科学合理，不要一个标准涵盖多类产品。如美国有杀菌全蛋液、杀菌蛋白液、杀菌蛋黄液、冷冻全蛋液、冷冻蛋白液、冷冻蛋黄液、全蛋粉、蛋白粉、蛋黄粉等蛋品的标准。日本有鸡蛋交易规格和冷冻全蛋、冷冻蛋白、冷冻蛋黄、全蛋粉、蛋白粉、蛋黄粉等蛋品的标准。

所定指标一定要科学安全。既要保护消费者的利益，又要有利于产品的加工生产，要实事求是，既不倾斜消费者，也不苛责生产加工和销售者，要恰如其分，尤其是新的卫生与质量指标，要符合时代的发展趋势与要求。制定单位不仅要参考大量国内外相关标准，而且要在全国分点、分地区进行大量的测试分析。不仅要有卫生标准、品质标准和分级标准，还要增设新指标，如激素、兽药、重金属、农药和抗生素等在产品中的残留指标。

六、蛋与蛋制品加工学的研究内容与学习要求

蛋与蛋制品加工学是一门理、工、农相结合的应用型学科，既是食品科学与工程、农产品贮藏与加工学科的一个重要分支，又是动物生产学（畜牧学）的相关学科。它以蛋品生产与加工利用为研究对象，重点研究蛋品生产、原料品质控制、禽蛋营养与作用、加工原理及技术、贮藏保鲜、活性成分提取利用以及副产物综合利用、产品质量控制、产品标准、新产品开发等内容。研究内容涉及生物学、食品科学、畜牧学、生物化学、食品营养学、微生物学、食品卫生安全学和机械工程学等许多学科。它是一门交叉学科，从内容上，蛋与蛋制品加工学包括禽蛋安全生产、禽蛋成分与营养、产品加工、贮藏保鲜、功能成分提取与利用以及禽蛋副产物综合利用等几个主要部分。

由于蛋与蛋制品加工学是一门应用型交叉学科，既有一定的理论深度，又有实际操作，还有工程工艺内容，这就要求学生不仅具备生物科学、生物化学、食品营养等方面的知识，还要掌握工程学原理、加工技术等知识，同时必须有一定的动手能力，即理工结合、脑体并用，才能真正掌握其精髓，运用自如。

✏ **复习思考题**

1. 我国发展蛋品工业的意义有哪些？
2. 简述国内外蛋品工业的发展概况。目前我国蛋品工业有哪些特点？
3. 目前我国蛋品工业科技急需解决哪些重大的关键技术问题？
4. 围绕"禽蛋营养与人类健康"问题，我国要开展哪些重要的基础科学问题的研究？
5. 简述蛋与蛋制品加工学的研究内容和学习要求。

第二章 CHAPTER 2

禽蛋的形成与构造

学习目的与要求

　　了解母禽的产蛋系统及蛋的形成过程；掌握禽蛋各部分的结构，重点掌握禽蛋蛋壳、蛋白、蛋黄的结构同禽蛋品质的关系，分析禽蛋主要结构的影响因素；熟悉禽蛋的生产与品质，了解我国营养强化蛋的基本情况，分析营养强化蛋的发展前景。

第一节 禽蛋的形成

一、母禽的产蛋系统

母禽的产蛋系统与解剖学上的母禽生殖器官相同，主要由卵巢与输卵管两大部分组成（图2-1）。

（一）卵巢的结构与功能

母禽在胚胎开始形成时具有左右两侧卵巢及输卵管。一般于孵化的第7~9天，右侧卵巢及输卵管停止发育，其退化的痕迹在成年鸡体内仍然存在。因此，正常母禽只有左侧卵巢与输卵管发育并具有产蛋功能。

卵巢位于腹腔左侧，在左肾前叶前方的腹面，左肺的后方，以卵巢系膜韧带悬挂在腰部背侧壁上。卵巢通过腹膜褶与输卵管相连接。临近性成熟时，由于营养物质的积累，卵巢中的卵细胞会形成大小不同的卵泡，状如一串葡萄，且卵巢皮质的卵泡突出于卵巢表面，使卵巢呈结节状，肉眼可以观察到2 500个左右的卵泡，用显微镜可以观察到12 000个左右的卵泡。

（二）输卵管的结构与功能

输卵管未发育之前呈线状，长8~10 cm。发育时，由于雌激素的作用，可以在短期内迅速发育成一种高度卷曲、粗细不等的管状结构，长达50~60 cm，占据腹腔左侧的大部分空间。输卵管壁含有丰富的血管，通过血液供应营养物质。同时，输卵管壁由平滑肌组成，能产生持续不断的收缩运动，推动卵子的移动。输卵管大体可分为5个部分，自卵巢起，依次为漏斗部、膨大部、峡部、子宫、阴道。

1. 漏斗部 漏斗部又称为伞部或喇叭口，形似喇叭，是输卵管的入口，周围薄而不整齐，产蛋期间长度3~9 cm。卵黄从卵巢排出后，很快被喇叭口接纳，精子即在此部分与卵子结合而形成受精卵。

2. 膨大部 膨大部又称为蛋白分泌部，是输卵管中最长的部分，长30~50 cm，壁较厚，其前端与漏斗部界限不明显，以黏膜上形成大的纵褶部分划为膨大部，后端以明显窄环与峡部相区别。膨大部密生腺管，分为管状腺和单细胞腺两种，其中，管状腺分泌稀薄蛋白，单细胞腺分泌浓厚蛋白。

3. 峡部 峡部又称为管腰部、壳膜分泌部，短而窄，长10 cm。内部纵褶不明显，前端与膨大部界限分明，后端为纵褶的尽头。蛋壳膜在峡部形成。

4. 子宫 子宫又称为壳腺部，长10~12 cm，呈袋形，前端与后端分别与管径较窄的峡部与阴道相接。子宫壁厚，肌肉发达，黏膜形成纵横的深褶，布有管状腺与单细胞腺。子宫分泌子宫液以及有色蛋壳的色素，形成蛋壳。

5. 阴道 阴道长10~12 cm，为输卵管的最后一部分，开口于泄殖腔背壁左侧。阴道管径窄小，肌膜发达。外蛋壳膜在阴道中形成。产蛋时，阴道自泄殖腔翻出，将蛋产出。

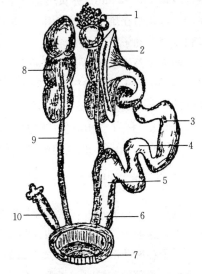

图2-1 母禽生殖器官

1. 卵巢 2. 喇叭口 3. 蛋白分泌部 4. 峡部
5. 子宫 6. 阴道 7. 泄殖腔 8. 肾
9. 输尿管 10. 退化的输卵管

二、禽蛋的形成过程

在母禽卵巢内形成的成熟卵子（卵黄、蛋黄），落入输卵管漏斗部，经过膨大部、峡部、子宫部，逐步形成蛋白（蛋清）、蛋壳膜（蛋白膜及内蛋壳膜）、蛋壳和外蛋壳膜，最后通过阴道排出体外。蛋的每一部分都是在特定部位形成，其形成过程见图2-2。

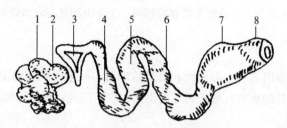

图2-2 蛋的形成过程
1. 未成熟的卵子　2. 成熟卵子准备进输卵管漏斗　3. 输卵管漏斗部　4. 蛋白分泌部
5. 输卵管有蛋经过的状态　6. 继续形成蛋白部位　7. 蛋壳形成部位　8. 泄殖腔

（一）蛋黄的形成

性成熟的母禽卵巢中含有大量的卵泡，但其中只有少数卵泡能够成熟而排卵。一般一只母鸡一生排卵数只有100～300个，年限长的高产母鸡排卵数在1 000个以上。卵巢的每一个卵泡内含有一个卵子，卵子在成长过程中因卵黄累积而逐渐增大，在接近性成熟时，有些卵子开始迅速增长，9～10 d内就可完全成熟。在排卵的前7 d内，卵子的质量因营养物质的累积可增长16倍，成熟后排出的卵，一般重16～18 g。排卵前6 d，直径可从6 mm增至35 mm。滤泡成熟后排出的卵子在未形成蛋前称为卵黄，形成蛋后称为蛋黄。卵子在发育的过程中，最早累积的是白卵黄，因而小的卵泡呈白色，以后黄白交替累积成层，形成蛋黄。卵黄累积相当稳定，每天沉积深浅两层，厚度1.5～2 mm。卵黄中富含蛋白质和脂肪，二者的比例为1:2，脂肪是以脂蛋白的形式存在。一般认为在雌性激素作用下，卵黄蛋白质在肝脏中被合成后，经血液转运到卵巢，然后再转运到发育的卵子中。

卵泡破裂排出成熟卵子（卵黄、蛋黄）的过程称为排卵。在连产期间，母鸡一般于产蛋后15～75 min内正常地排出一个卵子。排卵主要是由垂体前叶周期性释放排卵激素引起。此激素在排卵前6～8 h释放出来。排卵前，包围着整个卵子的卵囊表面充满血管，仅中央有一条血管分布较少的带区，称为"卵斑区""卵泡缝痕""破裂线"。排卵时，"卵斑区"变薄变宽，卵泡在此迅速破裂，使卵子几乎在同一时间整个被排放出来。卵泡壁破裂的沿线整齐，边缘钝，无撕裂现象。

（二）蛋白的形成

蛋白，又称为蛋清，是在输卵管中形成的，成熟的卵子（卵黄、蛋黄）离开卵巢后，被漏斗部纳入。从卵子排出到开始纳入漏斗部约需3 min，全部纳入约需13 min。由于输卵管的蠕动作用，卵子在漏斗部停留大约15 min后，下行到蛋白分泌部，大约3 h后到达峡部。成熟的卵子经过蛋白分泌部的前端时，其腺体分泌出大量的浓厚蛋白，沉积在卵子上形成内层蛋白层，由黏蛋白纤维形成黏蛋白纤维网，网的周围充满稀薄蛋白。随着卵子继续下行，蛋白分泌部分泌更多更浓的胶状蛋白质沉积于卵上，构成蛋白的主体。同时，内层蛋白层中的黏蛋白纤维由于输卵管的机械扭动和转动作用，在卵子的两端开始形成一条螺旋状的白色带状物，即"系带"。形成螺旋时，挤出的稀薄蛋白形成内层稀薄蛋白。当卵子离开蛋白分泌部时，蛋的内容物（蛋黄与蛋白）基本形成，此时蛋清蛋白质的浓度约为蛋产出后蛋清蛋白质浓度的 2 倍，但蛋清的总量仅是产出后的一半。

卵子到达峡部后，停留 70～80 min。峡部分泌的液体进入蛋白层，使蛋清的蛋白质浓度有所下降。卵子进入子宫后，大约停留 20 h。在此期间，可以观察到系带的形态。系带是一对白色的附着于蛋黄两侧并与卵长轴平行的纽带。但最初分泌出来时并没有系带存在，直到卵进入壳腺后才能看清楚。在系带形成的同时而被挤出来的稀蛋白形成内层稀薄蛋白，某些酶也参与系带的形成。壳腺分泌液渗入蛋清，使蛋清总容量增加。在增加水分 15～20 g 的情况下，导致蛋清分层，即系带生成层、内层稀薄蛋白、中层浓厚蛋白和外层稀薄蛋白。蛋清葡萄糖由峡部提供并在子宫进入蛋清，每 100 mL 蛋清中可渗入约 350 mg 葡萄糖。同时，蛋清成分中的无机离子 Na^+、Ca^{2+}、Mg^{2+} 主要在膨大部添加进去，而 K^+ 是在壳腺中扩散进去的，同时在壳腺中扩散进一部分 Na^+、Ca^{2+}。

（三）蛋壳膜的形成

蛋的内容物（蛋黄与蛋白）基本形成后，经过蛋白分泌部的蠕动到达峡部。在峡部停留时，紧贴蛋白外侧形成由许多纤维交织而成的薄膜，称为"蛋壳膜"。蛋壳膜厚度为 70～114 μm，内、外壳层紧密地黏合在一起，只是在蛋的钝端，内、外壳层分离形成气室。气室在蛋刚刚产出时，体积很小，随着蛋的冷却和水分的蒸发而逐渐增大。形成了蛋壳膜的卵，基本确定了蛋的形状，但还是柔软的卵。

（四）蛋壳的形成

包好蛋壳膜的卵，从峡部进入子宫后，形成蛋壳和蛋壳上的色素。研究证明，蛋壳由蛋白质和黏多糖构成有机支架，由子宫壁分泌出的碳酸钙沉淀凝结于支架之间。在最初的 3～5 h，钙沉积速度慢，以后沉积速度加快，并且以恒定的速度持续沉积 15～16 h，直到产蛋为止，每个蛋壳大约沉积 2 g 钙。研究证实，蛋壳中 60%～75% 的钙，是通过母禽采食获得，其余部分来自体内贮藏的钙。在高钙日粮情况下，母禽呈正钙平衡，并将多余的钙贮藏于骨内。在低钙日粮情况下，母禽呈负钙平衡，需要调动其骨内 25%～38% 的钙，用于形成蛋壳。骨内的钙量，大约能供形成 6 枚蛋之需。因此，产蛋母禽的饲料中，含钙量要求比较高，应该达到 2.7%～3.75%。如果产蛋母禽的饲料长期缺钙，会使蛋壳越来越薄，甚至产软壳蛋，严重的会产蛋中蛋。另外，缺乏维生素 D 也影响钙的吸收和蛋壳形成，最终导致产蛋停止。

（五）外蛋壳膜的形成

形成蛋壳后的蛋在子宫的蠕动下，继续下行而进入输卵管的最后部分——阴道，并在 20～30 min 后排出体外。当蛋通过阴道时，阴道黏膜分泌腺受到刺激而分泌一种胶质状的黏液，涂布在蛋壳外表，遇到外界冷空气便立即凝结成膜，称为"外蛋壳膜"或"壳外膜"。涂布在蛋壳表面的外蛋壳膜可以堵塞蛋壳上的气孔，防止水分丢失和微生物侵入。同时，使蛋壳表面光洁，具有鲜明的光泽。此时的蛋经过泄殖腔排出体外，即形成一个完整的蛋。

第二节 禽蛋的结构

一、禽蛋的外形

（一）禽蛋的形状

禽蛋具有一定形状，一头较大称为蛋的钝端，另一头较小称为蛋的锐端（尖端），其平面上的投影为椭圆形。普通的禽蛋多呈椭圆形，小型蛋形状较圆，双黄蛋常为纺锤形或圆形，表2-1是以一个58 g的"典型蛋"为例，列出鸡蛋的外形尺寸。

表2-1 鸡蛋的外形尺寸

纵径/cm	横径/cm	纵周径/cm	横周径/cm	容量/cm³	表面积/cm²
5.7	4.2	15.7	13.5	53.0	68.0

蛋形指数是蛋的纵径与横径之比，用以表示蛋的形状。形状标准的鸡蛋其蛋形指数在1.35左右，小于1.30者蛋形较圆，大于1.40者蛋形细长。蛋的形状不同，其耐压程度有所差异，球形蛋耐压程度大，而圆筒形蛋耐压程度小，一批蛋形状差异愈大，破损率愈高。

（二）蛋壳的色泽

不同品种与品系禽蛋壳的颜色不同，这与蛋壳内含卟啉的多少有关，蛋的色泽基本上可分为4种：白壳蛋（如来航蛋）、褐壳蛋（如洛岛红蛋）、浅褐壳蛋（白壳蛋与褐壳蛋杂交种）、绿壳蛋（我国地方品种）。随着蛋鸡育种技术的不断发展，也出现了其他颜色的蛋壳，如粉壳蛋。

（三）禽蛋的质量

蛋的质量称为蛋重，禽蛋的质量受品种、日龄、体重、饲养条件等因素的影响，鸡蛋质量一般平均为52 g（32～65 g）。贮藏期间，因为蛋内水分通过蛋壳气孔不断向外蒸发而使蛋的质量减轻。就同一个品种家禽所产的蛋来看，蛋禽刚开产的头几个蛋较轻，以后随着周龄的增加而蛋重增加，夏季一般蛋重较轻。饲粮的质与量不足，如蛋白质特别是蛋氨酸等缺乏也会使蛋重减轻，有的品系在产蛋的末期，蛋重稍有减轻，不同的品系蛋重不同。

二、禽蛋的结构

禽蛋是由3个主要部分组成，即含有蛋壳膜的蛋壳、蛋清（或蛋白）和蛋黄，各部分有其不同的形态结构和生理功能，蛋的结构见图2-3。

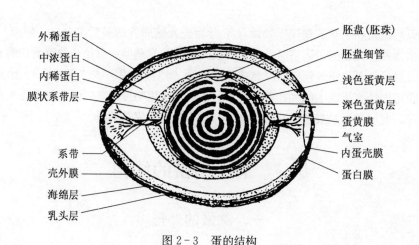

图2-3 蛋的结构

（一）蛋壳的结构

蛋壳包括 3 部分：外蛋壳膜、石灰质蛋壳和蛋壳下膜。外蛋壳膜，也称为壳上膜、壳外膜或角质层；石灰质蛋壳是指狭义上的蛋壳、蛋白膜；蛋壳下膜，又称为壳下膜、内蛋壳膜。

1. 外蛋壳膜　鲜蛋的蛋壳表面覆盖一层无定形结构、透明的胶质黏液干燥后形成的膜，称为外蛋壳膜，也称为壳上膜、壳外膜或角质层，其平均厚度在 $10\sim30~\mu m$。其主要成分是角质的黏液糖蛋白质。外蛋壳膜又可分为两层，即矿化层和有机层。外层的有机层结构致密完整，也被称为非空泡角质层（NVC，no vesicular cuticle），内层矿化层含较多空泡，也被称为空泡角质层（VC，vesicular cuticle）。空泡角质层由许多大小不一的空泡囊组成，空泡囊内层是电子密度较低的核（electron-lucent core），外周由电子密度高的结构（electron-dense mantle）包围。非空泡角质层结构致密均匀，不含空泡结构。外蛋壳膜透视电镜图见图 2-4。

当蛋刚产下时，外蛋壳膜呈黏稠状，待蛋排出体外，受到外界冷空气的影响，在几分钟内，黏液立即变干，紧贴在蛋壳上，赋予蛋壳表面一层肉眼不易见到的有光泽的薄膜，只有把蛋浸湿后，才感觉到它的存在。完整的外蛋壳膜能透气、透水，其作用主要是封闭气孔，保护蛋不受细菌和霉菌等微生物侵入，防止蛋内水分蒸发和 CO_2 逸出，对保证蛋的内在质量起有益的作用，但它不耐摩擦，易被破坏，有机酸、磷酸盐溶液均能引起外蛋壳膜结构的分解，使细菌更容易入侵蛋内。因此，该膜对蛋的质量仅能起到短时间的保护作用。此膜用水洗或机械摩擦也可脱落，而失去封闭气孔的保护作用。鸡蛋涂膜保鲜就是人工仿造外蛋壳膜的作用，而发展起来的一种保存蛋新鲜度的方法。

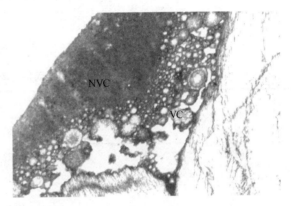

图 2-4　外蛋壳膜透射电镜图

（Fraser，Bain et al.，1999）

2. 蛋壳　蛋壳又称为石灰质硬壳，是包裹着鲜蛋内容物外面的一层硬壳，主要成分为碳酸钙。它使蛋具有固定形状并起到保护蛋白、蛋黄的作用，但质脆不耐碰撞或挤压。蛋壳的矿化发生在母鸡排卵后 $5\sim22~h$ 内，过程十分迅速，主要在母鸡的输卵管内进行。

（1）蛋壳的构成。蛋壳是由两部分组成，即基质和间质方解石晶体组成，二者的比例为 1∶50。基质由相互交织的蛋白纤维和蛋白质颗粒组成，位于蛋壳的内侧。基质分为乳头层和海绵层，乳头层嵌在内蛋壳膜纤维网内，内蛋壳膜纤维与乳头核心（蛋白质团）连接，乳头核心位于蛋壳内表面 $20~\mu m$ 深处；有间隙的方解石晶体随机地垒集在乳头层内形成锥体，形成外层的海绵状层。海绵层纤维（直径 $0.04~\mu m$）与蛋壳表面平行，并与小囊（vesicle，直径 $0.4~\mu m$）连接方解石晶体在里面堆积形成长轴，轴与轴之间形成孔洞，即气孔，其结构模式见图 2-5。

（2）蛋壳的厚度。蛋壳的厚度视禽蛋种类的不同，其厚度有所差异。一般来说，鸡蛋壳最薄，鸭蛋壳较厚，鹅蛋壳最厚（表 2-2）。同种类的禽蛋，由于品种、饲料等不同，蛋壳的厚度也有差别。例如，来航鸡蛋的蛋壳较薄，浦东鸡蛋的蛋壳较厚，白壳鸡蛋的蛋壳较薄，褐壳鸡蛋的蛋壳较厚；饲料充足，饲料中的钙质成分含量适宜时，蛋壳较厚；饲料不足，并缺乏钙质时，蛋壳较薄，甚至是软蛋壳。

就单个蛋而言，其壳的不同部位厚度也不一样。蛋小头部分的壳厚，大头部分的壳要薄一些，蛋壳厚度与蛋壳强度成正相关。另外，蛋壳表面常带有不同色泽，从白色至蓝绿色都有，一般来说，色泽深的，蛋壳较厚。

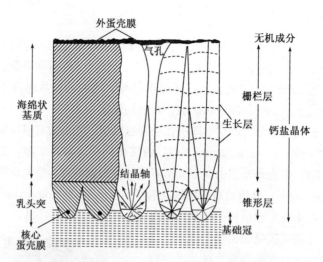

图 2-5 蛋壳的结构模式

表 2-2 不同种类禽蛋蛋壳厚度

禽蛋种类	测定枚数	厚度/mm		
		最低	最高	平均
鸡蛋	1 070	0.22	0.42	0.36
鸭蛋	561	0.35	1.57	0.47
鹅蛋	204	0.49	1.6	0.81

（3）壳上的气孔。蛋壳上有许多肉眼看不见的、不规则呈弯曲形状的细孔，称为气孔。气孔的作用是沟通蛋的内外环境，空气可由气孔进入蛋内，蛋内水分和 CO_2 可由气孔排出，蛋久存后质量减轻即此原因。另外，加工再制蛋，料液通过气孔进入。

气孔的大小也不一致，直径为 $4 \sim 40 \mu m$。鸡蛋的气孔小，鸭蛋和鹅蛋的气孔大。气孔使蛋壳具有透视性，故在灯光下可观察蛋的内容物。每枚蛋壳上的气孔为 1 000~12 000 个。气孔在蛋壳表面的分布是不均匀的，在蛋的钝端气孔较多，锐端气孔较少。大头最多为 300~370 个/cm^2，小头最少为 150~180 个/cm^2。

3. 蛋壳内膜 在蛋壳内侧，蛋白的外面有一层白色薄膜称为蛋壳内膜，又称为壳下膜，其厚度为 $73 \sim 114 \mu m$。蛋壳内膜分内、外两层。内层称为蛋白膜，外层称为内蛋壳膜（简称为内壳膜）。内蛋壳膜紧贴着蛋壳，蛋白膜则附着在内蛋壳膜的内层，两层膜的结构大致相同，都是由长度和直径不同的角质蛋白纤维交织成网状结构。每根纤维由一个纤维核心和一层多糖保护层包裹，其保护层厚为 $0.1 \sim 0.17 \mu m$。所不同的是，内蛋壳膜厚 $4.41 \sim 60 \mu m$，共有 6 层纤维，纤维之间以任何方向随机相交，其纤维较粗，纤维核心直径为 $0.681 \sim 0.871 \mu m$，网状结构粗糙，网间空隙较大，微生物可以直接穿过内蛋壳膜进

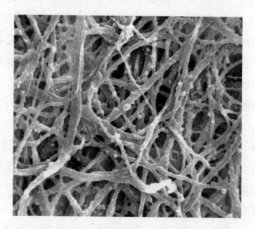

图 2-6 蛋壳膜超微结构
(Yi, Guo et al., 2004)

入蛋内。壳内膜的多状结构见图 2-6。

蛋白膜的厚度 12.9～17.3 μm，有 3 层纤维，纤维之间垂直相交，纤维纹理较紧密细致，透明并且有一定的弹性，网间空隙较小，微生物不能直接通过蛋白膜上的细孔进入蛋内，只有其所分泌的酶将蛋白膜破坏后，微生物才能进入蛋内。所有霉菌的孢子均不能透过这两层膜进入蛋内，但其菌丝体可自由穿过，并能引起蛋内发霉。

总之，蛋壳内的这两层膜的透过性比蛋壳小，均可阻止微生物通过，具有一定的保护蛋内容物不受微生物侵染的作用。蛋壳内膜不溶于水、酸和盐类溶液中，能透水透气。

蛋壳膜影响蛋壳强度，可以加固蛋壳晶体层，提高蛋壳强度。X 型胶原蛋白上 β-氨基丙腈交联的形成在蛋壳的形成过程中起了重要作用。X 型胶原蛋白是高度交联不溶的。蛋壳膜中不溶的蛋白具有很高的稳定重金属离子的能力。

（二）蛋白的结构

蛋白也称为蛋清，位于蛋白膜的内层，是一种典型的胶体物质，占禽蛋总质量的 45%～60%，呈白色或微黄色透明的半流动体，并以不同浓度分层分布于蛋内。关于蛋白的分层，不同学者有不同的分法。日本千岛氏将蛋白分为 3 层：第一层外层稀薄蛋白（外水样蛋白层），第二层浓厚蛋白，第三层内层稀薄蛋白（内水样蛋白层）。而绝大部分学者将蛋白的结构由外向内分为 4 层：第一层外层稀薄蛋白，紧贴在蛋白膜上，占蛋白总体积的 23.2%；第二层中层浓厚蛋白，占蛋白总体积的 57.3%；第三层中层稀薄蛋白，占蛋白总体积的 16.8%；第四层系带层浓蛋白，占蛋白总体积的 2.7%，该层分为膜状部和索状部，其索状部在加工时要除去。由此可见，蛋白按其形态分为两种，即稀薄蛋白与浓厚蛋白，位置相互交替。浓厚蛋白中卵黏蛋白的含量（0.24%）高于稀薄蛋白（0.16%），因此浓厚蛋白的黏度比稀薄蛋白高。稀薄蛋白呈水样液体，随着蛋贮藏时间的延长，蛋内稀薄蛋白就会逐渐增加。新鲜的蛋，浓厚蛋白含量占全部蛋白的 50%～60%，浓厚蛋白的含量与家禽的品种、日龄、产蛋季节、饲料和蛋贮存的时间、温度有密切关系。

大量的研究结果表明：浓厚蛋白与蛋的质量、贮藏、加工关系最密切。它是一种纤维状结构（图 2-7），含有溶菌酶。溶菌酶有溶解微生物细胞膜的特性，具有杀菌和抑菌的作用。但是随着存放时间的延长，或受外界气温等条件的影响，浓厚蛋白逐渐变稀，溶菌酶也随着逐步失去活性，失去杀菌和抑菌的能力。因此陈旧的蛋，浓厚蛋白含量低，稀薄蛋白含量高，容易被细菌感染。浓厚蛋白的多少也是

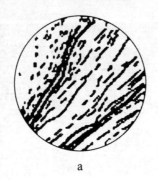

a   b

图 2-7 浓厚蛋白的结构
a. 低倍放大 b. 高倍放大

衡量蛋新鲜程度的主要标志之一。浓厚蛋白变稀的过程，是自身生理新陈代谢的必然结果，它的变化从蛋产下来就开始了，只是当受到外界高温和微生物的侵入时，浓厚蛋白的变稀会加速。实际上浓厚蛋白变稀过程，就是鲜蛋失去自身抵抗力和开始陈化与变质的过程。只有在 0 ℃ 左右的情况下，这种变化才能降到最小限度。

稀薄蛋白呈水样液体，在新鲜蛋中约占蛋白总数的 50%，不含有溶菌酶，因此对细菌抵抗力极小。当蛋的贮藏时间过久或温度过高时，蛋内稀薄蛋白就会逐渐增加，这种蛋白变化的表现结果，导致陈蛋变成水响蛋，不能用于加工。

蛋白的导热能力很弱，能防止外界气温对蛋的影响，起着保护蛋黄及胚胎的作用，蛋白也供给胚胎发育所需的水分和养料。

此外，在蛋白中，位于蛋黄的两端各有一条浓厚的白色带状物，称为系带，系带是由浓厚蛋白构成的，新鲜蛋的系带很粗，有弹性，含有丰富的溶菌酶。系带一端和钝端的浓厚蛋白相连接，另一端与卵黄膜连接，钝端的质量约 0.26 g，锐端的质量约 0.49 g。系带起着固定蛋黄的作用，当蛋在母鸡生殖道里旋转时，系带随之旋转扭曲，但蛋黄几乎不旋转。随着鲜蛋贮藏时间的延长，系带会逐渐变细，甚至完全消失。系带可分为索状部和膜状部。索状部又分为中轴部和周围部，中轴部为白色不透明体，四周被透明的浓蛋白状的周围部所包围；周围部在蛋产下后，随着存放时间的延长而逐渐溶于稀薄蛋白中。膜状部是包在蛋黄膜外围的薄膜，不易判别，若将蛋黄放在蒸馏水中，膜状部与蛋黄膜之间有水互相渗透（特别是在索状部的基部附近），两层便明显地区分开了，膜状部的两端均向索状部移行。

系带的形成包括以下几个过程：①在漏斗部，系带首先形成细丝与蛋黄相连；②这些细丝随后旋转扭曲成股，此时，蛋黄也随之转动；③系带与浓厚蛋白相连，随着内层蛋白吸水液化，将蛋黄固定于蛋清中。

当上一枚蛋产出 1 h 后，卵黄两端开始形成系带细丝（图 2-8a，箭头处），细丝的粗细在 7.5 μm 左右。当卵黄移动到膨大部时，形成粗细在 20 μm 左右的系带主纤维（lead fiber）（图 2-8b）。主纤维形成后约 30 min，卵黄移动到膨大部的底端，系带开始形成（图 2-8c）。系带呈螺旋形，随着蛋的形成，系带的螺旋度提高（图 2-8e），两端的系带旋转扭曲的方向不同，大头呈顺时针旋转，平均螺旋回数是 21.81，小头逆时针旋转，平均螺旋回数是 25.45。

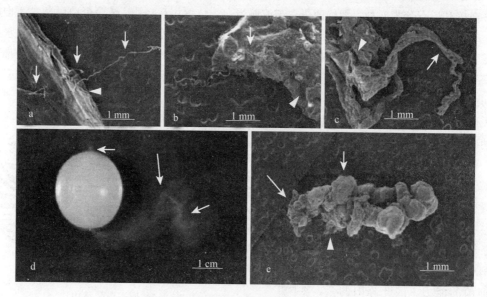

图 2-8 系带结构
(Rahman，Baoyindeligeer et al.，2007)

（三）蛋黄的构造

蛋黄位于蛋的中央，呈球状，由蛋黄膜、蛋黄内容物和胚盘 3 个部分组成。

1. 蛋黄膜 蛋黄膜是包围在蛋黄内容物外面的凝胶状透明薄膜，其主要功能是阻止卵黄和蛋清融合，同时是防止微生物侵入的最后一道屏障。该膜分 3 层，其中内外两层为黏蛋白，中间为角蛋白，其中外层是由输卵管漏斗部的柱状分泌细胞合成，内层由卵泡周围的颗粒细胞层分泌合成。蛋黄膜电子显微镜观察结构见图 2-9。

蛋黄膜的平均厚度为 16 μm，质量占蛋黄的 2%～3%，富有弹性，起着保护蛋黄和胚盘的作用。随着贮存时间的延长，蛋黄的体积会因蛋白中水分的渗入而逐渐增大，当超过原来体积19%时，会导致蛋黄膜破裂，使蛋黄内容物外溢，形成散黄蛋。

　　新鲜蛋的蛋黄膜有韧性和弹性，当蛋壳破碎时，内容物流出，蛋黄仍然完整不散，就是因为有这层膜包裹。陈旧蛋的蛋黄膜韧性和弹性都很差，稍有震动，就会发生破裂，所以，从蛋黄膜的紧张度，可以推知蛋的新鲜程度。

　　2. 蛋黄内容物　蛋黄膜内即为蛋黄内容物，蛋黄内容物是一种浓稠不透明的半流动黄色乳状液，蛋黄中央为白色蛋黄，形状似细颈烧瓶状，瓶底位于蛋黄中心，瓶颈向外延伸，直达蛋黄膜下托住胚盘，胚盘在蛋黄表面。若它是一个受精卵称为胚胎，而没受精的卵称为胚珠。受精蛋的胚胎在适宜的外界温度下，很快便会发育，这样就降低了蛋的耐贮性和质量。白色蛋黄的外围，被深黄色和浅黄色蛋黄由里向外分层包围着，在蛋黄膜之下为一层较薄的浅黄色蛋黄，接着为

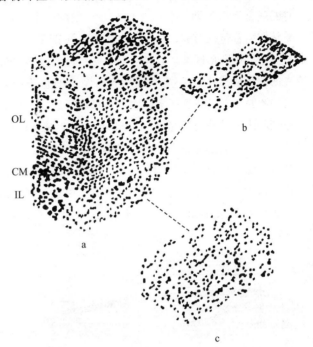

图 2-9　蛋黄膜电子显微镜观察结构图
a. 蛋黄膜的三维外观　b. 连续层　c. 蛋黄膜内层
OL. 蛋黄膜外层　CM. 连续层　IL. 蛋黄膜内层

一层较厚的黄色蛋黄，再里面又是一层较薄的淡黄色蛋黄。但浅黄色蛋黄仅占全蛋黄的 5.0%。可以把蛋黄看成在一种蛋白质（卵黄球蛋白）溶液中含有多种悬浮颗粒的复杂体系，这些颗粒主要是：卵黄球（也称油脂球）、游离微粒、大的低密度脂蛋白和髓质颗粒。

　　蛋黄之所以呈现颜色深浅不同的轮状，是由于在形成蛋黄时母禽昼夜新陈代谢的节奏性不同。蛋黄色泽由 3 种色素组成，即叶黄素-二羟-α-胡萝卜素、β-胡萝卜素以及黄体素。前两者在蛋黄中的比例为 2:1。

　　由于饲料中色素物质含量不同，蛋黄颜色分别呈橘红、浅黄或淡绿，青饲料和黄色玉米均能增进蛋黄的色素，过量的亚麻油粕粉使蛋黄呈绿色。一般煮过的饲料，便失去着色力，干燥的粉料营养成分高，均为有效的着色饲料。冬季所产蛋的蛋黄通常较淡，而夏季所产蛋的蛋黄色泽较为明显，这是由于母禽放出去吃了青草。有些在夏季所产的蛋，称为"紫黄蛋"，其蛋黄带有淡绿颜色，这是由于母禽吃了杂草。这种颜色的蛋黄，在鸡蛋中常可发现。

　　胚盘在蛋黄表面上有一颗乳白色的小点，未受精的呈圆形，称为胚珠，受精的呈多角形，称为胚盘（或胚胎），直径 2～3 mm。受精蛋很不稳定，当外界温度升至 25 ℃时，受精的胚盘就会发育。最初形成血环，随着温度的逐步升高，而产生树枝形的血丝，"热伤蛋"也由此而发生。胚胎是家禽的发源点，小雏就由此发育产生。未受精的蛋耐贮藏。在胚盘的下部至蛋黄的中心有一细长近似白色的部分，称为蛋黄心。胚盘浮在蛋黄的表面，其原因是密度相对较小。

　　3. 胚盘（胚珠）　随着母鸡性成熟，卵泡细胞增殖，形成由单层扁平卵泡细胞包围的原始卵泡，白色卵黄开始缓慢沉积，卵原细胞形成初级卵母细胞，随后，初级卵母细胞产生一个大的次级卵母细胞和一个小的第一极体，完成第一次成熟分裂，之后进行第二次成熟分裂，但卵母细

胞的第二次成熟分裂只能进行到中期，即停止下来。直到有精子穿入时，卵母细胞才继续完成第二次成熟分裂，产生第二极体和成熟的卵子。受精后的卵子形成合子，最后形成受精蛋，没受精的次级卵母细胞形成无精蛋。在产蛋前的最后几个小时，胚盘扩展成放射状左右对称状，Eyal 命名此时的胚盘为第 X 期，大约含有 6 万个细胞。禽类卵为端黄卵，卵裂只在胚盘处进行，受精后，受精卵随着蛋的形成，在母鸡体内进行短期发育，动物极区域逐渐细胞化导致胚盘的产生。胚盘是一个白色圆形区域，直径 3 mm 左右，经过多次细胞分裂，胚盘细胞下面出现胚盘下腔，蛋清表面的胚顶部开始迁移到卵黄下背面，形成胚下腔，腔的细胞化的顶部成为上胚层，其后部边缘的细胞脱离并迁移到胚下腔底部，形成下胚层（图 2-10）。

Joseph 认为受精蛋胚盘（blastoderm）与无精蛋胚珠（blastodisc）存在 3 大区别：第一，形状的区别。通常胚盘呈圆盘形，同心圆状。外周是一层均匀对称的白色环状结构，中部明亮透明。胚珠边缘不规则，呈锯齿状。而且在胚珠内含有大量空泡（vacuoles）。第二，大小的区别。胚盘比胚珠大，通常是胚珠的 1.5～2 倍。第三，颜色致密度的区别。胚盘看起来要偏白透明一点，胚珠看起来小而致密。胚珠看起来是由众多白色小颗粒密集组成。胚盘结构示意见图 2-11。

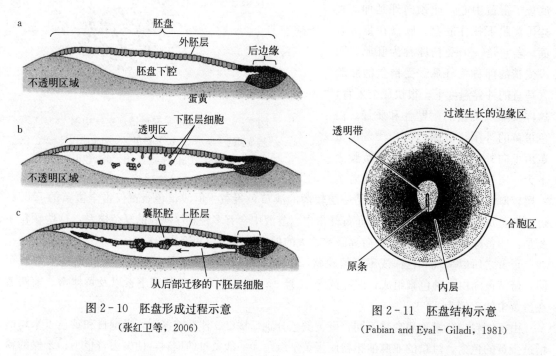

图 2-10　胚盘形成过程示意
（张红卫等，2006）

图 2-11　胚盘结构示意
（Fabian and Eyal-Giladi，1981）

（四）气室

在蛋的钝端，由蛋白膜和内蛋壳膜分离形成气囊，称为气室。刚产下的蛋内蛋壳膜和蛋白膜紧贴在一起，没有气室，当蛋接触空气，由于突遇低温，蛋内容物遇冷发生收缩，使蛋的内部暂时形成一部分真空，外界空气便由蛋壳气孔和蛋壳膜网孔进入蛋内，并将蛋的钝端两层膜分开，形成一个双凸透镜似的空间，称为气室。里面贮存着一定的气体。

蛋的气室只在钝端形成，而不在锐端形成，主要是由于钝端比锐端与空气接触面广，气孔分布更多更大，外界空气进入蛋内的机会更多更快。根据 Meharliscu 的研究报道，禽蛋排出体外后，早则 2 min，迟则 10 min，一般 6～10 min 便形成气室。24 h 后气室的直径可以达 1.3～1.5 cm。新鲜蛋气室小，随着存放时间延长，内容物的水分不断消失，气室会不断增大。所以，气室的大小与蛋的新鲜度有关，是评价和鉴别蛋的新鲜度的主要标志之一。

三、禽蛋各部分的比例

禽蛋中的蛋壳、蛋黄和蛋白3个主要部分之间具有一定的比例关系，蛋白所占比例最大，蛋黄次之，蛋壳占比例最小，见表2-3。

表2-3 鸡蛋各部分的比例

部 位	绝对质量/g	相对质量/g	备 注
全蛋	58.0	100	占全蛋
蛋白	32.9	55.8	占全蛋
外层稀薄蛋白	7.6	23.2	占蛋白
中层浓厚蛋白	18.9	57.3	占蛋白
中层稀薄蛋白	5.3	16.8	占蛋白
系带层浓蛋白	0.9	2.7	占蛋白
蛋黄	18.7	31.9	占全蛋
蛋壳和蛋壳膜	6.4	12.3	占全蛋
蛋壳	6.2	96.8	占蛋壳和蛋壳膜
蛋壳膜	0.2	3.2	占蛋壳和蛋壳膜

蛋各组成部分在蛋中所占的比重与家禽的品种、日龄、产蛋季节、蛋的大小和饲养条件有关。不同种类的禽蛋，3个部分组成的含量是不同的（表2-4、表2-5、表2-6）。

表2-4 不同种类禽蛋的各组成部分物质的含量　　　　单位：%

种类	蛋壳	蛋内容物（可食部分）		
		全蛋液	蛋白	蛋黄
鸡蛋	10~12	88~90	45~60	26~33
鸭蛋	11~13	87~89	45~58	28~35
鹅蛋	11~13	87~89	45~58	32~35

表2-5 不同蛋重各组成部分物质的含量

蛋重/g	蛋壳/%	蛋可食部分/%				
		蛋液	蛋白		蛋黄	
			占全蛋	占可食部分	占全蛋	占可食部分
20	19.7	80.3	76.5	94.8	3.8	5.2
23~30	16.6	83.4	68.2	81.8	15.2	18.2
30~40	12.6	87.4	56.7	64.9	30.7	35.1
41~45	10.6	89.4	58.2	65.2	31.2	34.8
46~50	10.8	89.2	57.8	64.8	31.4	35.8
51~55	11.2	88.8	57.7	65.0	31.1	35.0
56~60	11.3	88.7	58.8	66.0	29.9	33.7
61~65	11.0	89.0	59.9	66.8	29.5	33.2
66	11.5	88.5	62.7	70.8	25.8	39.6

表2-6 产蛋季节不同蛋各组成部分物质的含量　　　　单位：%

产蛋月份	蛋白占内容物	蛋黄占内容物	二者之差
1~3	55	45	10
4~6	62	38	24
7~9	66	34	32
10~11	60	40	20

产蛋季节不同，其各部位比例亦不相同，如初春的蛋，蛋黄比例高，占蛋内容物的 48%，蛋白占 52%；晚春产的蛋，蛋白占 62%，蛋黄只占 38%。1～3 月所产的蛋，蛋黄所占的比例大，而 7～9 月蛋黄占的比例相对小。

除此之外，饲料条件对蛋各部分组成也有一定影响，如当饲料中缺少矿物质时，家禽所产的蛋壳薄，所占比例也小。

第三节 禽蛋的生产与品质

一、产蛋时间与潜力

曾经有人研究过 119 只洛岛红母鸡的产蛋规律发现：在连产蛋之间的平均产蛋时间间隔，个体之间存有差异，最长的 27.7 h，最短的仅 23 h。产蛋间隔时间主要是蛋在子宫停留的时间，大约等于从排卵到蛋产出这一段过程蛋在输卵管形成的时间，短者仅 13.8 h，长者 17.9 h，相差最多达 4.1 h。

有的母鸡会连续几天都下蛋，然后歇一天以后又接连几天下蛋，又歇一天，这种连产蛋的天数加上休产天数称为产蛋周期。产蛋周期一般是有规律的，但有时产蛋周期也有长短之别。一般来说，产蛋周期长，产蛋的间隔时间就短，也就是蛋形成的时间短，产蛋的频率高，具有高产的潜力。

二、产蛋期与品质

禽类的产蛋具有一定的规律性。不同时期所产的蛋，不仅在产蛋量上有明显区别，而且在蛋品质方面也有差异。了解有关蛋的生产知识，对蛋的收购和分级很有益处。

（一）产蛋期

禽类在一个产蛋年中，产蛋时期可以分为始产期、主产期和终产期 3 个时期。

1. 始产期 始产期是指从产第一个蛋开始到正常产蛋时止。这一时期经过 1～2 周。此期有 2 个明显的特点：一是产蛋没有规律性，也就是产蛋周期不规则，时间长短不一，一般是产蛋间隔长；二是产不正常蛋（反常蛋）较为多见，如双黄蛋、软壳蛋及 1 d 之内产 1 个异形蛋、1 个正常蛋或 2 个异常蛋等。

2. 主产期 主产期是从家禽产蛋正常到产蛋量开始迅速下降的时期。此期有 4 个明显的特点：一是产蛋模式趋于正常；二是产蛋量逐步提高并达高峰，然后缓慢下降；三是主产期在产蛋年中时间最长，对产蛋量有着重要的作用；四是产的蛋质量较好，大小基本均匀，正常蛋多。

3. 终产期 终产期指产蛋量迅速下降到停止产蛋的时期。此期有 3 个明显的特点：一是时间短暂；二是产蛋量迅速下降；三是出现异常蛋的情况较多。

（二）产蛋季节与品质

不同的产蛋季节或月份，蛋的质量特点有所不同。从事蛋的收购和验收的业务人员，应根据各个收购季节或月份，掌握蛋的质量特点，并根据蛋的质量特点，安排加工生产任务。一年中各月份蛋的质量情况大体如下：

① 1～2 月上市的蛋，常出现大空头蛋和贴皮蛋，是由于冬季贮存过久造成的。

② 3 月产的蛋数量多，质量最鲜，气室小，蛋黄脂肪含量高，次劣蛋少，应加强收购。

③ 4～6 月是产蛋旺季，也是孵化雏禽季节，同时也是梅雨季节，故收购的蛋，以黑贴皮蛋、

霉蛋和孵化蛋较多。

④ 7～9 月是高温季节，蛋易于腐败，各种次劣蛋较多，尤以贴皮蛋和黑腐蛋较多见，故须加强质检工作。

⑤ 10～12 月是产蛋淡季，气温稍低，人们习惯将蛋放置过久，容易出现贴皮蛋和大空头蛋。

三、营养强化蛋

营养强化蛋是一种营养强化食品。在鸡的饲料中添加某些特殊营养成分，即能产生含有某种营养的强化蛋，如碘强化蛋、硒强化蛋、维生素强化蛋等。此类蛋品争议较大，此处只做简单介绍。

（一）高碘蛋

1. 生产方法　碘是人体不可缺少的微量元素。高碘蛋是一种食疗药蛋，是开发最早，也是目前规模化生产最多的营养强化蛋。要使蛋鸡产高碘蛋，主要是在蛋鸡饲料中添加含碘的饲料添加剂，主要有：海藻、碘化钾、碘酸钙和碘等。

2. 高碘鸡蛋的特点与营养保健作用　高碘蛋与普通鸡蛋外形无区别，每枚普通蛋中只含碘 6～30 μg，而高碘蛋含碘 500～2 000 μg，胆固醇含量明显降低。高碘蛋中的碘是以有机碘形式存在，大部分以卵磷脂碘和碘化氨基酸形式存在于蛋黄中，这种有机碘大大增加了防治疾病的范围。

高碘蛋可促进人体新陈代谢，维持甲状腺机能正常，改善脂类代谢，降低血液中胆固醇含量，降低血糖等，对高血脂症、高血压病、糖尿病、甲状腺肿大等疾病防治有一定的作用。

（二）富硒蛋

1. 生产方法　富硒蛋是在鸡蛋日粮中添加亚硒酸钠（每千克饲料 0.5 mg）或富硒酵母（每千克饲料 10 mg），连续饲喂 14 d 后即可获得。鸡蛋中的硒含量随日粮中硒含量的增加而增加，但是从一些研究来看，添加无机硒的蛋，随着添加量的提高很可能负面影响家禽的生产性能，存在轻度中毒的现象，这可能是与有机硒相比，无机硒有较高的吸收利用率且易于沉积。

2. 富硒蛋的特点和营养作用　鸡蛋中的硒是一种有机硒，吸收率高达 80％，比无机硒高 1.6 倍，且有清除自由基、刺激免疫球蛋白、增强免疫功能、延缓衰老和促进儿童生长发育的作用，是集医疗、保健、高营养为一体的营养强化蛋。

（三）富含 ω-6 和 ω-3 多不饱和脂肪酸的鸡蛋

1. 生产方法　在饲料中添加富含亚油酸、亚麻酸的植物油脂，如：菜籽油、豆油、亚麻籽油、葵花籽油、玉米油等，脂质会在鸡体内富集，蛋黄脂质中相应成分的含量就会增加。

富含 ω-6 多不饱和脂肪酸的鸡蛋：ω-6 多不饱和脂肪酸的代表是亚油酸，日粮中添加 3％的植物油，如大豆油和花生油，可明显提高蛋鸡生产性能和增加蛋中亚油酸的含量，使鸡蛋成为一种富含亚油酸的食品。

富含 ω-3 多不饱和脂肪酸的鸡蛋的生产：添加含 EPA 和 DHA 的鱼油；添加富含 ω-3 脂肪酸的植物性饲料，将其作为日粮饲喂给产蛋母鸡。

2. 富含多不饱和脂肪酸的鸡蛋的特点和营养作用　富含多不饱和脂肪酸鸡蛋外观、烹调性能、滋味和贮存质量都无异于常规蛋。但其对降低血脂、减少动脉粥样硬化及预防心脑血管疾病有一定作用，还可促进儿童大脑发育，增强记忆力和思维能力，且有抗过敏等功效。

（四）高维生素蛋

1. 高维生素 A 蛋　在饲料中添加足够量的维生素 A 或富含 β-胡萝卜素的绿色植物成分。据报道，要使蛋黄中维生素 A 的含量提高 2 倍，饲料中维生素 A 的供给量就必须达到常规量的 4 倍，但饲料中维生素 A 添加到一定程度后，蛋黄中维生素 A 将不再增加，过高的维生素 A 将会影响色泽，降低产蛋率。

2. 高维生素 E 蛋　与高维生素 A 蛋相似，日本推出的淮克兰鸡蛋，就是一种高维生素 E 蛋，含量高达 10.8～14.4 mg/个，是普通蛋 0.54～0.77 mg/个的 20 倍，同时还含有较高的维生素 A 和泛酸。

3. 高维生素 B$_1$ 蛋　在鸡日粮中添加强化硫胺素，可提高蛋黄中硫胺素的含量。每千克基础日粮中添加 25～60 mg 硫胺素，投喂 2 d 后所产蛋中含量上升，10～14 d 后，向蛋黄转移达到顶峰，保持在 6.39～15 μg/个，比常规蛋 3.63 μg/个提高了 1.8～2.6 倍。

4. 高维生素 B$_2$ 蛋　在饲料中添加维生素 B$_2$，即核黄素。核黄素的供给常与维生素 B$_{12}$ 一起，当维生素 B$_{12}$ 固定在一定水平（30 μg/kg）时，饲料核黄素含量提高 1 倍，蛋黄中核黄素含量随之增加 0.9 倍，而蛋清中则增加 1.1 倍，对于维生素 B$_2$ 的积蓄率蛋清比蛋黄高。

5. 高维生素 D 蛋　研究发现，增加鸡饲料中维生素 D 的含量，可以生产出高维生素 D 蛋。科学家用 3 组 30 周龄的母鸡进行对比试验，他们用富含维生素 D 的鸡饲料喂养 6 周以后，母鸡所产鸡蛋中维生素 D 的含量可达到普通鸡蛋的 7 倍。

（五）高锌蛋

1. 高锌蛋的生产　在饲料中添加锌盐：饲料中添加 1％～2％的锌盐，如碳酸锌，饲喂 20 d 后，即可产出高锌蛋，比普通蛋含锌量高 2 倍。

利用富锌酵母添加剂：添加量约为 40 mg/kg，添加到日粮中比硫酸锌有利于鸡的吸收转化，因为酵母首先同化无机锌成为有机生物锌，便于鸡吸收利用，使锌富集于蛋中。

2. 特点和营养作用　锌是人体必需的微量元素之一，参与人体 DNA、RNA 及蛋白质合成，具有重要的生理功能、营养作用和临床诊疗意义。天然高锌保健品，可防止和治疗人类的锌缺乏症，对小儿缺锌综合征、慢性小肠溃疡等都具有一定的疗效。

（六）高铁蛋

在饲料中添加适量的硫酸亚铁，饲喂蛋鸡、蛋鸭，经 7～20 d 即可产出高铁蛋，蛋中含铁量为 1 500～2 000 μg/枚，比普通鸡蛋高 0.5～1 倍。它是治疗缺铁性贫血症和失血过多患者的高级营养补品，而且所含铁是通过禽体生化作用后人体容易吸收的低价铁。

📝 **复习思考题**

1. 母禽产蛋系统有什么样的结构与功能？
2. 卵子的成熟具有什么样的特点与过程？
3. 卵斑区与排卵之间有怎样的关系？
4. 解释系带的可能形成机理。
5. 在禽蛋的形成过程中，输卵管各部分结构的作用是什么？
6. 简述禽蛋各部分结构的形成机理。
7. 母禽产软壳蛋的原因是什么？
8. 禽蛋有哪些结构？每层结构有何特点？
9. 禽蛋的生产季节同蛋的品质有何关系？
10. 在蛋品贮藏与加工中，要利用禽蛋结构的哪些特点？

第三章 CHAPTER 3

禽蛋的化学组成与特性

学习目的与要求

　　了解禽蛋的一般化学组成，熟悉蛋壳与蛋壳膜的化学成分，掌握蛋白与蛋黄的主要化学成分，重点掌握蛋白中的主要蛋白质结构及其功能，重点掌握蛋黄中主要蛋白质及脂质成分种类与功能特性；掌握禽蛋的功能特性及其机理，熟悉禽蛋贮运特性及其应用，了解禽蛋的营养特性与理化特性。

第一节　禽蛋的化学组成

一、禽蛋的一般化学组成

禽蛋的化学组成极为复杂，含有胚胎发育所必需的水分、蛋白质、脂肪、矿质元素、维生素、糖类等所有营养物质。其中水分约占整个蛋可食用部分的 75%，而脂肪和蛋白质是主要的营养物。蛋白质是蛋清和蛋黄的基本组成物质，脂质几乎完全在蛋黄中，矿物质是蛋壳的主要组分。全蛋中含有 9%～11% 的蛋壳，60%～63% 的蛋白和 28%～29% 的蛋黄。鸡蛋可食用部分的化学组成见表 3-1。

表 3-1　全蛋可食用部分的化学成分

	营养物质	每 100 g 中含量
总体构成	水	75.84 g
	蛋白质	12.58 g
	总脂质（脂肪）	9.94 g
	灰分	0.86 g
	糖类（差额）	0.77 g
矿物质	钙（Ca）	53 mg
	铁（Fe）	1.83 mg
	镁（Mg）	12 mg
	磷（P）	191 mg
	钾（K）	134 mg
	钠（Na）	140 mg
	锌（Zn）	1.11 mg
	铜（Cu）	0.102 mg
	锰（Mn）	0.038 mg
	氟（F）	1.1 μg
	硒（Se）	31.7 μg
维生素	维生素 C（抗坏血酸总量）	0 mg
	硫胺素	0.069 mg
	核黄素	0.478 mg
	烟酸	0.070 mg
	泛酸	1.438 mg
	维生素 B_6	0.143 mg
	叶酸（总量）	47 μg
	胆碱（总量）	251.1 mg
	甜菜碱	0.6 mg
	维生素 B_{12}	1.29 μg
	维生素 A	487 IU
	视黄醇	139 μg
	维生素 E（α-生育酚）	0.97 mg
	β-生育酚	0.02 mg
	γ-生育酚	0.50 mg
	δ-生育酚	0.02 mg
	维生素 D	35 IU
	维生素 K（叶绿醌）	0.3 μg

（续）

营养物质		每 100 g 中含量
脂质	脂肪酸总量（饱和）	3.099 g
	8：0	0.003 g
	10：0	0.003 g
	12：0	0.003 g
	14：0	0.034 g
	15：0	0.004 g
	16：0	2.226 g
	17：0	0.017 g
	18：0	0.784 g
	20：0	0.010 g
	22：0	0.012 g
	24：0	0.003 g
	脂肪酸总量（单不饱和）	3.810 g
	14：1	0.008 g
	16：1（未分化）	0.298 g
	18：1（未分化）	3.473 g
	20：1	0.028 g
	22：1（未分化）	0.003 g
	脂肪酸总量（多不饱和）	1.364 g
	18：2（未分化）	1.148 g
	18：3（未分化）	0.033 g
	20：4（未分化）	0.142 g
	20：5（$n-3$）	0.004 g
	22：6（$n-3$）	0.037 g
	胆固醇	423 mg
氨基酸	色氨酸	0.167 g
	苏氨酸	0.556 g
	异亮氨酸	0.672 g
	亮氨酸	1.088 g
	赖氨酸	0.914 g
	蛋氨酸	0.380 g
	胱氨酸	0.272 g
	苯丙氨酸	0.681 g
	酪氨酸	0.500 g
	缬氨酸	0.859 g
	精氨酸	0.821 g
	组氨酸	0.309 g
	丙氨酸	0.736 g
	天冬氨酸	1.330 g
	谷氨酸	1.676 g
	甘氨酸	0.432 g
	脯氨酸	0.513 g
	丝氨酸	0.973 g
其他成分	β-胡萝卜素	10 μg
	β-隐黄质	9 μg
	叶黄素＋玉米黄素	331 μg

资料来源：美国农业部（2006）全蛋（原材料，新鲜，不含蛋壳）的可食用部分营养物质数据库。

除了在表3-1中列出的营养素，鸡蛋中还包含许多其他的组分，虽然这些成分的含量极微，但它们对一些生命活动过程可能会有显著影响。例如，唾液酸是鸡蛋中的一种重要成分，在卵黄膜、系带和卵黄中含量较高，而在壳膜中含量低。

禽蛋的化学组成主要受禽类的品种、日龄、蛋的大小、产蛋率和饲养条件等多种因素的影响。不同禽蛋的化学成分组成见表3-2。与水禽蛋相比，鸡蛋的水分含量最高、脂肪含量最低，而鸭蛋的脂肪含量最高；鹅蛋糖类含量最高。鹌鹑蛋的固形物和蛋白质含量最高。

表3-2　不同禽蛋的化学成分组成（可食部分）　　　　　　　　　　单位：%

种类	水分	固形物	蛋白质	脂肪	灰分	糖类
鸡全蛋	72.5	27.5	13.3	11.6	1.1	1.5
鸭全蛋	70.8	29.2	12.8	15.0	1.1	0.3
鹅全蛋	69.5	30.5	13.8	14.4	0.7	1.6
鸽蛋	76.8	23.2	13.4	8.7	1.1	—
火鸡蛋	73.7	25.7	13.4	11.4	0.9	—
鹌鹑蛋	67.49	32.27	16.64	14.4	1.203	—

二、蛋壳和蛋壳膜的化学成分

蛋壳的主要成分为无机物，占蛋壳的96.8%。其中$CaCO_3$约占93%，$MgCO_3$约占1%，还有少量的$Ca_3(PO_4)_2$、$Mg_3(PO_4)_2$及色素（共约占2.8%）。在蛋壳中，有机物约占蛋壳总质量的3.2%，主要为蛋白质，其中包括16%的氮、3.5%的硫、一定量的水及0.003%的脂质。蛋壳的化学组成主要受饲料中钙含量的影响，如果饲料中钙的含量长期严重不足，容易引起禽类产软壳蛋或破损蛋。蛋壳的颜色除了受禽类品种影响外，很大程度上取决于饲料中色素物质的含量及雌禽生殖系统的生理状态。

蛋壳中含有少量的胱氨酸，与硫酸软骨素形成复合物的状态而存在；蛋壳中的色素主要是卟啉色素，蛋壳的颜色不同主要是与所含的卟啉的数量多少有关；蛋壳中的糖类主要是半乳糖胺、葡萄糖胺、糖醛酸及涎酸等，35%的多糖类以硫酸骨素和硫酸软骨素状态存在。

蛋壳外面的一层为外蛋白膜，是一种角质的黏液蛋白，含有蛋白质85%～87%、糖类3.5%～3.7%、脂肪2.5%～3.5%、灰分3.5%。它的蛋白质主要有胶原蛋白、涎酸糖蛋白、卵清蛋白、溶解酶及卟啉等。在蛋壳内面的一层蛋壳膜为内蛋壳膜或蛋白膜，是由一种角蛋白有机纤维交织而成的网状结构（半透膜），主要成分为角蛋白中的硬蛋白，水溶性差；壳上膜又称为胶质薄膜或外蛋壳膜，覆盖在蛋壳表面，由白色透明的黏液干燥而成；壳下膜在蛋壳内层，由蛋壳膜和蛋白膜组成，其各构成层有机物质的含量如表3-3所示。

表3-3　鸡蛋的蛋壳部各构成层有机物质的含量　　　　　　　　　单位：%

成分	蛋壳	壳下膜	外蛋壳膜
全氮	15.01	15.54	15.94
己糖胺态氮	0.46	0.11	0.24
其他的氮	14.55	15.43	15.70
己糖胺	5.83	1.45	3.06
中性糖（半乳糖）	3.57	1.97	2.87
糖醛酸	1.45	0	0
酯型硫酸	1.10	微量	0

三、蛋白的化学成分

蛋白，也称为蛋清，主要是由蛋白质和水组成，可以把蛋白看成是一种以水作为分散介质，以蛋白质作为分散相的胶体物质。蛋白结构不同，其化学成分含量有差异，蛋白的化学组成主要受品种、饲养管理等方面的影响。

1. 蛋白中的水分　水分是蛋白中的主要成分，一般蛋白含水量为 85%～88%，其中少部分与蛋白质结合，以结合水形式存在，大部分水以溶剂的形式存在，其水分主要因蛋白各层中有机物的不同而有所区别，外稀薄层水分含量为 89.1%，浓厚层为 87.75%，内稀薄层为 88.35%，系带膜状层的水分含量为 82%。

2. 蛋白中的蛋白质　蛋白中蛋白质的含量为 11%～13%，目前在蛋白中已经发现近百种蛋白质，其中蛋白质的种类有卵白蛋白、卵球蛋白、卵黏蛋白、卵类黏蛋白和卵伴白蛋白等。蛋白中各种蛋白质的含量极不均衡，其中 6 种蛋白（卵白蛋白、卵伴白蛋白、卵类黏蛋白、溶菌酶、卵黏蛋白、卵糖蛋白）的含量达到了总蛋白量的 86%。这些高含量的蛋白质可以归纳为两类，即简单蛋白类和糖蛋白类。简单蛋白类有卵白蛋白、卵球蛋白和卵伴白蛋白；糖蛋白类包括卵黏蛋白、卵类黏蛋白等。表 3-4 为蛋清中蛋白质种类及性质。

表 3-4　蛋清中蛋白质种类及性质

蛋白质类型	含量/%	等电点	分子质量/ku	性　　质
卵白蛋白	54.0～63.0	4.5～4.8	45	属磷脂糖蛋白
卵伴白蛋白	12～13	5.8～6.0	70～78	与 Fe、Cu、Zn 络合，抑制细菌
卵类黏蛋白	11.0	3.9～4.3	28	抑制胰蛋白酶
卵抑制剂	1.5	5.1～5.2	44～49	抑制蛋白酶，包括胰蛋白酶和糜蛋白酶
卵黏蛋白	2.0～3.5	4.5～5.1	—	抗病毒的血凝集作用
溶菌酶	3.4～3.5	10.5～11.0	14.3～17	分裂 β-（1，4）-D-葡萄糖胺
卵糖蛋白	0.5～1.0	3.0	24.4	属糖蛋白
黄素蛋白	0.8～1.0	3.9～4.1	32～36	结合核黄素
卵巨球蛋白	0.05	4.5～4.7	760～900	热抗性极强
卵球蛋白 G_2	4.0	5.5	36～45	发泡剂
卵球蛋白 G_3	4.0	5.8	36～45	发泡剂
抗生物素蛋白	0.05	9.5	53	结合核黄素
无花果蛋白酶抑制剂	1.0	5.1	12.7	抑制蛋白酶，包括木瓜和无花果蛋白酶

（1）卵白蛋白。又称为卵清蛋白，是蛋白中的主要蛋白质，占新产鸡蛋总蛋白的 54%～63%。卵白蛋白是典型的球蛋白，也是蛋清中唯一含有埋藏于疏水核心内部的自由巯基的蛋白质。卵白蛋白中含有埋藏于疏水中心内部的 1 个二硫键、4 个自由巯基。卵白蛋白为单体、球状磷酸糖蛋白，分子质量约为 45.0 ku，主要有 A_1、A_2、A_3 三种成分，其差别主要在于含有的磷酸基的数量不同，卵白蛋白 A_1、A_2、A_3 分别含有 2、1、0 个磷酸基。在卵白蛋白中，糖的含量为 3.2%，其中含 D-甘露糖 2%，N-乙酰葡萄糖胺 1.2%，通过 N-糖苷键结合于天冬酰胺残基上，由于它含有糖和磷酸基，故属磷脂糖蛋白。

卵白蛋白的等电点为 4.5～4.8，由 385 个氨基酸残基组成，其中 50% 以上为疏水性氨基酸，每个分子有一段糖链，N 端为乙酰甘氨酸、C 端为脯氨酸，分子相互缠绕折叠成具有高度二级结构的球形结构（图 3-1）。经 0.195 nm 分辨率测定的晶体呈 7 nm×4.5 nm×5 nm 的椭圆状，几乎所有的多肽链均由已知的二级结构组成。其 293 位天冬酰胺酸残基为 N-糖基化、N-乙酰化，68 和/或 344 位丝氨酸残基有明显的磷酸化基团，且有磷酸纤维素化的潜能。

天然卵白蛋白晶体结构中，α-螺旋突出成为反应中心，5 股 β-折叠平行于分子的长轴，结构中的二硫键和巯基与卵白蛋白分子的聚集行为相关。天然卵白蛋白的巯基包裹在分子内部，蛋白质聚集体的形成以及热处理下凝胶结构的稳定性都与巯基有关。卵白蛋白热凝固点为 60～65 ℃。在 pH 为 9 时，62 ℃加热 3.5 min，只有 3%～5% 的卵白蛋白发生热变性，pH 为 7 时，几乎不发生热变性。贮存期间，自然卵白蛋白转变为一种热稳定形式：S-卵白蛋白。

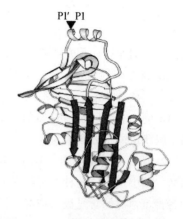

图 3-1 天然卵白蛋白的晶体结构
（P1-N 端，P1′-C 端）

卵白蛋白具有胶凝性、起泡性和乳化特性，但是卵白蛋白在鸡蛋中的生物学地位至今尚未清楚，有学者认为卵白蛋白可作为胚胎发育的氨基酸来源之一。有学者研究卵白蛋白具有某些免疫调节的特性，在一定剂量和被修饰的条件下被发现能减少肿瘤坏死因子 TNF-α 的释放。卵白蛋白属于丝氨酸蛋白酶抑制剂家族成员，但并不具备蛋白酶抑制因子的活性，主要原因在于其 145 位氨基酸残基带电荷，而其他家族成员不带电荷。

（2）卵伴白蛋白。又称为卵转铁蛋白，卵转铁蛋白作为蛋清蛋白中主要的铁离子结合蛋白，占整个蛋清蛋白的 12%。卵转铁蛋白是一个单链糖蛋白，包含 686 个氨基酸，分子质量为 70～78 ku，没有游离的巯基或磷，伴随着两个 CO_3^{2-} 能够可逆地结合两个 Fe^{3+}。卵转铁蛋白由一个 N 和一个 C 末端区域组成，一个过渡金属原子如 Fe（Ⅲ）、Cu（Ⅱ）或 Al（Ⅲ）能够紧密结合在每个区域的裂缝之间。等电点（pI）为 5.8～6.0，热凝固温度为 58～67 ℃。

卵伴白蛋白是一种易溶解性非结晶蛋白，遇热易变性，但与金属形成复合体后，对热变性的抵抗性增强，对蛋白分解酶的抵抗性也有所提高。

（3）卵黏蛋白。卵黏蛋白占蛋清蛋白质总量的 2%～3.5%，该蛋白质呈纤维状结构，等电点 pI 为 4.5～5.1。卵黏蛋白在溶液中显示较高的黏度，能够维持浓厚蛋白组织状态，维持蛋白的起泡性。蛋清中的卵黏蛋白主要以可溶性和不溶性两种形式存在，分别由不同的亚基组成。可溶性卵黏蛋白存在于浓厚蛋白和稀薄蛋白中，而不溶性卵黏蛋白只在浓厚蛋白中以凝胶性黏蛋白的形式存在。系带和卵黄膜中的卵黏蛋白主要是以跨膜蛋白的形式存在。浓厚蛋白层中卵黏蛋白含量达 8%，而稀薄蛋白层中含量为 0.9%。不溶性卵黏蛋白和溶菌酶相互作用是形成浓厚蛋白凝胶结构的基础。鲜蛋在贮存过程中浓厚蛋白发生水样化，主要是与卵黏蛋白变化有关。

卵黏蛋白中的糖主要是以 3～6 个糖单元组成的低聚糖及糖胺作为支链的形式存在。N-糖苷主要与多肽链的天冬氨酸残基相连，而 O-糖苷主要与多肽链的丝氨酸和苏氨酸残基相连。这些低聚糖主要包括甘露糖（Man）、半乳糖（Gal）、N-乙酰-D-半乳糖、N-乙酰-D-葡萄糖、N-乙酰神经氨酸（NeuAc）以及果糖和硫酸酯。

卵黏蛋白的热抗性极强，在 pH 为 7.1～9.1 时，90 ℃加热 2 h，卵黏蛋白溶液不发生变化。卵黏蛋白除了能够维持蛋清的凝胶状结构和黏度、防止微生物扩散之外，在体外对新城疫病毒、牛轮状病毒和人流感病毒具有良好的抑制作用。由链霉菌蛋白酶处理产生的卵黏蛋白肽溶解性得到增强，而其病毒结合活性仍然保留。当热处理或 pH 破坏卵黏蛋白 β-亚基的 N-乙酰神经氨酸后，其与鸡新城疫病毒的结合受到抑制。α 和 β 亚基之间的二硫键可以促进卵黏蛋白与抗卵黏蛋白抗体之间的结合。

（4）卵类黏蛋白。卵类黏蛋白属于糖蛋白类的复合蛋白质，含量占蛋白中蛋白质总量的

11.0%，仅次于卵白蛋白，分子质量为 28 ku，等电点为 3.9～4.3，溶解度比其他蛋白质大很多，在等电点时仍可溶解。卵类黏蛋白对胰蛋白酶有抑制作用，能够抑制细菌性蛋白酶。其热稳定性较高，在 pH 3.9 以下，100 ℃加热 60 min，不发生变性现象，在 pH 7 以下加热，其抗胰蛋白酶的活性比较稳定。

（5）卵球蛋白 G₂ 和 G₃。卵球蛋白是一种典型的球蛋白，分子质量为 36～45 ku，G₂ 等电点为 5.5，G₃ 等电点为 5.8。在蛋白中，G₂ 和 G₃ 占蛋白质总量的 4%，具有极好的发泡特性，是食品加工中优良的发泡剂。

（6）卵抑制剂。卵抑制剂占蛋白中蛋白质总量的 1.5%，分子质量为 44～49 ku，等电点 pI 为 5.1～5.2，含糖量为 5%～10%，属糖蛋白。卵抑制剂具有对多种蛋白酶活性的抑制作用，对热和酸非常稳定。

（7）溶菌酶。溶菌酶占蛋白中蛋白质总量的 3.4%～3.5%，主要存在于蛋白浓厚蛋白中，尤其是在系带膜状层中，比其他蛋白质至少多 2～3 倍。溶菌酶是一种碱性蛋白酶，分子质量为 14.3～17 ku，等电点为 10.5～11.0，在蛋白中主要与卵黏蛋白结合存在，对维持浓厚蛋白结构起重要作用。溶菌酶的热稳定性受多种因素影响，在 pH 4.5 时加热 1～2 min 仍稳定，在 pH>9 时稍不稳定，尤其是有微量元素铜存在时，溶菌酶很不稳定。

（8）抗生物素蛋白。抗生物素蛋白属于糖蛋白，在蛋白中占蛋白质总量的 0.05%，抗生物素蛋白为均一的同源四聚体，每一个亚基结合一个生物素（维生素 B₇，维生素 H）。4 个亚单位呈现精确的对称，各自的抗生物素蛋白单体以反平行的 β-细丝排列，形成典型的 β-金属牙冠带环，它们的内部区域为右旋型生物素结合位点。蛋白结构中每个单体包含 128 个氨基酸残基，理论分子质量为 14 344 u，4 个单体结合理论分子质量为 57.4 ku，抗生物素蛋白结构中糖类占蛋白总分子质量 10%左右。分子质量 53 ku，等电点为 9.5。抗生物素蛋白在纯水中溶解度类似于球蛋白，而在 50%硫酸铵溶液中的溶解度又与白蛋白相似，抗生物素蛋白富含的色氨酸与其活性密切相关，是抗生物素蛋白与生物素咪唑环酮结合的基团。

（9）黄素蛋白。核黄素结合蛋白又称为黄素蛋白或卵黄素蛋白，是禽蛋中重要蛋白质之一。它可以结合核黄素（维生素 B₂），在胚胎发育过程中发挥着重要的作用，黄素蛋白主要是由其中的核黄素和所有的脱辅基蛋白结合而成，占蛋白中蛋白质的 0.8%～1.0%，分子质量 32～36 ku，等电点为 3.9～4.1，沉降系数为 2.76 S，分子中氮的含量 13.4 %，磷的含量 0.7%～0.8%，含有糖链。核黄素结合蛋白中脱辅基蛋白与核黄素等量存在，且以 1:1 的物质的量比结合。核黄素结合蛋白是由 219 个氨基酸组成的单一多肽链，其中氨基末端为罕见的焦谷氨酸残基，从氨基端开始第 14 位上存在两种氨基酸的多态性，赖氨酸或天冬酰胺。蛋白质中含有 18 个半胱氨酸残基，组成 9 个二硫键，以维持天然蛋白质的分子构象。蛋白质中有 8 个二硫键位于核黄素结合区域，另外 1 个则连接蛋白质的两个结构域。

（10）无花果蛋白酶抑制剂。无花果蛋白酶抑制剂约占蛋白中蛋白质总量的 1%，是非糖类蛋白质，分子质量 12.7 ku，等电点为 5.1，热稳定性较高。能够抑制无花果蛋白酶、番木瓜蛋白酶及菠萝蛋白酶，此外还能抑制组织蛋白酶 B 和组织蛋白酶 C。

3. 蛋白中的糖类　蛋白中的糖类主要分为两种状态存在，一种是同蛋白质结合，以结合态存在，在蛋白中含 0.5%，如与卵黏蛋白和类黏蛋白结合的糖类；另一种呈游离状态存在，在蛋白含 0.4%，游离糖中的 98%为葡萄糖，余下为果糖、甘露糖、阿拉伯糖、木糖和核糖。虽然蛋白中糖类的含量很少，但是在蛋品加工中，尤其是加工蛋白粉、蛋白片等产品中，对产品的色泽有很大影响。

4. 蛋白中的脂质　新鲜蛋白中含极少量脂质，大约为 0.02%，其中中性脂质和复合脂质的组成比是（6～7）:1。中性脂质中的甘油三酯、游离脂肪酸和醇为主要成分，而复合脂质中神经鞘磷脂和脑磷脂为主要成分。

5. 蛋白中的维生素及色素 蛋白中的维生素比蛋黄中略少，主要有维生素 B_2 240～600 mg/100 g、维生素 C 0.21 mg/100 g、烟碱酸 5.2 mg/100 g，泛酸在干燥的蛋白中含有 0.11 mg/100 g。蛋白中的色素极少，其中含有少量的核黄素，因此干燥后的蛋白带有浅黄色。

6. 蛋白中的无机成分 蛋白中的无机成分主要有 K、Na、Mg、Ca、Cl 等，其中以 K、Na、Cl 等离子含量较多，P、Ca 含量少于蛋黄。蛋白中的主要无机成分含量见表 3-5。

表 3-5 蛋白中的主要无机成分含量 单位：mg/100 g

无机物	含量	无机物	含量	无机物	含量
钾	138.0	氯	172.1	锌	1.503
钠	139.1	铁	2.251	碘	0.072
钙	58.52	氯	165.3	铜	0.062
镁	12.41	磷	237.9	锰	0.041

7. 蛋白中的酶 禽蛋之所以能发育形成新的生命个体，除含有多种营养成分和化学成分外，还含有很多的酶类。蛋白中不仅含有蛋白分解酶、淀粉酶和溶菌酶等，最近还发现含有三丁酸甘油酶、肽酶、磷酸酶、过氧化氢酶等。

四、系带及蛋黄膜的化学成分

蛋黄膜是介于蛋白和蛋黄内容物之间的一种蛋白膜，可以防止蛋白和蛋黄中的大分子透过，但水分等小分子及离子可以透过，因此蛋黄膜可以在一定程度上防止蛋黄与蛋白相混。蛋黄膜含水量为 88%，其干物质中主要成分为蛋白质 87%、脂质 3%、糖 10%。蛋黄膜中的蛋白质属于糖蛋白，主要由卵黄膜蛋白-Ⅰ、卵黄膜蛋白-Ⅱ、溶菌酶蛋白、卵黏蛋白和 ZP 蛋白等组成，目前已在蛋黄膜中发现了 13 种蛋白。另外还含己糖 8.5%、己糖胺 8.6%、涎酸 2.9% 以及 N-乙酰己糖胺。蛋黄膜中脂质分为中性脂质和复合脂质，其中中性脂质由甘油三酯、醇、醇酯以及游离脂肪酸组成，而复合脂质主要成分为神经鞘磷脂。蛋黄膜及内、外层的氨基酸组成见表 3-6。

表 3-6 蛋黄膜及内外层的氨基酸组成 单位：%

氨基酸	蛋黄膜	内层	外层
赖氨酸	1.8	1.7	5.0
组氨酸	3.8	3.6	1.6
精氨酸	5.3	6.2	7.5
天冬氨酸	7.8	8.4	13.1
苏氨酸	6.1	5.3	7.7
丝氨酸	6.9	7.9	8.5
谷氨酸	11.6	11.7	7.3
脯氨酸	9.1	9.7	4.6
甘氨酸	9.0	9.7	8.9
丙氨酸	6.4	7.5	7.7
半胱氨酸	3.0	1.6	4.7
缬氨酸	6.8	7.0	5.6
蛋氨酸	0.9	0.5	0.7
异亮氨酸	3.5	3.4	4.6
亮氨酸	10.9	11.3	7.5
酪氨酸	3.4	1.6	1.8
苯丙氨酸	3.6	2.9	3.2

五、蛋黄的化学成分

蛋黄中富含蛋白质、脂质、维生素、矿物质等多种营养物质，具有很高的营养价值，因此，蛋黄成分的开发利用一直以来都是国内外学者研究的热点。蛋黄中含有干物质50%左右，为蛋白中干物质的4倍，其组成非常复杂，蛋黄中有将近48%的水分，32.0%~35.0%的脂质，15.7%~16.6%的蛋白质，0.2%~1.0%的糖类与1.1%的灰分。此外，蛋黄中还含有盐类、色素、维生素等，其组成见表3-7。

表3-7　蛋黄的化学成分含量　　　　　　　　　　　　　单位：%

种类	水分	脂肪	蛋白质	卵磷脂	脑磷脂	矿物质	葡萄糖及色素
鸡蛋	47.2~51.8	21.3~22.8	15.6~15.8	8.4~10.7	3.3	0.4~1.3	0.55
鸭蛋	45.8	32.6	16.8	—	2.7	1.2	—

1. 蛋黄中的脂质　蛋黄中的脂质广义上是指蛋黄油，占蛋黄总重的30%左右，以甘油三酸酯为主的中性脂质约为65%，磷脂约为30%，胆固醇约为4%。孵化过程中的中性脂肪主要是能量来源，而磷脂和胆固醇是促进鸡体细胞结构的形成和脑神经细胞细胞膜（磷脂双分子层）形成的重要成分。因此，蛋黄脂质最重要的功能是提供磷脂和胆固醇作为细胞膜的组成原料。

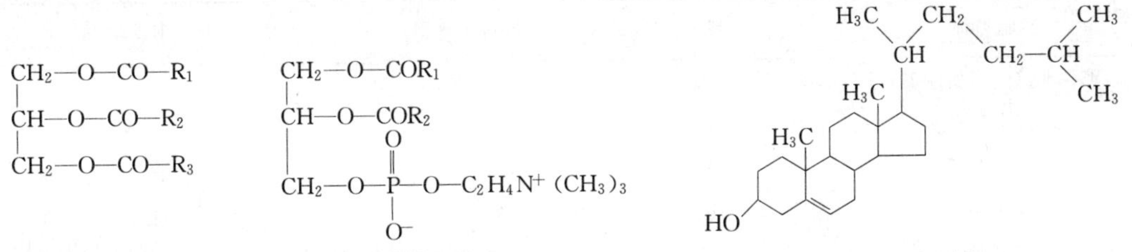

图3-2　蛋黄脂质的基本结构

鸡蛋黄中的脂质含量为30%~33%，鸭蛋黄中约为36.2%，鹅蛋黄中约为32.9%。由于利用各种有机溶剂萃取脂质过程中所采用的溶剂的种类和萃取的条件不同，所以被提取的脂质的数量和组成有很大的差异，但其化学成分基本相同，主要包括真脂、磷脂和胆固醇3部分。

（1）真脂。蛋黄中的真正脂肪，系由不同的脂肪酸和甘油所组成的甘油三酸酯，在鸡蛋黄中约占脂质的62.3%。蛋黄脂质中主要脂肪酸包括油酸（OA）43.6%、棕榈酸（PA）25.1%、亚油酸（LA）13.4%、硬脂酸（SA）8.6%、棕榈油酸（PCA）3.6%、二十二碳六烯酸（DHA）1.8%、花生四烯酸（AA）1.7%。此外，还含有α-亚麻酸（ALA）或二十碳五烯酸（EPA），组成见表3-8。

蛋黄脂肪酸中油酸的含量最高，有报道称油酸可以降低血清胆固醇值。此外，蛋黄脂质中还发现有DHA和AA，是新生儿大脑和视网膜发育不可或缺的，母乳是这类营养物质的另一来源。

表3-8　脂肪酸的组成及蛋黄脂质的结构

脂肪酸	C链	分类	n系列	构成
油酸	C18：1	单一不饱和	n-9	$CH_3(CH_2)_7CH=CH(CH_2)_7COOH$
棕榈酸	C16：1	饱和	—	$CH_3(CH_2)_{14}COOH$
亚油酸	C18：2	多不饱和	n-6	$CH_3(CH_2)_4CH=CHCH_2-CH=CH(CH_2)_7COOH$

（续）

脂肪酸	C 链	分类	n 系列	构成
硬脂酸	C18：0	饱和	—	$CH_3(CH_2)_{16}COOH$
9-十六碳烯酸	C16：1	单一不饱和	n-9	$CH_3(CH_2)_7CH=CH(CH_2)_5COOH$
二十二碳六烯酸	C22：6	多不饱和	n-3	$CH_3CH_2CH=CH-CH=CHCH_2CH=CHCH_2CH=$ $CHCH_2CH=CHCH_2CH=CH-(CH_2)_3COOH$
花生四烯酸	C20：4	多不饱和	n-6	$CH_3(CH_2)_4CH=CHCH_2CH=CHCH_2CH=CHCH_2CH=$ $CH-(CH_2)_3COOH$
α-亚麻酸	C18：3	多不饱和	n-3	$CH_3CH_2CH=CHCH_2CH=CHCH_2CH=CH(CH_2)_7COOH$
花生酸	C20：5	多不饱和	n-3	$CH_3CH_2CH=CHCH_2CH=CHCH_2CH=CHCH_2CH=$ $CHCH_2CH=CH-(CH_2)_3COOH$

（2）磷脂。磷脂由甘油、脂肪酸、磷脂类、胆碱组成，蛋黄中约含有10%的磷脂，主要包括卵磷脂和脑磷脂两类，这两种磷脂占总磷脂含量的88%。蛋黄卵磷脂理化常数：酸价17.0～20.9，碘价64.6～68.2，皂化价197.5～210.9，颜色为白色至淡黄色。蛋黄中磷脂与大豆中磷脂含量比较见表3-9。

表3-9 蛋黄中磷脂与大豆中磷脂含量比较

磷脂名称	缩写	蛋黄中含量/%	大豆中含量/%
卵磷脂（磷脂酰胆碱）	PC	84.3	33
磷脂酰乙醇胺	PE	11.9	14.1
磷脂酰肌醇	PI		16.8
磷脂酸	PA		6.4
鞘磷脂	SM	1.9	
溶血卵磷脂	LPC	1.9	0.9
其他			28.8

蛋黄磷脂包括84.3%的卵磷脂（PC）、11.9%的脑磷脂（PE）、1.9%的鞘磷脂（SM）以及1.9%的溶血卵磷脂（LPC）。对比蛋黄磷脂和大豆源性磷脂（大豆卵磷脂），因为卵磷脂的含量较高，在医药及化妆品行业有很好的应用前景。

（3）胆固醇。蛋黄中含有丰富的胆固醇，约占蛋黄中脂质总量的4.9%，蛋黄中的固醇类物质近98%以上都是胆固醇，但也存在一部分的动物性固醇，少部分的植物固醇如β-谷甾醇、甲基胆甾烯醇以及如麦角脂醇的菌体固醇等。低密度脂蛋白微粒的核心是甘油三酯与胆固醇酯，周围包裹着载脂蛋白、磷脂及胆固醇，起着乳化及防冷冻作用，其结构见图3-3。

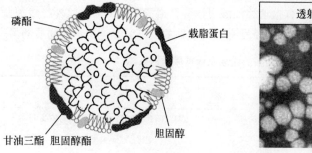
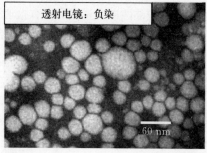

图3-3 蛋黄脂蛋白结构

Montserret 等人认为低密度脂蛋白能在油-水界面中分散开，磷脂与载脂蛋白吸附在核表面，中间核心部分则与油滴相结合。低密度脂蛋白由于密度较低，故在一般条件下溶解度都很高。它含有 5 种主要的载脂蛋白，其中分子质量为 15 ku 的载脂蛋白在微粒表面活性最高。萃取后的这些载脂蛋白中含较高比例的两亲 α-螺旋，这也是它们能较强地吸附在油-水界面的原因。95% 以上的蛋黄胆固醇存在于低密度脂蛋白中，并且 90% 以上的蛋黄胆固醇以游离（非酯化）形式存在。非酯化的胆固醇在脂蛋白的结构上起着重要作用，它填塞在相邻的磷脂分子之间，从而保持油-水界面的稳定。

除胆固醇以外，蛋黄脂质的其他组分均受鸡种和饲料相应组分变化的影响。因此，可通过增加饲料中相应组成的含量来制备出富含相应组成的蛋黄油或蛋黄磷脂产品。另外，在提取过程中，随着提取方法的不同，被提取出来的蛋黄油脂质的数量和组成也会有很大的差异，其相应的性质、功能和应用也就各有不同。近年来，医学研究发现心血管疾病与饮食中胆固醇含量密切相关，故蛋黄的食用问题备受争议，有待于今后的进一步研究。

2. 蛋黄中的蛋白质 当蛋黄中的蛋白质作为前体蛋白在母鸡的肝内合成后，就会存在于血液中，随后通过卵巢转移到卵细胞中，蛋黄中蛋白质的生化功能几乎与蛋白中蛋白质一样，其大多为磷蛋白和脂肪结合而形成的脂蛋白。表 3-10 中列举了蛋黄中不同种类的蛋白质及其特点。

表 3-10　蛋黄中不同种类的蛋白质及其特点

种　类	含量/%	分　布	分子质量/ku	特　点
低密度脂蛋白（LDL）	65	浆液与蛋黄颗粒	10 300 （LDL-1） 3 300 （LDL-2）	脂质含量约为 87%，载脂蛋白 I～IV 为常见的脂蛋白
卵黄磷蛋白 高密度脂蛋白（HDL）	16	蛋黄颗粒	400（α，β-卵黄磷蛋白复合物）	脂质含量 20%，分子质量：125、80、40、30 ku
卵黄球蛋白	10	浆液	80（α-卵黄蛋白） 40，42（β-卵黄蛋白） 180（γ-卵黄蛋白）	白蛋白 卵黄蛋白原中的 C 终端片段 IgY（母鸡血浆中的免疫球蛋白）
卵黄高磷蛋白	4	蛋黄颗粒	33，45	自然界中磷酸化程度最高的蛋白
蛋黄核黄素结合蛋白	0.4	浆液	36	与蛋白中的黄素蛋白相似，与免疫浆液蛋白中核黄素结合蛋白相似
其他蛋白质	4.6	主要在浆液		分别与生物素、硫胺素、维生素 B_{12}、视黄醇结合的蛋白、蛋黄中的转铁蛋白或其他成分

（1）低密度脂蛋白。低密度脂蛋白是蛋黄中数量最多的蛋白质，约占蛋黄干重的 2/3。也称为卵黄脂蛋白，其中蛋白质含量约为 13%，密度较低，为 0.982 g/mL。蛋黄中的低密度脂蛋白通常被细分为超低密度脂蛋白（也称极低密度的脂蛋白）和低密度脂蛋白。在蛋黄脂蛋白的脂质中，将近 75% 的是中性脂类，剩余的是磷脂质。卵磷脂（71%～76%）、磷脂酰乙醇胺（16%～20%）和鞘磷脂（8%）是蛋黄中的主要磷脂质。蛋黄中的低密度脂蛋白根据密度和尺寸又能被进一步分为两个不同的部分，分别是低密度脂蛋白-1（LDL-1），分子质量为 10 300 ku，低密度脂蛋白-2（LDL-2）分子质量为 3 300 ku。蛋黄的低密度脂蛋白的脱辅基蛋白包含 apovitellenin

Ⅰ～Ⅳ部分。Apovitellenin Ⅰ（分子质量为 9.4 ku），是一种主要的脱辅基蛋白，等同于血清中的极低密度的载脂蛋白。Apovitellenin Ⅱ（分子质量为 20 ku）是一种糖蛋白，能在盐溶液中溶解；但它不是蛋黄中低密度脂蛋白中不可或缺的部分。Apovitellenins Ⅲ 和Ⅳ（分子质量分别为 65 ku 和 170 ku）是水溶性的，由于处在去脂化的状态（即脂质被完全去除），所以使用一些像尿酸之类的变性剂很难使其溶解。Apovitellenins Ⅲ 和Ⅳ都来源于载脂蛋白 B。

（2）卵黄球蛋白。卵黄球蛋白是鸡蛋蛋黄中主要的水溶性蛋白，约占蛋黄总固体的 10.6%，主要存在于蛋黄浆液中，分别含 0.1% 的磷和硫。其等电点为 4.8～5.0，凝固点为 60～70 ℃。电泳卵黄球蛋白可得到 3 种组分，即 α-卵黄球蛋白（分子质量 80 ku）、β-卵黄球蛋白（分子质量 40～42 ku）与 γ-卵黄球蛋白（分子质量 180 ku），在蛋黄中三者含量之比为 2∶3∶5 或 2∶5∶3。

卵黄球蛋白还可以由血清转化而来，并且分别命名为血清白蛋白（α-卵黄球蛋白）和免疫球蛋白 G（IgG）（γ-卵黄球蛋白）。尤其是 γ-卵黄球蛋白还被表示为 IgY，这是因为它在结构上和性质上不同于哺乳动物的 IgG（分子质量 150 ku）。近年来，IgY 在预防传染性疾病方面受到很大关注，被认为是可以从蛋制品中获得的专一性抗体。β-卵黄球蛋白是一种糖蛋白，其半胱氨酸含量较高，并且可以分类为两种分子质量：40 ku 和 42 ku。这些卵黄球蛋白通常可以由酶法降解血清卵黄蛋白原得到，发生在通过卵黄膜的过程中。

（3）卵黄高磷蛋白。卵黄高磷蛋白是一种糖蛋白，含有较高的磷含量（近 10%），是磷酸化程度最高的的天然蛋白质之一。卵黄高磷蛋白占蛋黄中蛋白总量的 4%，含有 12%～13% 的氮及 9.7%～10% 的磷，占蛋黄总磷量的 80%，并含有 6.5% 的糖，相对分子质量为 36 ku，氨基酸的组成中含有 31%～54% 的丝氨酸，其中 94%～96% 与磷酸根相结合。卵黄高磷蛋白含有多个磷酸根，可与 Ca^{2+}、Mg^{2+}、Mn^{2+}、Sr^{2+}、Co^{2+}、Fe^{2+}、Fe^{3+} 等金属离子结合，还可以与细胞色素 C、卵黄磷蛋白等大分子结合成复合体，因此，卵黄高磷蛋白在禽蛋中的生物功能是营养物质的运载体，利用蛋白酶水解卵黄高磷蛋白生成的高磷蛋白磷酸肽具有很好地促进钙、铁和锌等离子吸收的作用。卵黄高磷蛋白含有丰富的磷酸丝氨酰残基，能与金属阳离子强烈结合从而阻止金属离子氧化脂质，具有较强的抗氧化作用。卵黄高磷蛋白对极易发生酸败的 DHA 具有抗氧化活性。蛋黄中的脂蛋白由 89% 的脂质和 11% 的蛋白质组成。卵黄脂蛋白对数种哺乳动物细胞如人肝细胞等的生长具有明显的促进作用，即使在有胰岛素、转铁蛋白、乙醇胺和亚硒酸酯存在时，这种促生长作用依然存在。

卵黄免疫球蛋白主要用于免疫治疗，使免疫降低的个体获得被动免疫，也可以作为传统抗生素治疗的替代物，抵抗细菌和病毒。目前研究证实，特异性卵黄免疫球蛋白可以控制变异链球菌、幽门螺杆菌、梭状芽孢杆菌、产气夹膜芽孢杆菌和痢疾志贺菌等。鸡卵黄免疫球蛋白经口服途径进入机体后，仍保持有效性，可耐受酶的分解作用，并且在自身功能和结构保持不变的情况下发挥作用。在动物模型中能减少龋齿的发生。此外，卵黄免疫球蛋白可以治疗蛇和蜘蛛咬伤。

（4）高密度脂蛋白。高密度脂蛋白也称为卵黄磷蛋白，是一种球状脂蛋白，占蛋黄总蛋白质含量的 16%，不溶于水，溶于中性盐、酸、碱的稀溶液中。等电点为 3.4～3.5，凝固点 60～70 ℃，相对分子质量为 40 000。脂质含量与低密度脂蛋白相比较少，约为 20%，其大部分脂质存在于分子内部。卵黄磷蛋白可以进一步细分成两类组分：α-卵黄磷蛋白和 β-卵黄磷蛋白。虽然其中的磷和糖的含量不同，但两种卵黄磷蛋白都含有锌。丰度比（α∶β）为 2∶1。两种卵黄磷蛋白中蛋白质的含量都接近 75%，脂质主要包括磷脂（15%～17%）与甘油三酯（7%～8%），通常以二聚体的形式存在，分子质量为 400 ku。卵黄磷蛋白在离子条件下很容易分解，主要取决于溶液的 pH。此外，卵黄磷蛋白与脂蛋白的结构特点类似，但又与血清脂蛋白不同。当与卵黄颗粒中的卵黄高磷蛋白结合时形成复合物，该复合物很容易通过改变离子强度而分解。同样 α-卵黄磷蛋白由 4 个不同分子质量的亚基（125 ku，80 ku，40 ku，30 ku）组成，而 β-卵黄脂磷蛋白由两个亚基（125 ku，30 ku）组成。

（5）核黄素结合蛋白。核黄素结合蛋白（RBP）占蛋黄中蛋白质总量的 0.4%，与核黄素以 1∶1 形成复合体，在 pH 为 3.8～8.5 范围内稳定，在 pH 3.0 以下核黄素离解，相对分子质量 36 000，糖含量为 12%。分子中从 185 至 147 的几个丝氨酸残基被磷酸化。核黄素结合蛋白在蛋黄和蛋清中都存在；然而，蛋黄 RBP 与蛋清 RBP 相比，在 C 端缺失了 11～13 个氨基酸，是因为卵母细胞吸收过程中蛋白水解受限。为了区分它们，蛋清 RBP 被称为卵黄素蛋白。两类 RBP 都是在 Asn36 和 Asn147 位糖基化，但其糖类的组成有所不同。

（6）其他蛋白质。生物素结合蛋白是将生物素分子结合到蛋白质（分子质量 68 ku）上，该蛋白质由 4 个 17 ku 的亚基组成。这些蛋白质与蛋清中的抗生物素蛋白相似；然而由于其他蛋白质的存在，血清中生物素结合蛋白被转移到蛋黄中。硫胺素结合蛋白是由一种分子质量为 38 ku 的简单蛋白质结合硫胺素分子（K_d=0.41 μm），能够和核黄素特异性结合。将维生素 B_{12} 分子与血清糖蛋白（分子质量 37 ku）结合（K_d=0.40 μm），即维生素 B_{12} 结合蛋白，与蛋清中的维生素 B_{12} 结合蛋白相同。血清蛋白（分子质量 21 ku）结合维生素 A，即维生素 A 结合蛋白。此外，蛋黄转铁蛋白也同蛋清（卵转铁蛋白）或血清中的相同，只是糖基化部分不同。具有活性的胆碱酯酶（分子质量 100 440 ku）也存在于蛋黄中。

3. 蛋黄中的糖类 蛋黄中的糖类占蛋黄重的 0.2%～1.0%，主要为低聚寡糖，又以甘露糖和葡萄糖为主。其糖类主要与蛋白质结合存在（70%）。例如：葡萄糖与卵黄磷蛋白、卵黄球蛋白等结合存在，而半乳糖与磷脂结合存在。其余的 30%以游离糖类的形式存在，主要为葡聚糖。研究表明从蛋黄中分离出来的主要低聚糖为 *N*-乙酰基乳糖胺类型，结构如图 3-4 所示：

Galβ1 - 4GlcNAcβ1 - 2Manα1 - 6╲
Manβ1 - 4GlcNAcβ1 - 4GlcNAc
NeuAcα2 - 6Galβ1 - 4GlcNAcβ1 - 2Manα1 - 3╱

单唾液酸寡糖（Ⅰ型）

GlcNAcβ1 - 2Manα1 - 6╲
Manβ1 - 4GlcNAcβ1 - 4GlcNAc
NeuAcα2 - 6Galβ1 - 4GlcNAcβ1 - 2Manα1 - 3╱

单唾液酸寡糖（Ⅱ型）

NeuAcα2 - 6Galβ1 - 4GlcNAcβ1 - 2Manα1 - 6╲
Manβ1 - 4GlcNAcβ1 - 4GlcNAc
NeuAcα2 - 6Galβ1 - 4GlcNAcβ1 - 2Manα1 - 3╱

二唾液酸寡糖

图 3-4 *N*-乙酰乳糖胺低聚糖的化学结构式

4. 蛋黄中的色素 蛋黄含有较多的色素，所以蛋黄呈黄色或橙黄色，其中色素大部分是脂溶性的，如胡萝卜素、叶黄素及水溶性色素，主要以玉米黄色素为主。每 100 g 蛋黄中含有约 0.3 mg 叶黄素、0.031 mg 玉米黄素和 0.03 mg 胡萝卜素。

5. 蛋黄中的酶 蛋黄中含有多种酶，到目前为止已经证实蛋黄中的酶主要包括淀粉酶、三丁酸甘油酶、胆碱酯酶、蛋白酶、肽酶、磷酸酶、过氧化氢酶等。禽蛋在较高的温度下容易腐败变质，这与其中酶的活性增强有着密切的关系。因此如何抑制蛋黄中各种酶的作用，延长鲜蛋的保质期是目前急需解决的问题。

6. 蛋黄中的维生素 鲜蛋中维生素主要存在于蛋黄中，蛋黄中维生素不仅种类多，而且含量丰富，其中维生素 A、维生素 E、维生素 B_1、维生素 B_2、泛酸含量较高。蛋黄中维生素的组成见表 3-11。

表 3-11 每 100 g 蛋黄中维生素的组成 单位：μg

种类	含量	种类	含量
维生素 A	200～1 000	维生素 B_1	49.0
维生素 D	20.0	维生素 B_2	84.0
维生素 E	15 000.0	烟酸	3.0
维生素 K_2	25.0	维生素 B_6	58.5
泛酸	580.0	维生素 B_{12}	342.0
叶酸	4.5		

7. 蛋黄中的矿物质 蛋黄中含有 1.0%～1.5%的矿物质，其中以 P 最为丰富，占无机成分总量的 60%以上，Ca 次之，占 13%，此外还含有 Fe、S、K、Na、Mg 等。蛋黄中的 Fe 易被吸收，而且也是人体必需的无机成分，因此，蛋黄常作为婴儿早期的补充食品。蛋黄中的微量元素含量见表 3-12。

表 3-12 每 100 g 蛋黄中的微量元素含量 单位：mg

种类	含量	种类	含量
氟	0.13	溴	5.2
硼	0.000 8	锰	30.0
硅	0.62	亚铅	4.9
砷	0.016	铜	0.8
碘	0.024	铅	0.1～0.2

第二节 禽蛋的特性

一、禽蛋的营养特性

（一）禽蛋具有较高的热值

食品的热值是评定食品营养价值的基本指标。人体对食品的需要量通常是用主要营养物质中糖、蛋白质、脂肪所产生的热值来表示，因此热值对于人体来说具有非常重要的意义，是维持生命代谢的重要条件。禽蛋作为一种安全可靠的食品，具有较为丰富的营养物质以及较高的食物热值，由于禽蛋的营养价值已经被人们所认识，并且安全可靠，价格低廉，因此，被人们称为 21世纪维持人体生命的营养物质。

禽蛋的热值主要是由所含有的脂肪和蛋白质决定，蛋的热值低于猪肉、羊肉，高于牛肉、禽肉和乳类，其利用价值较高，应用范围较广。

（二）禽蛋富含营养价值较高的蛋白质

蛋类中的蛋白质含量较高，其中鸡蛋中的蛋白质含量为 11%～13%，鸭蛋为 12%～14%，鹅蛋为 12%～15%。日常食物中，谷类含蛋白质 8%左右，豆类 30%～40%，蔬菜 1%～2%，肉类 16%～20%，鱼类 10%～12%，牛乳 3.0%，可见，蛋类的蛋白质含量仅低于豆类和肉类，而高于其他食物。

蛋白质的消化率是指食物蛋白质可被消化吸收的程度,蛋白质的消化率越高,被机体吸收利用的可能性越大,其营养价值也越高。按照传统的烹调方法,蛋品中的蛋白质消化率为98%,奶类为97%~98%,肉类为92%~94%,米饭为82%,面包为98%。

禽蛋蛋白中的蛋白质特别是鸡蛋中的蛋白质主要是以卵白蛋白为主,其次为卵伴白蛋白和卵类黏蛋白等20余种蛋白质,并且蛋清蛋白质中所含的氨基酸残基各不相同,其中支链氨基酸的含量要远大于芳香族氨基酸的含量,具有较高的营养价值及功能特性。经研究表明,蛋白中的支链氨基酸具有降低血氨浓度、改善手术后和卧床病人的蛋白质营养状况、抵抗疲劳、降低人体血清中胆固醇含量以及抑制人体癌细胞增殖等一系列功能特性,且蛋清蛋白价格低廉,易于提取。

禽蛋中的蛋白,以卵白蛋白为主,而蛋黄中同时含有丰富的卵黄高磷蛋白,都是完全蛋白质。

食物中蛋白质的生物价是指食物蛋白质被吸收后在体内贮存,真正被利用的氮的数量与体内吸收的数量的比值。由表3-13可知,鸡蛋蛋白质的生物价要高于其他动物性和植物性食品的蛋白质生物价,因此,禽蛋的蛋白质的营养价值极高。

表3-13 常见食物蛋白质的生物价

动物性食物		植物性食物	
蛋白质	生物价	蛋白质	生物价
鸡蛋(全)	94	大米	77
鸡蛋黄	96	小麦	67
鸡蛋白	83	大豆	64
牛奶	85	玉米	60
牛肉	76	蚕豆	58
白鱼	76	小米	57
猪肉	74	面粉	52
虾	77	花生	59

禽蛋必需氨基酸含量丰富,且比例适当,与人们的需要最为接近。表3-14为人乳与几种动物性食物蛋白质的主要氨基酸的组成。由于鸡蛋中的蛋白质相当于人奶的营养价值,所以通常将鸡蛋的蛋白质作为其他食物的参考蛋白。

表3-14 人乳与几种动物性食物蛋白质的主要氨基酸的组成(质量分数) 单位:%

氨基酸	蛋白	蛋黄	全蛋	牛乳	人乳	牛肉	猪肉
精氨酸	5.8	8.2	7.0	4.3	6.8	7.7	7.1
组氨酸	2.2	1.4	2.4	2.6	2.8	2.9	3.2
赖氨酸	6.5	5.5	7.2	7.5	7.2	8.1	7.8
酪氨酸	5.4	5.8	4.3	5.5	5.1	3.4	3.0
色氨酸	1.7	1.7	1.5	1.6	1.5	1.3	1.4
苯丙氨酸	5.5	5.7	5.9	5.3	5.9	4.9	4.1
胱氨酸	2.6	2.3	2.4	1.0	2.3	1.3	—
蛋氨酸	2.4	1.4	4.9	3.3	2.5	3.3	2.5
苏氨酸	4.3	—	4.9	4.6	4.5	4.6	5.1
亮氨酸	—	—	9.2	1.3	10.1	7.7	7.5
异亮氨酸	—	—	8.0	6.2	7.5	6.3	4.9
异戊氨酸	—	—	7.3	6.6	8.8	5.8	—

（三）禽蛋含有丰富的脂肪

蛋中含有 11%～15% 的脂肪，而脂肪中含有 58%～62% 的不饱和脂肪酸，其中亚油酸含量丰富。此外，蛋中还富含磷脂和固醇类，其中磷脂（卵磷脂、脑磷脂和神经磷脂）对人体的生长发育非常重要，是构成体细胞及神经活动不可缺少的物质，固醇是机体内合成固醇类激素的重要成分。

（四）禽蛋含有丰富的矿物质和维生素

禽蛋含有 1% 左右的灰分，其中钙、磷、铁等无机盐含量较高，85 g 可食部分含钙 55～71 mg、磷 210 mg、铁 2.7～3.2 mg。尤其，蛋中的铁含量相对其他食物要高，且易被吸收（利用率达 100%），因此，蛋黄是婴儿、幼儿及贫血患者补充铁的良好食品。此外，蛋中还含有丰富的维生素 A、维生素 D、维生素 B、维生素 B_2、维生素 PP 等。

（五）禽蛋中营养成分分布及妨碍消化吸收的成分

1. 蛋类营养成分的分布　蛋黄仅占蛋可食部分的 1/3，但它却含有全蛋的 3/4 热能，提供几乎全部的脂肪、磷脂及胆固醇，大部分的无机盐、维生素 A、维生素 B，尤其是蛋黄中铁的含量是蛋白的 23 倍。另外，蛋黄还含有占全蛋近一半的蛋白质、维生素 B 等。100 g 可食部分蛋类营养成分分布见表 3-15。

表 3-15　100 g 可食部分蛋类营养成分分布

成分	全蛋	蛋白	蛋黄
水分/%	73.7	87.6	51.1
食物热量/kJ	681.3	213.2	1 454.6
蛋白质/g	12.9	10.9	16.5
总脂肪/g	11.5	微量	30.6
饱和脂肪酸/g	4	—	10
油酸/g	5	—	13
亚油酸/g	1	—	2
固醇类/g	550	0	15 000
糖类/g	0.9	0.8	0.6
总灰分/g	1.0	0.7	1.7
Ca/mg	54	9	141
P/mg	2.5	15	569
Fe/mg	2.3	0.1	5.5
Na/mg	122	146	52
K/mg	129	139	98
Mg/mg	11	9	16
维生素 A/IU	1 180	0	3 400
维生素 B_1/mg	0.11	微量	022
维生素 B_2/mg	0.30	0.27	0.44
维生素 PP	'0.1	0.1	0.1

2. 抑制营养成分消化吸收的物质　　与其他食品相比，蛋中抑制营养成分消化吸收的物质是最少的，含量也是最低的，主要存在于蛋白中。蛋白含有丰富而且完全的蛋白质，极少数蛋白质有抗原活性，进入血液中可能会使人体发生变态反应。蛋白中含有 0.05% 的抗生物素蛋白，能与生物素结合，导致肠道不能吸收，引起体内生物素缺乏。蛋白中还含有卵类黏蛋白和卵抑制剂。对胰蛋白酶活性有抑制作用，使得蛋白质不能被消化吸收。这些不利的影响是蛋内蛋白质造成的，可以经过加热变性的方式，消除不利作用。因此，蛋类应该熟吃，有报道，生鸡蛋或未熟的蛋，其消化率为 50%～70%，而煮鸡蛋的消化率达 90% 以上。

二、禽蛋的理化特性

（一）禽蛋的质量

禽蛋的质量受品种、日龄、体重、饲养条件等因素的影响，鸡蛋质量一般平均为 52 g（32～65 g）。贮藏期间，因为蛋内水分通过蛋壳气孔不断向外蒸发而使鸡蛋的质量减轻。就同一个品种家禽所产的蛋来看，初产者蛋小，而体重大的产蛋也大。蛋在存放过程中质量会减轻。

（二）禽蛋壳的颜色和厚度

禽蛋壳的颜色和厚度由家禽的品种和种类决定，鸡蛋有白色和褐色；鸭蛋有白色和青色；鹅蛋为暗白色和浅蓝色。壳质坚实的蛋，一般不易破碎，并能较久地保持其内部品质，一般鸡蛋壳厚度不低于 0.33 mm，深色蛋壳厚度大于白色蛋壳，鸭蛋壳平均厚 0.4 mm。

（三）禽蛋的密度

禽蛋的密度与蛋的新鲜程度有关。新鲜鸡蛋的密度为 1.08～1.09 g/cm³，新鲜火鸡蛋的密度约为 1.085 g/cm³，陈蛋的密度为 1.025～1.06 g/cm³。通过测定蛋的密度，可以鉴定蛋的新鲜程度。

鸡蛋的各个构成部分密度也不相同。蛋白的密度为 1.039～1.052 g/cm³，蛋黄的密度为 1.028～1.029 g/cm³。各层蛋白的密度也有差异。蛋壳的密度为 1.741～2.134 g/cm³。

（四）禽蛋的 pH

由于蛋黄和蛋白的化学组成不同，其 pH 也不相同。新鲜蛋黄的 pH 为 6.32，蛋白的 pH 稍高些，蛋黄和蛋白混合后的 pH 约为 7.5。

鸡蛋在贮藏期间，由于二氧化碳的不断逸出和蛋白质的分解，蛋黄和蛋白的 pH 逐渐升高，至 10 d 左右，蛋黄和蛋白混合后的 pH 可达 9～9.7。蛋黄在贮藏期间 pH 变化较缓慢。

（五）禽蛋的扩散和渗透性

蛋的内容物并不是均匀一致的，蛋白分几层结构，蛋黄也同样有不同结构，在这些结构中，化学组成有差异。因此蛋在放置过程中，高浓度部分物质向低浓度部分运动，这种扩散逐渐使蛋内各结构中所含物质均匀一致，如蛋白在贮存时蛋白层消失。

蛋还具有渗透性，在蛋黄与蛋白之间，隔着一层具有渗透性的蛋黄膜，两者之间所含的化学成分不同，特别是蛋黄中含有钾、钠、氯等离子的盐类的含量比蛋白高。因此，蛋黄为一个高浓度的盐液，这样蛋黄与蛋白之间形成了一定的压差，根据顿南平衡原理，在贮存期间的蛋，两者之间为了趋于平衡，蛋黄中的盐类便不断地渗透到蛋白中来，而蛋白中的水分不断地渗透到蛋黄中去，蛋的这种渗透性与蛋的质量有着密切关系，如散黄蛋，大部分是由于蛋白与蛋黄间渗透作用而引起的，这种渗透作用与蛋的存放时间、存放温度成正比。

另外，蛋的渗透作用还表现在蛋内容物与外界环境之间，它们中间隔有蛋壳部分，其中蛋壳有气孔，壳下膜是一种半透膜，这一特点决定蛋内水分可以向外蒸发，二氧化碳可以逸出。同样，蛋若放置在高浓度物质中，高浓度物质也会向蛋内渗透，再制蛋加工就是利用蛋的扩散性和渗透性原理。

（六）蛋液的黏度

鸡蛋白中的稀薄蛋白是均匀的溶液，而浓厚蛋白具有不均匀的特殊结构，所以蛋白是一种不均匀的悬浊液。蛋黄也是悬浊液。新鲜鸡蛋蛋黄、蛋白的黏度不同，蛋白的黏度为 $0.003\,5\sim0.010\,5\ Pa\cdot s$，蛋黄为 $0.11\sim0.25\ Pa\cdot s$。

蛋白的黏度取决于蛋龄、温度、pH 和切变速率，可见蛋白液是一种假塑性液体。蛋黄也是一种假塑性非牛顿流体，其切应力与切变速率之间呈非线性关系，但由于蛋黄中浆液基本上是牛顿流体，故蛋黄的假塑性是由其颗粒成分决定的。

（七）蛋液的表面张力

表面张力是分子间吸引力的一种量度。在蛋液中存在大量蛋白质和磷脂，由于蛋白质和磷脂可以降低表面张力和界面张力，因此，蛋白和蛋黄的表面张力低于水的表面张力（$7.2\times10^{-2}\ N/m$，$25\ ℃$）。根据 Peter 和 Bell 的结论，含有 12.5% 干物质的蛋白，在 pH 7.8、温度 $24\ ℃$ 时，表面张力为 $4.94\times10^{-2}\ N/m$；根据 Vincent 的结论，蛋黄表面张力约为 $4.4\times10^{-2}\ N/m$。还有人认为，鲜鸡蛋的表面张力，蛋白为 $5.5\times10^{-2}\sim6.5\times10^{-2}\ N/m$，蛋黄为 $4.5\times10^{-2}\sim5.5\times10^{-2}\ N/m$，两者混合后的表面张力为 $5.0\times10^{-2}\sim5.5\times10^{-2}\ N/m$。

蛋液表面张力受温度、pH、干物质含量及存放时间影响。温度高，干物质含量低，蛋存放时间长而蛋白质分解，则表面张力下降。

（八）禽蛋的热力学性质

鲜鸡蛋蛋白的凝固温度为 $62\sim64\ ℃$，平均为 $63\ ℃$；蛋黄的凝固温度为 $68\sim71.5\ ℃$，平均为 $69.5\ ℃$；混合蛋（蛋白、蛋黄混合后）的凝固温度为 $72\sim77\ ℃$，平均为 $74.2\ ℃$。

蛋白的冻结点为 $-0.48\sim-0.41\ ℃$，平均为 $-0.45\ ℃$；蛋黄的冻结点为 $-0.617\sim-0.545\ ℃$，平均为 $-0.6\ ℃$。在冷藏鲜蛋时，应控制适宜的温度，以防冻裂蛋壳。

（九）禽蛋的耐压度

禽蛋的耐压度是指蛋能最大限度承受的压力，单位为 Pa。禽蛋的耐压度与蛋的形状、大小、蛋壳厚度以及蛋壳的致密度有关。一般圆形蛋比长形蛋的耐压度大，蛋壳厚的耐压度相对也大，不同种类禽蛋耐压度是不同的，见表 3-16。

表 3-16　不同禽蛋的耐压度

种类	蛋重/g	耐压度/MPa
鸡蛋	60	0.4
鸭蛋	85	0.6
鹅蛋	200	1.1
天鹅蛋	285	0.2
鸵鸟蛋	1 400	5.5

（十）禽蛋的折光指数

折光指数用于产品检验，比如用仪器对比色泽、测定密度及折光指数，折光指数和相对密度是反映蛋液是否纯正的特征指标之一，若该项指标超标，说明该商品中有掺杂，属于掺杂商品。

（十一）禽蛋的食用抗性

鸡蛋具有很低的食用抗性，生鸡蛋蛋白中含有抗生物素蛋白，会影响食物中生物素的吸收，使身体出现食欲不振、全身无力、肌肉疼痛、皮肤发炎等症状。生鸡蛋中含有抗胰蛋白酶，它们影响人体对鸡蛋蛋白质的消化和吸收。未熟的鸡蛋中这两种物质没有被分解，因此影响蛋白质的消化、吸收。加热可促进生物素蛋白、抗胰蛋白酶的分解，促进蛋白质的消化和吸收。

三、禽蛋的功能特性

（一）禽蛋的凝固性

凝固性是蛋白质的重要特性，当卵蛋白受热、盐、酸、碱及机械作用，则会发生凝固。禽蛋的凝固是一种卵蛋白质分子结构变化的结果。这一变化使蛋液变稠，由流体（溶胶）变成固体或半流体（凝胶）状态。

1. 蛋的热凝性　Johnson 和 Zabik 研究了卵蛋白质的加热凝固特性，卵伴白蛋白热稳定性最低，其凝固温度分别是 57.3 ℃，卵球蛋白和卵白蛋白凝固温度分别是 72 ℃和 71.5 ℃，卵黏蛋白和卵类黏蛋白热稳定性最高，不发生凝固，而溶菌酶凝固后强度最高。这些蛋白相互结合，彼此影响凝固特性，使得蛋清（pH 9.4）在 57 ℃长时间加热开始凝固，58 ℃即呈现混浊，60 ℃以上即可由肉眼看出凝固，70 ℃以上则由柔软的凝固状态变为坚硬的凝固状态。蛋清蛋白热凝固和凝胶化过程与水化和离子作用有关。

热凝固蛋白的可溶性部分主要含有单体，当凝胶或凝块没形成时，热处理蛋清的蛋白质可溶部分含有高分子质量可溶性凝集物。蛋黄在 65 ℃开始凝固，70 ℃失去流动性，并随温度升高而变得坚硬。

蛋的稀释使蛋白质浓度下降，引起热凝固点升高，甚至不发生凝固，并且凝固物的剪切力减小。在蛋中添加盐类可以促进蛋的凝固，这是由于盐类能降低蛋白质分子间的排斥力。因此，壳蛋在盐水中加热，蛋凝固完全且易去壳。在蛋液中加糖可使凝固温度升高，凝固物变软。

蛋的很多加工方法都利用了蛋的热凝固性，如煮蛋、炒蛋。但在蛋液加工中如巴氏杀菌过程要防止热凝性。人们常在蛋液中加糖、表面活性剂来改变蛋液的热稳定性，也可以用琥珀酰基、碳化二亚胺和 3，3 - 二甲基戊二酸酐修饰蛋白，增加蛋白热稳定性。

2. 蛋的酸碱凝胶化　蛋在一定的 pH 条件下会发生凝固，众多学者研究了蛋白在碱、酸作用下的凝胶化现象，发现蛋白在 pH 2.3 以下或 pH 12.0 以上会形成凝胶。在 pH 2.3~12.0 时则不发生凝胶化。这对使用鸡蛋蛋白为原料的加工食品，如面包、糕点等酸性食品的加工有很大的指导意义，也对中国松花蛋及糟蛋的形成在酸碱凝固机理的阐明是有益的。许多学者对酸碱凝固机制进行了研究，发现蛋的碱性凝胶化是因蛋白质分子的凝集，但也与蛋白质成分间相互作用有关。张胜善通过黏度测定发现蛋白中卵白蛋白和卵伴白蛋白均可单独用碱处理而凝固，而其他成分则不凝固，卵白蛋白或卵伴白蛋白与蛋清中其他蛋白在碱性条件下结合可提高凝胶强度，这是由于卵白蛋白与卵伴白蛋白用碱处理时，其蛋白质的分子构型受碱作用而展开，然后再相互凝结成立体的网状结构，并将水吸收而形成透明凝胶，这种凝胶可发生自行液化，而酸性凝固的凝胶呈乳浊状，不会自行液化。

蛋白碱性凝胶形成时间及液化时间受 pH、温度及碱浓度影响。如果碱浓度过高，松花蛋腌制时很容易烂头，甚至液化，这时如果进行热处理则蛋白发生凝固可制成热凝固皮蛋。

3. 蛋黄的冷冻胶化 蛋黄在冷冻时黏度剧增，形成弹性胶体，解冻后也不能完全恢复蛋黄原有状态，这使冰蛋黄在食品中的应用受到很大限制，这种现象发生在蛋黄于−6 ℃以下冷冻或贮藏时。在一定温度范围，温度越低则凝胶化速度越快，这是由于蛋黄由冰点−0.58 ℃降至−6 ℃时，水形成冰晶，其未冻结层的盐浓度剧增，促进蛋白质盐析或变性，其中卵黄磷蛋白凝集，蛋黄的凝胶化与低密度脂蛋白有关。为了抑制蛋黄的冷冻凝胶化，可在冷冻前添加 2%食盐或 8%蔗糖、糖浆、甘油及磷酸盐类，而用蛋白分解酶（以胃蛋白酶最好）、脂肪酶处理蛋黄可抑制蛋黄冷冻凝胶化。机械处理如均质、胶体研磨可降低蛋黄黏度。

（二）蛋黄的乳化性

禽蛋的乳化性表现在蛋黄中，蛋黄具有优异的乳化性，它本身既是分散于水中的液体，又可作为高效乳化剂用于许多食品如蛋黄酱、蛋糕、面糊中。表面张力的减少是乳浊液形成的第一步。

在蛋黄成分中，以磷脂质和卵黄球蛋白降低的表面张力最小，目前已知卵磷脂、胆固醇、脂蛋白与蛋白质均为蛋黄中具有乳化力的成分。蛋黄的乳化性受加工方法的影响，蛋黄经稀释后其黏度降低，降低乳浊液的稳定性，向蛋黄中添加少量食盐、糖，可以提高乳化容量。酸能降低蛋黄乳化力，但各种酸对其影响程度不同，强酸影响大，在 pH 5.6 时就会使其稳定性急剧下降，而弱酸则在 pH 4 以下才会对其乳化容量有显著的影响。

蛋黄冷冻会发生胶化，解冻后使用时难与其他原料混合，用机械方法如均质、胶体磨研磨仍无法完全恢复其乳化容量，为此，在蛋黄冷冻前常添加糖、食盐等降低胶化。蛋黄经干燥处理其溶解度降低，这是由于干燥过程中，随着水分的减少其脂质由脂蛋白中分离出来而存在于干燥蛋黄表面，因此严重损害其乳化性。干燥前加糖类，则分子中的—OH 替代脂蛋白的水，保护脂蛋白。干燥后加水，水可再将糖置换，恢复原来脂蛋白的水合状态。另外，贮藏蛋的乳化力下降，向蛋中添加磷脂质并不能提高其乳化性，过量则会使乳化力下降。

（三）蛋清的起泡性

搅打蛋清时，空气进入蛋液中形成泡沫。在起泡过程中，气泡逐渐变小而数目增多，最后失去流动性，通过加热使之固定，蛋清的这种特性在某些食品中如在糖饰、蛋糕中得到了应用。

MacDennell 等把蛋清蛋白质进行分离后研究了每种蛋白质在蛋糕中的作用，除去卵球蛋白和卵黏蛋白的蛋清，搅拌时间增加而制成的蛋糕体积小，重新加入这两种蛋白质并不能恢复蛋糕的体积，这是由于分离过程中蛋白质受到损伤引起的。而用卵球蛋白、卵黏蛋白和卵白蛋白混合物则可以获得与蛋清同样的效果。Johnson 和 Zabik 认为球蛋白对蛋清发泡特性起重要作用。中村与佐藤（1961）进一步证实球蛋白、卵伴白蛋白起发泡作用，而卵黏蛋白、溶菌酶则起稳定作用。

蛋清的发泡能力受许多加工因素影响，当蛋清搅拌到相对密度为 0.15～0.17 时，泡沫既稳定，又可使蛋糕体积最大，加工时均质会延长搅打时间，降低蛋糕体积。蛋白经加热（>58 ℃）杀菌后，会不可逆地使卵黏蛋白与溶菌酶形成的复合体变性，延长起泡所需时间，降低发泡力。为此，在加热前用柠檬三乙酯或磷酸三乙酯补偿热影响，另外，调整 pH 至 7.0 并增加金属盐如 Al^{3+} 等，可以提高蛋白的热稳定性。蛋白的发泡性受酸、碱影响很大，在等电点或强酸、强碱条件下，因蛋白质变性并凝集而起泡力最大。

蛋在高温下贮藏，则蛋黄脂质会通过蛋黄膜渗透，用现代机械打蛋时，蛋清中可能混有 0.01%～0.2%蛋黄，这些少量脂类存在会降低蛋清发泡力。脂酶等化学试剂的添加，对于恢复蛋黄污染蛋清的发泡力很有效。目前还有许多研究结果表明，把二甲基戊二酸酐加到蛋清中，可以保护蛋白不受损害。琥珀酰化蛋白可以改进其热稳定性和发泡力。盐对蛋清蛋白质起泡力的影响见表3-17。

表3-17　盐对蛋清蛋白质起泡力的影响

盐浓度/（mol/L）	卵黏蛋白泡沫高度/cm		卵球蛋白泡沫高度/cm		卵类黏蛋白泡沫高度/cm		卵伴白蛋白泡沫高度/cm	
	NaCl	CaCl₂	NaCl	CaCl₂	NaCl	CaCl₂	NaCl	CaCl₂
0	0	3.0	8.9	8.9	0	0	10.8	10.8
0.01	—	8.9	—	9.4	—	3.8	—	10.5
0.02	4.1	10.0	12.3	5.9	4.1	8.9	8.5	11.4

注：溶液 pH 调整到 9.0。

四、鲜蛋的贮运特性

（一）孵育性

对于新鲜禽蛋，存放温度以-1~0 ℃为宜，因为低温有利于抑制蛋内微生物和酶的活动，使鲜蛋呼吸作用缓慢，水分蒸发减少，有利于保持鲜蛋营养价值和鲜度。当温度升高到10~20 ℃时就会引起鲜蛋渐变；21~25 ℃时胚胎开始发育；25~28 ℃时发育加快，改变了原形和品质；37.5~39.5 ℃时，仅3~5 d 胚胎周围就出现树枝血管，即使未受精的蛋，气温过高也会引起胚珠和蛋黄扩大。

同时，高温还会造成蛋白变稀、水分蒸发、气室增大、质量减轻等。据测定，一枚鲜蛋存放在9 ℃环境中时，每昼夜失重1 mg；22 ℃时，失重10 mg；37 ℃时，失重50 mg。

（二）易潮性

潮湿是加快鲜蛋变质的又一重要因素。鸡蛋虽然有坚固的蛋壳保护，但是雨淋、水洗、受潮都会破坏蛋壳表面的胶质薄膜，造成气孔外露，细菌就容易进入蛋内繁殖，加快蛋的腐败，因此鸡蛋要尽量在通风、干燥的环境下保存。

（三）冻裂性

禽蛋既怕高温，又怕0 ℃以下的低温。当温度低于2 ℃时，容易将鲜蛋蛋壳冻裂，蛋液渗出；-7 ℃时，蛋液开始冻结。因此，当气温过低时，必须做好保暖防冻工作。

（四）吸味性

鲜蛋能通过蛋壳的气孔不断进行呼吸，故当存放环境有异味时，有吸收异味的特性。如果鲜蛋在收购、调运、贮藏过程中，与农药、化学药品、煤油、鱼、药材或某些药品等有异味的物质或腐烂变质的动植物放在一起，就会带异味，影响食用及产品质量。因此，蛋品在贮存过程中，要放到清洁、干净、无异味的环境中，以免影响鲜蛋的品质。

（五）易腐性

鲜蛋含有丰富的营养成分，是细菌最好的天然培养基。当鲜蛋受到禽粪、血污、蛋液及其他有机物污染时，细菌就会先在蛋壳表面生长繁殖，并逐步从气孔侵入蛋内。在适宜的温度下，细菌就会迅速繁殖，加速蛋的变质，甚至使其腐败。

（六）易碎性

挤压碰撞极易使蛋壳破碎，造成裂纹、流清等，使之成为破损蛋或散黄蛋，这些均为劣质蛋。

在日常生活中，蛋壳的破裂会造成蛋的销售量降低、贮存期缩短、蛋中营养成分下降等一系列不良反应，因此，如何提高蛋壳的硬度，保护蛋壳免受损坏是广大蛋品工作者需要关注的问题。

鉴于上述特性，鲜蛋必须存放在干燥、清洁、无异味、温度适宜、通风良好的地方，并要轻拿轻放，切忌碰撞，以防破损。

✎ 复习思考题

1. 不同种类禽蛋的化学成分有哪些差异？

2. 蛋壳和蛋壳膜主要由哪些化学成分组成？

3. 组成蛋清、蛋黄的蛋白质成分各有哪些？这些蛋白质有哪些特点？在蛋品的实际加工中如何利用这些特点？

4. 禽蛋的营养特性有哪些？

5. 禽蛋为什么具有功能特性？在蛋品加工利用的实际工作中，如何利用这些功能特性？

6. 禽蛋有哪些贮运特性？实际工作中如何运用这些贮运特性？

第四章 CHAPTER 4

禽蛋的品质鉴别与分级

学习目的与要求

　　了解禽蛋的各种质量指标；掌握禽蛋品质检验的常用方法，熟悉中国、美国、欧洲、日本、澳大利亚和新西兰等国家的禽蛋分级标准；了解各种异常蛋的分类及特点，掌握禽蛋的各种质量分级标准与质量要求。

第一节 禽蛋的质量指标

一、禽蛋的一般质量指标

（一）蛋形指数

蛋形指数表示蛋的形状，指蛋的纵径与横径之比，或者用蛋的横径与纵径之比的百分率表示。蛋的形状有椭圆形、圆筒形、蚕豆形、球形等，甚至有的一端突出或凹陷。其中，椭圆形为正常形状，蛋形指数为 1.30～1.35 或 72%～76%。其他形状的蛋，一般称为"畸形蛋"。形状不同的蛋，其耐压程度是不同的，圆筒形蛋耐压程度最小，球形蛋耐压程度最大。

蛋的形状不影响食用，但关系到种用价值、孵化率和破蛋及裂纹蛋所占的比例，与蛋的种类、大小有密切关系。禽蛋大小与蛋形指数的关系见表 4-1。

表 4-1　禽蛋大小与蛋形指数的关系

种类	蛋重/g	蛋形指数
鸡蛋	30～40	1.10～1.20
	40～50	1.24～1.30
	50～60	1.28～1.36
鸭蛋	65～75	1.20～1.25
	75～85	1.20～1.25
	85～100	1.41～1.48
鹅蛋	150～170	1.25～1.31
	170～190	1.32～1.40
	190～210	1.37～1.54

（二）蛋重

蛋重指包括蛋壳在内的蛋的质量。蛋重与家禽种类、品种、日龄、气候、饲料和蛋的贮藏时间有密切关系。鸡蛋的平均重量为 52 g（32～65 g）、鸭蛋为 85 g（70～100 g）。

（三）蛋的密度

蛋的密度指单位体积的蛋重。蛋的密度与蛋的新鲜度有密切关系。禽蛋存放时间愈长，蛋内水分蒸发愈多，气室愈大，内容物质量会减轻，其密度变小，蛋就愈不新鲜。蛋的密度与蛋壳厚度的关系见表 4-2。

表 4-2　蛋的密度与蛋壳厚度的关系

蛋的密度/(g/mL)	1.070	1.080	1.090
蛋壳厚度/mm	0.28～0.30	0.33～0.36	0.38～0.41

（四）蛋的容积

蛋的容积指蛋具有的体积。蛋的容积与蛋壳厚度的关系见表 4-3。

表4-3 蛋的容积与蛋壳厚度的关系

蛋的容积/cm³	40	45	50	55	60
蛋壳厚度/mm	0.35	0.36	0.37	0.38	0.39

二、禽蛋的蛋壳质量指标

(一) 蛋壳状况

鲜蛋蛋壳应表面清洁、无粪便、无草屑、无污物。蛋壳应完整,无破损。蛋壳色泽必须具有该品种所固有的色泽,按白、浅褐、褐、深褐、青色、花色等表示。蛋壳色泽与营养价值无关,但由于消费习惯不同而对商品价值有一定的影响,如亚洲人喜食褐壳蛋,而欧洲一些国家的人喜食白壳蛋。

(二) 蛋壳相对重

蛋壳相对重是指蛋壳重占整个蛋重的百分率,蛋壳相对重一般为蛋重的10%左右,最合适的蛋壳相对重为11%~12%。如高于10%则破损率很低,9%以下破损率升高。

(三) 蛋壳厚度

蛋壳厚度有两种:一种是蛋壳实际厚度,即去掉壳膜后蛋壳的实际厚度,平均在0.3 mm左右;另一种是蛋壳的表观厚度,即没有去掉壳膜,这种厚度是蛋壳加壳膜的总厚度,平均在0.37 mm左右。蛋壳厚度受品种、气候、饲料等影响。蛋壳厚度与蛋破损率的关系见表4-4,蛋壳厚度在0.35 mm以上时,蛋具有良好的可动性和长期保存的可能性,耐压性好,不易破损。

表4-4 蛋壳厚度与蛋破损率的关系

蛋壳厚度/mm	0.28	0.31	0.33	0.36	0.38
蛋壳破损与裂纹率/%	45.5	21.8	12.3	6.8	4.9

(四) 蛋壳强度

蛋壳强度是指蛋壳耐压强度的大小,即耐压度或压碎力,取决于蛋的形状、壳的厚度和均匀性。禽蛋在3 MPa下不破裂,并且纵轴的耐压性大于横轴,所以运输和贮藏禽蛋时,以竖放为佳。国际上要求蛋在竖放时能承受2.7~3.6 MPa压力,破蛋壳率不超过1%。

(五) 蛋壳密度

蛋壳密度又称为单位蛋壳表面积的质量,通常以mg/cm²为单位。蛋壳密度愈小,破损率愈高。如密度在45~46 mg/cm²时,几乎所有的蛋都会破;密度达到100 mg/cm²时,破损率只有4%左右。小蛋或刚产下不久的蛋,蛋壳密度较大,破损也少。

三、禽蛋的内部品质指标

(一) 气室高度

透视最新鲜蛋时,全蛋呈红黄色,蛋黄不显影,内容物不转动,气室高度在3 mm以内。透视产后约14 d内的新鲜蛋时,全蛋呈红黄色,蛋黄处颜色稍浓,内容物略转动,气室高度在

5 mm 以内。存放愈久，水分蒸发愈多，气室愈大。气室过大者为陈旧蛋。

（二）蛋白指数

蛋白指数是指浓厚蛋白与稀薄蛋白的质量之比。新鲜蛋浓厚蛋白与稀薄蛋白之比为 6∶4 或 5∶5，浓厚蛋白愈多则蛋愈新鲜。

（三）蛋黄指数

蛋黄指数是指蛋黄高度与蛋黄直径的比值，表示蛋黄的品质和禽蛋的新鲜程度。新鲜蛋的蛋黄膜弹性大，蛋黄厚度高，直径小。随着存放时间的延长，蛋黄膜松弛，蛋黄平塌，高度下降，直径变大。正常新产蛋的蛋黄指数为 0.40～0.44，合格蛋的蛋黄指数为 0.30 以上。当蛋黄指数小于 0.25 时，蛋黄膜破裂，出现"散黄"现象，这是质量较差的陈旧蛋。

（四）哈夫单位

哈夫单位是根据蛋重和浓厚蛋白的高度，按一定公式计算出的指标。新鲜蛋的哈夫单位在 80 以上，随着存放时间的延长，由于蛋白质的水解，浓厚蛋白变稀，蛋白高度下降，哈夫单位变小。试验表明 AA 级蛋在 37 ℃下保存 3 d 后即变为 C 级。

美国农业部根据哈夫单位对禽蛋等级的划分见表 4-5。

表 4-5　美国农业部根据哈夫单位划分的禽蛋等级

哈夫单位	状态与用途
72 以上（AA 级）	食用蛋：蛋白微扩散，蛋黄呈圆形，高高地在中间，浓厚蛋白高而围绕蛋黄，水样蛋白较少
71～55（A 级）	食用蛋：蛋白适当扩散，蛋黄呈圆形，浓厚蛋白较高，水样蛋白少
54～31（B 级）	加工蛋：蛋白有较大面积，蛋黄稍平，浓厚蛋白低，水样蛋白多
30 以下（C 级）	仅部分供加工用：蛋白扩散极广，蛋黄扁平，浓厚蛋白几乎没有，仅见水样蛋白

（五）血斑和肉斑率

血斑和肉斑率指含血斑和肉斑的蛋数占总数的比率。血斑是由于排卵时滤泡囊的血管破裂或输卵管出血，血附在蛋黄上而形成的，呈红色小点。肉斑是卵子进入输卵管时因黏膜上皮组织损伤脱落混入蛋白中而造成的，呈白色不规则形状。蛋中可能含有一个或更多的血斑和肉斑，直径超过 3.2 mm 的称为"大血斑"或"大肉斑"，小于 3.2 mm 的称为"小血斑"或"小肉斑"。血斑和肉斑的形成属于生理现象，不影响食用。有些国家进口鲜蛋要求无血斑和肉斑蛋。有些国家规定凡鸡蛋中含有血斑和肉斑的，不能列入 AA 级、A 级和 B 级，只能用作食品工业加工原料。我国国内贸易行业标准 SB/T 10638—2011 中也规定了鲜鸡蛋中不得有血斑及肉斑等异物存在。美国农业部对禽蛋的分级标准中规定，AA 级和 A 级鸡蛋内部不允许出现血斑，有血点但是血液聚合的直径不超过 1/8 英寸*（约 3.2 mm）为 B 级，超过 1/8 英寸的为"不可食用"，只允许 AA 级和 A 级鸡蛋进超市销售。

（六）蛋黄百分率

蛋黄百分率为蛋黄重占蛋重的百分率。蛋的大部分固形物及所有的维生素、微量元素、油脂

---

　　* 英寸为非法定计量单位，1 英寸＝0.025 4 m。——编者注

等均在蛋黄内。蛋黄百分率愈高，蛋的营养价值也愈高。据 Pinzel（1998）报道，蛋重愈大蛋黄百分率愈低。传统品种如褐色来航、新汉夏、浅花的蛋重为 53.1～53.7 g，蛋黄百分率为 27.7%～30.1%；现代品系褐壳蛋鸡 35 周龄蛋重为 61.1 g，蛋黄百分率仅 22.2%。

（七）蛋黄色泽

蛋黄色泽是指蛋黄颜色的深浅。国际上通常用罗氏（Roche）比色扇的 15 种不同黄色色调等级比色，要求出口鲜蛋和再制蛋的蛋黄色泽达到 8 级以上，还要统计每批蛋各色级的数量和百分比。饲料是影响蛋黄色泽的主要因素。

（八）内容物的气味和滋味

质量正常的蛋，打开后没有异味，有时有轻微腥味，这与饲料有关，可以食用。若有臭味，则是轻微腐败蛋。如果在蛋壳外面便闻到蛋内容物分解的氨及硫化氢的臭气味，则是严重腐坏蛋。煮熟后，质量新鲜的蛋无异味，蛋白呈白色且无味，蛋黄呈黄色且具有蛋香味。

（九）蛋白状况

质量正常的蛋，其蛋白状况是浓厚蛋白含量多，占全蛋的 50%～60%，无色、透明，有时略带淡黄绿色。随着贮藏时间延长，浓厚蛋白逐渐变稀。

（十）系带状况

正常蛋的蛋黄两端紧贴着粗白有弹性的系带。系带变细并同蛋黄脱离甚至消失的蛋，属质量低劣的蛋。

第二节　禽蛋的品质鉴别

一、感 官 法

感官法主要通过看、听、触、闻等方法鉴别鲜蛋的质量。

（一）视觉鉴定

视觉鉴定是用肉眼观察蛋壳色泽、形状、清洁度以及蛋的大小、壳上膜的完整情况。新鲜蛋的蛋壳比较粗糙、表面干净、完整、坚实，附有一层霜状胶质薄膜。如果胶质膜脱落、不清洁、乌灰色或有霉点则为陈蛋。出口鲜蛋及原料蛋，通过视觉鉴定，应拣出不清洁蛋、蛋壳不完整蛋、畸形蛋、壳上膜脱落蛋，其他蛋按大小和颜色不同分开，以便进行光照鉴定和分级。

（二）听觉鉴定

听觉鉴定是通过鲜蛋相互碰撞的声音进行鉴别。新鲜蛋发出的声音坚实，似碰击砖头的声音；裂纹蛋发音沙哑，有啪啦声；空头蛋的大头端有空洞声；钢壳蛋发音尖脆，有"叮叮"响声；贴皮蛋、臭蛋发声像敲瓦片声；用指甲竖立在蛋壳上敲击，有"吱吱"声的是雨淋蛋。振摇鲜蛋时，没有声响的为好蛋，有声响的是散黄蛋。

（三）触觉鉴定

触觉鉴定是新鲜蛋拿在手中有"沉"的压手感觉。孵化过的蛋外壳发滑，分量轻。霉蛋和贴皮蛋外壳发涩。

（四）嗅觉鉴定

新鲜鸡蛋没有气味，新鲜鸭蛋有轻微的鸭腥味，有特异气味的是异味污染蛋，有霉味的是霉蛋，有臭味的是坏蛋。

二、透 视 法

禽蛋具有透光性，在光线透视下，可以观察蛋壳、气室、蛋白、蛋黄、系带和胚盘（胚珠）的状况，鉴别蛋的品质。透视法通常采用手工照蛋和机械照蛋，有条件的可采用电子自动照蛋。

手工照蛋是采用手工照蛋器，利用灯光进行鲜蛋的品质鉴定。各种照蛋器的结构如图 4 - 1 所示。

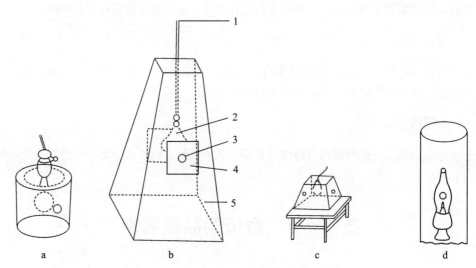

图 4 - 1 各种照蛋器示意图
a. 圆形单孔照蛋器 b. 方形双孔照蛋器 c. 方形三孔照蛋器 d. 煤油灯照蛋器
1. 电源 2. 灯泡 3. 照蛋孔 4. 胶皮 5. 木匣

鲜蛋的光照透视特征见表 4 - 6。照蛋是利用输送机械进行连续性人工照蛋，基本工艺流程：上蛋→槽带输送→吸风除草→输送→人工照蛋→下蛋斗→装箱→自动过秤。电子自动照蛋是运用光学原理，采用光电元件识别不同品质鲜蛋的光谱特征和光通量变化情况，以机械手代替手工操作，以机械运输代替人力搬运，自动进行鲜蛋的鉴别。

表 4 - 6 鲜蛋的光照透视特征

类 别	光照透视特征	产生原因	食用性
新鲜蛋	蛋壳无裂纹，蛋体全透光呈浅橘红色，蛋黄呈暗影，浮映于眼前，转蛋时蛋黄随之转动。蛋白无色，无斑点及斑块，气室很小	存放时间短	供食用
陈 蛋	壳色转暗，透光性差，蛋黄呈明显阴影，气室大小不定，不流动	放置时间久，未变质	可食用
散黄蛋	蛋体呈雾状或暗红色，蛋黄形状不正常，气室大小不定，不流动	受振动后，蛋黄膜破裂，蛋白同蛋黄相混	未变质者可食用

（续）

类　别	光照透视特征	产生原因	食用性
贴皮蛋	贴皮处能清晰见到蛋黄呈红色。气室大，或者蛋黄紧贴蛋壳不动，一面呈红色，一面呈白色，贴皮处呈深黄色，气室很大	贮藏时间太长且未加翻动	不能食用和加工
热伤蛋	气室较大，胚盘周围有小血圆点或黑丝黑斑	未受精的蛋受热后胚盘膨胀增长	轻者可食用
霉　蛋	蛋体周围有黑斑点	受潮或破裂后霉菌侵入所致	霉菌未进入蛋内，可食用
腐败蛋	全蛋不透光，蛋内呈水样弥漫状，蛋黄、蛋白分不清楚	蛋内细菌繁殖所致	不能食用
活仁蛋	气室位置不定，有气泡	气室移动	可食用

三、荧 光 法

荧光检验的原理是用紫外光照射，观察蛋壳光谱的变化来鉴别蛋的新鲜程度，蛋的鲜陈可从荧光强度的强弱来判断，质量新鲜的蛋荧光强度弱，而愈陈旧的蛋，荧光强度愈强。

将鲜蛋放于盘中，在暗室中逐盘在紫外灯下照射。新鲜蛋发深红色荧光，随蛋的存放时间延长逐渐减弱，即由深红色变为红色，再变为淡红色；到了 10～14 d 的蛋，则变为紫色荧光，更陈的蛋则呈淡紫色。

也可以使用紫外光线在暗室中照射鲜蛋。当紫外光线在暗室中照射鲜蛋时，鲜蛋的荧光反应因蛋的鲜陈程度不同而异。新鲜蛋呈现深红色荧光；陈蛋呈现紫红色，甚至紫色荧光。日本多采用荧光法区别新蛋和陈蛋。

四、测 定 法

（一）蛋重的测定

在进行系统测定之前，先将鸡蛋样本编号，按编号次序逐一称重，做各项测定。使用电子台秤测定蛋重，以 g 为单位，灵敏度至小数点后一位。

（二）蛋容积的测定

鲜蛋的容积可以根据其排水量测得，或者按式（4-1）计算：

$$V=0.913m \tag{4-1}$$

式中，V 为蛋的容积（cm^3）；m 为蛋重（g）；0.913 为常数。

（三）蛋形指数的测定

采用蛋形指数计（图 4-2）测定，或者用游标卡尺测量蛋的纵径与最大横径，以 mm 为单位，精确度为 0.5 mm，然后按式（4-2）式（4-3）进行计算：

$$蛋形指数＝纵径/横径 \tag{4-2}$$

$$蛋形指数＝（横径/纵径）×100\% \tag{4-3}$$

（四）蛋密度的测定

测定蛋密度的方法有多种，现介绍常用的两种。

1. 普通方法　一般用 9 种不同密度的盐溶液，盐液密度从 1.060 g/mL 到 1.100 g/mL，每种相差 0.005 g/mL。每 3 L 水中加盐量与盐液密度的关系见表 4-7。将待测鲜蛋依次放入密度由低到高的盐溶液内，蛋在哪一密度的盐液中漂浮，此密度即为该蛋的密度。密度越大，蛋越新鲜，优质鲜蛋的密度为 1.080 g/mL 以上。蛋密度与蛋壳破损率呈负相关，与蛋壳百分率呈正相关，即蛋密度越大，破损率越低，蛋壳百分率越高。

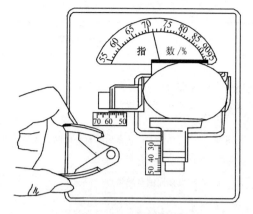

图 4-2　蛋形指数计

表 4-7　每 3 L 水中加盐量与盐液密度的关系

盐液密度/（g/mL）	加盐量/g	盐液密度/（g/mL）	加盐量/g
1.060	276	1.085	390
1.065	298	1.090	414
1.070	320	1.095	438
1.075	343	1.100	462
1.080	365		

2. 商业方法　配制 3 种不同密度的盐水溶液（用密度计标定），分别是：①11％盐水溶液，密度为 1.081 g/mL；②10％盐水溶液，密度为 1.073 g/mL；③8％盐水溶液，密度为 1.059 g/mL。

测定时，将鲜蛋依次放入密度从大到小的盐水溶液中，在密度 1.081 g/mL 盐水溶液中的下沉蛋为最新鲜蛋；在密度 1.073 g/mL 盐水溶液中的下沉蛋为一般新鲜蛋；在密度 1.059 g/mL 盐水溶液中的下沉蛋是介于鲜蛋与陈蛋之间的次鲜蛋，悬浮蛋是陈蛋，漂浮蛋是臭蛋或坏蛋。

（五）蛋变形度的测定

采用变形仪测定蛋的变形程度。其基本工作原理：用一根顶针，经粗细旋钮调节刚好顶着鸡蛋，顶针的上部有一顶杆，顶杆的上部可以加一定质量的负载，顶杆与顶针是同心，加在顶杆上的负载经微米表与顶针将轴压力加在蛋上，蛋因受压而变形，变形的程度由微米表上的指针指示。变形度以 μm 计，一般着力点在蛋的横径处负载为 1 kg 时，变形度在 65 μm 左右。测定蛋壳品质时放上同等重量的负载，观其不同的变形度，蛋变形的程度愈大，偏离的数值愈多，强度愈差，破损率也就愈高。变形度与蛋壳厚度等有关，蛋壳愈厚，变形度愈低。

变形度与蛋壳百分率和蛋壳厚度均有高度负相关。因而，测定蛋的变形度也是鉴定蛋壳品质的一种可靠方法。

（六）气室高度的测定

采用气室规尺测定禽蛋的气室高度。测定时，将蛋的大头放在照蛋器上照视，用铅笔在气室的左右两边划一记号，然后再放到用透明角质板或塑料板制成的气室高度测定规尺（图 4-3）半圆形切口内，读出两边刻度线上的刻度数（单位：mm），按式（4-4）计算：

$$气室高度＝（气室左边高度＋气室右边高度）/2 \qquad (4-4)$$

（七）蛋壳的测定

测定项目包括蛋壳颜色与强度，以后者为主。

1. 蛋壳颜色的测定 采用蛋壳颜色反射计，测定时将其头端的小孔压于蛋壳表面，该仪器与微处理器相接，输出读数并做记录。由于反射计装有蓝色滤片的表头，可以提供更为灵敏的读数。

2. 壳厚的测定 蛋壳厚度可用蛋壳厚度测定仪、游标卡尺、安装在固定台架上的测微仪等进行测定。先将蛋打开，除去内容物，再用清水冲洗壳

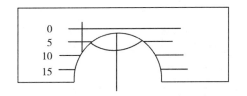

图 4-3 气室高度测定规尺示意（单位：mm）

的内面，然后用滤纸吸干，剔除（或不剔除）蛋壳膜，取蛋壳钝端、中部、锐端各一小块（或者将蛋的短径三等分后取 3 点），再测量其厚度，求其平均厚度，以 mm 为单位，精确到 0.01 mm。

苏联科学家提出不损坏蛋的情况下计算蛋壳厚度的方法：

$$d＝6200m/L(B^2)^3 \qquad (4-5)$$

式中，d 为蛋壳厚度（mm）；m 为蛋重（g，精确到 0.1 g）；L 为蛋的长度（cm，精确到 0.1 cm）；B 为蛋的宽度（cm，精确到 0.1 cm）。

Nordstrom 等（1982）提出用蛋密度与蛋重材料，可估算出蛋壳厚度，以 μm 为单位：

$$蛋壳厚度＝-11.056＋0.4349[（蛋相对密度-1.0）×1000]＋0.2112×蛋重（g）/0.1 \qquad (4-6)$$

3. 蛋壳百分率的测定 先称蛋重，然后打开蛋壳，将内容物倒入玻璃器皿中，用吸管吸去蛋壳上的蛋白（或者在室温下将蛋壳风干 1~2 d），称量壳重，然后计算壳重占蛋重的百分比。

$$蛋壳百分率＝壳重/蛋重×100\% \qquad (4-7)$$

4. 蛋壳强度的测定 采用蛋壳强度测定仪进行测定，单位为 Pa。或者采用 TSSQS-SPA 蛋壳分析仪，用电子器件给蛋施压测定蛋的变形度和（或）压强。此仪器可高速进行测定，并可联机输出数据。

5. 蛋壳密度的测定 将风干的蛋壳（包括壳膜在内）称重，并按式（4-8）计算蛋壳表面积。

$$S＝3.279 r[(L+r)/2] \qquad (4-8)$$

式中，S 为蛋壳表面积（cm²）；r 为蛋的短径（cm）；L 为蛋的长径（cm）。

再根据式（4-9）计算蛋壳密度：

$$蛋壳密度＝蛋壳重/蛋壳表面积 \qquad (4-9)$$

由于蛋壳密度与厚度有关，Tyler 及 Geake（1953）制定式（4-10）：

$$T＝3.98×(SW/SA)＋16.8 \qquad (4-10)$$

式中，T 为蛋壳表观厚度（μm）；SW/SA 为蛋壳密度。

因此，只要测得蛋壳表观厚度，就可以计算出蛋壳密度。

（八）蛋白的测定

1. 蛋白指数的测定 将蛋打开后，采用过滤的方法，将浓厚蛋白与稀薄蛋白分开，称重后，按式（4-11）计算。

$$蛋白指数＝浓厚蛋白质量/稀薄蛋白质量 \qquad (4-11)$$

2. 哈夫单位（Haugh unit）**的测定** 先将蛋称重，再将蛋打开放在玻璃平面上，用蛋白高度测定仪（图4-4）或精密游标卡尺测量蛋黄边缘与浓厚蛋白边缘的中点，避开系带，测定3个等距离中点的平均值。

哈夫单位按式（4-12）计算：

$$哈夫单位 = 100 \times \lg(h - 1.7m^{0.37} + 7.57)$$

$$(4-12)$$

式中，h 为浓厚蛋白高度（mm）；m 为蛋重（g）。

实际工作中，可以根据实测的蛋重与浓厚蛋白高度从哈夫单位速查表（表4-8）中直接查出哈夫单位。

目前，国际上比较先进的测定仪是以色列 ORKA 公司的蛋品质测定仪 EA-01，可自动测定蛋重、蛋白高度、蛋黄颜色、哈夫单位值和鸡蛋等级，测量时间低于17 s。

图4-4 蛋白高度测定仪
（引自：家禽生产）

表4-8 哈夫单位速查表

蛋白高度/mm	蛋重/g																				
	50	51	52	53	54	55	56	57	58	59	60	61	62	63	64	65	66	67	68	69	70
3.0	52	51	51	50	49	48	48	47	46	45	44										
3.1	53	53	52	51	50	50	49	48	48	47	46										
3.2	54	54	53	52	52	51	50	50	49	48	48										
3.3	56	55	54	54	53	52	52	51	50	50	49										
3.4	57	56	56	55	54	54	53	52	52	52	51										
3.5	58	58	57	56	56	55	54	54	53	53	52										
3.6	59	59	58	58	57	56	56	55	54	54	53										
3.7	60	60	59	59	58	58	57	56	56	55	54										
3.8	62	61	60	60	59	59	58	57	57	56	56										
3.9	63	62	61	61	60	60	59	59	58	57	57										
4.0	64	63	63	62	61	61	60	60	59	59	58										
4.1	65	64	64	63	62	62	61	61	60	60	59										
4.2	66	65	65	64	64	63	62	62	61	61	60										
4.3	67	66	66	65	65	64	64	63	63	62	60										
4.4	68	67	67	66	66	65	65	64	64	63	63										
4.5	69	68	68	67	67	66	66	65	65	64	64										
4.6	69	69	68	68	68	67	67	66	66	65	65										
4.7	70	70	69	69	68	68	68	67	67	66	66										
4.8	71	71	70	70	69	69	69	68	68	67	67										
4.9	72	72	71	71	70	70	70	69	69	68	68										
5.0	73	72	72	71	71	71	70	70	69	69	68	68	67	67	67	66	66	65	65	64	
5.1	74	73	73	72	72	71	71	71	70	69	69	69	68	67	67	67	66	66	65		
5.2	74	74	74	73	73	72	72	71	71	71	70	70	70	69	69	68	68	67	67	66	
5.3	75	75	74	74	73	73	73	72	72	71	71	70	70	69	69	68	68	68	67		
5.4	76	76	75	75	74	74	73	73	73	72	72	71	71	71	70	70	70	69	69	69	68

（续）

蛋白高度/mm	蛋重/g																				
	50	51	52	53	54	55	56	57	58	59	60	61	62	63	64	65	66	67	68	69	70
5.5	77	76	76	76	75	75	74	74	74	73	73	72	72	72	71	71	71	70	70	69	69
5.6	77	77	77	76	76	75	75	75	74	74	74	73	73	72	72	72	71	71	71	70	70
5.7	78	78	77	77	76	76	76	75	75	75	74	74	74	73	73	73	72	72	71	71	71
5.8	78	78	78	78	77	77	77	76	76	75	75	75	74	74	74	73	73	73	72	72	72
5.9	79	79	79	78	78	78	77	77	77	76	76	75	75	75	75	74	74	73	73	73	72
6.0	80	80	80	79	79	78	78	78	77	77	77	76	76	76	75	75	75	74	74	74	73
6.1	81	81	80	80	79	79	79	79	78	78	77	77	77	76	76	76	75	75	75	74	74
6.2	82	81	81	80	80	80	79	79	78	78	78	78	77	77	77	76	76	76	75	75	75
6.3	83	82	81	81	81	80	80	80	79	79	79	78	78	78	77	77	77	76	76	76	76
6.4	83	83	82	82	81	81	81	80	80	80	79	79	79	78	78	78	78	77	77	76	76
6.5	83	83	82	82	82	82	81	81	81	80	80	80	80	79	79	79	78	78	78	77	77
6.6	84	84	83	83	83	82	82	82	81	81	81	81	80	80	80	79	79	79	78	78	78
6.7	85	84	84	84	83	83	83	82	82	82	81	81	81	80	80	80	80	79	79	79	78
6.8	85	85	85	84	84	84	83	83	83	82	82	82	82	81	81	81	80	80	80	79	79
6.9	86	86	85	85	85	84	84	84	84	83	83	82	82	82	82	81	81	81	80	80	80
7.0	86	86	86	86	85	85	85	84	84	84	83	83	83	83	82	82	82	81	81	81	80
7.1	87	86	86	86	86	86	85	85	85	84	84	84	84	83	83	83	82	82	82	81	81
7.2	88	87	87	87	86	86	86	86	85	85	85	84	84	84	84	83	83	83	82	82	82
7.3	88	88	88	87	87	87	86	86	86	86	85	85	85	84	84	84	84	83	83	83	83
7.4	89	89	88	88	88	87	87	87	86	86	86	86	85	85	85	85	84	84	84	83	83
7.5	89	89	89	89	88	88	88	87	87	87	87	86	86	86	85	85	85	85	84	84	84
7.6	90	90	89	89	89	89	88	88	88	87	87	87	87	86	86	86	86	85	85	85	84
7.7	91	90	90	90	89	89	89	89	88	88	88	88	87	87	87	86	86	86	86	85	85
7.8	91	91	91	90	90	90	90	89	89	89	88	88	88	88	87	87	87	86	86	86	86
7.9	92	91	91	91	90	90	90	89	89	89	89	89	88	88	88	88	87	87	87	87	86
8.0	92	92	92	91	91	91	90	90	90	90	89	89	89	89	88	88	88	88	87	87	87
8.1	93	92	92	91	91	91	90	90	90	90	89	89	89	89	88	88	88	88	87	87	87
8.2	93	93	93	92	92	92	92	91	91	91	91	90	90	90	89	89	89	89	88	88	88
8.3	94	93	93	93	93	92	92	92	92	91	91	91	91	90	90	90	90	89	89	89	89
8.4	94	94	94	93	93	93	93	92	92	92	92	91	91	91	91	90	90	90	90	89	89
8.5	95	95	94	94	94	94	93	93	93	92	92	92	92	91	91	91	91	90	90	90	90
8.6	96	96	95	95	94	94	94	93	93	93	93	93	92	92	92	92	91	91	91	91	90
8.7	96	96	95	95	95	94	94	94	94	93	93	93	93	93	92	92	92	92	92	91	91
8.8	96	96	96	95	95	95	95	94	94	94	94	93	93	93	93	93	92	92	92	92	91
8.9	97	96	96	96	96	95	95	95	95	94	94	94	94	94	93	93	93	93	93	92	92
9.0	97	97	97	96	96	96	96	95	95	95	95	94	94	94	94	93	93	93	93	92	92

3. 肉斑率 采用强光透视或破壳检验可以发现蛋白中存在的肉斑，通过计数，按式（4-13）计算。

$$肉斑率＝肉斑蛋总数/总蛋数×100\% \qquad (4-13)$$

（九）蛋黄的测定

1. 蛋黄指数的测定 将蛋打开放在蛋质检查台上，使用高度测微仪和精密游标卡尺，分别测定蛋黄高度和蛋黄直径，按式（4-14）或式（4-15）计算。

$$蛋黄指数＝蛋黄高度/蛋黄直径 \qquad (4-14)$$
$$蛋黄指数＝蛋黄高度/蛋黄直径×100\% \qquad (4-15)$$

2. 蛋黄百分率的测定 将蛋称重后，分开蛋白与蛋黄，将蛋黄单独称重，按式（4-16）计算。

$$蛋黄百分率＝蛋黄重/蛋重×100\% \qquad (4-16)$$

3. 蛋黄色度的测定 国际上通用罗氏比色扇（Roche Color Fan）人工比色法。罗氏比色扇有15种扇片或制成塑料标签，颜色由浅至深，从浅黄到深橘红色。颜色愈深，色度级别愈高，评定时用蛋黄与1~15级的色度对比，与哪一等级扇片颜色近似即取为读数。目前，也可以采用TSSQCC蛋黄色度计测定蛋黄色度。当打破的蛋在平板玻璃上测定蛋的高度后，将其倾于该仪器的蛋黄杯中，蛋黄即自动分离于杯中，比色计立即自动比定色度，并输出数据于微机中，存贮或打出测定数字。

4. 血斑率的测定 采用强光透视或破壳检验可以发现蛋黄中存在的血斑，通过计数，按式（4-17）计算。

$$血斑率＝（血斑蛋总数/总蛋数）×100\% \qquad (4-17)$$

五、声学检测法

目前主要有超声波法和声脉冲振动法。由于超声波在介质中传播时，其能量的主要部分具有明确的方向性，禽蛋有蛋壳、蛋白、蛋黄3种材料界面，这样得到的超声波发射能量、传播速度等指标将变得复杂起来；同时，由于超声波在空气中衰减非常快，需在超声探头和被检物体之间使用耦合剂。因此在禽蛋声学检测中，国内外学者主要采用声脉冲振动法，其原理是根据敲击鸡蛋所产生的声脉冲振动，做频谱分析来研究鸡蛋的品质特性，具有适应性强、检测灵敏度高、成本低、操作方便等特点。基于声学特性的禽蛋品质检测主要检测蛋壳破损情况以及蛋壳的物理性指标如蛋壳强度、蛋壳厚度等。利用声波冲击频率特性可探测蛋壳的裂纹。其原理是利用系统的声脉冲，测量蛋壳反应信号，发现正常蛋与破损蛋的声波信号有较大区别，最后通过提取5个特征参数进行5变量回归建模，得到的模型应用于正常蛋与破损蛋检测，错误率分别为6%和4%，检测速度为每秒5个鸡蛋。

六、机械力学检测法

在机械化养鸡设备、鲜蛋运输包装设备、鲜蛋加工设备的使用过程中，蛋与蛋之间的碰撞常常使静、动载荷超过鲜蛋所能承受的限度，从而造成鲜蛋破损。鸡蛋的机械力学特性是利用对鸡蛋的冲击或振动特性与鸡蛋的品质建立起对应的关系。与声学检测类似，动力学特性的研究有时也需要对鸡蛋进行敲击，但两者的区别在于声学检测采集的是鸡蛋受迫振动下的声学信息，常采用麦克风接收，而动力学特性研究采集的是鸡蛋的振动特性，包括振动的幅度、加速度、速度、位移值等，常采用测振仪获取信息，且检测的一般为蛋壳的物理性指标。

七、机器视觉检测法

机器视觉检测禽蛋品质主要是利用计算机成像系统，采集禽蛋图像，根据不同品质禽蛋的不同图像，建立禽蛋品质与图像间的数学模型来进行判别。机器视觉技术的特点是速度快、信息量大、功能多。检测的指标包括禽蛋大小、形状、颜色、表面污斑、裂纹、内部缺陷等。在蛋品检测中，通过图像检测鸡蛋裂纹的改进型压力系统，在保证图像采集装置绝对静止的前提下，分别采集大气压和加压情况下的鸡蛋图像，通过对两者图像的系统分析检测裂纹蛋，准确率达到99.6%。

第三节 禽蛋的分级

一、中国内销鲜蛋的质量标准

在对鲜禽蛋分级标准中，SB/T 10277—1997《鲜鸡蛋》从重量和感官方面对鲜鸡蛋分级，NY 1551—2007《禽蛋清洗消毒分级技术规范》对鸡蛋和鸭蛋从重量上做了分级。从技术方面考虑，目前国内大部分蛋品生产企业引进国外发达国家先进的技术和设备，另外我国自主知识产权研发的鲜禽蛋加工技术设备也已达到国际先进水平。我国生产的分级包装鲜禽蛋产品质量已达到世界先进水平，因此这些标准中的禽蛋分级，已经不适合我国目前鲜蛋分级包装的发展情况；从市场流通方面看，由于没有新的鲜禽蛋分级标准，鲜禽蛋市场比较混乱，"品牌"鲜禽蛋百家争鸣，"柴鸡蛋""土鸡蛋""笨鸡蛋"等三无产品大肆宣传，一些经过专门认证的无公害、绿色、有机以及生态鲜禽蛋等好的产品却受到了严重的市场挤压，消费者购买时以主观判断为主，这与国际上鲜蛋生产、流通、销售中完善的清洗消毒分级体系形成了鲜明对比。长期以往既不利于我国鲜蛋市场形成优级优价的竞争机制，又不利于与国际接轨，失去产品在国际市场上的竞争优势。

1. 分级指标 SB/T 10638—2011《鲜鸡蛋、鲜鸭蛋分级》规定了普通鲜蛋的卫生要求、品质分级、重量分级、包装产品分级判别、检验方法、检验规则和标签。同时，制定标准多以鲜鸡蛋、鲜鸭蛋为例，其他禽蛋可参照鲜鸡蛋的标准执行。在本标准中将鲜蛋分为4个等级，即AA、A、B和C级，其中C级主要是把一些不能进行包装的残次品归类，在标准中C级鸡蛋不宜包装，总体来说该标准还是与国内外原有标准中的等级划分是一致的。鲜鸡蛋和鲜鸭蛋的品质分级要求见表4-9。

表4-9 鲜鸡蛋和鲜鸭蛋的品质分级要求

项目	指标		
	AA级	A级	B级
蛋壳	清洁、完整、呈规则卵圆形，具有蛋壳固有的色泽，表面无肉眼可见污物	清洁、完整、呈规则卵圆形，具有蛋壳固有的色泽，表面无肉眼可见污物	清洁、完整、呈规则卵圆形，具有蛋壳固有的色泽，表面无肉眼可见污物
蛋白	黏稠、透明，浓蛋白、稀蛋白清晰可辨	较黏稠、透明，浓蛋白、稀蛋白清晰可辨	较黏稠、透明
蛋黄	居中，轮廓清晰，胚胎未发育	居中或稍偏，轮廓清晰，胚胎未发育	居中或稍偏，轮廓较清晰，胚胎未发育

（续）

项目	指标		
	AA 级	A 级	B 级
异物	蛋内容物中无血斑、肉斑等异物	蛋内容物中无血斑、肉斑等异物	蛋内容物中无血斑、肉斑等异物
哈夫单位	≥72	≥60	≥55

2. 重量分级指标确定 蛋的重量因家禽的种类不同，有显著的差异。一般鸡蛋的平均重量为 52 g（32～65 g）、鸭蛋为 85 g（70～100 g）。蛋的重量不仅受种类的影响，而且受品种、日龄、体重和饲养条件等因素的影响。我国 SB 10277 标准中把鸡蛋分为一级、二级和三级 3 个等级，在 NY/T 1551 标准中将鸡蛋分为 7 个等级，一级到七级，且与欧盟 UNECE standard No. 42 一致，将鸭蛋分为 4 个等级，一级（≥75 g）、二级（65～74 g）、三级（55～64 g）、四级（<55 g）。在标准的制定过程中主要考虑我国壳蛋生产企业的实际情况。另外，鲜禽蛋重量分级要求主要参考欧盟的标准，即某级别每 100 枚鸡蛋最低蛋重为某级别单枚最低重量加 1 g 后乘以 100。最后确定重量分级的指标见表 4 - 10 和表 4 - 11。

表 4 - 10 鲜鸡蛋的重量分级要求

级 别		单枚鸡蛋蛋重范围/g	每 100 枚鸡蛋最低蛋重/kg
	超 大	≥68	≥6.9
大	大（＋）	≥63 且<68	≥6.4
	大（一）	≥58 且<63	≥5.9
中	中（＋）	≥53 且<58	≥5.4
	中（一）	≥48 且<53	≥4.9
小	小（＋）	≥43 且<48	≥4.4
	小（一）	<43	—

注：在分级过程中，生产企业可根据技术水平将大号和中号鸡蛋进一步分为"＋"和"一"两种级别。

表 4 - 11 鲜鸭蛋的重量分级要求

级别	单枚鸭蛋蛋重范围/g	每 100 枚鸭蛋最低蛋重/kg
特大	≥85	≥8.6
超大	≥75 且<85	≥7.6
大	≥65 且<75	≥6.6
中	≥55 且<65	≥5.6
小	<55	—

3. 包装产品分级判别要求 包装产品分级判别要求见表 4 - 12。

表 4 - 12 包装产品分级判别要求

级别	AA 级鲜禽蛋比例/%	A 级鲜禽蛋比例/%	B 级鲜禽蛋比例/%
AA	≥90	—	—
A	—	≥90	—
B	—	—	≥90

二、中国鲜蛋的分级标准

(一)收购分级标准

一级蛋要求鸡蛋、鸭蛋、鹅蛋均不分大小,应新鲜、清洁、干燥、无破损(仔鸭蛋除外)。在热季,鸡蛋虽有少量小血圈、小血筋,仍作一级蛋收购。二级蛋要求质量新鲜,蛋壳上的泥污、粪污、血污面积不超过50%。三级蛋为新鲜雨淋蛋、水湿蛋(包括洗白蛋)、仔鸭蛋(每10个不足400g者不收)和污壳面积超过50%的鸭蛋。其他破次劣蛋一律不收购。上述各个级别(一级、二级、三级)的蛋质量状况不同,收购价格也有一定的差别。

(二)调运分级标准

鲜蛋的调运分级为3级,其具体要求见表4-13。在冷藏贮存时,一级蛋可贮存9个月以上,二级蛋可贮存6个月左右,三级蛋可短期贮存或及时安排销售。在加工再制蛋时,一级、二级鸭蛋宜用于加工彩蛋或糟蛋,三级蛋用于加工咸蛋。

表4-13 鲜蛋的调运分级标准

级别	蛋壳	气室	蛋白	蛋黄	胚胎
一级	完整,坚固,清洁	固定,不移动,高度不超过5mm	浓蛋白多,不流散,色透明,系带粗而完整	位居中心,照视时看不见轮廓,打开后呈半球形凸起	无发育
二级	完整,坚固,有少量污物	有时移动,高度不超过7mm	尚有浓厚蛋白,色透明,系带细而无力,但可见	稍离中心,透视时清晰可见,打开后略扁平	微有发育,未见血环、血丝
三级	完整,坚固,污染面大	气室较大,有移动,高度不超过蛋纵长的1/3	较稀薄,水样蛋白很多,系带不见	蛋黄已离中心,体积膨大,打开后平摊无力	已发育膨大,直径不超过5mm,不允许有血环、血丝

(三)销售分级标准

鸡蛋、鸭蛋(仔蛋除外)、鹅蛋不分大小,凡是新鲜、无破损的按一级蛋销售。成批的仔蛋、裂纹蛋、大血筋蛋、大血环蛋以及泥污蛋、雨淋蛋按一级蛋折价销售。硌窝蛋、黏眼蛋、穿眼蛋(小口流清)、头照蛋(指未受精)、穿黄蛋和靠黄蛋等按二级蛋销售。大口流清蛋、红贴皮蛋、散黄蛋、外霉蛋等按三级蛋销售。

三、出口鲜蛋的分级标准

近年来,随着国内外贸易的发展以及国际市场的变化,供应出口的商品其质量分级标准也有所变化,尤其是对外贸易中还要经双方协商,将分级标准具体规定在合同上。因而供应出口的鲜蛋分级标准变化也较大,对不同国家和地区其分级标准有所不同。

（一）普通禽类品种的鲜蛋标准

品质新鲜，蛋壳完整，蛋白浓厚或稀薄，蛋黄居中或略偏，及时出口鲜蛋气室固定，高度低于 7 mm，气室波动不超过 3 mm，冷藏蛋气室高度低于 9 mm，气室波动不超过蛋高的 1/4。破损蛋（流清蛋、硌窝蛋、裂纹蛋、穿孔蛋等）、次蛋（血丝蛋、血圈蛋、热伤蛋、异味蛋等）、劣蛋（霉蛋、红贴壳蛋、黑贴壳蛋、散黄蛋、泻黄蛋、腐败蛋、绿色蛋白蛋、孵化蛋、熟蛋、橡皮蛋等）、污壳蛋（油迹蛋、染色蛋、图案蛋、字迹蛋等）、加工剔出蛋（气泡蛋、出汗蛋、雨淋蛋、异物蛋、沙壳蛋、畸形蛋、水洗蛋）不能出口。要求鲜鸡蛋、冷藏鲜鸡蛋分 6 级（特级、超级、大级、一级、二级、三级），鲜鸭蛋、冷藏鲜鸭蛋分 3 级（一级、二级、三级），重量分级标准见表 4-14。

鉴于鲜蛋在加工、装卸、贮运过程中，可能发生的变化与误差，规定特殊的容许量，即及时加工出口鲜蛋，在检验时破蛋、次蛋、劣蛋总数不得超过 3%，其中劣蛋不超过 1%；冷藏鲜蛋在检验时破蛋、次蛋、劣蛋总数不得超过 4%，其中劣蛋不超过 2%，除油迹蛋、染色蛋、图案蛋、字迹蛋以外的污壳蛋不得超过 5%，沙壳蛋、畸形蛋合计不超过 5%，邻级蛋不得超过 10%，隔级蛋不得存在。

表 4-14　出口鲜蛋的重量分级标准

类别	级别	每箱净重	任取 10 枚蛋重/g
鸡蛋	特级	300 枚装，净重 19.5 kg 以上	≥650
	超级	300 枚装，净重 18.0 kg 以上	≥600
	大级	300 枚装，净重 16.5 kg 以上	≥550
	一级	360 枚装，净重 18.0 kg 以上	≥500
	二级	360 枚装，净重 16.2 kg 以上	≥450
	三级	360 枚装，净重 14.4 kg 以上	≥400
鸭蛋	一级	300 枚装，净重 22.5 kg 以上	≥750
	二级	300 枚装，净重 19.5 kg 以上	≥650
	三级	300 枚装，净重 16.5 kg 以上	≥550

（二）地方禽类品种的鲜蛋标准

品质新鲜，蛋壳清洁、完整，大小均匀，特级每 360 个净重不低于 19.8 kg（平均每个蛋重 55 g 以上），一级每 360 个净重不低于 18.0 kg（平均每个蛋重 50 g 以上），二级每 360 个净重不低于 16.7 kg（平均每个蛋重 46.4 g 以上），三级每 360 个净重不低于 15.5 kg（平均每个蛋重 43 g 以上），四级每 360 个净重不低于 13.5 kg（平均每个蛋重 37.5 g 以上）。

（三）供应中国香港、澳门地区的鲜蛋标准

品质新鲜，蛋壳清洁、完整，蛋白浓厚或稍稀薄，蛋黄居中或稍偏。根据质量，鸡蛋分为 5 个等级，鸭蛋分为 4 个等级，同级蛋的大小或重量应大体一致，不能混级。有破损、字迹、图案、染色、草锈、血迹、雨迹、水湿洗白、畸形、禽粪、沙壳以及流清、流黄、污壳、变质等的蛋不能输出。重量分级标准可见表 4-15。

表 4-15 供应中国香港、澳门地区的鲜蛋重量分级标准

类别	级别	每箱净重	每千枚重量/kg
鸡蛋	超大级	300 枚装，净重 16.75 kg 以上	≥55.5
	一级	300 枚装，净重 15 kg 以上	≥50
	二级	300 枚装，净重 14 kg 以上	≥46.5
	三级	360 枚装，净重 15.75 kg 以上	≥43.5
	四级	360 枚装，净重 13.75 kg 以上	≥38
鸭蛋	超级	240 枚装，净重 16.75 kg 以上	≥70
	一级	240 枚装，净重 15.25 kg 以上	≥64
	二级	240 枚装，净重 13.5 kg 以上	≥56.5
	三级	240 枚装，净重 12 kg 以上	≥50

四、主要产蛋国家鲜蛋的分级标准

因蛋品市场的要求和分级目的不同，各国制定鲜蛋分级标准也有所不同。其中，有国家制定的标准，也有不同组织制定的标准和行业内的通用标准。

(一)美国鲜蛋的分级标准

美国鲜蛋的分级标准较细，主要按蛋的质量、蛋重以及蛋的破损程度等加以区分。表 4-16 与图 4-5 介绍了美国官方质量标准，表 4-17 介绍了基于官方标准的鲜蛋出厂标准，表 4-18 介绍了美国消费市场的鸡蛋重量分级标准。

表 4-16 美国不同等级鸡蛋的质量标准

质量因素	质量规格		
	AA 级	A 级	B 级
蛋壳	清洁、无裂纹，蛋形接近正常	清洁、无裂纹，蛋形接近正常	清洁或稍有不洁，无裂纹，形状可能不正常
气室	深度≤3.0 mm，可以移动，有或没有小泡	深度≥4.8 mm，可以自由移动，有或没有小泡	深度>4.8 mm，可以自由移动，有或没有小泡
蛋白	清亮，有硬度，哈夫单位≥72	清亮，有一定硬度，哈夫单位 60～72	清亮，可能略有混浊或水样，有血斑和肉斑，哈夫单位 30～60
蛋黄	总体很好	好，无缺陷	眼观正常或扩大和扁平，可能有一定缺陷，可见细菌繁殖，但繁殖不需血液

未列入上述质量等级内的污壳、裂壳及破壳蛋	
污壳蛋	裂壳及破壳蛋
蛋壳完整，附有污物，1/32 的局部污物附着或 1/16 的分散污物附着	蛋壳破碎或有裂纹，但蛋液在壳内膜保护下未流出

资料来源：美国农业部（2000）。

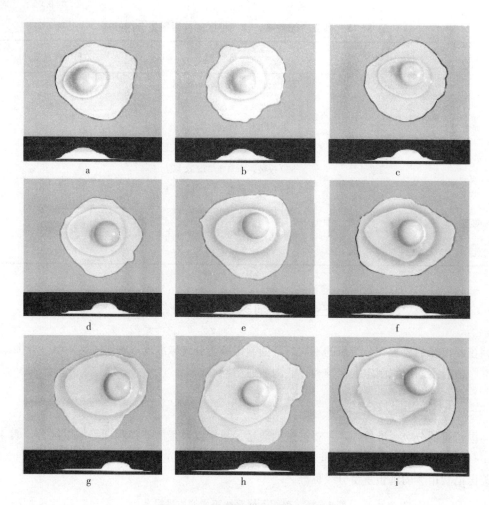

图 4-5 鸡蛋破壳后各等级蛋示意

a. 优 AA 级　b. 中 AA 级　c. 低 AA 级　d. 优 A 级　e. 中 A 级　f. 低 A 级　g. 优 B 级　h. 中 B 级　i. 低 B 低

（美国农业部，2000）

表 4-17　美国对各等级鸡蛋出厂及零售标准

质量规格	出厂时鸡蛋标准	零售时鸡蛋标准
AA 级	单位包装内含至少 87% 的 AA 级鸡蛋	单位包装内含至少 72% 的 AA 级鸡蛋
A 级	单位包装内含至少 87% 的 A 级鸡蛋	单位包装内含至少 82% 的 A 级鸡蛋
B 级	单位包装内含至少 90% 的 B 级鸡蛋	单位包装内含至少 90% 的 B 级鸡蛋

资料来源：美国农业部（2000）。

表 4-18　美国消费市场的鸡蛋重量分级标准

重量分类	每打最低净重/g	30 打的最低净重/kg	每打单个鸡蛋最低重量/g
特大	850.5	25.4	822
超大	765.5	22.9	737
大	680.4	20.4	652
中等	595.4	17.9	567
小	510.3	15.4	482
较小	425.3	12.7	—

资料来源：美国农业部（2000）。

（二）欧洲国家鲜蛋的分级标准

欧洲国家鲜蛋的分级标准按联合国欧洲经济委员会壳蛋质量控制标准执行，主要按蛋的质量、蛋重以及蛋的破损程度等加以区分。表 4-19 介绍了不同等级鸡蛋的质量标准，表 4-20 介绍了不同等级鸡蛋的质量代码，表 4-21 介绍了鲜蛋按重量分级的标准。

表 4-19 欧洲不同等级鸡蛋的质量标准

项目	A级，超鲜蛋	A级，I级蛋	B级
新鲜度	蛋鸡产蛋后 4 d 分级、包装，第 9 天为过期日期	蛋鸡产蛋后 10 d 分级、包装，第 21 天为过期日期	—
蛋壳	形状正常，洁净，无破损	形状正常，洁净，无破损	形状正常或稍有变形，有少许污物，无破损
气室	深度 4 mm 以下，不移动	深度 6 mm 以下，不移动或略能移动	深度 9 mm 以下，移动腔不超过鸡蛋高度的一半
蛋黄	验蛋时，没有明显可见的轮廓，转动鸡蛋时稍微移动，并回到中央位置	验蛋时，没有明显可见的轮廓，转动鸡蛋时稍微移动，并回到中央位置	验蛋时可见，稍微扁平和移动
蛋白	清澈，洁净，透明	清澈，洁净，透明	半透明
胚胎	无可察觉发育	无可察觉发育	无可察觉发育

资料来源：联合国欧洲经济委员会壳蛋质量控制标准（2010）。

表 4-20 欧洲不同等级鸡蛋的质量代码

质量代码	级别/分类	描述
0	未指定	未指定
1	A级，超鲜蛋	直接为人类消费的产品，用于食品工业和非食品工业
2	A级，I级蛋	直接为人类消费的产品，用于食品工业和非食品工业
3	B级	用于食品工业和非食品工业的产品
4~8	未使用代码	未指定
9	其他	买方和卖方商定的其他质量级别的产品

资料来源：联合国欧洲经济委员会壳蛋质量控制标准（2010）。

表 4-21 欧洲的鸡蛋重量分级标准

重量代码	分类	描述		
		重量/g	每 100 个鸡蛋中最小重量/kg	每 360 个鸡蛋中最小重量/kg
0	未指定	未指定	未指定	未指定
1	超大	≥73	7.4	26.64
2	大	≥63 且<73	6.4	23.04
3	中等	≥53 且<63	5.4	19.44
4	小	<53	无最小	无最小
5~9		未使用		

资料来源：联合国欧洲经济委员会壳蛋质量控制标准（2010）。

（三）日本鲜蛋分级标准

日本鲜蛋的分级标准主要按蛋是否能够生食、蛋品的品质及重量等划定。表 4-22 为不同等级鸡蛋的重量标准，表 4-23 为不同等级鸡蛋的包装标准，表 4-24 为商品鸡蛋的重量分级标准。

表 4-22 日本不同等级鸡蛋的质量标准

	项目	特级（可生吃）	一级（可生吃）	二级（需加热食用）	级外（不可使用）
外观或者透光检查	蛋壳	鸡蛋呈圆形，气孔缜密纤细，颜色正常，干净，没有外伤	外观有少许歪、粗糙、褪色等现象，稍微不干净，没有伤	形状奇特，非常粗糙的鸡蛋，外观不干净，没有漏液等破损现象	发霉，漏液，有恶臭的卵
	蛋黄	位于鸡蛋中心，轮廓勉强可见，蛋黄不成扁平状	位置稍微偏离中心，轮廓明显，形状稍微扁平	位置严重偏离中心，形状扁平，物理原因位置变乱的鸡蛋	腐败的鸡蛋，孵化停止的鸡蛋，血蛋，蛋黄混乱，有异物混入的鸡蛋
	蛋白	透明且不软弱	透明，有些软弱	软弱，呈液体状	
	气室	大致在深度 4 mm 以下	在深度 8 mm 以内，多少有些移动	深度超过 8 mm 且移动非常大	
打开检查	扩散面积	小	普通	大面积扩散	
	蛋黄	圆形，向上凸起	稍微扁平	扁平，蛋黄膜非常薄弱	
	浓厚蛋白	量多且向上凸起，包围在蛋黄四周	量少且扁平，不能充分包围蛋黄	基本没有	
	水样蛋白	少	普通	大量	

资料来源：日本全农组合联合会鸡蛋株式会社（2000）。

表 4-23 日本不同等级鸡蛋的包装标准

		特级	一级	二级
等级和品质		包装中特级鸡蛋的数量占80%以上，除此之外都是一级鸡蛋	包装中鸡蛋的品质都是一级及以上	包装中鸡蛋的品质都是二级及以上
净重		10 kg		
容器材质	外包装	外箱由纸壳材料制成，新箱或者是干净且外形完好的箱子，强度在日本工业规格规定的破裂度8.8以上		
	内包装	清洁且有弹力，结实的鸡蛋专用托盘式包装		
容器尺寸	外侧长度	长/cm	宽/cm	高/cm
	4A 型	50	25	27
	4B 型	46	30	23
	3 型	49	30.5	21.5

（种类）

资料来源：日本全农组合联合会鸡蛋株式会社（2000）。

表 4-24 日本商品鸡蛋的重量分级标准

种类	蛋重/g
超大	70～76
大	64～70
中等	58～64
中等偏小	52～58
小	46～52
较小	40～46

资料来源：日本全农组合联合会鸡蛋株式会社，2000。

（四）澳大利亚与新西兰蛋品分类标准

以澳大利亚和新西兰为代表的大洋洲国家的蛋品主要以重量作为分级标准。表 4 - 25、表 4 - 26分别为澳大利亚、新西兰鸡蛋重量分级标准。

表 4 - 25 澳大利亚鸡蛋重量分级标准

种类	蛋重/g
巨大	70.0～78.0
特大	66.7～69.9
超大	58.3～66.6
大	50.0～58.2
中等	42.0～49.9

资料来源：澳大利亚蛋品分类指南（2010）。

表 4 - 26 新西兰鸡蛋重量分级标准

种类（代码）	蛋重的最小值/g
特大（8）	68
大（7）	62
标准（6）	53
中等（5）	44
小（4）	35

资料来源：新西兰蛋品生产者联合会（2013）。

第四节 异常蛋

一、结构异常蛋类

结构异常蛋类是指由于机械损伤或母禽生理、病理等原因造成的结构异常鲜蛋，这类鲜蛋若及时处理，仍可食用。

（一）破损蛋类

破损蛋是指受到挤压、碰撞等机械损伤造成不同程度破损的鲜蛋。这类蛋易受微生物污染，常常伴有理化变化，不能作加工原料和贮藏保鲜。

1. 裂纹蛋 蛋壳有破裂，蛋壳内膜未破损，肉眼观察时较难看到，灯光透视时可看到裂缝。若用两只蛋相互轻轻敲击时，可听到嘶哑声。

2. 硌窝蛋 蛋壳的某一部分破裂，形成凹陷小窝，蛋壳内膜未破裂，蛋液不外流。

3. 流清蛋 蛋壳、壳内膜均破裂，蛋液外流，蛋的内容物并未变质。

4. 水泡蛋 鲜蛋在受到剧烈的震动之后，气室一端的蛋白膜破裂，空气穿过蛋白膜进入蛋白，产生许多小气泡，形似水花，又称为"水花蛋"。灯光照视时，多在蛋的大头部位看到蛋内水泡浮游。

（二）反常蛋类

反常蛋是指由于产蛋母禽自身的生理缺陷、病理原因或饲料成分的影响而生产的非正常的变态鲜蛋，多指"次蛋"。

1. 多黄蛋　即蛋内具有两个或两个以上蛋黄。多黄蛋外形要比正常蛋大，大小端难以分清。照视时，能看到蛋内有两个或多个朦胧的橘红色暗影。形成多黄蛋的主要原因是饲料供给充足、营养丰富，母禽卵巢的生理机能旺盛，致使卵巢有两个或多个卵子同时成熟、同时排卵、同时在输卵管中完成蛋的形成。还有可能是输卵管的蠕动收缩微弱，上次卵黄移行排出受阻，甚至短期滞留，而第二个卵黄排卵后，通过移行赶上第一个（上次）卵黄，两个卵黄同时运行，同时被蛋白包在一起，形成双黄蛋或多黄蛋。家禽产双黄蛋或多黄蛋的特性也可能同家禽的品种有关，且有一定的遗传性。如著名的高邮鸭，经常产双黄蛋。多黄蛋中，以双黄蛋较多发生，3 个或 3 个以上蛋黄的多黄蛋不多见。多黄蛋的营养比正常蛋更丰富，食用价值高，但不能用于孵化，可用于咸蛋、皮蛋等加工。

2. 无黄蛋　无黄蛋是指蛋内只有蛋白而无蛋黄。无黄蛋外形稍小，蛋形多呈球形。产生的原因是输卵管在没有卵黄的情况下，由于输卵管黏膜上皮脱落，刺激蛋白分泌而形成。

3. 重壳蛋（蛋中蛋）　重壳蛋是指一个蛋内含有两层以上蛋壳。照视时，能看到蛋内有一个黑影。打开重壳蛋，除去一层蛋白后，里面还有一个硬壳蛋。重壳蛋的蛋黄较小，蛋白稀薄。产生这种蛋的原因是第一个蛋形成后，未能及时排出体外。母禽由于受惊或生理反常等原因，使输卵管发生逆蠕动，将蛋反而推回到蛋白分泌部刺激蛋白分泌，再次将蛋包裹。当母禽生理状况恢复正常后，蛋又沿输卵管下行到子宫，又一次形成蛋壳膜，最后排出体外。重壳蛋可以食用，但不能用来加工再制蛋。

4. 软壳蛋　软壳蛋是指蛋黄、蛋白完整，而蛋壳呈柔软不硬的膜状。产生软壳蛋的主要原因如下。

（1）饲料中钙和磷含量严重不足。钙是形成蛋壳的主要物质，其含量多少直接影响蛋壳的形成。磷不直接形成蛋壳的主要成分，但其含量影响钙的消化吸收。只有当饲料中钙、磷比例适宜时，钙才能很好地被吸收，尤其对于高产的禽类，钙、磷供给不足，经常出现产软壳蛋现象。

（2）禽体虚弱、消化吸收功能紊乱，以致消化不良，营养物质不能被消化吸收。一旦含钙物质不能被禽类消化吸收，便出现产软壳蛋现象。

（3）子宫部分的分泌发生机能障碍，不能分泌足量的钙质，出现软壳蛋。

（4）母禽在产蛋前受惊，引起输卵管的管壁肌肉异常强烈收缩，使在输卵管缓慢移行的蛋突然快速运行，提早排出体外，来不及形成完整坚硬的蛋壳，出现软壳蛋。当母禽体内脂肪过多时，也容易出现软壳蛋。软壳蛋不影响食用，但不能长途运输及贮存，不能成为商品。

5. 钢壳蛋　钢壳蛋的蛋壳比正常蛋坚硬厚实、气孔细密，敲击时声音很脆。产生钢壳蛋的原因是母禽输卵管和子宫分泌机能异常旺盛，分泌的钙质多。钢壳蛋内的水分不易蒸发，外界细菌不易侵入，加工再制蛋时，料液成分难以渗入，故不宜作为加工再制蛋的原料。

6. 沙壳蛋　沙壳蛋的蛋壳表面厚薄不均、粗糙，呈细沙粒状。敲击这种蛋时，声音沙哑。手摸时，手感粗糙。形成的原因是母禽输卵管和子宫分泌机能失调，使钙质在蛋表面的沉积不规则，产生沙粒状和厚薄不均匀的现象。

7. 油壳蛋　油壳蛋表面光滑，有类似油脂状物质。这种蛋气室较小，多见于番鸭所产的蛋。形成油壳蛋的原因是雌禽产蛋的泄殖腔分泌出油脂性的黏液，排出体外后不易凝固。油壳蛋在加工腌制蛋时，吸收料液成分较慢，不易加工成腌制蛋品。

8. 血白蛋　血白蛋是指蛋白中掺有血液。蛋白中的血液不成块，蛋白全部或部分呈淡红色。

形成的原因是输卵管壁上毛细血管破裂，血液渗出混入蛋白中形成。血白蛋不影响食用，但不宜作加工原料。

9. 血斑蛋 血斑蛋是指蛋黄内或系带附近有大小不一的紫色血斑块（点）。血斑的形成原因是雌禽卵巢排卵时，卵巢上的血管破裂或输卵管发炎出血。常见于初产家禽所产的蛋。血斑蛋不影响食用，一般不用作加工原料。

10. 肉斑蛋 肉斑蛋是指蛋白中混杂有肉状物。肉状物的大小不一，常同系带相混合。照验时，蛋白中或系带附近有一灰白色的斑点，光线较系带为暗。这是卵黄进入输卵管时，输卵管黏膜的上皮组织脱落，被蛋白包住而形成。肉斑蛋不影响食用，最好不用作加工原料。

11. 异物蛋 异物蛋是指蛋内含有谷料、金属或其他污物、杂物。照视时蛋白中显示出有暗色物，但只有将蛋打开后才能看清楚是何种异物。因为禽类产蛋的阴道开口同肛门的开口同在泄殖腔内，禽吃的食物（异物）排到泄殖腔后，通过阴道或子宫的收缩，逆送到子宫或输卵管中，同蛋白一起包含在蛋内。

12. 寄生虫蛋 寄生虫蛋是指蛋内含有禽线虫、绦虫、吸虫、盲虫等寄生虫。照视时蛋内有条形蠕动的阴影。当打开蛋后，才能明确辨认是何种寄生虫。产生这种蛋的原因：①禽体内的寄生虫原来就在生殖道内；②寄生虫由脏器移行到腹腔，再由腹腔进入输卵管喇叭口而进入输卵管内；③寄生虫由肠道移行到肛门处，又从肛门处经泄殖腔而逆行到输卵管、子宫内。寄生虫经这3种渠道进入输卵管或子宫内，在蛋形成时被包含在蛋内。寄生虫蛋不宜食用，也不能被加工成蛋制品。

13. 异味蛋 异味蛋是指蛋白、蛋黄正常而有异常气味的鲜蛋。形成异味蛋的原因有内外两种：外因主要是污染，鲜蛋与有特殊气味的物质同时贮存、运输和包装，吸收了异味；内因主要是家禽长期或大量采食有异味的饲草饲料，异味物质在体内积累沉积，使蛋也产生同样的异味。如采食青草较多会出现青草味。异味蛋影响产品的气味，不宜用于加工。

14. 异形蛋 异形蛋是指蛋形呈枣核形、球形、长筒形、马铃薯形、扁形等畸形。形成异形蛋的原因：①输卵管壁或子宫壁畸形；②生殖道本身收缩迟缓，节律失常；③母禽因惊恐等特殊刺激，输卵管收缩异常或蛋壳形成部位发生异常变化。异形蛋易于破损，不宜包装运输，不能用于加工腌制蛋品。

二、品质异常蛋类

品质异常蛋类指受到机械损伤或其他原因影响，已发生明显的理化性质的改变或化学成分的变化、腐败变质的蛋。轻微变质的品质异常蛋可以食用，严重变质的品质异常蛋不能食用和加工蛋制品。

（一）自身变化类

鲜蛋存放时间长或存放环境不适，受外界条件影响，本身发生一系列理化变化，质量降低甚至腐败变质。

1. 雨淋蛋 在运输过程中，因受到雨淋，蛋的外壳膜脱落或洗去。雨淋蛋不宜保管、贮存，更不宜加工成皮蛋或其他腌制蛋。

2. 出汗蛋 出汗蛋的蛋壳上出现水珠颗粒，干后有水迹花纹，蛋壳暗淡无光。灯光照视时，气室较大，蛋明显可见。打开蛋壳后，蛋白呈水样，蛋黄膜松软。造成出汗蛋的原因是存放鲜蛋的地方湿度大、通风不良，也可由气候突变造成，骤冷骤热后，鲜蛋会成为出汗蛋。出汗蛋及时处理后，可以食用。若处理不及时将成为霉腐蛋。

3. 空头蛋 空头蛋是鲜蛋保存期过长，尤其是存放在高温环境中，蛋内水分蒸发所致。当用手指轻敲空头处时，能听到空洞的响声。灯光照视可见空头超过全蛋的1/3甚至1/2，蛋内暗或不透明。打开蛋壳，可见蛋白浓稠，有的部分凝固。空头蛋不宜食用。

4. 陈蛋 陈蛋气室较大，气室位置稍移动，蛋白稀薄澄清，蛋黄不居蛋白的中央，轮廓明显，蛋黄膜松弛。当转动蛋时，蛋黄也容易转动。

5. 靠黄蛋 靠黄蛋气室增大，蛋黄向蛋壳靠近，但未贴在蛋壳上，浮于蛋白上部。蛋黄的暗红影子很明显，当转动蛋时，蛋黄靠着蛋壳转动，且转动迟缓。靠黄蛋的蛋白稀薄，系带消失。其形成往往由蛋陈旧渐变所致，或在贮存中未及时翻动所致。

6. 红贴壳蛋 红贴壳蛋又称为红贴皮蛋。气室比靠黄蛋稍大，蛋黄的一部分已贴在蛋壳上，灯光照视时可见其贴皮处呈红色。蛋白稀薄，全蛋透光。轻微贴壳的蛋，用力旋转时，蛋黄可以摇落。重度贴壳的蛋，开壳后黏壳部分蛋黄膜易被撕破而成为散黄蛋。红贴壳蛋无异味，蛋内无斑点和斑块，仍可以食用。

（二）热伤变化类

鲜蛋受高温影响，发生生理变化，导致品质改变。高湿能够加剧高温的影响。

1. 血圈、血筋蛋 由于高温的影响，胚胎开始发育和增大。未受精的蛋，灯光透视时，可见气室较大，蛋黄膨大上浮，胚珠暗影增大，有时急剧增加到原胚的3~4倍，但无血环和血丝出现。受精蛋除有上述变化外，在蛋黄上逐渐形成血环和血丝。这种蛋变化很快，在气温30 ℃时，半天内胚胎就要增大1倍。血圈、血筋蛋无腐败性变化，可以食用。

2. 大黄蛋 大黄蛋多产生于春末和夏季。原因是存放太久，贮存场地空气不流通，鲜蛋受热或吸潮，蛋白变稀，部分水分渗入蛋黄内。开壳后蛋黄扁平，灯照时，蛋白变稀，气室很大。大黄蛋可以食用。

3. 孵化蛋 孵化蛋是鲜蛋在适宜温度条件下孵化所致。根据孵育的程度、时间，可分为3种。第一种是孵化3~5 d（鸭蛋6 d）后剔除的无精和死精蛋，称为"头照蛋"。照验时，无精蛋蛋白稀薄，蛋黄膨大扁平、色淡；死精蛋胚胎周围有微红的血环。第二种是孵化7~10 d（鸭蛋13 d）剔除的蛋，称为"二照蛋"。照验时，可明显看到形成的血管，像血丝网络样分布在胚胎四周。转动蛋时，能看见迅速移动的血丝及黑点。若黑点不动、血管模糊、呈暗红色，便是死精蛋。第三种是孵化15~17 d（鸭蛋18 d）后剔除的蛋，称为"三照蛋"。照验时，可见气室斜且大，蛋内已有死胎雏。有胎毛的称为"全喜蛋"；只形成头和脚，无胎毛的称为"半喜蛋"。

（三）微生物污染类

蛋在母禽体内形成时以及产出后，被细菌、霉菌等微生物污染，导致品质改变，严重者腐败变质。

1. 霉蛋 寄生有霉菌的鲜蛋统称为"霉蛋"。蛋壳上的霉菌经蛋壳气孔进入鲜蛋内，霉菌菌丝体首先在蛋壳内膜上生长繁殖，尤以近气室部位繁殖最快。随后霉菌通过蛋壳内膜和蛋白膜进入蛋白，形成微小的菌落。灯光照视时，轻度霉蛋可见气室大小不定，蛋黄、蛋白一般正常，但蛋白显示出黑色斑点、斑块，有的蛋内气室中有霉菌菌丝；严重的霉蛋可见蛋内覆盖密集霉菌，完全呈黑色，蛋黄膜被腐蚀破裂，并有酸臭异味，这种蛋不能食用。若霉菌仅寄生在外壳表面，未渗入蛋白内，蛋仍可以食用。

2. 黑贴壳蛋 黑贴壳蛋是由红贴壳蛋进一步发展所致，并有细菌、霉菌繁殖。贴皮直径在25 mm以上的称"大贴皮"，属严重黑贴皮蛋；贴皮直径在25 mm以下的称"小贴皮"。灯光照视时，能清楚看到黑影贴在蛋壳的边沿，轻摇不动，气室大，蛋白稀薄。黑贴皮蛋若蛋内容物没有异味且无霉菌繁殖，高温煮熟后可以食用。

3. 散黄蛋　凡蛋黄膜破裂的蛋都属于散黄蛋。蛋黄膜破裂程度不一，造成散黄的程度也不同。蛋黄膜局部破裂，致使蛋黄局部外溢，蛋白中渗入少量蛋黄液的鲜蛋，为轻度散黄蛋，又称为"穿黄蛋"或"泻黄蛋"。灯光照视时，气室大小不定，多数情况下偏大。在蛋黄的一边拖有一条尾巴的是穿黄蛋，还有的呈红色带有不规则的云雾状。蛋黄膜完全破裂的蛋为重度散黄蛋，蛋黄和蛋白混合，摇蛋时有水响声。灯光照视时，呈均匀的暗红色，蛋内容物呈混浊的水状。形成散黄蛋的直接原因有下列 3 种：①在包装和运输过程中受到剧烈的震动，震破了蛋黄膜；②由于贮存时间过久，蛋白水分向蛋黄渗透，使蛋黄体积膨胀，当达到一定限度时，蛋黄膜破裂；③细菌分泌的酶引起蛋黄膜破裂。前两种原因造成的散黄蛋可以食用，后一种原因引起的散黄蛋，若有臭味，不能食用。

4. 黑腐蛋　黑腐蛋亦称"臭蛋"。由各种次劣蛋经长期存放，发生严重变质而形成的典型的严重变质蛋。蛋壳呈灰暗色，蛋液混浊呈黑绿色，摇动时有水响声。灯光照视时，除气室透光外，其他部分均不透光，并有臭味。黑腐蛋禁止食用和加工。

✏ 复习思考题

1. 禽蛋的各项质量指标的内容是什么？

2. 怎样测定有关禽蛋新鲜度的质量指标？

3. 比较中国、美国、欧洲、日本、澳大利亚和新西兰的禽蛋分级标准，各有何特点？

4. 各种异常蛋的特征及产生原因是什么？在实际工作中，怎样防止异常蛋的产生？

第五章 CHAPTER 5

禽蛋贮运保鲜与洁蛋生产

学习目的与要求

　　了解禽蛋的安全性，熟悉禽蛋贮运期间的品质变化规律以及腐败变质的机理和影响因素；了解禽蛋的生产过程特点、运输包装、销售包装形式及运输要求；掌握禽蛋贮藏的消毒杀菌技术以及鲜蛋冷藏、涂膜、气调等贮藏方法的原理；分析我国洁蛋发展的必要性；掌握洁蛋的生产工艺与技术以及生产设备。

第一节 禽蛋中的致病菌及贮运保鲜过程中的品质变化

一、蛋品中的微生物及安全性

由于蛋壳的保护作用，相对于乳肉等畜产品而言，带壳蛋的安全性相对较高，在常温下保存30～40 d仍可达到食用等级。但是，在没有任何消毒处理的禽蛋中，无论壳外和壳内物都含有大量的微生物，大肠杆菌、沙门菌、金黄色葡萄球菌、志贺菌、溶血链球菌等致病菌以及H5N1、H7N9禽流感病毒等是常见的禽蛋中的有害微生物和病毒。

禽蛋中的沙门菌（*Salmonella enteritidis*）导致的食物中毒事件不时被曝光。根据美国农业部的有关资料统计，全世界每年由带壳蛋中的沙门菌引起的食物中毒事件高达300 000件。全世界每年消耗470亿枚壳蛋，其中大约有2 300万枚受到了沙门菌的污染。因此，人类感染沙门菌的风险很大，如2010年美国艾奥瓦州的希兰代尔农场生产的鸡蛋受到沙门菌的污染，造成2 000多个可疑感染沙门菌病例报告，全美回收鸡蛋数量超过5亿枚。

禽蛋中的微生物来源于两种途径：一是内部感染，是蛋在形成过程中禽体内的微生物进入蛋内；二是外部感染，蛋壳外部的微生物由环境、粪便、工具、人等因素存在于蛋壳表面或通过蛋壳上的气孔进入蛋的内部。所以，饲养环境、鲜蛋表面的洁净度以及在贮运销售环节的卫生、温度、湿度等条件成为禽蛋安全性的关键因素，图5-1为沙门菌污染鸡蛋的途径。

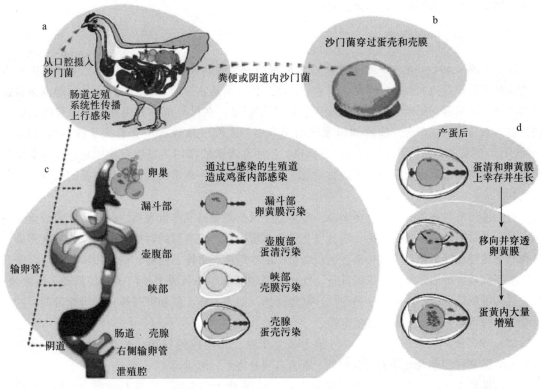

图5-1 沙门菌污染鸡蛋的途径

(胡艳等，2011)

（一）蛋壳外的微生物及影响因素

鲜蛋刚产出时，蛋壳表面的菌落总数一般在 $10 \sim 10^3$，如果鲜蛋不经过任何处理，随着贮藏时间延长，菌落总数通常情况下会增加，在温度和湿度比较大的春季和夏季可以达到 $10^7 \sim 10^{11}$，而在冬季和秋季的干燥低温情况下，蛋壳表面的细菌数量增长缓慢甚至没有明显增长。没有经过消毒处理的鲜蛋表面的沙门菌检出率在不同的地区和不同禽蛋生产企业差距很大，通常情况下检出率在 $0 \sim 5\%$；大肠杆菌的检出率为 $80\% \sim 100\%$，蛋壳表面污染越重，大肠杆菌的检出率就越高且数量越大；金黄色葡萄球菌也是鲜蛋壳上常带的致病菌，检出率为 $0 \sim 2\%$，因禽蛋中金黄色葡萄球菌而导致中毒的案例较少。

经过清洗和消毒处理后的"洁蛋"，蛋壳外微生物大幅减少到 $10 \sim 10^3$，并且沙门菌、金黄色葡萄球菌、志贺菌、溶血链球菌等致病菌可以做到零检出。

（二）蛋壳内的微生物及影响因素

蛋内的蛋清和蛋黄因为受到蛋壳的保护，同时也因为其有抗菌物质的存在，内部的菌落总数及致病菌的数量较少，但是随着贮藏时间的延长和环境的影响，各种菌的数量都呈增长状态。鲜蛋中沙门菌的检出率为 $0 \sim 3\%$，一般情况下，随着贮藏时间的延长，检出率增加，新鲜蛋中蛋白和蛋黄中的细菌总数在 $10^2 \sim 10^4$ cfu/g，贮藏 30 d 后增加到 $10^3 \sim 10^6$ cfu/g。

温度、湿度及蛋壳的污染程度是影响蛋内容物中微生物变化的最重要的因素，蛋壳被粪便及污物污染严重的禽蛋，贮藏期内微生物及致病菌超标的可能性大大增加。

对于 H5N1、H7N9 禽流感病毒，虽然主要在禽肉及制品中出现，但是也有在禽蛋中检出的案例，因此有些国家规定不进口禽流感疫区的禽蛋。

（三）禽蛋中的致病菌

1. 沙门菌　沙门菌是对人类健康有极大危害的一类致病菌，广泛分布于自然界中。由它引起的疾病主要分为两大类：一类是伤寒和副伤寒，另一类是急性肠胃炎。沙门菌是引起人类食物中毒的主要致病菌。据世界卫生组织报道，1985 年以来，在世界范围内由沙门菌引起的已确诊的患病人数显著增加，在一些欧洲国家已增至 5 倍。人们一旦摄入了含有大量沙门菌（$10^5 \sim 10^6$ cfu/g）的畜禽产品，就会引起细菌性感染，进而在毒素的作用下发生食物中毒。人体受沙门菌感染的主要途径是摄入了受污染的食物或水，对人类来说，禽蛋及其制品是主要的携带沙门菌的食物之一。

（1）沙门菌对禽蛋的污染及污染源。环境卫生状况差是造成禽蛋表面沙门菌污染的最重要原因，沙门菌首先作用于蛋壳表面，通过气孔进入禽蛋内部造成禽蛋的污染；也可以通过被感染的活禽水平传播和产蛋进行垂直传播。所以禽蛋中的沙门菌与禽体、病禽、饲料污染、粪便污染有直接关系，禽舍地面、笼具、供饲设备、饮水器等环境条件都会成为沙门菌的传播源，带菌蛋、孵化器内的胎绒、被沙门菌污染的空气、其他动物（如犬、猫、鼠和野鸟等）都可能带菌，这些动物一旦进入禽舍也会带来传播的危险。

（2）沙门菌的特征及危害。沙门菌为革兰阴性、无芽孢的杆菌，长 $1 \sim 3$ μm，宽 $0.5 \sim 0.8$ μm，除禽沙门菌及无动力的变种外，都具有周身鞭毛，能运动。

沙门菌可引起肠胃炎，潜伏期一般为 $4 \sim 24$ h，发病大多急剧，主要有畏寒、发热，多伴有头痛、头晕、恶心、呕吐、腹痛、腹泻等症状，中毒严重时可引起死亡。病程长短不一，一般为 $3 \sim 6$ d，重者可延至 $1 \sim 3$ 周才恢复。沙门菌还可以引起菌血病、败血症、伤寒和其他肠热病型，典型和严重的肠热症是伤寒，它是由伤寒沙门菌引起的，其他沙门菌，特别是甲型、乙型副伤寒沙门菌，也能引起本症。人类是伤寒沙门菌的唯一宿主。

（3）沙门菌的控制。控制养殖场的污染，把对禽蛋产品中沙门菌污染的关键控制点放在其首要环节——养殖场，从源头上确保禽蛋产品不受沙门菌的污染。在这方面瑞典有很好的经验，他们通过对养殖场的环境卫生、禽体卫生、饮水和饲料卫生等所有环节进行严格控制，保证禽饲养的良好环境，从而有效地防止了沙门菌的传播。

控制流通环节的污染，加强对禽蛋产品加工及流通环节的监管。要求生产加工企业严格遵循禽蛋产品安全生产技术规程，降低生产加工过程中沙门菌污染的危险，对上市前的禽蛋产品进行强制性抽检，确保受污染的禽蛋产品不进入市场。

控制饲料的污染是对禽蛋产品进行风险管理的关键，具体措施如下：

① 加酸处理：沙门菌在温度高于 10 ℃、pH 6～7.5 时繁殖最快。商品化生产的饲料不可能做冷藏处理，但添加各种有机酸（甲酸、乙酸、丙酸和乳酸）可以降低饲料的 pH，从而可以消灭或抑制饲料中沙门菌的生长，并可改善动物肠道的微生物环境。

② 合理使用抗菌剂：饲料中添加抗菌剂已经证实能有效地抑制沙门菌。研究发现，各种抗菌剂联合使用能有效地减少沙门菌在盲肠中的繁殖。

③ 加热处理：制粒过程中饲料所受到的热足以杀死沙门菌。调查表明，58％的蛋用种禽日粮样品中都有沙门菌存在，经蒸汽调质和压粒，大约只有 4％的样品存在沙门菌。

④ 严格执法：严格执行有关禽蛋产品安全的法律法规。在禽蛋养殖、加工、流通等各个环节全面推行 HACCP 系统管理，即以沙门菌的流行病学为开端，沿着禽蛋产品生产线一直追溯到养殖场，实行全面控制，并将控制的重点放在对人类健康的直接危害上。只有这样，才能确保禽蛋产品在到达消费者手中时是安全的。

2. 禽流感病毒 禽流感（avian influenza 或称 bird flu）是由流感病毒 A 型菌株引起的禽类的一种急性高度致死性传染病，通常这种病毒只传染禽类，鸡、火鸡、鸭和鹌鹑等家禽以及野鸟、水禽、海鸟等均可感染。禽流感最早于 1878 年在意大利发生，历史上又称为真性鸡瘟（fowl plague）。随后，在欧洲其他国家、南美、东南亚、美国和苏联也有局部发生，现在几乎遍布世界各地。1997 年，中国香港 H5N1 型禽流感暴发，自从 2003 年以来，越来越多的亚洲国家（泰国、越南、中国、日本、韩国、柬埔寨、印度尼西亚、老挝和巴基斯坦等）相继报道了禽流感在鸡、鸭、野生鸟类和猪中暴发的事件。

（1）禽流感病毒。禽流感病毒（AIV）属甲型流感病毒，多发于禽类。甲型流感病毒呈多形性，其中球形直径 80～120 nm，有囊膜。禽流感病毒可分为 16 个 H 亚型（H1～H16）和 9 个 N 亚型（N1～N9），感染人的禽流感病毒亚型主要为 H5N1、H7N9、H9N2、H7N7，其中感染 H5N1 和 H7N9 的患者病情重，病死率高。

（2）H5N1 禽流感病毒。H5N1 是禽流感病毒的一种亚型。流感病毒颗粒外膜由两型表面糖蛋白覆盖，一型为植物血凝素（即 H），一型为神经氨酸酶（即 N）。所有人类的流感病毒都可以引起禽类流感，但不是所有的禽流感病毒都可以引起人类流感，禽流感病毒中，H5、H7、H9 可以传染给人，其中 H5 为高致病性，H5N1 为《中华人民共和国传染病防治法》中规定报告的法定传染病，又称为人感染高致病性禽流感。

利用常用消毒剂容易将 H5N1 禽流感病毒灭活，如氧化剂、稀酸、十二烷基硫酸钠、漂白粉和碘剂等都能迅速破坏其传染性。禽流感病毒对热比较敏感，65 ℃加热 30 min 或煮沸 2 min 以上可将其杀灭。病毒在粪便中可存活 1 周，在水中可存活 1 个月。病毒对低温抵抗力较强，在有甘油保护的情况下可保持活力 1 年以上。病毒在阳光直射下 40～48 h 即可灭活，如果用紫外线直接照射，可迅速破坏其传染性。

（3）H7N9 禽流感病毒。H7N9 是在 2013 年出现的一种新型甲型禽流感病毒，是禽流感病毒的一种亚型，在鸟类中死亡率低，而感染人后会短期内发病，并且重症率和死亡率均较 SARS 略高。

H7N9 禽流感病毒基因来自于 H9N2 禽流感病毒，颗粒呈多形性，其中球形直径 80～120 nm，对热敏感，对低温抵抗力较强，经传染的人呈现发热、咳嗽等急性呼吸道感染症状，5～7 d出现呼吸困难，部分病例可迅速发展为急性呼吸窘迫综合征并死亡。

H7N9 禽流感病毒与 H5N1 一样，可以采用加热、光照和使用消毒剂的方式使其失去活性。

3. 大肠杆菌　大肠埃希菌（*E. coli*）通常称为大肠杆菌，广泛分布于自然界，包括腐生菌、寄生菌和人及动物的病原菌，大小为 $0.5 \times (1 \sim 3)$ μm。周身鞭毛，能运动，无芽孢。能发酵多种糖类产酸、产气，是人和动物肠道中的正常栖居菌，婴儿出生后即随哺乳进入肠道，与人终身相伴，其代谢活动能抑制肠道内分解蛋白质的微生物生长，减少蛋白质分解产物对人体的危害，还能合成维生素 B 和维生素 K，某些大肠杆菌能产生大肠菌素，对一些病原微生物具有拮抗作用。

在相当长的一段时间内，大肠杆菌一直被当作正常肠道菌群的组成部分，认为是非致病菌，直到 20 世纪中叶，才认识到一些特殊血清型的大肠杆菌对人和动物有病原性，尤其对婴儿和幼畜禽，常引起严重腹泻和败血症。根据不同的生物学特性，将致病性大肠杆菌分为 5 类：致病性大肠杆菌（EPEC）、肠产毒性大肠杆菌（ETEC）、肠侵袭性大肠杆菌（EIEC）、肠出血性大肠杆菌（EHEC）、肠黏附性大肠杆菌（EAEC）。

（1）致病物质。有致病性的大肠杆菌产生的致病物质主要有黏附素和肠毒素。

① 黏附素。即大肠杆菌的菌毛。致病大肠杆菌须先黏附于宿主肠壁，以免被肠蠕动和肠分泌液清除。使人类致泻的为黏附素 CFA Ⅰ、黏附素 CFA Ⅱ。

② 肠毒素。是肠产毒性大肠杆菌在生长繁殖过程中释放的外毒素，分为不耐热和耐热两种。不耐热肠毒素对热不稳定，65 ℃经 30 min 即失活；耐热肠毒素对热稳定，100 ℃经 20 min 仍不被破坏，分子质量小，免疫原性弱。

（2）引起的疾病。大肠杆菌可引起肠道外感染，多为内源性感染，以泌尿系统感染为主；大肠杆菌可侵入血液，引起败血症、大肠杆菌性脑膜炎。肠出血性大肠杆菌（主要菌型是 O157：H7、O26：H11 等）可引起散发性或暴发性出血性结肠炎，产生志贺毒素样细胞毒素。

二、禽蛋在贮运期间的品质变化

（一）物理变化

禽蛋从离开母体后，由于其自身结构特点及环境的变化，可引起一系列的物理变化，通过蛋壳上分布的大量气孔（图 5 - 2）与外界环境进行物质交换，在温度与湿度的影响下，主要引起蛋内水分、氧气、二氧化碳含量的变化，进而引起禽蛋质量的变化。

1. 气室的形成及变化　禽蛋产出后，最先产生的变化是气室的形成，这是由于蛋内物质的温度高，环境的温度低，鲜蛋降温导致内容物体积缩小，又因为鲜蛋的钝端蛋壳密度低、气孔大且多，空气易进入，在冷缩的过程中连接蛋壳钝端系带的拉力，使蛋壳内膜与蛋壳之间形成气室（图 5 - 3），随着贮藏时间的延长，气室增大。气室的大小主要与蛋内水分的逸出有关，水分逸出多，则气室大，一般情况下，在 30 d 内水分会减少蛋重的 3%～8%。水分的减少主要与环境中的空气湿度成反比，环境湿度大则禽蛋的重量减少小。

2. 壳外膜的变化　禽蛋在产出后蛋壳表面的"白霜"，称为壳外膜，主要成分为黏蛋白，在空气湿度较大的春夏季，壳外膜易溶于水而消失。这层膜主要是在禽蛋生产过程中起到"润滑"的作用，也可以保护蛋不受微生物侵入，防止蛋内水分蒸发，对延长鲜蛋的保质期有重要作用。

壳外膜不含有溶菌酶，它对禽蛋的保鲜作用主要是因为黏蛋白对气孔的封闭作用。在潮湿的空气中，"白霜"在禽蛋产出后只能存在几小时，而在干燥的空气中可以存在3～4 d。

图 5-2 蛋壳上的气孔

（引自：American Egg Board，http：//www.aeb.
org/egg-industry/egg-industry-evolution）

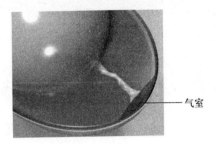

气室

图 5-3 气室的形成

（引自：American Egg Board，http：//www.aeb.
org/egg-industry/egg-industry-evolution）

3. 蛋白的变化 新鲜禽蛋的蛋白透明浓厚，浓厚蛋白与稀薄蛋白的比值在1.2～1.5，在常温下贮藏7 d内，浓稠蛋白的比例下降缓慢，而10 d后下降速度加快，20 d后浓稀蛋白的比值只有0.5～0.8，这说明禽蛋中的浓厚蛋白逐渐减少，而稀薄蛋白增加，40 d后的禽蛋浓厚蛋白基本消失。但是低温贮藏的禽蛋浓厚蛋白的降低速度要缓慢得多。

新鲜蛋的系带粗白而富有弹性，连接蛋黄两条系带的另一端分别与蛋壳的钝端和锐端相连，将蛋黄"固定"在蛋的中间。随着鲜蛋贮藏时间的延长，受酶和消解作用，系带逐渐变细甚至完全消失，所以系带的大小和有无是禽蛋新鲜程度的标志之一。

4. 蛋黄的变化 新鲜蛋中的蛋黄在蛋黄膜的包裹下几乎呈圆球形，且在蛋的中央。因为蛋黄中的水分比蛋清中少，无机盐及小分子糖的含量远远高于蛋清，所以蛋黄和蛋清之间产生的渗透压会使水分向蛋黄内转移，所以在禽蛋贮藏过程中，蛋黄含水量不断增加，同时蛋黄膜也会发生弹性和韧性降低的情况，使蛋黄体积增大，当蛋黄体积超过原来体积的20%左右时，蛋黄膜稍受振动就会破裂，蛋黄与蛋白互相混合形成"散黄蛋"。在没有形成散黄蛋前，由于浓厚蛋白的减少及系带的逐渐消失，蛋黄会在蛋清中偏离中间位置上浮到蛋壳上形成"贴壳蛋"。

禽蛋遇到低温冷冻，可以导致蛋黄中的蛋白质变性，而这种变性是不可逆的，其结果是冷冻变性的蛋黄经煮熟后变得硬而有弹性，成为"橡胶"蛋黄，禽蛋在−18 ℃冷冻4 h就可出现"橡胶"蛋黄。北方冬天的天气比较冷，且以养鸡为主，鸡蛋在销售过程中会出现被冷冻的现象，往往被消费者误认为是假鸡蛋。

（二）化学变化

由于禽蛋本身的呼吸及微生物的作用，蛋内营养物质不断转化和分解，新鲜禽蛋的蛋白 pH 为7.0～7.6，贮藏10 d左右，其 pH 可以达到9以上。蛋黄的 pH 为6.0～6.4，在贮藏过程中会逐渐上升而接近或达到中性。当禽蛋接近变质时，其 pH 有下降的趋势。

在禽蛋贮藏过程中，蛋白中的卵白蛋白发生变性转变为 S-卵白蛋白，转变数量与贮藏时间、温度成正比；溶菌酶逐渐减少。微生物及自身的化学变化将蛋白质分解成氨基酸，各种氨基酸经脱氨基、脱羧基、水解及氧化还原作用，生成多肽、有机酸、吲哚、氨、硫化氢、二氧化碳等产物，使蛋产生各种强烈的臭气。当挥发性盐基氮含量大于4 mg/100 g 时，禽蛋只有消毒后才可食用，当挥发性盐基氮含量大于20 mg/100 g 时则不能食用。

贮藏使蛋黄中的卵黄球蛋白和磷脂蛋白含量减少，而低磷脂蛋白的含量增加。蛋黄中的脂肪在微生物产生的脂肪酶作用下，被分解成甘油和脂肪酸，进而被分解成低分子的醛、酮、酸等有刺激性气味的物质。蛋液中的糖类在微生物的作用下，被分解成有机酸、乙醇、二氧化碳、甲烷等。

（三）生理学变化

当贮藏温度达到 25 ℃ 以上时，受精卵在胚胎周围产生网状血丝、血圈甚至血筋，成为"胚胎发育蛋"。未受精的胚珠也会出现膨大现象，成为"热伤蛋"。

三、禽蛋的腐败变质

（一）禽蛋腐败变质的原因

引起禽蛋腐败变质主要有 3 个因素，即微生物、环境因素和禽蛋本身的特性。其中微生物是引起禽蛋腐败变质的主要原因。

禽蛋中含有丰富的水分、蛋白质、脂肪、无机盐和维生素，能够满足微生物生命活动的需要，是微生物理想的"天然培养基"。当微生物侵入禽蛋后，在适当的环境条件（如温度、湿度等）下迅速生长和繁殖，把禽蛋中复杂的有机物分解为简单的有机物和无机物。在这一过程中，禽蛋发生腐败变质。因此，若环境适合微生物生长、繁殖，禽蛋则易于腐败变质；反之，禽蛋则不易腐败变质，有利于保鲜。

引起禽蛋腐败变质的微生物主要是非致病性细菌和霉菌。分解蛋白质的微生物主要有梭状芽孢杆菌、变形杆菌、假单胞菌属、液化链球菌、蜡样芽孢杆菌和肠道菌科的各种细菌、青霉菌等；分解脂肪的微生物主要有荧光假单胞菌、产碱杆菌属、沙门菌属细菌等；分解糖的微生物有大肠杆菌、枯草杆菌和丁酸梭状芽孢杆菌等。

（二）禽蛋中微生物的来源

禽蛋在形成过程中、产出后在流通领域中或在蛋品加工厂内，由于所处的外界环境不同，污染的微生物种类及污染程度各异。

1. 禽蛋形成过程中污染微生物　在生理结构上，母禽生殖系统与泄殖腔直接相邻。正常的情况下，母禽生殖系统具有一定的生理防御机能，如蛋白内的溶菌酶具有杀菌作用、吞噬反应，输卵管蠕动收缩能产生机械排除作用等。当产蛋母禽患病时，蛋在形成过程中就可能污染微生物。首先，生病母禽体质弱、抵抗力差，若饲料中污染有沙门菌，其中的沙门菌可通过鸡的消化道进入血液，最后转到卵巢侵入卵黄，使其污染沙门菌。其次，生病母禽的卵巢和输卵管中往往有病原菌侵入，使蛋有可能污染各种病菌，例如，母鸡患白痢时，鸡白痢沙门菌能在卵巢内存在，该鸡所产的蛋随之可能染上鸡白痢沙门菌。

2. 禽蛋贮存过程中污染微生物　禽蛋具有外蛋壳膜、内蛋壳膜和蛋白膜，对蛋壳上的微生物入侵具有一定的防御能力。另外，蛋白中的溶菌酶能杀灭侵入蛋液里的各种微生物。但是这些功能随着贮存时间的延长而逐渐减弱，外界微生物接触蛋壳，通过气孔或裂纹侵入蛋内而得到繁殖。

蛋内常发现的微生物主要有细菌和霉菌，且多为好氧性菌，但也有厌氧性菌。蛋内发现的细菌主要有葡萄球菌、链球菌、大肠杆菌、变形杆菌、假单胞菌属、沙门菌属等。蛋壳内检出的微生物见表 5-1。蛋内发现的霉菌有曲霉菌、青霉菌、毛霉菌、地霉菌、白霉菌。

（三）禽蛋腐败变质的种类

禽蛋的腐败变质大致可分为细菌性腐败变质和霉菌性腐败变质两类。

表 5-1 蛋壳内检出的微生物/%

微生物种类（括号内的 +、-号为革兰染色）	养禽场	打蛋车间			包装场所		
		清洁	污染泥土轻的	污染泥土重的	清洁	污染泥土轻的	裂纹蛋等
Streptococcus（+）（链球菌）	—	8	5	—	—	—	—
Staphylococcus（+）（葡萄球菌）	5	30	—	—	9	5	11
Micrococcus（+）（微球菌）	18	23	20	—	37	52	42
Sarcina（+）（八叠球菌）	2	20	—	—	—	—	—
Arthrobacter（±）（分节芽孢杆菌）	—	—	—	—	5	13	10
Bacillus（+）（芽孢杆菌）	30	—	13	5	—	2.5	—
Pseudomonas（-）（假单胞菌）	6	—	—	—	—	—	—
Achromobacter（-）（无色杆菌属）	19	—	—	—	1.5	2	1
Alcaligenes（-）（产碱杆菌属）	—	—	—	—	—	2	—
Flavobacterium（-）（产黄菌属）	3	—	—	—	—	—	—
Escherichia（-）（埃希菌属）	4	12	7	2	4.5	7	3
Aerobacters（-）（气杆菌属）	1	7	—	3	6	0.5	2
Aeromonas（-）（气单胞菌属）	—	—	20	—	1	—	2
Proteus（-）（变形杆菌）	1	—	20	20	—	—	—
Serratia（-）（沙雷菌属）	—	—	20	50	—	—	—
丝状菌	7	—	10	20	—	—	—
未确定微生物	—	—	—	—	12[①]	5[①]	6[①]

注：①表示好氧性革兰阴性。

1. 细菌性腐败变质 细菌性腐败变质是指以细菌为主的微生物引起的腐败变质。由于细菌种类不同，蛋的变质情况也非常复杂。

细菌侵入蛋白后，首先使蛋白液化而产生不正常的色泽（一般多为灰绿色），并产生硫化氢，具有强烈刺激性臭味，这主要是由于产生硫化氢的细菌引起。有的蛋白、蛋黄相混合，并产生具有人粪味的红、黄色物质，这种腐败变质主要是由荧光菌和变形杆菌引起。有的呈现绿色样物，这是由于绿脓杆菌引起，其他如大肠杆菌、副大肠杆菌、产碱杆菌、葡萄球菌等，均能使禽蛋发生不同程度的腐败变质。

细菌侵入蛋内后，一般蛋白先开始变质，然后蔓延到蛋黄。蛋白腐败初期，一小部分呈淡灰绿色，随后这种颜色扩大到全部蛋白，蛋白变成稀薄状并具有腐败气味。蛋黄上浮，黏附于蛋壳上并逐渐干结，蛋黄失去弹性而破裂形成"散黄蛋"。"散黄蛋"的蛋液混浊不清，迅速腐败，产生大量硫化氢并很快变黑，称为"黑腐蛋"。"黑腐蛋"的蛋壳呈灰色，从蛋壳气孔向外逸出臭味。当气体产生过快、过多时，造成蛋壳内的压力增大，蛋壳爆裂，蛋的内容物流出来发出强烈的臭味。鲜蛋的腐败也由此达到最高阶段。

2. 霉菌性腐败变质 霉菌性腐败变质是指以霉菌为主的微生物引起的腐败变质。蛋中常出现褐色或其他颜色的丝状物，主要是由蜡叶芽孢霉菌和褐霉菌引起。其他如青霉菌、曲霉菌、白霉菌，均能使禽蛋发生不同程度的腐败变质。

生长在蛋壳上的霉菌通常肉眼能看到，经蛋壳气孔侵入的霉菌菌丝体首先在内蛋壳膜上生长起来，靠近气室部分的霉菌繁殖最快，因为气室里有它们需要的足够氧气。然后破坏内蛋壳膜和蛋白膜，进入蛋白，继续进一步发育繁殖，霉菌繁殖的部分形成一个十分微小的菌落，光照透视检查时，有时是带淡色的小斑点的形状，有时全部蛋壳内布满了微细的小斑点，这是初步变质阶段。由于霉菌菌落继续繁殖与相近菌落汇合，霉斑扩大，使蛋进一步变质，成为"斑点蛋"。最后，由于霉菌不断发育和霉斑的集合，整个蛋的内部为密集的霉菌覆盖，这种蛋在灯光下透视时已不透明，内部昏黑一团，腐败变质发展到了严重的程度，成为"霉菌腐败蛋"。受霉菌侵害而腐败变质的蛋具有一种特有的霉气味以及酸气味。一个蛋的腐败变质，往往是被多种微生物侵入而引起的。从腐败变质蛋中分离出来的微生物种类及检出率见表 5-2。

表 5-2 腐败变质蛋中分离出来的微生物

微生物	混腐蛋		黑腐蛋		霉腐蛋	
	数量/枚	检出率/%	数量/枚	检出率/%	数量/枚	检出率/%
变形杆菌	8	72.8	8	66.6	—	—
大肠杆菌	11	100	9	75.0	7	46.6
副大肠杆菌	7	63.3	9	75.0	4	26.6
产气荚膜梭菌	10	90.9	7	58.3	2	13.3
产碱杆菌	6	54.5	7	58.3	—	—
荧光杆菌	2	18.1	3	25.0	—	—
绿脓杆菌	2	18.1	1	8.0	—	—
枯草杆菌	5	45.5	7	58.3	—	—
葡萄球菌	4	36.4	4	33.8	—	—
链球菌	1	9.09	3	25.0	—	—
青霉菌	2	18.1	—	—	15	100.0
蜡样芽孢杆菌	—	—	—	—	10	66.6
白霉菌	1	9.09	1	8.6	8	53.3
褐霉菌	—	—	1	8.6	6	40.6
总检蛋数	11		12		15	

（四）禽蛋腐败变质的化学过程

禽蛋腐败变质主要是指在微生物作用下，禽蛋营养成分被分解。由微生物引起的蛋的化学变化见表 5 - 3。

表 5 - 3　由微生物引起的蛋的化学变化

微生物	蛋的化学变化
Pseudomonas fluorescens（荧光假单胞菌）	蛋白质、卵磷脂分解，产生色素，蛋白发出绿色荧光
Pseudomonas aeruginosa（绿脓杆菌）	产生色素，蛋白发出蓝色荧光
Pseudomonas petida（恶臭假单胞菌）	产生色素，蛋白发出绿色荧光
Pseudomonas maltophilia（嗜麦芽假单胞菌）	蛋白质分解，产生 H_2S，常形成色素，使蛋黄凝胶化，能看到黄绿色稠状的丝，发现有胺类的臭气
Proteus（变形菌属）	蛋白质、卵磷脂分解，产生 H_2S，蛋白呈暗褐色，蛋黄呈褐色或黑色
Arttatia marcescens（液化气单胞菌）	蛋白质、卵磷脂分解，产生 H_2S，蛋白呈灰色，蛋黄变成黑色凝出
Serratia marcescens（黏质沙雷菌）	蛋白质、卵磷脂分解，产生红色素，蛋白变成粉红色
Alcaligenes（产碱杆菌属）	蛋白质、卵磷脂分解，不产生色素，但与腐败有关
某种肠内细菌	使卵磷脂分解，在蛋黄外围产生凝胶状物质，有时有黄绿色斑点
Flavobacterium（黄杆菌属）	菌落发黄。蛋白质、卵磷脂不分解
Cladosporium（芽枝霉属）	蛋壳表面、里面及蛋壳膜上产生暗绿色或黑色斑点。在蛋内繁殖时，蛋白凝胶化，蛋黄膜弹性减弱
Sporotrichum（分支孢属）	蛋壳表面、里面，蛋壳膜上产生红色或粉红色斑点。在蛋内繁殖时，蛋白凝胶化，蛋黄膜弹性减弱

1. 禽蛋中蛋白质的分解　蛋白质在梭状芽孢杆菌、变形杆菌、假单胞菌属等产生的蛋白酶和肽链内切酶等的作用下，首先分解为肽，并经断链形成氨基酸，其他低分子含氮物质在相应酶的作用下进一步发生分解而使禽蛋出现腐败特征。蛋白质水解产生的各种氨基酸经过脱氨基、脱羟基、水解、氧化还原作用，生成肽、有机酸、吲哚、氨、硫化氢、二氧化碳、氢气、甲烷等分解产物，致使蛋形成各种强烈臭气，而分解产物中的胺类是有毒物质。

2. 禽蛋中脂肪的酸败　微生物侵入蛋内后，油脂主要经过水解与氧化，产生相应的分解产物。其过程简示如下：

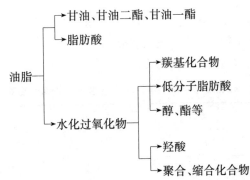

蛋黄中含有丰富的磷脂。磷脂可以被细菌分解生成含氮的碱性有机物质，其中主要为胆碱。

胆碱无毒，被细菌作用后生成有毒的化合物，如神经碱和毒碱。

3. 禽蛋中糖的分解　蛋白内含有少量的糖，微生物侵入蛋内后，产生糖酶，将糖分解成丁酸等小分子物质。如普通大肠杆菌能使糖分解为乳酸、醋酸、丙酸、丁酸、草酸、二氧化碳、甲烷和氢气等；甲烷菌能使糖分解成较多的甲烷。微生物分解糖的产物一般无毒性，但对禽蛋的腐败变质有很大的影响。

（五）影响禽蛋腐败变质的因素

1. 环境的清洁程度　母鸡产蛋和存放鲜蛋的场所清洁，能使鲜蛋被微生物污染的机会减少，有利于禽蛋的保鲜。

2. 温度　温度是影响禽蛋腐败变质的一个极为重要的环境因素。蛋壳内、外的细菌大部分属于嗜温菌，其生长所需温度为 10～45 ℃（最适温度为 20～40 ℃）。较高的温度适宜细菌生长繁殖，容易使细菌侵入蛋内，迅速发育繁殖，分解蛋液内的营养物质，造成禽蛋腐败变质。所以，夏季最易出现腐败蛋。

另外，高温增加蛋内水分向外蒸发的速度，导致气室变大，加速蛋白水分向蛋黄的渗入，使蛋黄膜过度紧张失去弹性而崩解，形成"散黄蛋"。同时，高温易使蛋内酶的活动加强，加速蛋中营养物质的分解，促使蛋的腐败变质。

3. 湿度　禽蛋在高湿环境下容易腐败变质，因为微生物的生长繁殖除需要适宜的温度外，还必须有一定的湿度。在温度相同的条件下，湿度越高，禽蛋腐败变质的时间越短。这是因为，在适合微生物活动的温湿度环境中，蛋壳上的微生物活跃、繁殖力增强，易于侵入蛋内，并在蛋内大量繁殖，使蛋迅速腐败变质。霉菌的生长、繁殖与湿度的关系最密切，只要湿度适宜，即使在较低温度下，也能生长繁殖。在湿度较高的环境下，禽蛋最易发生霉菌性的腐败变质。空气温湿度对霉菌发育的影响见表 5-4。

表 5-4　空气温湿度对霉菌发育的影响

温度/℃	相对湿度			
	100/%	98/%	95/%	90/%
0	14 d	19 d	24 d	77 d
5	10 d	11 d	12 d	26 d

4. 壳外膜的情况　壳外膜的作用主要是保护禽蛋不受微生物侵入，所以，壳外膜是禽蛋防止微生物入侵的第一道防线。壳外膜很容易消失或脱落，壳外膜消失或脱落后，外界的细菌、霉菌等微生物便会通过气孔侵入蛋内，加速蛋的腐败变质。因此，鸡蛋经水洗和雨淋后会加速微生物侵入。

5. 蛋壳的破损情况　蛋壳具有抵抗微生物侵入和繁殖的能力，主要原因是蛋壳表面的薄膜能延缓水分的损失和阻止微生物的侵入。蛋壳破损，易导致微生物侵入蛋液，加速禽蛋的腐败变质。破壳蛋腐败变质的速度与气温有密切的关系，如表 5-5 所示。

表 5-5　破壳蛋与未破壳蛋在不同温度下开始腐败变质的时间

项目	温度				
	35 ℃	20 ℃	10 ℃	5 ℃	0 ℃
破壳蛋	10 h	22 h	37 h	124 h	较长时间
未破壳蛋	半个月	2 个月	4 个月	8 个月	长时间

（六）腐败变质蛋的危害

腐败变质的禽蛋首先是带有使人难以接受的感官性状，如具有刺激性的气味、异常的颜色、酸臭味道、组织结构被破坏、有污秽感等；其次，化学成分中的蛋白质、脂肪、糖类被微生物分解，产物没有利用价值；维生素受到严重的破坏。因此，腐败变质的蛋失去了营养价值。

腐败变质的蛋由于微生物污染严重，菌类相当复杂，菌量增多，因而致病菌和产毒菌的存在机会增加。由于菌量增多，可能有沙门菌和某些致病性细菌，引起人体的不良反应，甚至中毒和导致疾病。为了保障人体健康，轻度腐败变质蛋必须经过高温处理后才可食用，严重腐败变质蛋只能废弃或作肥料用。

第二节 禽蛋的安全生产与贮运

我国禽蛋中约15%是鸭蛋，80%是鸡蛋，鹌鹑蛋、鹅蛋、鸵鸟蛋、大雁蛋、天鹅蛋等特禽蛋的比例不足5%。要提高禽蛋的安全水平，应加强蛋禽生产加工过程各个环节的安全控制，如饲养方式、饲料营养、防病防疫、产蛋管理、环境卫生、鲜蛋卫生、鲜蛋贮运等过程的安全控制。然而国内禽蛋的生产方式相对比较落后，既有现代化的集约化生产，也有以家庭为单位的个体农户的生产方式，所以要达到与发达国家一样的安全生产水平，还需要在禽蛋生产管理和投入方面做长期的努力。

一、禽蛋的安全生产管理

（一）鸭蛋的安全生产管理

长江中下游地区是鸭蛋的重要产区，特别是在江苏、安徽、湖南、湖北、江西等省，鲜鸭蛋的生产和加工占据我国总产量的半数以上。鸭蛋生产有放养和圈养两种形式，对农户及小型企业来说以放养为主，而对于部分大中型蛋鸭养殖企业来说多采用圈养的方式，也有采用放养的方式。蛋鸭圈养根据鸭舍的结构又可分为全封闭式和半开放式饲养两种，前者指鸭的所有活动场地都在室内（包括运动场及产蛋房），后者指鸭的产蛋房在室内，运动场在室外。

在我国，蛋鸭的饲养主要根据 NY 5038—2006《无公害食品 家禽养殖生产管理规范》等标准制定各企业的生产技术规程。

1. 鸭场建设及环境要求 鸭场周围 3 km 应无工业"三废"污染或其他畜禽场等污染源。鸭场距离公路、村庄、学校 1 km 以上，不得建在饮用水水源、食品厂上游。规模以上（≥5 000只）的鸭场应设置有舍区、场区和缓冲区。所谓的缓冲区是指禽场外周围，沿场院向外≤500 m 范围内为禽保护区，该区具有保护畜禽场免受外界污染的功能。鸭场空气质量见表5-6。

2. 消毒及饮用水质标准 鸭场的消毒应采用国家主管部门批准允许使用的消毒剂类型，生产区和鸭舍门口应有消毒池。鸭舍周围环境每2周消毒1次。鸭场周围及场内污水池、排粪坑、下水道出口每月消毒1次。鸭舍在进鸭前应进行彻底清栏、冲洗，通风干燥后用 0.1% 新洁尔灭或 4% 来苏儿或 0.3% 过氧乙酸或次氯酸钠等进行全面喷洒消毒。在对带鸭的鸭场消毒时，常用的消毒药有 0.2% 过氧乙酸、0.1% 新洁尔灭、0.1% 次氯酸钠等。场内无疫情时，每隔2周带鸭消毒1次。有疫情时，每隔1～2 d 消毒1次。带鸭消毒要在鸭舍内无鸭蛋时进行，避免消毒剂喷洒到鸭蛋表面。

表 5-6　家禽养殖场空气环境质量

项目	缓冲区	场区	禽舍
氨气/(mg/m³)	2	5	15
硫化氢/(mg/m³)	1	2	10
二氧化碳/(mg/m³)	380	750	1 500
PM_{10}/(mg/m³)	0.5	1	4
TSP/(mg/m³)	1	2	8
恶臭（稀释倍数）	40	50	70

注：表中数据皆为日均值。

　　每周可用20％的生石灰乳或用2％的氢氧化钠或3％的复合酚（消毒灵）等对圈舍运动场进行消毒，饲槽及用具可用百毒杀药等消毒。对饲喂的青饲料和饮水可采用0.02％高锰酸钾溶液进行处理。还应定期对料槽、饮水器、蛋盘、蛋箱、推车等用具进行消毒。

　　蛋鸭饮水和放水是养鸭的重要环节，每天饲喂后将鸭赶下水洗浴，池塘水质应符合 NY/T 388—1999《畜禽场环境质量标准》的规定（表5-7）。

表 5-7　畜禽饮用水质量

项目	自备井	地面水	自来水
大肠菌群/(个/L)	3	3	
细菌总数/(个/L)	100	200	
pH	5.5～8.5		
总硬度/(mg/L)	600		
溶解性总固体/(mg/L)	2 000①		
铅/(mg/L)	Ⅳ类地下水标准	Ⅳ类地下水标准	饮用水标准
铬（六价）/(mg/L)	Ⅳ类地下水标准	Ⅳ类地下水标准	饮用水标准

注：①甘肃、青海、新疆和沿海、岛屿地区可放宽到3 000 mg/L。

　　3. 药物饲料添加剂的使用　蛋鸭产蛋期及开产前5周，蛋鸭饲料中不得使用药物饲料添加剂。产蛋期正常情况下禁止使用任何药物，包括中草药和抗生素。产蛋阶段发生疾病应用药治疗时，从用药开始到用药结束后一段时间内生产的鸭蛋不得作为食品蛋出售。

　　4. 鸭蛋收集　生产的鲜鸭蛋应在5 h内收集到库房内，集蛋人员在集蛋前应洗手消毒，收集的鸭蛋应在消毒后保存。在8～15 ℃和70％～85％的相对湿度下，收集蛋的蛋箱和蛋托应事先消毒。

（二）鸡蛋的安全生产管理

　　中国鸡蛋年产量大约3 900亿枚，美国是750亿枚。两个产蛋大国鸡蛋产量占到世界总产量的45％以上。但是因为经济发展水平不同，鸡蛋生产方式差距很大。在美国，鸡蛋的生产已经达到了高度工业化水平，工作的重点已不再是简单的提高鸡蛋产量和管理水平上，而是注重有机蛋的生产、增加蛋的营养水平、改善蛋的风味和提高素食者对鸡蛋的接受度方面。在我国，由于鸡蛋生产的形式多样化，并以养殖数量小于10 000只的企业和农户为多，因此，涉及鸡蛋安全生产的各种标准和法规，对养殖规模大于5 000只的企业约束性强，对于小规模养殖的约束性不强。

　　1. 鸡蛋的安全生产管理标准与法规　蛋鸡绝大部分采用笼养，也有一小部分为散养（这部分主要是柴鸡的生产方式），笼养的特点是饲养密度大，效率高，潜在的疫情风险大。所以要做到安全生产，生产出安全放心的蛋，就要在鸡场的选址、饲料添加剂的使用、兽药使用、疫病防控、粪便及病禽的无害化处理、环境卫生、饲养管理等方面建立起标准及法规，以各种饲养技术规程及准则进行禽蛋的生产管理，才能让消费者吃上放心的优质蛋。

2. 鸡场、鸡舍环境要求 鸡场周围 3 km 内无大型化工厂、矿厂等污染源；鸡场距离干线公路和村、镇居民点 1 km 以上；周围 1 km 没有其他畜牧场；鸡场不得建在饮用水源、食品厂上游、风景名胜区、自然保护区的核心区及缓冲区，城市和城镇居民区以及国家或地方法律、法规规定需特殊保护的其他区域内修建禽舍。

鸡舍门口设有立体消毒通道，门口有消毒池、消毒室、消毒喷雾器等消毒防疫设施。鸡舍内空气中的氨气、硫化氢等有毒有害气体含量应符合 NY/T 388—1999 的要求。鸡舍内空气中的灰尘在 4 mg/m^3 以下，微生物数量在 25×10^4 cfu/m^3 以下。鸡舍地面与墙壁应便于清洗，并能耐酸、碱等消毒药液清洗消毒。

3. 鸡场消毒程序

（1）鸡场周围及场内污水池、排粪坑、下水道出口消毒，夏季每月进行 1 次，冬春季每 2 个月进行 1 次，消毒剂用生石灰。

（2）鸡场、鸡舍进出口设消毒池，常用二氧化氯溶液、火碱溶液等消毒，每周更换 1 次消毒液。

（3）鸡舍内定期进行带鸡消毒，可选用 0.3% 的过氧乙酸、0.1% 次氯酸钠、0.1% 的新洁尔灭或碘伏等高效低毒的药物，正常情况下每周 1 次，有病情况下可每周 2 次，蛋鸡舍带鸡消毒要在鸡舍内无鸡蛋的时候进行，以免消毒剂喷洒到鸡蛋表面。

（4）定期对蛋箱、蛋盘、喂料器等用具进行清洗和熏蒸消毒。

4. 疫病防治 蛋鸡在饲养过程中易患鸡伤寒、鸡白痢、鸡传染性喉气管炎、鸡传染性支气管炎、禽流感、鸡新城疫、鸡支原体病等各种疾病，所以禽病的预防和治疗对鲜蛋品质及安全性有重大影响。预防治疗疾病时所用的兽药必须符合《中华人民共和国兽药典》《兽药质量标准》《兽用生物制品质量标准》《中华人民共和国兽药规范》和《饲料药物添加剂使用规定》的相关规定。

蛋鸡疫病防治应从以下几个方面入手，做到科学管理：①引进健康雏鸡，科学饲养管理；②场区内外严格进行全面的消毒制度；③合理的免疫接种和预防程序用药；④根据疫病流行规律，切断传染源、传播途径、易感动物三者的相互联系；⑤加强饲养管理，增强鸡群抵抗力；⑥采用新型的生物药剂和中草药，降低药物的残留。

5. 鸡蛋收集 为了保证鲜鸡蛋的卫生和品质，延长鲜蛋的保存期，防止破损，鸡蛋收集应遵从以下原则。

（1）保持集蛋器的清洁，对集蛋器每天要水洗并消毒 1 次，以防饲料、粪便对鸡蛋的污染。

（2）集蛋人员集蛋前要洗手消毒，将蛋放在经过消毒的蛋箱或蛋托上。鸡蛋收集完毕后立即用福尔马林熏蒸消毒，后送蛋库保存。

（3）集蛋时将破蛋、软蛋、沙皮蛋、特大蛋、特小蛋单独存放。

（4）为保持蛋的新鲜和卫生，应及时把产出的蛋收集起来。冬秋季笼养蛋鸡可每天捡蛋 2 次，春夏季每天捡蛋 3～4 次。如果是放养鸡，每天应每隔 2～3 h 捡蛋 1 次。

（5）产蛋鸡发生疾病需用药物治疗时，从用药开始到用药结束后一段时间（取决于所用药物，执行无公害蛋鸡饲养用药规范）所产的鸡蛋不得作为食品蛋出售。

（三）美国鸡蛋生产商"五星级"鸡蛋安全程序

20 世纪 90 年代以来，美国鸡蛋生产商（UEP）同联邦和州的农业部官员以及家禽学术界与产业界的科学家、兽医、其他行业的专家，建立和完善了减少产蛋鸡污染肠炎沙门菌的方法。1994年开发出了具有前瞻性的在农场内预防蛋鸡感染肠炎沙门菌的"五星级"全面质量安全保证程序，并将这一安全程序提供给全国所有鸡蛋生产者。2009年美国食品药品管理局（FDA）开始实施的鸡蛋安全法规及消费者日益增长的对鸡蛋安全的关注，促使美国鸡蛋生产商重新设计"五星级"全面质量安全保证程序，重新设计后称为"五星级"鸡蛋安全程序（"5‐star"egg safety program），它超越了美国FDA对鸡蛋安全规则的要求，提供了一个全面的从农场到加工厂的可靠的蛋品安全计划。

"五星级"鸡蛋安全程序内容包括：雏鸡采购（chick procurement）、生物安全（biosecurity）、害虫综合治理（integrated pest management）、清洗和禽舍消毒（cleaning and disinfection of poultry houses）、制冷（refrigeration）、环境和鸡蛋测试（environmental and egg testing）、接种（vaccination）、饲料管理（feed management）、溯源（traceability）、实验室标准（laboratory standards）、加工厂卫生（processing plant sanitation）等一系列标准方法。

二、禽蛋的包装和运输

（一）禽蛋的包装

1. 鲜蛋包装的作用及标准　鲜禽蛋是一种特殊的生鲜类农产品，具有易破碎、易孵化、易污染等特点，所以要让企业和销售者购到安全放心的蛋，就要有针对性地选择合适的包装，包装在减少破碎、防止污染、延长保存期、方便销售、保护鲜蛋品质及提升禽蛋价值等方面起到重要作用。

鲜蛋包装到目前为止没有专门的标准，在对鲜蛋包装时，对包装容器、材料、卫生要求、性能指标等方面，可参照NY/T 658—2015《绿色食品包装通用准则》、SB/T 10895—2012《鲜蛋包装与标识》、CQC/RY 570—2005《食品包装/容器类产品——纸塑料及复合材料》、GB 9687—1988《食品包装用聚乙烯成型品卫生标准》等相关标准。包装容器要按照规定的标准规格制作，尺寸、形状和容量统一，坚固耐用、成本低，便于装卸和搬运。出口的鲜鸡蛋、鲜鸭蛋，采用符合GB/T 6544—2008《出口产品包装用瓦楞纸板》、GB/T 6543—2008《运输包装用单瓦楞纸箱和双瓦楞纸箱》要求的纸板箱分级装箱，内衬纸板格或蛋模，每格（模）1蛋，大头朝上，每层用瓦楞纸板间隔，每箱装蛋300枚或360枚（鸭蛋为300枚）。纸箱及衬垫物需坚固、干燥、清洁、无霉、无异味，纸箱底面钉牢或粘牢，商标清晰。

2. 鸡蛋贮运包装　鸡蛋的贮运包装主要用于鲜蛋贮藏和运输过程的包装，最广泛使用的贮运包装是塑料箱、瓦楞纸箱和木箱。塑料箱如图5‐4所示，其特点是价格便宜、可以反复使用，采用上边带沿、下底厚实、上下加二道箍、其他箱面部分镂空、中间有一个隔板的结构，既增加了蛋箱的坚固性和弹性，又降低了重量，塑料箱的另一个特点是可以清洗、消毒。所以我国的贮运蛋箱大多数采用这种塑料箱，其容量有25 kg、22.5 kg和15 kg 3个型号，以25 kg、22.5 kg最常用。蛋箱的颜色有黑、白、蓝、黄、灰、绿等，可能用来分辨鲜蛋的不同批次和不同的用途。有折叠式蛋箱可供选择，折叠后的体积不足原体积的1/3，减少了空箱运输时的体积，提高车辆的使用效率。

用于鲜蛋贮运的纸箱，应是最少5层的瓦楞纸材料，强度要足够大，并且要防潮防水。大多数情况下，禽蛋放入蛋托（图5‐5）内再码放到纸箱中。纸质鸡蛋托盘，因其价格低廉，防震、防潮、无污染、易降解，是使用面最广的禽蛋包装保护材料；而塑料蛋托具有卫生、易清洗消毒、可多次使用的特点。使用蛋托时，将蛋放在蛋窝中，蛋的小头朝下，大头朝上，呈倒立状态，每蛋1格。每个蛋托可容纳的蛋有20枚、25枚、30枚不等，蛋托可以重叠堆放而不致将蛋压破。用于临时周转或短距离运输的纸箱可以重复使用，但是用于长途运输禽蛋的瓦楞纸箱往往是一次性的，厂家很难回收并重复使用，因此成本略高。

 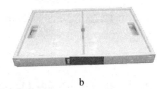

图 5 - 4 塑料蛋箱　　　　　　　　　图 5 - 5 蛋　托
a. 普通式　　b. 折叠式

木箱主要用于禽蛋的运输，每箱以包装鲜蛋 300～500 枚为宜，包装箱内一般用麦秆、稻草或锯末屑等填充物来保护禽蛋运输过程中不受碰撞，放一层蛋放一层填充物，箱满后的最后一层应铺 5～6 cm 厚的填充物后加盖，木箱盖用钉子钉牢固。

3. 禽蛋的销售包装　禽蛋的销售包装主要是指通过超市、商场等零售企业进入家庭、餐饮业到达最终消费者的包装形式，主要有纸盒、纸蛋盒、塑料蛋盒、草竹编容器等。

（1）纸盒包装有多种形式，一般用 3 层瓦楞纸制成，并有提手设计，所装鲜蛋数量大多在 30～80 枚，鲜蛋首先放进纸蛋托上，然后再装入纸盒。

（2）纸蛋盒和塑料蛋盒均采用蛋托式设计，以长方形为多，有 4 枚、6 枚、8 枚、10 枚、12 枚、15 枚和 18 枚等多种规格，蛋窝内装入蛋后，有一个盖将其盖上。纸蛋盒有黄、灰、白等多种颜色，而塑料蛋盒一般采用透明包装。

（3）草编、竹编等禽蛋装容器，具有淳朴的乡土气息以及怀旧的特质，所以往往用于高档禽蛋或特色禽蛋的包装。

图 5 - 6 蛋　盒
a. 塑料蛋盒　b. 纸蛋盒

（二）鲜蛋的运输和装卸

1. 鲜蛋的运输　禽蛋在运输过程中最易破损，因此，运输的原则是减少中间环节，缩短运输时间，实行"快收快运"和"直拨直调"。

运输鸡蛋的车辆应使用封闭货车或集装箱，不得让鸡蛋直接暴露在空气中进行运输。车辆事先要用消毒液彻底消毒。运输时，在快速安全的前提下，根据不同地区、路途远近、不同季节和蛋量等因素，选用适当的运输工具。无论采用何种运输工具，在运输过程中都应有防雨、防晒、防尘和控温设施；冬季要防寒保暖，夏季要防热降温；装运鲜蛋的车船等工具要清洁卫生，凡装过农药、汽油、煤油等有毒、有异味的车船，一般不能作为运输工具使用。

对于出口鲜蛋的运输，在炎夏或严冬季节和运输路途较长、中途气温变化较大的情况下，要求利用有保温设备的冷藏车、船运送（低温不应低于－3.5 ℃），以便延缓蛋内的生化变化和抑制微生物的活动，从而有效地控制鲜蛋在运输过程中发生腐败变质的概率，达到安全运输的目的。

2. 禽蛋的装卸　装卸和运输有着不可分割的联系，在装卸过程中应该注意以下几点：必须双手搬运，轻拿轻放，不拖不拉，不野蛮装卸；箱、篓必须放平稳，顺序卡紧，不许歪放倒置，以防动摇；装卸堆码时，箱装以"井"字形为宜，篓装以"品"字形上下错开装卸为宜，箱、篓混装时耐压力大的木箱应放在底层，篓放在上层。装卸堆码中须备有防雨、防晒、防冻设备。

第三节　禽蛋的贮藏保鲜

一、禽蛋的杀菌消毒技术

从家禽养殖场中收集的禽蛋如果不进行处理，经流通环节进入消费者手中，可能对人的健康造成威胁。因为禽蛋表面生长着大量的大肠杆菌、沙门菌、金黄色葡萄球菌以及引起禽类疫情的病原菌，其来源于泄殖腔、粪便、饲料、禽体、空气、设施、人、破蛋、贮运设备等的污染，所以对禽蛋实行清洗、杀菌消毒是保证禽蛋安全性的关键因素。

（一）过氧乙酸消毒法

过氧乙酸是一种高效广谱消毒杀菌剂，对细菌、真菌、病毒均有高度的杀灭效果。分解产物是醋酸、过氧化氢、水和氧，无毒无害。

1. 过氧乙酸溶液的配制　取 99％的冰醋酸 200 mL，置于搪瓷桶内，加入 5 mL 98％的硫酸混合均匀，并在不断地搅拌下缓慢加入 30％的过氧化氢 200 mL，再继续搅拌 5 min，制成浓度为13.5％的过氧乙酸原液，置于棕色玻璃瓶内，保存在冰箱中。

2. 鲜蛋的过氧乙酸溶液处理方法　使用过氧乙酸溶液处理鲜蛋，有浸泡、喷雾和熏蒸 3 种方法。浸泡法是将鲜蛋直接浸泡在 0.1％～0.25％的过氧乙酸溶液池内，3～5 min 后捞出，晾干。喷雾法受均匀度的影响，只适用于小批量鲜蛋的处理。采用熏蒸法处理时，将浓度为 13.5％以上的过氧乙酸放于搪瓷盆内，加热蒸发，保持室内的相对湿度在 60％～80％，密封熏蒸 1～2 h，即可达到良好的效果。过氧乙酸的剂量一般可按每立方米的空间用量 1～3 g 计算。

过氧乙酸容易分解挥发，最好现用现配，将配制好的原液贮存于冰箱或冷库内。鲜蛋浸泡的时间根据过氧乙酸的浓度而定，原则上浓度越高，浸泡时间越短，每批鲜蛋浸泡时间在 1～5 min。如果将过氧乙酸杀菌处理后的鲜蛋贮存在冷库里，保鲜期更长。

（二）二氧化氯消毒法

二氧化氯（ClO_2）是一种强氧化剂，是世界卫生组织（WHO）和联合国粮农组织（FAO）向全世界推荐的高效、安全的化学消毒剂。广泛用于饮用水、食品厂设备、食品接触面以及食品厂内环境的消毒。对鲜蛋表面的大肠杆菌、沙门菌、金黄色葡萄球菌有良好的杀灭作用。将蛋浸泡在二氧化氯浓度为 100 mg/L 的水溶液中 5 min，可以杀灭致病菌和蛋壳表面 95％以上的微生物。

（三）紫外线消毒法

紫外线具有良好的对空气、物体表面及水等的消毒作用，应用范围十分广泛。紫外线对鲜蛋的消毒作用表现在两个方面：一方面，紫外线对蛋壳外菌类的细胞内核酸和酶发生光化学反应，导致菌的死亡；另一方面，紫外线还可使空气中的氧气产生臭氧，臭氧具有杀菌作用。但是紫外线的照射是直线方向，对于光线照不到的地方就不会产生消毒杀菌的作用，另外，紫外线的杀菌速度并不快，需要 5~20 min 才能杀灭物体表面的致病菌和微生物。

（四）臭氧杀菌法

利用臭氧和臭氧水对鲜蛋进行清洗、杀菌消毒，其特点是对鲜蛋的灭菌效果好、处理时间短、操作方便、无残留毒性。臭氧气体主要用于鲜蛋库房和封闭式运输车辆的消毒，带蛋消毒效果优于紫外线法，通过空间中良好的空气流动达到对鲜蛋蛋壳的杀菌作用，而臭氧水多用于鲜蛋清洗消毒，杀菌效果良好，毒后无残留，当臭氧水中臭氧的浓度达到 10 mg/L，可以杀死蛋壳表面的大肠杆菌和沙门菌。但是臭氧最大的缺点是它有较大的腐蚀性，对纸、塑料等有机材料破坏性很大，臭氧气体的外泄对人的眼睛、黏膜和肺组织具有刺激作用，会引起肺水肿和哮喘等。所以利用臭氧对鲜蛋或鲜蛋的贮藏环境消毒时，臭氧不能直接和人接触，避免被伤害。

（五）热杀菌法

热杀菌法分为热水杀菌法和热风杀菌法，致病菌对热的承受能力一般都不强，通常在 95 ℃的热水中 3~5 s 就可以全部杀死蛋壳表面的致病菌；利用 120 ℃的热风加热蛋壳表面 50 s，不但可以杀死全部的致病菌，而且可以杀死几乎全部微生物，该条件下不会导致鲜蛋内容物的任何变性。热杀菌的优点是不使用化学消毒剂，不会产生对鲜蛋的化学污染，并能在蛋内壳膜与蛋白处形成一层极薄膜，既可防止细菌侵入，也可防止蛋内水分蒸发和二氧化碳逸出，减少蛋的干耗和延缓变质。也不会向臭氧、紫外线一样，一旦泄漏会对人体造成伤害，是一种安全有效的鲜蛋壳消毒方法。

消毒杀菌方法不同，其效果也有较大差异，表 5-8 为不同消毒方法对蛋壳表面大肠菌群及沙门菌数目的影响。

表 5-8 不同消毒方法对蛋壳表面大肠菌群及沙门菌数目的影响

组 别	处理方法	处理时间	大肠菌群数（cfu/g）对数值 lg	沙门菌落数（cfu/g）对数值 lg
对照组	不处理	0 min	5.01 ± 0.19	4.19 ± 0.16
化学处理组	0.05% KMnO$_4$	4 min	2.02 ± 0.07	—
	0.40% NaOH	10 min	4.76 ± 0.21	3.86 ± 0.19
	5% Na$_2$CO$_3$	10 min	4.93 ± 0.20	4.01 ± 0.12
	1% NaClO	30 min	2.99 ± 0.14	2.12 ± 0.09
物理方法处理	185 nm 紫外线	10 min	3.53 ± 0.11	2.81 ± 0.07
	100 ℃热水	1 s	1.91 ± 0.03	—
	64.5 ℃巴氏杀菌	10 min	2.88 ± 0.15	1.75 ± 0.10

资料来源：肖然等，2013. 不同处理方法对鸡蛋表面消毒效果的比较研究。

注：实验为处理后在 37 ℃恒温条件下保存 7 d 后的情况，数据为 6 次平均值±标准偏差。

二、禽蛋的贮藏保鲜方法

影响禽蛋保鲜的三大因素分别是禽蛋表面的污染程度、环境的温湿度、禽蛋的生理变化。所以禽蛋贮藏与保鲜都是从清洗、消毒、低温贮藏、降低生理活动速度、控制合适的湿度等方面开展的。

传统的禽蛋贮藏保鲜方法存在着许多不足，如石灰水保鲜法、水玻璃保鲜法、"二石一白"（石灰、石膏、白矾）保鲜法、米糠及豆类保鲜法等，因其加工量小、工艺较烦琐等，已经被冷藏保鲜、涂膜保鲜、气调保鲜取代。

（一）冷藏法

鲜蛋的冷藏主要是利用低温条件，抑制鲜蛋的酶活动，降低新陈代谢，减少干耗率。同时，抑制微生物的生长及繁殖，减少生物性腐败的发生，在较长时间内保持鲜蛋的品质。

1. 冷藏前的准备工作

（1）冷库消毒。鲜蛋入库前，库内应预先加以消毒和通风。目前多采用一定浓度的漂白粉溶液喷雾消毒和用乳酸熏蒸消毒，以消灭库内残存微生物。对库内的垫木、码架等用具应在库外预先用热碱水刷洗，置阳光下暴晒，然后入库。冷藏间必须清洁无异味，设置防鼠设施。

（2）严格选蛋。送入冷藏库的蛋在入库前必须经过严格的外观检查和灯光透视，剔除破碎蛋、污壳蛋、劣质蛋等不符合标准的降级蛋。

（3）合理包装。入库鲜蛋的包装要清洁、干燥、不吸潮、无异味、利于通风。

（4）鲜蛋预冷。选好的鲜蛋在冷藏前必须经过预冷，以使鲜蛋由常温状态逐渐降低到接近冷藏温度。预冷的目的是防止"蛋体结露"以及突然降温造成蛋内容物收缩，引起鲜蛋蛋白变稀，蛋黄膜韧性减弱。同时，微生物也容易随空气进入蛋内，使蛋逐渐变质。预冷应在专用冷却间内进行，通过微风速冷风机，使冷却间空气温度缓慢而均匀降低，一般空气流速为 0.3～0.5 m/s，每 1～2 h 冷却间温度减低 1 ℃，相对湿度为 75%～85%。一般经 20～40 h，蛋温降至 2～3 ℃即可停止降温，结束预冷转入冷藏库。

2. 入库后的冷藏管理

（1）码垛要求。为了使冷库内的温湿度均匀，改善库内的通风条件，蛋箱码垛应顺冷空气流向整齐排列，垛位距进、出风口宜远不宜近，垛距墙壁 30 cm，垛距 25 cm，箱间距 3～5 cm，木箱码垛高度为 3～10 层，跺高不能超过风道的进、出风口。每批鲜蛋进库后应标明入库日期、数量、类别、产地。

（2）控制指标。冷藏库内温湿度的控制是取得良好的冷藏效果的关键。GB 2749—2015《食品安全国家标准　蛋与蛋制品》规定鲜蛋冷藏温度为 −1～0 ℃。与其对应的相对湿度，一般控制在 85%～88%。为了防止库内不良气体影响鲜蛋品质，要定时换入新鲜空气，换气量一般是每昼夜 2～4 个库室容积，换气量过大会增加蛋的干耗及设备的能量损耗。

（3）质量检查。为了了解鲜蛋的冷藏效果，要求冷藏期间定期检查鲜蛋质量。质量检查一般采取抽查法。对抽查的蛋样，采用灯光透视检查和目视检查法。抽查分为入库前抽查、冷藏期间抽查（每隔 15～30 d 抽查 1 次）、出库前抽查，其数量约为 1%。抽查过程中发现质量较差的，可适当增加抽查数量。

3. 出库　冷藏蛋在出库时，应该采取预升温措施，在特设的房间内，使蛋的温度慢慢升高。防止直接出库时，由于蛋温低，与外界热空气接触，温差过大，在蛋壳表面凝结水珠，形成"出汗蛋"，既降低等级，又易污染微生物而引起变质。

（二）涂膜法

涂膜法是在鲜蛋表面均匀地涂上一层薄膜，堵塞蛋壳气孔，阻止微生物侵入，减少蛋内水分和二氧化碳挥发，延缓蛋内生化反应速度，达到较长时间保持鲜蛋品质和营养价值的方法。

鲜蛋涂膜剂必须具有成膜性好、透气性低、形成的膜质地致密、附着力强、吸湿性小、对人体无毒无害、无任何副作用、价格低、材料易得等特点。目前使用的有水溶液涂料、乳化剂涂料和油质性涂料，如液体石蜡、植物油、动物油、凡士林、聚乙烯醇、聚苯乙烯、聚乙酰甘油一酯等，此外还有微生物代谢的高分子材料，如出芽短梗孢糖等。涂膜剂对哈夫单位的影响见表5-9。值得注意的是，由于涂膜剂可能渗透到鲜蛋内部，给消费者的健康带来影响，不同的国家对同一种涂膜材料的规定则不同。例如，美国允许使用液体石蜡涂膜，而日本禁止使用；油脂类涂膜中的不饱和脂质会产生低分子质量的过氧化物向鸡蛋内部渗透，日本规定食品中的过氧化价（PV）不得超过30 mg/kg，而德国规定为10 mg/kg。因此，选择涂膜剂一定要在法规允许的范围内进行。

表5-9 涂膜剂对哈夫单位的影响

实验组	贮藏天数/d					
	0	3	7	14	21	28
壳聚糖	88.70±8.4	83.42±5.6	71.92±3.8	58.24±6.8	44.36±9.8	32.15±17.4
淀粉	88.70±8.4	82.12±4.3	69.26±4.7	41.46±7.5	28.44±15.4	—
聚乙烯醇	88.70±8.4	85.31±3.7	81.47±8.8	73.15±3.5	54.86±10.4	42.48±12.4
AEO	88.70±8.4	87.41±6.4	85.62±4.4	80.04±8.5	60.48±9.7	56.32±10.5
空白	88.70±8.4	81.56±5.8	64.14±7.6	30.69±12.7	—	—

资料来源：赵立等（2004），不同处理对绿壳鸡蛋保鲜效果的研究。

常见的几种涂膜剂配方：

(1) 100%医用液体石蜡。每千克液体石蜡可供450 kg鲜蛋涂膜。

(2) 熟猪油1 000 g、灰黄霉素1.2 g、维生素E 1 g、0.5%~1%过氧乙酸溶液适量。将新鲜猪油炼制成熟猪油，置陶瓷容器内冷却至40~50 ℃时，加入灰黄霉素等辅料，充分搅拌均匀，可涂鲜蛋150 kg。

(3) 医用凡士林500 g、硼酸10 g。将凡士林与硼酸混合，置于铝锅内升温溶解，搅拌均匀后，冷却至常温即可使用，可涂鲜蛋75 kg。

(4) 5%聚乙烯醇。将聚乙烯醇放入冷水中浸泡2 h左右，水浴加热到聚乙烯醇全部溶化为止，冷却后即可涂膜。

采用涂膜法贮藏鲜蛋，必须通过严格检验，保证蛋的新鲜程度。涂膜前，要清洗消毒。涂膜方法可以采用浸泡法、喷涂法、人工涂膜法、机械涂膜法。涂膜后，为了防止蛋壳粘连，要求分散晾干，装入蛋托后再装箱。涂膜处理的鲜蛋，可以在室温下贮藏。有条件时，也可以结合低温冷藏、气调贮藏，效果更好。

（三）气调法

气调法主要是把鲜蛋贮藏在一定浓度的CO_2、N_2等气体中，使蛋内自身形成的CO_2不易散发并降低氧气含量，从而抑制鲜蛋内的酶活性、减慢代谢速度，同时抑制微生物的生长，保持蛋的新鲜程度。实验证明，当气调法配合低温冷藏时，有较好的贮藏效果。

CO_2气调法的工艺方法：根据贮藏鲜蛋数量，采用0.23 mm厚的聚氯乙烯薄膜制成塑料大帐。将贮藏的鲜蛋装箱，堆垛在冷库内，堆垛下铺设聚氯乙烯薄膜作为衬底。鲜蛋预冷2 d，使蛋温与库温基本一致，达到−1~5 ℃。将塑料大帐套上蛋垛，帐内放入布袋或尼龙袋盛装的硅胶粉（每袋2.5 kg，每1 000 kg鲜蛋4袋）、漂白粉（每袋2.5 kg，每1 000 kg鲜蛋4袋）。用烫塑器把塑料大帐与衬底塑料烫牢，采用真空泵抽气，使大帐紧贴蛋垛。检查无漏洞后，充入 CO_2 气体，保持大帐内 CO_2 浓度为 $20\%\sim30\%$，库温为 $-1\sim5$ ℃。贮藏半年后，贮藏蛋的新鲜度好、蛋白清晰、浓稀蛋白分明、蛋黄系数高、气室小、无异味，其中优级蛋比冷藏法干耗降低 3% 左右，稍次蛋降低 7% 左右。

（四）高压静电场法

高压静电场法是指将鸡蛋置于高压静电场发生器中，调好压力放置一定时间。高压静电场能有效地抑制鸡蛋的水分蒸发、蛋白质的分解和蛋黄指数、哈夫单位的下降速度，从而能够延缓鸡蛋的腐败，使鸡蛋的保鲜期得到延长。不同剂量的高压静电场对鸡蛋的处理，其保鲜效果不同。有研究表明，在一定的电场强度范围内，低场较强时间处理和高场较短时间处理，对鸡蛋的保鲜效果较好，$30\ kV/m$、$69\ min$ 剂量和 $60\ kV/m$、$30\ min$ 剂量处理，效果最好。

第四节　洁蛋的生产

洁蛋是指禽蛋产出后，经过表面清洁、消毒、烘干、检验、分级、喷码、涂膜、包装等一系列处理后的蛋产品。洁蛋虽然经过一系列的工艺处理，但仍然属于鲜蛋类。品质安全可靠，具有较长的有效保质期，可直接上市销售。我国现阶段生产的洁蛋基本上都是鸡蛋产品。目前，许多发达国家规定禽蛋产出后必须经过处理，成为清洁蛋后才能上市销售。在北美、欧洲一些国家和日本，禽蛋的清洗消毒率已经达到了 100%。美国、加拿大以及一些欧洲国家早在 20 世纪 60 年代，就开始进行鲜蛋的清洗、消毒、分级、包装。美国所有养鸡场生产的鸡蛋，必须送到洗蛋工厂进行处理。这种洗蛋厂有两种：一种是大型的，自动化程度较高，采用流水作业线；另一种是小型的，适合于家庭养鸡场。所有进入超市的鲜蛋，都经过了清洗、消毒，然后按一定的质量将蛋分为特级、大、中、小 4 个等级，并经过检测，符合卫生质量标准的才准许进入市场。其中，沙门菌的数量和血斑蛋、肉斑蛋、破损蛋的状况是重点检测内容。欧洲一些国家，在鸡蛋前期处理过程中，一部分直接在蛋鸡场使用农场包装机将鸡蛋装于蛋盘内包装后供应市场。另外的鸡蛋，由蛋鸡场送至专门的清洗、消毒、分级包装中心做加工处理，然后销往各地超级市场。新加坡、马来西亚、韩国等国家禽蛋清洗消毒比例也都高于 70%。

我国作为世界上最大的禽蛋生产国，食用鲜蛋的前期处理非常落后。几千年来，禽蛋产出后不做卫生清洁处理，从鸡舍直接送到市场销售。由于禽类的生理特点，禽蛋经过禽的肠道产出在禽舍中，这是一个与禽粪便密切接触的过程。除了禽流感病毒可以寄宿在禽的粪便中外，沙门菌、禽大肠杆菌、李斯特菌、新城疫、白痢等病菌，也都大量寄生在禽的肠道和粪便中。从禽养殖场收集的禽蛋是个相当大的病菌载体，是名副其实的"脏蛋"。世界卫生组织研究表明，禽流感传播的主渠道是禽粪便和被病毒污染的羽毛。我国政府应该加强涉及禽类食品的各个方面的卫生防疫工作，对禽类"脏蛋"上市这一卫生防疫薄弱环节给予高度重视，出台相关政策，强制推行"洁蛋"工程，以保障人民健康。

一、洁蛋的生产工艺

洁蛋的生产工艺在国内外有所不同，特别是在国内因禽蛋养殖生产规模的不同也有较大的差异。在美国的大型鸡蛋生产农场中，鸡蛋产出后落在洁净的集蛋器上，并利用集蛋器上的传送带尽快送至温度在 $5\sim7$ ℃、湿度在 80% 左右的低温贮藏间，然后直接进入洁蛋的生产程序。

传送带上的鲜蛋汇集到达洁蛋生产线（图5-7），先经过全自动的光检设备，去除破损蛋、异型蛋等不合格蛋，清洗、烘干、蛋壳表面斑点检查、喷码、光检，最后进入包装。美国的洁蛋一般不经过涂膜工艺延长保存期，主要原因：①美国规定鲜蛋的货架期为15 d，超过15 d则不能作为新鲜蛋消费，下架作为食品工业原料。这么短的时间不用涂膜保鲜，鲜蛋的品质也不会下降很多。②鸡蛋生产环境好，受污染程度较小，蛋的保存时间长。③鲜蛋生产下来后，在2～4 h被降温到7℃以下，快速地降低了其生理功能。

图5-7　养殖场内在传送带上的鲜蛋
（图片来源：American Egg Board，http：//www.aeb.org/egg-industry/egg-industry-evolution）

我国的大中型禽蛋生产加工企业生产洁蛋的设备主要从国外采购，所以生产工艺与国外相比相似度高，国内洁蛋的加工大多采用涂膜工艺，这是因为我国规定鲜蛋的保质期为30～35 d。调查表明，国内大中城市超市中销售的洁蛋在销时间为1～35 d，平均为13.6 d，水洗后的蛋如果不采用涂膜方式延长保存期，在销售后期洁蛋就会达不到所标识的质量等级，或者出现不能食用的陈腐蛋。

我国小型禽蛋生产企业、农村禽蛋合作社、家庭或集体养殖场，由于资金、技术及市场方面的原因，有能力或愿意生产洁蛋的企业还很少，但是发展势头良好。这部分企业所使用的基本上是国产洁蛋设备，其生产工艺各不相同，主要有清洗、烘干、涂膜、分级工艺。

（一）分拣

分拣是指在禽舍内的集蛋器上或从养殖车间经过传送带送至鲜蛋处理车间的过程中，将异常蛋、血斑蛋、肉斑蛋、异物蛋、过大蛋、过小蛋、破损蛋、裂纹蛋等不合格的蛋通过人工方式剔出的过程。将集蛋器上分拣的不合格蛋单独存放，合格的蛋放在蛋箱、蛋车或蛋托上运送到鲜蛋贮藏间或直接进入洁蛋生产车间，而经过传送带上分拣后的合格蛋直接进入洁蛋生产线。

（二）上蛋

上蛋是指将鲜蛋放在洁蛋的生产线上。上蛋的方式有3种：一是手工上蛋，也就是工人直接用手将蛋放在生产线的上蛋端；二是用真空吸蛋器上蛋，吸蛋器的一端连接真空装置，利用真空将蛋托上的蛋吸起后放置在生产线上，吸蛋器有单排和多排之分，适合不同上蛋设备的需要；三是通过传送带直接上蛋（图5-8），这种上蛋方式是大型企业通用的方法。

（三）分检

图5-8　利用传送带直接上蛋
（图片来源：American Egg Board，http：//www.aeb.org/egg-industry/egg-industry-evolution）

上蛋后要进行分检，其目的是将肉眼不易发现的破损蛋、裂纹蛋、腐败蛋等进一步拣出。分检分为光检、敲击检、光电检等方法，国内使用最多的是人工光检法。人工光检法是将较强的光线从蛋的背面照射，让光通过蛋透过，根据透过蛋及蛋壳的光强度不同，容易发现蛋壳上出现的裂纹、硌窝、软皮以及蛋内出现血斑、霉斑、靠黄、腐败等现象，然后将不合格蛋人工拣出。

敲击检验法的主要功能是检查蛋壳是否有裂痕，国内首个蛋壳裂痕检测系统由台湾中兴大学郑经纬教授研发成功，与深圳市振野蛋品智能设备股份有限公司合作，引入大陆的洁蛋、皮蛋、咸蛋生产的前期检验设备上。蛋壳裂痕检测系统的原理是利用敲击蛋壳时产生的声波不同检验蛋是否有裂痕，声波通过传感器进入电脑分析系统，再经过数据库中的声波数据比对，得出是否为破损蛋的结论，对确定的破损蛋利用机械手从生产线上剔除。利用此系统提高了检测精确度，提高了生产效率。

（四）清洁（洗）、除菌

经分检后的蛋进入清洁（洗）工艺。如果经过分检、分拣后的蛋壳表面足够干净，清洁工艺可直接利用旋转的毛刷对蛋壳表面的浮尘进行机械擦拭，然后进入热风杀菌、分级、包装等后续工序。因为整个加工过程没有经过清洗，蛋壳表面的壳外膜没有被破坏，所以也就没有必要使用涂膜保鲜处理，这种方法加工的洁蛋与没有经任何处理的干净鲜蛋相比，保存期可增加 3 d。两者最大的区别是经机械擦拭和杀菌工艺后，蛋壳表面的微生物被杀灭，安全性得到提高，因为它在加工过程中没有使用过清洗剂、消毒剂、涂膜剂，避免了二次污染，所以它是天然清洁的蛋，被称为"天然洁蛋"。

1. 洗蛋 蛋壳粘有粪、饲料、血渍、泥或其他附着污物的鲜蛋需要水清洗工艺。生产线上旋转的毛刷利用从上方喷淋向下的水对蛋壳表面进行清洗，以达到去除蛋壳表面污垢的目的。往往在清洗的水中加入清洗剂和消毒剂，使清洗和消毒一次完成。所用清水必须符合生活饮用水卫生标准，水温以 35～40 ℃为宜。水温低于蛋温时，会因蛋气孔的毛细管现象或蛋内部的冷却收缩引起的吸力使微生物随洗净水渗透入蛋内，而洗净水的温度过高则可能使蛋因热膨胀而破裂。因此，洗净水的温度以高于蛋温 10 ℃为宜。

蛋经洗净后蛋壳上的角质层会脱落，致使蛋的气孔呈无防御状态。因此洗净后的鸡蛋处理应相当注意。一般而言，洗净蛋在长期贮藏时，微生物较易侵入增殖，加速蛋的腐败（表 5 - 10～表 5 - 12）。

表 5 - 10　洗蛋的效果（9～10 月）

产蛋后	未洗蛋组（150 个）			已洗蛋组（150 个）		
日数/d	细菌检出率①/%	腐败蛋检出率①/%	细菌数②/(cfu/g)	细菌检出率①/%	腐败蛋检出率①/%	细菌数②/(cfu/g)
3	0	0	—	0	0	
9	2.0	0	760～4 200	0	0	
16	3.3	0	180～630 000	0.7	0	17 000
30	13.3	9.3	700～73 000 000	0	0	
42	15.3	9.3	2 400～140 000 000	2.7	0	700～13 000 000

资料来源：今井（1969）。

注：①150 个鸡蛋中检出个数的百分率；②1 g 蛋内容物的细菌数。

表 5 - 11　未洗选蛋、洗选未打蜡蛋与洗选打蜡蛋在贮藏期间其内容物的细菌数变化

单位：cfu/g

贮藏时	未洗选蛋			洗选未打蜡蛋			洗选打蜡蛋		
间/d	A（4 ℃）	B（10 ℃）	C（室温，27～36 ℃）	A（4 ℃）	B（10 ℃）	C（室温，27～36 ℃）	A（4 ℃）	B（10 ℃）	C（室温，27～36 ℃）
5	0	0	60	0	0	100	0	0	80
15	40	20	450	50	25	500	0	35	100
30	10	50	4 700	150	300	7 000	50	100	500
45	50	400	12 000	90	200	31 000	30	600	1 000
60	100	200	11 000	200	500	10 000	10	200	5 600
75	300	500	51 000	200	2 950	30 000	50	500	11 000
90	200	2 000	110 000	500	7 500	130 000	50	560	42 000

表 5-12 未洗选蛋、洗选未打蜡蛋与洗选打蜡蛋在贮藏期间腐败蛋的检出情况

贮藏时间/d	未洗选蛋			洗选未打蜡蛋			洗选打蜡蛋		
	A (4℃)	B (10℃)	C (27~36℃)	A (4℃)	B (10℃)	C (27~36℃)	A (4℃)	B (10℃)	C (27~36℃)
2	0/100	0/100	0/100	0/100	0/100	0/100	0/100	0/100	0/100
30	0/100	0/100	1/100	0/100	0/100	2/100	0/100	0/100	0/100
60	0/100	0/100	3/100	0/100	2/100	6/100	0/100	0/100	2/100
90	0/100	0/100	8/100	0/100	4/100	12/100	0/100	0/100	6/100

注：表中数据为 100 个供试鸡蛋中的腐败蛋数。

张胜善等（1983）曾将洗选打蜡、洗选未打蜡及未洗选鸡蛋分别贮藏在 4℃、10℃ 及室温（27~36℃）下 3 个月，结果洗选打蜡、洗选未打蜡及未洗选鸡蛋在室温贮藏 1 个月后，其蛋内部品质、哈夫单位均显著变差，而更长期的贮藏则使鸡蛋内容物细菌数增加，导致鸡蛋的腐败。

洗选打蜡鸡蛋在室温短期贮藏，或在低温（10℃ 以下）长期贮藏，虽可保持较未洗选蛋更高的品质，但其腐败蛋的比率较高（表 5-13），可能因鸡蛋经洗选后未能充分干燥所致。故鸡蛋洗选处理时，不仅需要注意清洗方式，还需充分干燥并打蜡，贮藏温度宜在 10℃ 以下。

表 5-13 洗选打蜡蛋在贮藏期间内部品质变化

测定项目		贮藏前			贮藏 1 个月			贮藏 2 个月			贮藏 3 个月		
		A (4℃)	B (10℃)	C（室温，27~36℃）	A (4℃)	B (10℃)	C（室温，27~36℃）	A (4℃)	B (10℃)	C（室温，27~36℃）	A (4℃)	B (10℃)	C（室温，27~36℃）
质量减轻/%					0.77	1.25	1.36	1.71	4.35	2.89	2.82	3.34	4.43
气室高度/mm		1.6	1.6	1.6	1.6	2.1	3.7	3.4	3.6	5.6	4.8	4.7	6.7
蛋白系数		0.075	0.075	0.075	0.073	0.059	0.022	0.067	0.045	蛋白全部水化	0.052	0.039	蛋白全部水化
蛋黄系数		0.41	0.41	0.41	0.40	0.38	0.17	0.40	0.35	蛋黄膜破裂	0.40	0.32	蛋黄膜破裂
腐败蛋/%		0	0	0	0	0	1	0	0	3	0	0	8
蛋白	水分含量/%	86.51	86.51	86.51	86.35	86.41	85.93	86.25	86.35	85.24	86.20	86.30	85.44
	pH	8.65	8.65	8.65	8.87	8.91	8.77	8.94	9.12	8.91	8.95	9.14	8.97
蛋黄	水分含量/%	47.59	47.59	47.59	48.89	51.15	52.46	49.08	51.48	54.54	51.12	52.22	59.44
	pH	6.20	6.20	6.20	6.53	6.43	6.47	6.42	6.51	6.80	6.49	6.49	6.96

2. 清洗剂 除用清水外，酸、碱、洗涤剂也经常被用于蛋的清洗，清洗剂可以使蛋壳表面的污物清洗得更干净，碱和洗涤剂是最常用的清洗剂，它们可加快蛋壳表面的污渍、油渍的去除，而酸则利用率较低，因为它对蛋壳有破坏作用。清洗剂的使用会通过气孔渗透进入蛋内，虽然没有研究表明它会对蛋的品质造成很大影响，但是清洗剂会渗透入蛋内造成残留。

3. 消毒（杀菌）剂 杀菌剂的使用可杀灭蛋壳上的沙门菌、大肠杆菌、志贺菌、金黄色葡萄球菌等致病菌，达到除菌、脱垢的效果。国外采用的洗蛋消毒（杀菌）剂有对羟基苯甲酸丙

酯、过氧乙酸、十二烷基二甲基苄氧化铵、次氯酸盐等。常用的洗蛋杀菌剂为次氯酸盐，其用量为 $100\sim200\,mg/kg$，尤以次氯酸钠最普遍使用。在我国，常用的鲜蛋消毒剂有次氯酸钠、二氧化氯、过氧乙酸、新洁尔灭、漂白粉等，对微生物有很好的杀灭作用。原则上在我国 GB 2760—2014《食品安全国家标准　食品添加剂使用标准》中规定的食品防腐剂都可以作为蛋壳表面的防腐消毒剂。

（五）烘干

经过清洗消毒后的蛋进入热风烘干工艺，将蛋壳表面的水蒸发干燥，烘干温度一般在 $40\sim60\,℃$。也可以采用先低温蒸发水分，然后高温杀菌的方式完成烘干过程。

（六）喷码

采用电脑打码机或喷码机在每个蛋体或包装盒上进行无害化贴签或喷码标识（包括分类、商标和生产日期），所用喷墨必须是食品级的。喷码机有多个品种，在线喷码机是安装在洁蛋生产线上的喷码机，与生产线上蛋的前进速度形成关联，从上部垂直喷码，可喷印数字、英文、汉字、图标等信息。手持喷码机多在小规模企业使用，特别是小型柴鸡蛋生产企业或小型家庭养殖企业使用。整盘喷码机用于蛋托（盘）中蛋的喷码，将装满蛋的蛋托放在传送带上，传送带中间上方有龙门架，在龙门架上设有导轨，当蛋传送到喷头下时喷头行走进行喷印。

（七）涂膜

禽蛋涂膜后可在蛋壳表面形成一层保护膜，延长洁蛋保质期。涂膜可以在洁蛋生产的两个环节进行：一是鲜蛋清洗干净后立即用水溶性涂膜剂采用喷淋法和浸涂法涂膜，经烘干工艺得到均匀的膜，常用的水溶性涂膜剂有聚乙烯醇、壳聚糖、硅胶等。二是鲜蛋清洗干净经烘干后使用白油或油溶性被膜剂对蛋的表面喷涂涂膜，这种涂膜方式中使用的涂膜剂品种较多，共同的特点是油溶性的，如白油（液体石蜡）和蔗糖脂肪酸酯是 GB 2760—2014 中规定使用的两种鲜蛋涂膜保鲜剂，另外，植物油、动物油、凡士林、聚乙酰甘油酯、巴西棕榈蜡、吗啉脂肪酸盐（果蜡）等也可以用于蛋的涂膜。涂膜保鲜剂必须无毒、安全与卫生。

（八）检验

此次为第二次检验，经过以上程序处理的鲜蛋，仍有可能破裂或未洗干净，在分级之前要求选出。根据设备的档次程度，有人工挑选、机械检验、人工和机械检验相结合的方法。

（九）分级

生产线上对蛋的分级不是按新蛋程度划分，而是按蛋的个体重量来划分，这种以重量分级的方式有助于鲜蛋的包装满足不同消费者的需要。在国内主要按我国国家标准进行分级，出口时按进口国的需要分级。分级的方法主要有机械式和电子式两种。目前发达国家的分级作业均采用自动识别机或电脑系统进行洁蛋分级。小型分级机处理能力为每小时 $3\,000\sim4\,000$ 个，大型分级机可达每小时 $20\,000\sim25\,000$ 个。一般鸡蛋分级可将鸡蛋按重量分成 6 级，且可自动将鸡蛋装盒。因为重量的选择为鸡蛋收集的重要工作，故在国外均由蛋分级包装中心从事此项工作。在蛋分级包装中心，可将蛋在洗净前、后各照蛋检查一次。照蛋检查是将 $50\sim70$ 个蛋排列后由下方透光检查。而照蛋检查工作需由经特别训练的熟练人员担任。

（十）包装

经分级后的禽蛋进入包装工艺，在发达国家的大型洁蛋生产线上，洁蛋的包装实现了自动化，通过生产线上的机械手将蛋放入蛋托或纸蛋盒中，再将蛋托中的蛋放入纸箱中完成运输包装，同样将纸蛋盒通过热封工艺完成禽蛋的销售包装。国内的企业在包装这个环节没有达到自动化的程度，依然采用手工的方式装箱和装盒。但是禽蛋装托已经实现了自动化，装托机在国产的洁蛋生产线上安装使用后，大大提高了工作效率。

（十一）贮藏、运输与销售

包装后的食用鲜蛋，应及时送往销售卖场，或者放入冷藏库冷藏。所有经过处理后的洁蛋，都要在一定的保鲜时间内售完。

鸡蛋运送时最重要的问题为路况（振动）、温度与湿度等。蛋在运送中受振动易使重量减少、气室扩大。根据实验报告，在 10 ℃、60 d 后，未振动者重量减少 0.2 g，气室扩大 1 mm 以下；然而在全振幅 5 mm、振动数每分钟 600 次的振动条件下，其重量减少 0.6 g，气室扩大 4 mm 以上。另外，鸡蛋的放置方向亦会影响其受振动的耐力，即鸡蛋受振动时，钝端朝上者较锐端朝上者更能维持其品质（表 5 - 14）。

鸡蛋宜在低温下输送，故在炎热夏季须以冷藏车输送，而且在输送中要注意温度变化，时冷时热的气候最易加速蛋品质劣化。另外，雨季易使蛋壳表面潮湿，极易导致微生物侵入蛋内增殖。

表 5 - 14　鸡蛋受振动时其放置方向与品质劣化的关系

条件及位置	重量减少/%	气室高	蛋黄系数	哈夫单位	浓厚蛋白直径	pH	挥发性盐基氮/（mg/100 g）
振动前[①]（25 ℃，5 d 内）	0	1.83	0.469	82.8	71.9	8.41	2.56
振动后[②] 钝端朝上	1.43	3.00	0.396	53.2	95.0	9.14	3.47
振动后[②] 锐端朝上	1.55	3.21	0.408	61.6	92.0	9.12	3.32
振动后[②] 横位	1.49	3.00	0.390	55.7	97.7	9.12	3.39

资料来源：尾崎（1963）。

注：①6～7 个月龄鸡产的鲜蛋（2 年龄鸡的鲜蛋结果亦同）；②全振幅 5 mm，振动数每分钟 600 次。

二、洁蛋的生产设备

目前，国外蛋品加工业比较发达，有关的机械设备种类齐全，可以根据使用者的目的进行不同的机械组合，达到经济、高效。一般饲养规模小的蛋禽场，使用处理量每小时 1 500～2 000 枚的小型洗蛋机和包装机。饲养规模大的蛋禽场，建立食用鲜蛋处理中心，根据其规模选择相应的机械设备。以处理量而言，一般为每小时 10 000～120 000 枚。目前，世界上最大的处理设备是美国 Diamond 公司制造的设备，每小时可达 144 000 枚。美国、日本、法国、意大利、澳大利亚、加拿大、德国等国家的鲜蛋自动处理程度和技术水平很高，普遍应用微机、传感器配合气动和机械系统，能够完成禽蛋清洗、干燥、表面涂油、重量分级、裂缝检验、内部斑检验、自动分级（包括次蛋分选）和自动包装工作。

我国蛋品洁蛋加工设备起步于 2000 年以后，是有志于蛋品安全生产的科技工作者和企业家根据国内禽蛋生产企业的现状自主研发的设备，多数具有独立的知识产权。有些设备是先通过与国外企业共同开发，并走向自主研发和生产的道路，所生产的洁蛋设备基本上能满足我国中小型洁蛋加工企业的需要。

　　《中华人民共和国食品安全法》的实施和国民食品安全意识的提高，促进了洁蛋生产设备的快速发展，设备的加工能力和自动化程度也在提高。如深圳市振野蛋品智能设备股份有限公司JYL-JS6-D6-3ZP洁蛋生产线（图5-9）上配有自主研发的装托机，实现了真空吸盘上蛋、洗蛋、干燥、检验、杀菌、喷码、涂膜、分级和自动装托的功能，加工量达到20 000枚/h，可以满足国内大中型企业洁蛋的生产要求。

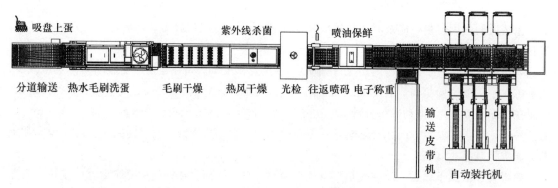

图5-9　JYL-JS6-D6-3ZP洁蛋生产线

　　小型的洁蛋生产设备如JYL-JS1-J3B小型洁蛋生产线（图5-10），最大加工量为5 000枚/h，完全可以满足小型禽蛋企业和农村禽蛋专业生产合作社的需要。

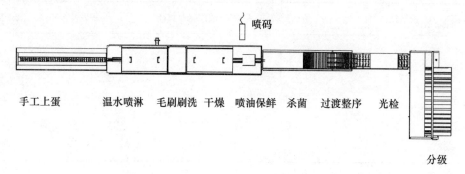

图5-10　JYL-JS1-J3B小型洁蛋生产线

复习思考题

1. 禽蛋内及表面微生物的来源有哪些？
2. 禽蛋中的致病菌及沙门菌对禽蛋污染源有哪些？
3. 鲜蛋在贮藏过程中的物理变化有哪些？主要原因是什么？
4. 影响禽蛋腐败因素有哪些？
5. 蛋鸡的主要疫病有哪些？如何防治？
6. 为什么鸡蛋的收集工作很重要？鸡蛋收集方法及原则是什么？
7. 禽蛋为什么要杀菌消毒后贮藏？各种消毒杀菌技术的原理是什么？
8. 鲜蛋保鲜的原则是什么？常用的保鲜方法有什么具体要求？
9. 简述禽蛋包装的作用、种类与方法。
10. 什么是洁蛋？简述洁蛋的生产工艺。
11. 我国的洁蛋为什么要涂膜？涂膜的方法有哪几种？
12. 鲜蛋的清洁、杀菌方法有哪些？

CHAPTER 6 第六章

皮蛋加工

学习目的与要求

　　了解我国皮蛋的起源及营养特点；熟悉我国皮蛋饮食文件；重点掌握皮蛋加工中的蛋白和蛋黄的凝固机理与凝固过程调控、蛋白与蛋黄呈色、代铅物质应用机理、松枝花纹形成以及风味形成的基本原理；掌握皮蛋加工的原辅料选择与加工技术，了解皮蛋现代化生产机械新动态。

第一节 概　述

一、皮蛋的起源

皮蛋又称为松花蛋、彩蛋或变蛋等，有的还称为牛皮蛋，比较流行的叫法是皮蛋或松花蛋。这些名字皆来自民间，是根据皮蛋的产生或产品特点命名的。皮蛋是我国劳动人民发明的、世界上独特的产品，具有特殊的风味，是我国著名的传统产品之一，也是中华饮食文化的典型代表。

我国制作皮蛋的历史久远，早在《农桑衣食撮要》一书中，就记载着松花（即皮蛋）的加工情况。而皮蛋在我国民间的加工与流传，至少有上千年的历史。明代在光禄寺（管皇室膳食）工作过的戴羲编辑的《养余月令》一书中把松花皮蛋称为"牛皮蛋"。这本书在"春二月"的"烹制门"中记载有腌制"牛皮鸭子"（"子"在这里指蛋）的方法。

二、皮蛋的营养及功能

1. 营养价值　禽蛋是营养价值很高的食品，加工成皮蛋以后，营养价值基本不受损失。由于加工皮蛋过程中，水分减少，蛋白中蛋白质的含量和糖的含量相对增多，因此皮蛋的营养价值相对提高。而在加工过程中加入的食盐、茶叶、草木灰、黄泥等，使蛋白和蛋黄中的矿物质有所增加。另外，在皮蛋加工过程中，碱使蛋内脂肪和蛋白质分解，产生易于消化的低分子产物，不仅使皮蛋具有独特的鲜味和风味，更使人体易于消化和吸收。因此，禽蛋加工成皮蛋后，大幅度改善了其色、香、味，具有特殊滋味和气味，能够促进人的食欲，有开胃、助食、助消化的作用。

2. 保健作用　据古籍医书介绍和目前的研究，皮蛋具有清凉、明目、平肝的功效，是夏季清热解暑的上佳食品。皮蛋能够降低虚火、解除热毒、助酒开胃、增进食欲、帮助消化、滋补身体，深受我国人民的喜爱，并远销我国香港、澳门地区以及东南亚、日本和欧美市场。此外，皮蛋对某些疾患有辅助的疗效，它是高血压、口腔炎、咽喉炎、肠胃病患者的良好食品。

第二节　皮蛋加工的基本原理

虽然皮蛋加工的方法与配方很多，传统的方法都是将纯碱、生石灰、植物灰、黄泥、茶叶、食盐、金属盐、水等物质按比例混匀后，将鸭蛋放入其中，在一定的温度和时间内，使蛋内的蛋白和蛋黄发生一系列的变化而成为皮蛋。

一、蛋白与蛋黄的凝固

（一）凝固过程

皮蛋的蛋白与蛋黄在凝固过程中，起主要作用的是碱性物质，如纯碱、植物灰以及氢氧化钠等。

氢氧化钠是一种强碱性物质，在混合料液中，它通过蛋壳渗入蛋内，料液中的金属盐又能促使碱液更快渗入，使蛋内的蛋白质开始变性，发生液化现象。随着渗入的进程，碱液由蛋白渗向蛋黄，从而使蛋白中碱的浓度逐渐降低，变性蛋白分子继续发生凝固现象。因有水的存在，蛋白逐渐成为凝胶状，并有一定的弹性。同时，料液中食盐含有钠离子，石灰中的钙离子、植物灰中的钾离子、茶叶中的单宁物质等，都会促使蛋内蛋白质的凝固和沉淀，同时使蛋黄凝固和收缩，从而发生皮蛋内容物的离壳现象。所以加工质量比较好的松花皮蛋，一旦外壳敲裂以后，皮蛋很容易剥落下来。

蛋白和蛋黄的凝固速度和时间，与温度的高低有关。温度高，碱性物质作用快，反之，则慢。所以，加工皮蛋需要一定的温度和时间。而适宜的碱量则是关键，如果混合料液中加入的碱量过多，作用时间过长，会使禽蛋蛋白质和胶原物质受到破坏，从而使已凝固的蛋白变为液体，这种变化称为"伤碱"。因此，在皮蛋加工中，要严格控制碱的使用量，并根据温度掌握好时间。

（二）理化变化阶段

根据皮蛋在加工中的理化变化过程，其加工共分为 5 个阶段。

1. 化清阶段 这是鲜蛋泡入料液后发生明显变化的第一阶段。在这一阶段，蛋白从黏稠变成稀的透明水样溶液，蛋黄有轻度凝固（鸭、鸡蛋黄凝固约 0.5 mm，鹌鹑蛋黄还薄一些），蛋白质的变性达到完全。其中，含碱量为 4.4～5.7 mg/g（以氢氧化钠计）。这时的蛋清发生了物理和化学两方面的变化：其物理变化表现为蛋白质分子变为分子团胶束状态（无聚集发生），化学变化是卵蛋白在碱性条件及水的参与下发生了强碱变性作用。而微观变化是蛋白质分子从中性分子变成带负电荷的复杂阴离子。维持蛋白质分子特殊构象的次级键，如氢键、盐键、范德华力、偶极作用、配位键及二硫键等受到破坏，使之不能维持原来的特殊构象，坚实的刚性蛋白质分子变为结构松散的柔性分子，从卷曲状态变为伸直状态，达到了完全变性，原来的束缚水变成了自由水。但这时蛋白质分子的一、二级结构尚未受到破坏，化清的蛋白还没有失去热凝固性。

2. 凝固阶段 在这一阶段，蛋白从稀的透明水样溶液凝固成具有弹性的透明胶体，蛋黄凝固厚度为 1～3 mm。蛋白胶体呈无色或微黄色（视加工温度而定），平均含碱量为 6.4 mg/g（6.1～6.8 mg/g），这个阶段蛋白含碱量最高。这时发生的理化变化是完全变性的蛋白质分子在氢氧化钠的继续作用下，二级结构开始受到破坏，氢键断开，亲水基团增加，使得蛋白质分子的亲水能力增加。蛋白质分子之间相互作用形成新的聚集体。研究发现，卵清蛋白经酸、碱、热变性后，形成 5～20 个变性蛋白质分子组成的分子聚集体。由于这些聚集体形成了新的空间结构，使得吸附水的能力逐渐增大，溶液中的自由水又变成了束缚水，溶液黏度随之逐渐增大，达到最大黏度时开始凝固，直到完全凝固成弹性极强的胶体为止。

3. 转色阶段 此阶段的蛋白呈深黄色透明胶体状，蛋黄凝固 5～10 mm（指鸭、鸡蛋黄）或 5～7 mm（鹌鹑蛋黄），转色层分别为 2 mm 或 0.5 mm。蛋白含碱量降低到 3.0～5.3 mg/g。如果含碱量超过这个允许值范围，就会出现凝固蛋白再次变为深红色水溶液的情况，使之成为次品。这时的物理化学变化是蛋白、蛋黄均开始产生颜色，蛋白胶体的弹性开始下降。这是因为蛋白质分子在氢氧化钠和水的作用下发生降解，蛋白质的一级结构受到破坏，使单个分子的分子质量下降，放出非蛋白质性物质，同时发生美拉德反应（Maillard reaction），这些反应的结果使蛋白胶体的颜色由浅变深，呈现褐色或茶色。

4. 成熟阶段 蛋白全部转变为褐色的半透明凝胶体，仍具有一定的弹性，并出现大量排列成松枝状的晶体簇；蛋黄凝固层变为墨绿色或多种色层，中心呈溏心状。全蛋已具备了松花蛋的特殊风味，可以作为产品出售。此时蛋内含碱量为 3.5 mg/g。这一阶段的物理化学变化同转色阶段。这阶段产生的松花是由纤维状氢氧化镁水合晶体形成的晶体簇。蛋黄的墨绿色主要是金属离子同 S^{2-} 反应的产物。模拟实验表明，生色基团可能是由 S^{2-} 和蛋氨酸形成的。

5. 贮存阶段 这一阶段为产品的货架期。此时皮蛋内的化学反应仍在不断地进行，其含碱量不断下降，游离脂肪酸和氨基酸含量不断增加。为了保持产品不变质或变化较小，应将成品在相对低温条件下贮存，同时要防止环境中细菌的侵入。

二、凝固过程的调控

采用传统工艺加工松花皮蛋时，一般在泡制料液中加入一定量的 PbO。如果采用除去 PbO 的传统料液泡制松花蛋，在蛋白蛋黄凝固后，将有 50％的蛋不能进入转色成熟期，而是出现蛋白再次"液化"，蛋黄成为"实心球"的现象，成为废品，即使采用提前出缸的方法处理，也存在着产品成品率低、工艺难以掌握、贮存期短等问题。但是，加入 0.2％～0.4％的 PbO 后，制得的松花皮蛋成熟之后，仍可在料液中长时间地泡着，而不出现已凝固蛋白再"液化"的现象，保持着松花蛋的全部特征。因此，松花皮蛋加工工艺的关键在于怎样由凝固阶段顺利地进入转色成熟阶段，松花蛋转色成熟时所需条件：在 20～25 ℃下，保持蛋内含碱量（<5.3 mg/g）和含水量（>65％）相对恒定，相对绝氧，并能使蛋内产生的 H_2S、NH_3 和 CO_2 等适量地排出蛋外。即如何控制这个阶段的蛋内含碱量适应于转色成熟的需要，而这一点正是铅的关键作用，它巧妙地调节了蛋内的含碱量，使之适应于工艺过程的需要。

下面的实验解释了铅的这种巧妙的控制作用。利用 NaOH 和 NaCl，配制好浓度适宜的水溶液，然后分成两等份，一份加适量的 PbO，另一份不加，同时泡蛋进行观察。在第 4 天时，无铅的蛋壳和蛋膜上出现了较规则的"圆孔"，"圆孔"处明显比其他部位薄，其"圆孔"数量为 10～18 个/25 mm²。这种"圆孔"被称为"腐蚀孔"。而有铅的蛋壳和蛋膜上都有小黑斑，斑点处比其他部位透光性差，较厚，斑点为 10～15 个/25 mm²。当泡到第 12 天时，有铅的壳和膜上的黑斑增加到 15～25 个/25 mm²。无铅的壳和膜上的腐蚀孔数量增加到 20～30 个/25 mm²，孔径增加到 300 μm，几乎"穿透"了蛋白膜。这时把无铅料液中的蛋取出一部分放入含铅料液中浸泡 24 h 后，发现原来腐蚀孔的部位全部变成不透光的黑斑。这就是从鲜蛋的匀质蛋膜变成了腐蚀孔，腐蚀孔又变为黑斑。当继续浸泡到第 25 天时，无铅者蛋白再次液化近一半，而有铅和无铅再经铅处理的蛋均无蛋白再次液化现象，之后泡成合格产品。而无铅中的大部分蛋的蛋白全变为红色液体，蛋黄为黄色实心球，则为废品。这是因为蛋内含碱量过高，超过了蛋转色成熟时所需要的碱量。经对蛋壳和蛋膜上的黑斑进行定性分析，证明是硫化铅沉淀。

铅巧妙地控制蛋内的含碱量的作用方式，是以在壳和膜上形成难溶化合物硫化铅的形式来堵塞壳和膜上的气孔与网孔，并"修补"它们在加工过程中出现的腐蚀孔，从而达到限制碱量向蛋内过量渗透的目的。无铅的情况恰恰相反，蛋进入转色成熟期后，已不再需要碱，但由于腐蚀孔现象的出现，导致过量的碱更通畅地进入蛋内，溶液中的 OH^-、Na^+、Cl^- 等离子通过蛋壳的气孔（气孔密度 129 个/cm²±1 个/cm²）、蛋壳膜和蛋白膜的网孔渗入蛋内（蛋壳膜的网孔比蛋白膜大得多）。这些离子在经过壳和膜时，对其结构和组成成分都有一定的破坏（分解）作用。碱（NaOH）对黏蛋白、纤维蛋白和各种无机盐等产生强烈的破坏（分解）作用和溶解作用，同时 NaCl 和 H_2O 也对无机盐和纤维蛋白产生溶解和溶胀作用。其结果使得蛋白质次级结构受到破坏、二硫键断裂，进而有小"碎片"从纤维蛋白上断裂下来。这与工艺要求背道而驰，使得浸泡的蛋变为废品。

在显微镜下观察腐蚀孔的变化情况，发现它们并未形成畅通无阻的真正的孔洞，只是这些部位比其他部位薄得多。在浸泡过程中，虽整个蛋的壳和膜都受到了碱和盐等的破坏和溶解作用。但在不同层次、不同部位受到的作用程度不一样。实际上，当某一部位首先被打开缺口后（如二硫键断裂、碳酸钙溶解等），在这个部位上就会出现连锁反应，被破坏的程度大大加强，从而形成"腐蚀孔"。蛋壳和蛋膜上出现这种腐蚀孔现象，是其特殊结构和特殊化学成分在强碱浓盐的料液中表现出的必然结果。因为蛋壳是由 $CaCO_3$ 和 $MgCO_3$ 等无机盐微粒在黏蛋白的黏合下堆积而成的，其内层为三棱形结构，外层为层状结构。所以当黏蛋白受到破坏时就有无机微粒从壳上掉下来。而构成蛋膜的纤维蛋白并不是真正的角蛋白，只是含硫量较高。另外，蛋膜上还含有大量矿物质，它们在水和稀盐溶液中都有一定的溶解度。

铅在蛋壳和蛋膜上生成PbS沉淀并积累成黑斑经历了下列过程：

首先，PbO在NaOH溶液中部分溶解，溶解量在400 mg/kg左右。反应式为：

$$PbO+2NaOH \longrightarrow Na_2PbO_2+H_2O$$

当PbO_2^{2-}、OH^-等离子通过壳和膜进入蛋内时，大部分被吸附或沉积在壳和膜上。沉积过程可由下式表示：

$$Pb^{2+}+CO_3^{2-} \longrightarrow PbCO_3 \downarrow \quad （在壳上）$$

$$Pb^{2+}+2R-COO^- \longrightarrow Pb(RCOO)_2 \downarrow \quad （在膜上）$$

$$Pb^{2+}+2R_1-S^- \longrightarrow Pb(R_1S)_2 \downarrow \quad （在膜上）$$

R、R_1分别代表不同的基团。当蛋内产生大量H_2S后，由于受离子渗透的可逆作用和蛋内较高气压的作用，H_2S以S^{2-}的形式向蛋外渗透，在经过壳和膜时就同Pb^{2+}形成更稳定的PbS沉淀，即：

$$Pb^{2+}+S^{2-} \longrightarrow PbS \downarrow$$

这也就是铅在松花皮蛋加工中的作用机理。它在松花蛋加工中确实起着关键作用，即铅的沉淀物堵塞了蛋壳的气孔、蛋膜的网孔及腐蚀孔，起到了阻止碱向蛋内渗透的作用，同时还可阻止细菌侵入蛋内，保持蛋品不褪色。

综上所述，如果要取代有害于人体健康的铅的物质应具备下列条件：①对人体无害；②应像铅那样能同S^{2-}生成稳定的化合物，并不溶于NaOH溶液；③应像铅一样在1 mol/L的NaOH溶液中溶解300 mg/kg以上，能满足加工的需要；④应像铅一样使用方便、经济。根据研究结果表明，只能选择一些金属离子的化合物来代替PbO。但又必须着重考虑食品毒理学问题，现在考虑的金属离子有Cu^{2+}、Zn^{2+}、Fe^{3+}或Fe^{2+}。这几种离子的有关化学性质见表6-1。这些金属离子在泡蛋过程中的作用比较见表6-2。目前铜、锌两种代铅工艺已用于工业化生产。

表6-1　几种金属离子的有关化学性质

金属离子	料液中的存在形式	壳及膜上的作用形式	硫化物的稳定性
Pb^{2+}	PbO_2^{2+}	可溶Pb^{2+}或悬浮PbO	$P_{ksp}=27.9$
Zn^{2+}	Zn_2^{2-}	可溶Zn^{2+}或悬浮ZnO	$P_{ksp}=23.8$
Cu^{2+}	CuO_2^{2-}或CuO	可溶Cu^{2+}或悬浮CuO	$P_{ksp}=38$
Fe^{2+}或Fe^{3+}	Fe_2O_3	悬浮Fe_2O_3	$P_{ksp}=17.2$
Cu^{2+}	络合离子	络合离子	$P_{ksp}=38$

表6-2　采用不同的金属离子泡蛋的实验结果比较

采用的化合物	蛋在料液中的最长浸泡时间/d	出缸时蛋的状态	成熟及贮存情况
PbO	60~90（全年）	成品	料中成熟，贮存6个月以上
$CuSO_4$或CuO	60~90（全年）	成品	料中成熟，贮存6个月以上
	25（夏季）		
$ZnSO_4$或ZnO	25~60（冬季）	半成品	料中成熟，贮存3~4个月
	30~45（夏季）		
Fe_2O_3或$FeSO_4$	45~60（冬季）	半成品或成品	料内外成熟，贮存3~4个月

三、蛋白与蛋黄的呈色

（一）蛋白呈现褐色或茶色

蛋白变成褐色或茶色是蛋内微生物和酶发酵作用的结果。蛋白的变色过程，首先，鲜蛋在浸泡前，侵入蛋内的少量微生物与蛋内蛋白酶、胰蛋白酶、解脂酶及淀粉酶等发生作用，使蛋白质发生一系列变化。其次，是蛋白中的糖类变化，它以两种形态出现，一部分糖类与蛋白质结合，直接包含在蛋白质分子里；另一部分糖类在蛋白中并不与蛋白质结合，而是处于游离状态。前者的组成情况：在卵白蛋白中有 2.7%（甘露糖），伴白蛋白中有 2.8%（甘露糖与半乳糖），卵黏蛋白中有 1.49%（甘露糖与半乳糖），卵类黏蛋白中有 9.2%（甘露糖与半乳糖）；后者主要是葡萄糖占整个蛋白的 0.41%。此外，还有部分游离的甘露糖和半乳糖。它们的羰基和氨基酸的氨基化合物及其混合物与碱性物质相遇，发生作用时就会发生褐色化学反应（即美拉德反应），生成褐色或茶色物质，使蛋白呈现褐色或茶色。

（二）蛋黄呈现草绿或墨绿色

蛋黄中的卵黄磷蛋白和卵黄球蛋白，都是含硫较高的蛋白质。它们在强碱的作用下，加水分解会产生胱氨酸和半胱氨酸，提供活性的硫氢基（—SH）和二硫基（—SS—）。这些活性基与蛋黄中的色素和蛋内所含的金属离子相结合，使蛋黄变成草绿色或墨绿色，有的变成黑褐色。蛋黄中含有的色素物质在碱性情况下，受硫化氢的作用，会变成绿色；在酸性情况下，当硫化氢气体挥发后，就会褪色。溏心皮蛋出缸后，如果未及时包上料泥，或将皮蛋剥开，暴露在空气中的时间较长时，则暴露部位或整个蛋会变成"黄蛋"。这说明蛋黄色素是引起色变的内在因素。此外，红茶末中的色素也有着色作用，而且蛋黄本身的颜色就存在着深浅不一的状况。因此，在皮蛋色变过程中，常见的蛋黄色泽，有墨绿、草绿、茶色、暗绿、橙红等，再加上外层蛋白的红褐色或黑褐色，便形成五彩缤纷的彩蛋。

四、松枝花纹的形成

皮蛋松花的形成，是皮蛋加工行业长期未曾解开的一个谜。目前，经过研究取得了突破性进展，提示了松花的实质。

松花的分离提取：取样品皮蛋若干枚，洗净后剥去外壳，用薄刃刀将含有松花晶体的蛋白凝胶体部分取出，加入氢氧化钾溶液。然后加热到 80 ℃左右，蛋白质凝胶体很快溶解，松花晶体沉淀出来。如果不加热，在室温下放置 3 h 左右，蛋白质凝胶体亦可逐渐溶解，获得纯晶体。仔细地倾出碱液，用去离子水将沉淀出来的晶体洗至中性。最后将晶体在 95～100 ℃下干燥，得到纯白色晶体。

松花晶体的理化性质：用上述方法分离出的松花晶体经干燥后变为不透明的白色晶体（失去了结晶水），并在玻璃杯上有一定的附着力。松花晶体不溶于水、乙醇、丙醇、氯仿及氢氧化钠、氢氧化钾溶液，松花晶体溶于盐酸、硫酸、硝酸、醋酸及草酸铵溶液。对晶体滴加酸时，粉末迅速溶解，但无明显气泡产生。将此混合物蒸干得到的固体可溶于水。在酒精灯上灼烧获得的干燥晶体，无明显变化发生，仍为白色晶体。将干燥后的晶体在 540 ℃下灼烧 1.5 h，测得失重率为 30.16%。测定的结果见表 6-3。

松花晶体的成分分析：采用光谱半定量分析结果表明，晶体中主要含镁（Mg＞10%），其他金属的含量均属于杂质范围，不含磷和硼。测定结果见表 6-4。测定结果：镁的含量为 39.14%。

X衍射分析结果也证明，松花晶体是氢氧化镁。实测数据同标准数据的比较结果见表6-5。经过红外光谱分析结果也表明，松花晶体为氢氧化镁水合晶体。

表6-3　在540℃下灼烧松花晶体失重实测值与理论值比较

比较值	灼烧前/g	灼烧后/g	失重/g	失重比率/%
松花晶体实测值	57.85	40.40	17.45	30.16
氢氧化镁理论值	58.319 6	40.305 0	18.014 6	30.89

表6-4　光谱半定量分析结果

元　素	Mg	Ca	Cu	Ag	Ni
相对含量	>10	0.03	<0.001	0.002	<0.001
元　素	Al	Mn	Fe	Si	B
相对含量	0.001	0.001	0.01	0.005	0.005

表6-5　X衍射实测数据与标准数据比较

相对强度 (I/I_1) /%	90	60	100	55
松花晶体/nm	4.796×10^{-2}	2.730×10^{-2}	2.369×10^{-2}	1.799×10^{-2}
氢氧化镁/nm	4.770×10^{-2}	2.725	2.369×10^{-2}	1.794×10^{-2}
相对强度 (I/I_1) /%	35	18	16	12	2
松花晶体/nm	1.574×10^{-2}	1.495×10^{-2}	1.374×10^{-2}	1.309×10^{-2}	1.818×10^{-2}
氢氧化镁/nm	1.573×10^{-2}	1.494×10^{-2}	1.374×10^{-2}	1.310×10^{-2}	1.192×10^{-2}

上述分析结果证明，松花蛋中的松花晶体是纤维状氢氧化镁水合晶体。所有测得的物理化学性质及光谱数据等均同标准物质相吻合。无论是南方生产的，还是北方生产的，无论是有铅的，还是无铅的松花蛋，其松花晶体都是纤维状氢氧化镁水合晶体。镁的定量分析结果是39.14%，低于理论数值41.86%，是因为分离出的晶体含有少量的杂质。当在显微镜下观察时，发现提取出来的晶体绝大多数是很纯的单个晶体，只有少数极细小的晶体仍以晶体镁的形式存在，这是因为晶体是在蛋白质凝胶体中逐渐结晶出来的，胶体起着一定程度的载体作用。松花晶体的形成是当蛋内 Mg^{2+} 浓度达到足以同 OH^- 离子化合形成大量氢氧化镁时，因处于蛋白质凝胶体内的特殊环境下，它们就形成水合晶体。Mg^{2+} 的来源除蛋内含有少量外，主要来自蛋壳和蛋膜（蛋壳含 Mg^{2+} 约0.2%，约170 mg）。在浸泡松花蛋的过程中，壳和膜上的 Mg^{2+} 受 NaOH、NaCl 及 H_2O 等的作用，部分被溶解并随之进入蛋内。这一点可以很好地解释用烧碱生产的松花蛋，其松花大多生长在蛋白质凝胶体表层的事实。另外，蛋内松花的多少与其 Mg^{2+} 在蛋内的分布无相关性，但用传统生石灰纯碱法生产的松花蛋，其 Mg^{2+} 分布的均匀性比用烧碱法生产的好。

五、皮蛋风味的形成

皮蛋之所以具有特殊的风味，主要是由于蛋在加工中发生了一系列生物化学变化，产生了多种复杂的风味成分。皮蛋风味成分主要在蛋变色和成熟两阶段形成。根据气相色谱质谱联用技术对皮蛋中挥发性风味成分的研究表明，皮蛋在成熟之后新产生了40种挥发性风味物质，加上禽蛋原有的19种挥发性风味成分，共有这类化合物59种。在碱性条件下，部分蛋白质水解成多种带有风味活性的氨基酸。部分氨基酸再经氧化脱氨基而产生 NH_3 和酮酸，含硫氨基酸还可继续

变化和分解产生 H_2S。微量的 NH_3 和 H_2S 可使皮蛋别具风味；少量的酮酸具有特殊的辛辣风味。除此之外，食盐的咸味、茶叶的香味等也是构成皮蛋特有风味的重要因素。

第三节　皮蛋的加工工艺

一、皮蛋加工辅料及其选择

鲜蛋能变成皮蛋，是由于各种材料的相互配合所起的作用。材料质量的优劣，直接影响到皮蛋质量和商品价值。因此，在材料选用时，要按皮蛋加工要求的标准进行选择，以确保加工出的皮蛋符合卫生要求，有利于人体健康。常用的加工材料有以下几种：

（一）纯碱

纯碱的学名为无水碳酸钠（Na_2CO_3），俗称食碱、大苏打、碱粉、口碱等。其性质为白色粉末，含有碳酸钠约 99%，能溶解于水，但不溶于酒精，常含食盐、芒硝、碳酸钙、碳酸镁等杂质。纯碱暴露在空气中，易吸收空气中的湿气而质量增大，并结成块状；同时，易与空气中的碳酸气体化合生成碳酸氢钠（小苏打），性质发生变化。纯碱是加工皮蛋的主要材料之一。其作用是使蛋内的蛋白和蛋黄发生胶性的凝固。为保证皮蛋的加工质量，选用纯碱时，要选购质纯色白的粉末状纯碱，含碳酸钠要在 96% 以上，不能用吸潮后变色发黄的"老碱"。选购时，一次不要买得过多，以免变质。使用后多余的纯碱，存放时要密封防潮。购回后或配料前，最好要测定纯碱的碳酸钠含量是否合乎质量要求。这是因为碳酸钠在空气中易与碳酸气体相结合，形成碳酸氢钠，使其效率降低。

（二）生石灰

生石灰的学名为氧化钙，俗称石灰、煅石灰、广灰、块灰、角灰、管灰等。其性质为块状白色、体轻，在水中能产生强烈的气泡，生成氢氧化钙（熟石灰）。生石灰的质量要求：要选购体轻、块大、无杂质，加水后能产生强烈气泡，并迅速由大块变成小块，直至成为白色粉末的生石灰。这种石灰的成分中，含有效氧化钙的数量不得低于 75%。生石灰不宜多购，这是因为生石灰容易吸潮变质。对一时用不完的生石灰，要密封贮藏在干燥的地方。加工皮蛋时使用生石灰的数量要适宜。这样，才能使石灰与碳酸钠作用产生的氢氧化钠达到所要求的浓度。如果使用石灰过多，不仅浪费，还会妨碍皮蛋起缸，增加破损，甚至使皮蛋产生苦味，有的蛋壳上还会残留有石灰斑点；如果使用石灰过少，将会影响皮蛋中内容物的凝固。为此，生石灰的用量，以满足与碳酸钠作用时所生成的氢氧化钠的浓度达到 4%～5% 为宜。

（三）食盐

食盐的学名为氯化钠（$NaCl$）。其性质为白色结晶体，具有咸味，在空气中易吸收水分而潮解。当前市场上出售的食盐，有粗盐、细盐和精盐 3 种。生产皮蛋用的盐，在质量上要求含杂质少，氯化钠含量要在 96% 以上，通常以海盐或再制盐为好。在加工皮蛋的混合料液中，一般要加入 3%～4% 的食盐。如果食盐加入过多，会降低蛋白的凝固，反而使蛋黄变硬；如果食盐加入过少，不能起到改变皮蛋风味的作用。

（四）茶叶

加工皮蛋使用茶叶，一是增加皮蛋的色素，二是提高皮蛋的风味，三是茶叶中的单宁能促使蛋白发生凝固作用。加工皮蛋，一般选用红茶末，因红茶中含有茶单宁 8%～25%、茶素（咖啡碱）1%～5%，还含有茶精、茶色素、果胶、精油、糖、茶叶碱、可可碱等成分。这些成分不仅能增加皮蛋的色泽，还能提高风味、帮助蛋白凝固。而这些成分在绿茶中的含量比较少，故多使用红茶。对受潮或发生霉味的茶叶，严禁使用。

（五）植物灰

以桑树、油桐树、柏树枝、豆秸、棉籽壳等烧成的灰最好。植物灰中含有多种矿物质和芳香物质，这些物质能增进皮蛋的品质和提高其风味。灰中含量较多的物质有碳酸钠和碳酸钾。据化学分析，油桐籽壳灰中的含碱量在 10% 左右。它与石灰水作用，同样可以产生氢氧化钠和氢氧化钙，使鲜蛋加快转化成皮蛋。此外，柏树枝柴灰中含有特殊的气味和芳香物质，用这种灰加工的皮蛋，别具风味。无论何种植物灰，都要求质地纯净、粉粒大小均匀，不含有泥沙和其他杂质，也不得有异味。使用前，要将灰过筛除去杂质，方可倒入料液中混合，并搅拌均匀。植物灰的使用数量，要按植物树枝的种类决定。这是因为不同的树枝或籽壳烧成的灰，含碱量是有区别的。

（六）水

加工皮蛋的各种材料，按一定的比例用量称取后，需要加水调成糊状才能发生化学反应。为保证皮蛋的质量和卫生，使用的水质要符合国家卫生标准。通常要求用沸水调制，一是能杀死水中的致病菌；二是能使混合物料更快地分解，生成新的具有较强效力的料液，以加快对鲜蛋的化学作用，加快皮蛋的成熟。

二、皮蛋加工工艺

（一）传统湿法腌制技术

传统湿法腌制技术即浸泡法，由于其取材方便、成熟均匀、干净卫生、料液浓度易于控制、料液可循环使用，适合任何规模生产等优点而被广泛采用。

1. 料液的配制　湿法腌制皮蛋的料液同样应根据生产季节、气候等情况做出相应调整，料液中由生石灰和纯碱反应生成的氢氧化钠的起始浓度以 4%～5% 为好。各地参考配方见表 6-6。这些配方中仍然使用了氧化铅，具体加工过程应以铜、锌化合物代替，以加工生产无铅皮蛋。

表 6-6　全国各地湿法腌制技术参考配方/kg

配　料	北　京		天　津		湖　北	
	春、秋季	夏季	春初、秋末	夏季	一、四季度	二、三季度
鲜鸭蛋	800	800	800	800	1 000	1 000
生石灰	28～30	30～32	28	30	32～35	35～36
纯碱	7	7.5	7.5	8～8.5	6.5～7	7.5
氧化铅	0.3	0.3	0.3	0.3	0.2～0.3	0.2～0.3
食盐	4	4	3	3	3	3
茶叶	3	3	3	3	3.5	4
植物灰	2	2	——	——	5～6	7
清水或沸水	100	100	100	100	100	100

先将生石灰、纯碱、食盐称好放入桶中，后将食品级金属盐（硫酸铜、硫酸锌等）、草木灰放在生石灰上面，然后加入清水。生石灰遇到水，即自行化开，同时放出热量，待桶中蒸发力减

弱后，用木棒不断翻动搅拌均匀。为保证料液浓度，须按捞出的石块质量补足生石灰。待到桶中的各种材料充分溶解化开后，倒入配料池中，并不断搅拌。最后将茶叶称量后分装在编织袋里，浸泡在料液中直至灌料前捞出。料液在使用前必须测定其碱度，以保证皮蛋腌制效果。

2. 入池 将选好的蛋装筐，放蛋入筐时，要轻拿轻放，一层一层地平放，切忌直立，以免蛋黄偏于一端。将筐码入腌制池中，也要放平放稳，轻拿轻放。当装到离池口约 20 cm 时，上用空筐、砖压好，以免灌料以后蛋浮起来。

3. 灌料 将准备好的料液用料液泵抽入腌制池中，灌到超过蛋面约 5 cm 时停止。注意这时要保持蛋在池中静止不动，否则蛋的成熟不好。料液的温度要随季节不同而异，在春、秋季节，料液的温度以控制在 15 ℃ 左右为宜，冬季最低 20 ℃ 为宜，夏季料液的温度应掌握在 20～22 ℃，保持在 25 ℃ 以下为好。料液温度过低，室温也低时，则部分蛋清发黄，有的部分发硬，蛋黄不呈溏心，并带有苦涩味；反之料液温度过高，部分蛋清发软、黏壳，剥壳后蛋白不完整，甚至蛋黄发臭。

4. 技术管理 灌料后即进入腌制过程，一直到松花蛋成熟，这一段的技术管理工作同成品质量的关系十分密切。首先要严格掌握室内温度，一般要求在 21～34 ℃。春、秋季节经过 7～10 d，夏季经过 3～4 d，冬季经过 5～7 d 的浸渍，蛋的内容物即开始发生变化，蛋白首先变稀，称为"化清阶段"。随后约经 3 d 蛋白逐渐凝固。此时室内温度可提高到 25～27 ℃，以便加速碱液和其他配料向蛋内渗透，待浸渍 15 d 左右，可将室温降至 16～18 ℃，以便配料缓缓地渗入蛋内。不同地区室温要求也有所不同，南方地区夏天不应高于 30 ℃，冬天保持在 25 ℃ 左右。夏季可采取一些降温措施，冬天可采取适当的保暖办法。腌制过程中，为使料液上下浓度一致，保证腌制质量，每隔 10～15 d 翻池 1 次，还应注意勤观察、勤检查。为避免出现黑皮、白蛋等次品，每天检查蛋的变化、温度高低等，以便及时发现问题及时解决。

5. 成熟与出池 一般情况下，鸭蛋入池后，需在料液中腌渍 35 d 左右，即可成熟变成皮蛋，夏天需 30～35 d，冬天需 35～40 d。为了确切知道成熟与否，可在出池前，在各池中抽样检验。出池前，先拿走池上面的砖块和空筐，后将成熟的鸭蛋捞出，置于池外待清洗。出池时要注意轻拿轻放，不要碰损蛋壳，因蛋壳裂缝处，夏天易化水变臭，冬天易吹风发黄。

6. 清洗 将从池中捞出的皮蛋，用自来水冲洗，洗去附在蛋壳上的碱液和其他污物，装入竹筐中晾干。冲洗时，要戴塑胶手套，避免料液直接与手接触引起皮肤溃烂。

7. 内在质量分级 出池后的皮蛋，严格进行内在质量分级是保证皮蛋质量的一道重要工序。内在质量分级的方法是"一观、二弹、三掂、四摇、五照"。前四种方法为感官鉴定法，后一种方法为照蛋法（灯光透视）。

（1）一观。观看蛋壳是否完整，壳色是否正常（壳色以青缸色为好）。通过肉眼观察，可将破损蛋、裂纹蛋、黑壳蛋及比较严重的黑色斑块蛋（在蛋壳表面）等次劣蛋剔除。

（2）二弹。拿一枚皮蛋放在手上，用食指轻轻弹一下蛋壳，试其内容物有无弹性，若弹性明显并有沉甸甸的感觉，则为优质蛋。若无弹性感觉，则需要进一步用手抛法鉴别蛋的质量。

（3）三掂。拿一枚皮蛋放在手上，向上轻抛两三次或数次，试其内容物有无弹性，即为掂蛋或称为手抛法鉴定蛋的质量。若抛到手里有弹性并有沉甸甸的感觉者为优质蛋。若微有弹性，则为无溏心蛋（死心蛋）。若弹性过大，则为大溏心蛋。若无弹性感觉时，则需要进一步用手摇法鉴别蛋的质量。

（4）四摇。此法是前法的补充，当用手抛法不能判定其质量优劣时，再用手摇法，即用手捏住皮蛋的两端，在耳边上下、左右摇动两次或数次，听其有无水响声或撞击声。若无弹性，水响声大者，则为大糟头（烂头）蛋。若微有弹性，只有一端有水荡声者，则为小糟头（烂头）蛋。若用手摇时有水响声，破壳检验时蛋白、蛋黄呈液体状态的蛋，则为水响蛋，即劣蛋。

（5）五照。用上述感官鉴定法还难以判明成品质量的优劣时，可以采用照蛋法进行鉴定。在灯光透视时，若蛋内大部分或全部呈黑色（深褐色），小部分呈黄色或浅红色者为优质蛋。若大部分或全部呈黄褐色透明体，则为未成熟的蛋。若内部呈黑色暗影，并有水泡阴影来回转动，则为水响蛋。若一端呈深红色，且蛋白有部分粘贴在蛋壳上，则为黏壳蛋。若在呈深红色部分有云状黑色溶液晃动着，则为糟头（烂头）蛋。

经过上述一系列鉴定方法鉴别出的优质蛋或正常合格蛋，按大小分级装筐，以备包装。其余各种类型的次劣蛋均须剔除。

8. 包装 经过内在质量分级后的蛋要先进行真空或涂膜后套袋包装，也可直接套袋包装，然后装塑料盒或泡沫塑料盒，按规定分级别、分品种装箱，不得有级别混乱或漏装欠数现象，包装内外必须整洁美观。

9. 贮存、销售 成品应置阴凉通风处贮存，保质期半年。

（二）无铅皮蛋加工新工艺

皮蛋传统腌制方法是添加铅盐以控制氢氧化钠的均匀渗透，促进离壳、防腐，同时增加皮蛋的风味和色彩。由于铅元素在人体的半衰期长而具有累积性以及对神经系统有损害，我国于20世纪80年代后期开始进行皮蛋加工中代铅的研究，开始采用碘代铅，未能达到理想的效果，后来采用铜盐代铅，取得一定的效果。目前，我国皮蛋生产中的工艺配方中，基本上都不采用氧化铅这类有害物质，实现了无铅配方的工业化生产。对于采用无铅配方工厂化生产的皮蛋，称为无铅工艺皮蛋或无铅配方工艺皮蛋。市场上将无铅配方工艺生产的皮蛋称为无铅皮蛋是不够科学和准确的，皮蛋产品中含有微量的铅是不可避免的，这种极其微量的铅主要来自于原料蛋本身，部分来自于其他加工材料。

（三）无斑点皮蛋加工新工艺

铜工艺腌制效果虽然不错，但是也存在一些限制：一方面，我国居民的膳食结构以谷物为主食，普遍不缺铜，皮蛋国家标准中铜的限量值比较小，容易超标；另一方面，铜工艺腌制的皮蛋蛋体表面有很多黑斑，类似"铅斑"，易给消费者造成误导，认为是含铅皮蛋，影响销售。而无斑点新技术在加工时只加可溶性锌盐，皮蛋外壳无黑斑、无铅，且其锌的含量是普通皮蛋的10倍多，因此，我们称其为"无斑点皮蛋"或"富锌皮蛋"。锌是人体必需微量元素，也是人体常缺乏的微量元素之一。在我国居民膳食中，普遍存在锌供应不足，常食富锌食品有利人体健康。但无斑点技术和传统腌制技术比较，还存在两大技术难题：一是皮蛋易碱伤烂头，返黄多，成品率低；二是皮蛋浸泡期短，溏心大，品质与贮藏性能都差。

皮蛋浸泡液在浸泡期间，碱浓度总体呈下降趋势，根据碱浓度的下降特性，无斑点皮蛋生产可划为4个时期：速降期、回升期、缓降期与稳降期。

① 速降期：1～8 d，8 d 时间仅为整个浸泡时间（30 d）的约 1/4，而料液碱浓度下降了 1.13%，占总浸泡期平均下降总量的 69%，是浸泡过程中下降速度最快的时期。抽样检查，发现蛋白先化清后凝固，蛋黄轻度凝固。

② 回升期：9～12 d，4 d 时间下降量为 0.1 个百分点，下降速度非常缓慢，且在 9～10 d 时，料液碱的浓度不降反升。抽样感官检查，发现蛋白凝固，呈浅褐色，蛋黄外周已凝固。

③ 缓降期：13～18 d，浸泡到 12 d 以后，其料液中氢氧化钠及其他离子的浓度下降率趋于缓慢，13～18 d 的 5 d 时间内，氢氧化钠浓度平均下降 0.14 个百分点，仅占平均下降总量的 8.5%。感官检查发现，缓降期蛋黄开始变色，此时，蛋内 pH 由 8.21 上升到 9.85，蛋黄开始快速进行皂化反应，外层开始变硬。

④ 稳降期：18～30 d 的 12 d 时间内，氢氧化钠浓度平均下降 0.27 个百分点，占平均下降总

量的 16%。稳降期蛋黄颜色由绿色转为墨绿色，此时，蛋白、蛋黄的 pH 上升都非常小，渗透进来的碱主要用于蛋黄继续进行皂化反应，蛋黄溏心不断变小，皮蛋逐渐成熟。30 d 以后基本上处于相对稳定的动态平衡状态。

　　缓降期与稳降期保证了皮蛋后期成熟，是皮蛋质量保障不可缺少的时期。在进入 18 d 后，蛋白 pH 与蛋黄 pH 基本处于稳定状态，这一时期，蛋白内的碱一方面向蛋黄渗透，浓度有减少的趋势；另一方面，料液碱还在不断向蛋内渗透，浓度有增加的趋势。如果此时不能恰当地控制碱的渗入量，维持蛋白 pH 的动态平衡，易导致皮蛋碱伤烂头。加入金属离子的目的也就是此时能形成沉淀堵塞蛋孔和蛋膜孔，控制碱的渗入量。因此，如何控制这一时期碱的渗透速率成为无斑点皮蛋成功与否的关键。虽然锌控制碱的渗透能力远不如铅和铜，但料液碱的浓度与温度同样是影响碱渗透的重要因素，在浸泡的不同时期要采用不同的温度与碱浓度进行处理，同样可达到加铅或铜或多种金属元素混合的效果。

　　在皮蛋生产后期，采用不同碱浓度与温度处理，可很好地控制碱的渗透量，减少碱伤烂头，提高产品合格率。缓降期，由于蛋白凝固，大量自由水变成结合水，蛋内 pH 升高，此时要严格控制碱进入蛋体内的量。此时降低浸泡液碱的浓度，可大大降低碱的渗透量。与此同时，由于这一时期是皮蛋转色的开始时期，高温有利于皮蛋的转色以及风味的形成，所以，此时采用低碱浓度与适当高温控制，有利提高皮蛋质量。而进入稳降期后，皮蛋成熟还需要一定的碱量，以保证碱与蛋黄中脂肪酸充分进行皂化反应，缩小溏心，促进成熟，因此这一时间要适当调高料液碱的浓度，降低料液温度有利于控制碱的过分渗入，以防皮蛋碱伤烂头。

　　不同时期对料液碱浓度与温度的要求是不同的。据汤钦林研究发现最佳条件如表 6-7 所示。

表 6-7　无斑点皮蛋浸泡最佳工艺条件

浸泡时间/d	浸泡液的初始碱度/%	浸泡液的温度/℃
0～12	4.5	22
13～18	1.5	25
19～45	2.5	20

　　此法改变了传统生产皮蛋一次配料、一泡到底的工艺，用此新工艺参数指导生产加工的皮蛋质量可与传统的有铅皮蛋相媲美，否定了目前理论界普遍认为锌法生产皮蛋质量劣于铅法、铜法及铜锌混合法的结论。

（四）清料法生产新工艺

　　千余年以来，我国的皮蛋生产工艺与方式极其落后，采用纯碱生石灰浊料法生产，料液中存在着大量的料渣，不利于管道运输与机械灌料，一直是手工作坊式生产。目前，科技工作者利用食品级的 NaOH 代替部分生石灰与纯碱，大幅度降低了生石灰与纯碱用量，明显减少了料液中的沉渣，甚至料液中没有沉渣，有利于料液的管道输送，产品质量、品质与风味均达到了传统石灰法生产的皮蛋品质，而且降低了破损率。这种利用食品级 NaOH 部分或全部代替生石灰与纯碱，料液中不含沉渣或极少沉渣的皮蛋生产方法，称为"清料法"或"清料生产法"。

三、皮蛋涂膜保鲜

　　作为传统蛋制品，松花皮蛋营养价值高，色香味俱佳，深受广大消费者的欢迎。但是随着人们生活水平的提高，传统皮蛋保质所采用的"包泥裹糠"的方法由于存在食前处理麻烦，不卫生，包装、运输费用高等弊病，已经不适应当前国内外市场消费的需要。

涂膜保鲜技术由于涂料制备简单、成本低廉、方便卫生、保质效果好，是目前公认的能取代"包泥裹糠"的最优选择。自20世纪后期开始，不少学者对其展开了大量的研究。最初采用简单的固蜡包装、液体石蜡涂膜等方法进行去泥去糠后的保质。随后涂膜的材料得到了极大的扩展，有多糖膜、蛋白膜、脂质膜、复合膜等。此外，不少学者还对如何提高成膜性能方面展开了大量的研究，有物理方法如超声波处理、加热处理、高压处理、微波处理等；也有化学方法如加入增塑剂、交联剂等。

四、皮蛋加工机械化

（一）皮蛋清洗加工设备

目前，我国多数皮蛋加工企业的规模都较小，设备简陋，生产能力低，效率低下。我国生产皮蛋的厂家，长期以来一直采用手工制作，即大缸（或池）浸泡、人工配料、手工包泥等，费时费力，破损多，损耗大，产品质量也不稳定。随着科学技术的发展和人民生活水平的不断提高，在生产中采用更加科学的加工手段和加工技术，进一步提高产品的质量，提高劳动生产率，已成为传统蛋制品现代化生产的必由之路。目前，我国在皮蛋的机械化生产方面取得了很好的进展，逐步在向机械化、自动化方向发展。

1. 拌料机　拌料机又称为打料机，结构简单，使用方便，主要由电动装置、离心搅拌机和可动支架3部分组成。在皮蛋生产中，使用这种机器代替手工搅拌料液，其效果好、效率高。

2. 吸料机　吸料机即料液泵，由料浆泵、料管和支架构成。吸料机能吸取黏稠度较大的松花蛋料液，它适合于清料法生产中无渣料液的转缸、过滤及灌料等工序。

3. 打浆机　这种机器由动力装置、搅拌器、料筒及固定支架组成。打浆机已为许多皮蛋加工厂采用，其主要用途是生产包裹皮蛋的浓稠料泥。

4. 包料机　包料机一般由料池、灰箱、糠箱、筛分装置、传送装置及成品盘等组件构成。使用这种机器每小时可包涂皮蛋1万枚以上，不仅大大提高了工作效率，而且避免了手工操作时碱、盐等对皮肤的损伤。近些年来，由于传统皮蛋生产中外裹泥糠的保存方法不符合方便、卫生等要求，皮蛋生产中的包料已经发展成为涂膜方法，出现了不同功能、型号的皮蛋涂膜机。

5. 原料鸭蛋清洗、消毒、烘干、计量、分级一体机　由于禽类的生理特点，蛋在产出后，蛋壳上会残留粪、尿和分泌物等污秽物，还时常粘有泥土、草屑、饲料残渣、羽毛等。现在出现了对原料鸭蛋的清洗、消毒、烘干、计量、分级的一体化连续处理机械，见图6-1。

图6-1　鸭蛋清洗消毒分级一体机

6. 松花蛋清洗、杀菌、涂膜一体机　该类机械是为皮蛋浸泡出缸以后的清洗、涂膜保鲜而设计的，避免了清洗中的易碎现象和人工接触产生的污染，显著提高了生产速度与效率。该类设备的主要工艺流程为上蛋→清洗→烘干→喷膜→消毒，见图 6-2。

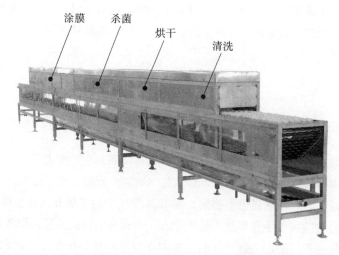

图 6-2　出缸皮蛋清洗、烘干、涂膜一体机

（二）脉动压快速腌制皮蛋装备

我国传统的皮蛋腌制方法一般采用缸腌和池腌的方法，腌制成熟时间 25～30 d（夏天）或 50 d 左右（冬天），腌制过程中需要人工多次装缸、出缸，既耗费大量人力，又增加了破损，而且产品质量不稳定。现有的皮蛋腌制方法和装备，都只采用单一的技术措施提高腌制效率，不能实现腌制过程的全程自动控制。而脉动压快速腌制技术采用加压、加热、超声波振动、溶液循环等物理措施，提供一种具有压力场、温度场、浓度场、渗流场相互耦合的高效腌制环境，并在线监测腌制液的温度和重要物质的浓度，由计算机程序统一管理各种技术措施，从而实现腌制过程全程自动控制，并能实现皮蛋整箱腌制。既缩短了皮蛋腌制时间，又可以减少人力的投入，实现了皮蛋腌制的连续化作业。

脉动压快速腌制技术是通过制造高效自动化腌制罐来实现的。

（1）组成一个高压脉动腌制系统。按照皮蛋的腌制工艺，通过软件在单片机控制器中设定加压压力、加压时间、卸压时间和腌制总时间。当程序运行在加压时段时，压力变送器检测罐内压力，若罐内压力低于设定的加压压力，单片机控制器打开加压电磁阀，关闭卸压电磁阀，空压机向罐内充气，使罐内压力升高，直到压力达到设定的加压压力，关闭加压电磁阀，罐内压力维持在设定的加压压力。当程序运行在卸压时段时，单片机控制器关闭加压电磁阀，打开卸压电磁阀，罐内气体通过排气消声器排出，使罐内压力降低，直到达到外界常压。若腌制总时间未到，则重复上述过程，再次向罐内充气加压；若腌制总时间已到，则报警提示皮蛋已腌制成熟，并启动液体循环系统排放腌制溶液。

（2）组成一个腌制溶液浓度的在线监测和循环系统。工作时，启动水泵将配液池中配制好的腌制溶液泵入腌制罐内，由液位传感器检测液面高度，直到液面高度达到设定高度。在腌制总时间范围内，由离子选择电极、参比电极和温度传感器等得到被测溶液的离子浓度及其温度的输出电压信号，根据能斯特方程计算出离子浓度数值，可以实现浓度的在线监测。不同位置安装的温度传感器检测的温度差值，不同位置安装的离子浓度传感器检测离子浓度差值，大于设定的温度和离子浓度不均匀度时，启动水泵，让腌制溶液在罐内从罐顶向罐底循环。若腌制总时间已到，则报警提示皮蛋、咸蛋已腌制成熟，并打开排液电磁阀将腌制罐内溶液排入废液池中，直到罐内溶液排尽，将腌制好的皮蛋取出。

（3）组成一个恒温系统。当温度传感器检测到腌制溶液温度低于设定值，启动加热管加热，高于设定值断开加热管停止加热。不同位置安装的温度传感器检测的温度差值大于设定温度不均匀度时，启动溶液自循环电磁阀和水泵，促使罐内溶液流动。

（4）按照腌制工艺要求，在单片机控制器控制下启动和停止超声波振动，多个超声波振动器可以同时启动，也可以启动一部分超声波振动器。

（5）根据系统功能要求，系统主要由空气压缩机、腌制罐、加压卸压电磁阀、压力变换器、51 单片机、温度传感器、加热棒、水泵等部分构成，系统结构示意如图 6-3 所示。

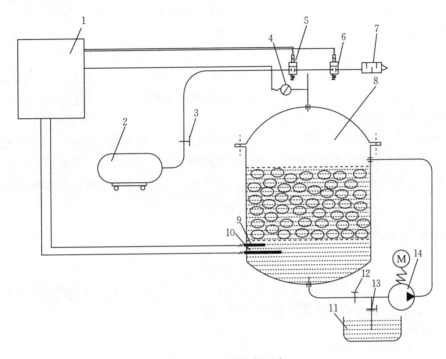

图 6-3　系统结构示意

1. 控制器、驱动电器　2. 空气压缩机　3. 手动阀门　4. 气压传感器　5. 进气电磁阀
6. 卸压电磁阀　7. 消声器　8. 腌制罐　9. 温度传感器　10. 加热棒
11. 盐水罐　12. 手动阀门　13. 进水阀　14. 水泵

该工作提供了一种皮蛋高效自动化腌制装置的控制方法，其步骤为：

① 启动系统。将经过挑选、清洗的禽蛋装入带孔的聚丙烯蛋箱中，盖上箱盖，堆放在用不锈钢制造的拖车上，打开腌制罐大门，将拖车连同其上的蛋箱一起推入卧式腌制罐内，在罐内摆放整齐，关好大门，旋紧密封门扣，合上总电源，打开空压机和压缩空气总阀，启动单片机控制器上电复位。

② 控制参数设定。通过键盘和液晶显示器设置下列参数：压力为 0~200 kPa，加压时间为 0~60 min，卸压时间为 0~60 min，腌制总时间为 0~360 h，温度为 15~40 ℃，温度差值为1 ℃，溶液浓度为 2%~40%，浓度差值为 1%，液位高度指液位传感器距离液面的距离为 1~10 cm。

③ 运行控制。系统首先开始执行液位、离子浓度检测和控制中断服务程序，采集液位值。此时液位低于设定值，于是打开补液电磁阀，关闭自循环电磁阀，关闭放液电磁阀，启动电机和水泵，从配液池中将事先配置好的腌制溶液泵入腌制罐内，直到液位达到设定值。检测离子浓度值，此时腌制还刚开始，溶液离子浓度质量分数为设定值，于是打开自循环电磁阀，关闭补液电

磁阀，关闭放液电磁阀，启动水泵和超声波振动器，溶液在罐体内上下循环。接着执行温度、压力检测和控制中断服务程序，从压力变送器读取压力值。此时压力低于设定值，于是打开加压电磁阀，关闭卸压电磁阀，压缩空气通过气管向腌制罐内充气，使罐内压力升高。接着检测温度，若温度低于设定值，启动加热管加热；若温度达到设定值，断开加热管，返回到压力检测，直到压力达到设定值，关闭加压电磁阀。比较判断加压时间，如果未到加压时间，返回到压力检测；如果加压时间已到，打开卸压电磁阀排气。比较判断卸压时间，如果未到卸压时间，继续打开卸压电磁阀排气；如果卸压时间已到，终止执行温度、压力检测和控制中断服务程序。比较判断腌制总时间，如果腌制总时间未到，转到执行液位、离子浓度检测和控制中断服务程序。随着腌制过程中溶液渗透到蛋内，溶液的浓度下降。当检测到离子浓度低于设定值时，打开自循环电磁阀，关闭补液电磁阀，打开放液电磁阀，停止水泵工作和超声波振动器，排放一些溶液到废液池，再次检测液面高度，此时液面高度小于设定值，打开补液电磁阀，关闭自循环电磁阀，关闭放液电磁阀，启动水泵从配液池中泵入饱和食盐溶液补充到腌制罐内，直到离子浓度达到设定值，液面高度达到设定值，再次打开自循环电磁阀，关闭补液电磁阀，关闭放液电磁阀，启动水泵和超声波振动器，并转到执行温度、压力检测和控制中断服务程序。如此循环，直到腌制总时间已到，皮蛋已经腌制成熟。

④ 结束控制。腌制总时间已到，打开自循环电磁阀，关闭补液电磁阀，打开放液电磁阀，停止水泵和超声波振动器工作，手动关闭压缩空气总阀，报警提醒操作人员腌制工作完成，手动断开总电源；待溶液全部排出，打开腌制罐大门，将小车连同其上的蛋箱一起从腌制罐内拉出。

✏️ **复习思考题**

1. 皮蛋加工过程中，为什么蛋白与蛋黄会发生凝固？

2. 传统皮蛋加工中，为什么要使用含铅化合物？目前哪些物质能够取代铅的作用？为什么？

3. 皮蛋在加工中发生了哪些理化变化过程？

4. 为什么会出现松枝花纹以及皮蛋特有的风味？

5. 皮蛋蛋清为何会呈茶色？蛋黄为何会呈墨绿色？

6. 皮蛋加工的原辅料有何要求？

7. 什么叫作清料法生产新工艺？

8. 皮蛋加工有哪些基本工艺步骤？每道工序的操作要点是什么？

9. 目前皮蛋加工的机械化程度有哪些提高？出现了哪些新型的机械？

10. 什么叫脉动压快速腌制皮蛋新技术，具有什么特点？

11. 思考中华皮蛋同中华饮食文化的关系。

CHAPTER 7 第七章

咸蛋加工

学习目的与要求

　　了解我国咸蛋加工状况，比较咸蛋加工方法，重点掌握咸蛋加工的基本原理、各种咸蛋加工的工艺技术与质量要求；掌握咸蛋黄加工方法；熟悉咸蛋的品质特点及其用途；思考咸蛋清的利用方法与技术，了解咸蛋加工中需要研究解决的新问题及现代化加工发展动态。

　　咸蛋又称为盐蛋、腌蛋及味蛋，是指以鸭蛋为主要原料经腌制而成的再制蛋，为我国传统风味的蛋制品。全国各地均有生产，江苏、湖北、湖南、浙江、江西、福建、广东等省为主要产区，其中以江苏的高邮咸蛋最为著名。品质优良的咸鸭蛋具有"鲜、细、嫩、松、沙、油"六大特点，煮熟后切开断面，黄白分明，蛋白质地细嫩，蛋黄细沙，呈橘红色或橙黄色起油，周围有露水状油珠，中间无硬心，味道鲜美。用双黄蛋加工的咸蛋，色彩更美，风味别具一格。

　　我国生产咸蛋的历史悠久，早在1 600多年以前，就有用盐水贮藏禽蛋的记载。由于咸蛋的加工方法简单、费用低廉、风味特殊、食用方便、销路广阔，近年来，产量剧增，除供国内人民消费食用外，许多企业的产品已远销美国、日本、新加坡、马来西亚、缅甸及非洲和欧洲等许多国家和地区，深受国内外消费者欢迎。随着经济的发展，我国咸蛋加工发展十分迅速，咸蛋除直接食用外，还在月饼、面包等糕点和菜肴中使用，提高其他食品的档次和质量。

第一节　咸蛋加工的原理

一、食盐在腌制中的作用

　　咸蛋主要用食盐腌制而成。食盐有一定的防腐能力，可以抑制微生物的生长，使蛋内容物的分解和变化速度延缓，所以咸蛋的保存期比较长。但食盐只能起到暂时的抑菌作用，减缓蛋的变质分解速度，当食盐的防腐力被破坏或不能继续发生作用时，咸蛋很快就会腐败变质。所以，从咸蛋加工到成品销售，必须为食盐的防腐作用创造条件。

　　食盐溶解在水中可以发生扩散作用，对周围的溶质具有渗透作用。食盐之所以具有防腐能力，主要是产生渗透压的缘故。咸蛋的腌制过程，就是食盐通过蛋壳及蛋壳膜向蛋内进行渗透和扩散的过程。腌制咸蛋时，食盐的作用主要表现在以下几个方面：①脱水作用；②降低了微生物生存环境的水分活性；③对微生物有生理毒害作用；④抑制了酶的活力；⑤同蛋内蛋白质结合产生风味物质；⑥使蛋黄产生出油现象。

二、鲜蛋在腌制中的变化

　　当鲜蛋包以泥料或浸入食盐溶液后，食盐通过气孔渗入蛋内。其转移的速度除与盐溶液的浓度和温度成正比外，还和盐的纯度以及腌渍方法等有关。采用盐泥和灰料混合物腌蛋的方法比用盐溶液浸渍法要慢一些。而循环盐水浸渍的方法比一般的浸渍方法要快。食盐中所含的氯化钠越多，渗透速度越快。如果盐中含有镁盐和钙盐较多时，就会延缓食盐向蛋内的渗透速度，从而推迟蛋的成熟期。蛋中脂肪对食盐的渗透有相当大的阻力，所以含脂肪多的蛋比含脂肪少的蛋渗透得慢，这也是咸蛋蛋黄不咸的原因。蛋的品质对渗透速度也有影响，新鲜、蛋白浓稠的原料蛋成熟较快，蛋白较稀的成熟较慢。加工过程中，温度越高，食盐向蛋内渗透越快，反之则慢。蛋内水分的渗出，是从蛋黄通过蛋白逐渐转移到盐水中，食盐则通过蛋白逐渐移入蛋黄内。食盐对蛋白和蛋黄的作用并不相同，对蛋白可使其黏度逐渐降低而变稀，对蛋黄可使其黏度逐渐增加而变稠变硬。食盐对蛋白、蛋黄的作用变化情况见表7-1和表7-2。

表 7-1　蛋腌制期间水分、食盐含量和相对黏度的变化

浸渍时间/d	水分/%		食盐含量（干物质中）/%		相对黏度（水 1，20 ℃）	
	蛋白	蛋黄	蛋白	蛋黄	蛋白	蛋黄
0	87.4	49.1	1.2	0.1	10	142
15	87.4	48.0	2.3	0.3	7	340
30	86.8	44.3	9.8	0.3	7	1 575
60	85.1	37.8	18.9	1.2	6	已凝固，无法检出
90	74.2	26.0	21.4	2.9	3	已凝固，无法检出

表 7-2　蛋腌制期间蛋重、pH、蛋黄含油量和含水量的变化

项　目	腌制时间/d			
	0	10	20	30
蛋重/g	75.18±4.88	71.18±5.58	73.23±4.27	72.69±3.87
蛋白 pH	8.80±0.15	8.00±0.49	7.87±0.26	7.00±0.34
蛋黄 pH	6.10±0.31	6.09±0.37	5.62±0.61	5.77±0.28
蛋白含水量/%	87.61±2.94	85.83±1.03	85.59±0.59	85.20±0.64
蛋黄含水量/%	46.90±3.81	37.29±2.25	24.03±3.27	16.07±1.82
蛋黄含油量/%	35.01±4.17	42.92±5.81	42.57±3.18	47.74±4.68

　　从表 7-1 和表 7-2 可以看出，腌制的时间越长，蛋内容物的水分就越少，而干物质中的食盐含量就越多，尤其是蛋白中水分的减少程度比蛋黄中更显著。由于蛋内水分的减少以及蛋黄蛋白质在腌制过程中有某种程度的分解，使蛋黄内脂肪成分相对增加。因此，咸蛋蛋黄内的脂肪含量看起来要比鲜蛋多得多，使蛋黄出现"油露松沙"的现象。

　　综上所述，咸蛋在腌制期间的变化可以归纳为以下几点：

　　1. 水分含量　随着腌制时间的延长，水分含量下降，蛋白含水量下降非常明显，蛋黄含水量下降不显著。开始腌制，食盐溶液的浓度大于蛋内，蛋内水分的渗出是从蛋黄通过蛋白逐渐转移到盐水中。随着腌制时间延长，蛋中食盐含量越多，咸蛋内的水分含量越低。

　　2. 食盐含量　随着腌制时间的延长，蛋内食盐含量显著增加，主要表现为蛋白中食盐含量的增加，在蛋黄中因脂肪含量高会妨碍食盐的渗透性和扩散性，所以蛋黄中食盐含量增加不多。

　　3. 黏度和组织状态　咸蛋在腌制期间，随着食盐的渗入，蛋白的黏度变小，呈水样，而蛋黄的黏度增加，呈凝固状态。由此可知，食盐成分对蛋白和蛋黄所表现出的作用并不相同，其机理可能是食盐渗入蛋内，钠离子与蛋白质的羧基等带负电的基团结合，而氯离子与蛋白质的氨基等带正电的基团结合，使蛋白质亲水基团减少，从而使被蛋白吸附的水游离。因游离水的增多，蛋白的黏度就变小，感官上如水样。

　　原蛋黄是由大小为 40～100 μm 的相互连接的多面体蛋黄球组成。这些相邻的多面体之间没有交联作用，故煮熟蛋黄的疏松质地也缘于此。蛋黄球被半透膜包围，在低渗透压溶液中，它们膨胀破裂，在高渗中收缩，表面膜以丝状形式展开，内部释放出颗粒蛋白。渗入蛋内的食盐对蛋黄蛋白质的凝集作用不明显，但食盐可使蛋黄球、蛋黄颗粒破裂，促进蛋黄凝胶，提高凝胶强度，同时脱水作用又使蛋黄球紧密挤压在一起，正是这种状态下的蛋黄球形成了咸蛋黄所特有的沙状感，水分脱除愈多，蛋黄球挤压得愈密实，蛋黄凝胶也就愈硬。

　　4. pH　咸蛋的 pH 与鲜蛋的 pH 显著不同，随着腌制时间的延长，蛋白 pH 逐渐下降，由碱性向中性发展，这可能是食盐的渗入破坏了蛋白中的溶菌酶等碱性蛋白质的结果，同蛋内碳酸气的排出也有关系。蛋黄的 pH 变化不明显，由开始的 6.10 降至 30 d 时的 5.77，变化缓慢，蛋黄

的 pH 下降同脂肪的增加有关。

5. 蛋黄含油量　咸蛋在腌制过程中，蛋黄内含油量上升较快，腌制 10 d 时更明显，以后则缓慢上升，蛋黄含油量的增加对咸蛋风味的形成有一定意义。

6. 重量变化　咸蛋在腌制期间，其重量略有下降，主要是由于水分损失。

三、蛋在腌制过程中有关因素的控制

1. 食盐的纯度和浓度　食盐中还含有镁盐、钙盐等物质，蛋在腌制过程中，镁盐和钙盐会影响食盐向蛋内渗透的速度，推迟咸蛋成熟的时间，同时，钙盐和镁盐具有苦味，能与蛋中的某些成分发生化学反应，影响质量，当水溶液 Ca^{2+} 和 Mg^{2+} 浓度达到 $0.15\%\sim0.18\%$ 和在食盐中达到 0.6% 时，即可察觉出苦味。因此，腌制咸蛋要求食盐纯度高，NaCl 含量愈多愈好。腌制咸蛋一般选用纯净的再制盐或海盐。

蛋在腌制时，食盐用量愈多，食盐浓度愈大，食盐成分向蛋内渗入的速度愈快，咸蛋的成熟亦较快，可以缩短腌制时间。腌制时食盐的用量应根据腌制的目的、环境条件（气温）、腌制方法和消费者口味的不同而进行相应调整。腌制时气温低，用盐量可少些；气温高，用盐量高些。既要防止蛋的腐败变质，又要使消费者不至于感到过咸。

2. 腌制方法　盐泥或灰料混合腌制的方法，由于食盐成分渗入蛋内速度较慢，咸蛋的成熟也较迟缓；用食盐水浸渍的方法，由于食盐成分渗入蛋内速度较快，可缩短腌制时间；而用循环盐水浸渍的方法，食盐渗入蛋内的速度更快。

3. 腌制期的温度　温度愈高，食盐向蛋内渗透和扩散的速度愈快，反之则慢。所以，夏季腌蛋成熟的时间短，冬季腌蛋成熟时间长。但选用适宜腌制温度必须谨慎小心，因为温度愈高，微生物生长活动也就愈迅速，易使蛋变质。因此，咸蛋的腌制和贮存一般都在 25 ℃ 以下进行。

4. 蛋内脂肪的含量　脂肪对食盐的渗透有相当大的阻力，所以含脂肪较多的蛋黄，食盐的渗入就少，而脂肪含量甚微的蛋白，食盐的渗入量多又快。

5. 原料蛋的鲜度　鸭蛋新鲜，蛋白浓稠，食盐渗透和扩散作用缓慢，咸蛋的成熟也较慢；反之，质量差的鸭蛋，蛋白稀薄，食盐渗透和扩散较快，咸蛋的成熟也较快。

为了获得高质量的咸蛋，必须选用新鲜的鸭蛋，根据不同的腌制方法控制食盐的用量、浓度以及环境温度、腌制时间。这些因素是相互联系和制约的，在生产中要根据具体情况灵活应用。

第二节　咸蛋的加工方法

加工咸蛋的原料主要为鸭蛋，有的地方也用鸡蛋或鹅蛋来加工，但以鸭蛋为最好，这主要是因为鸭蛋中的脂肪含量较高，蛋黄中的色素含量也较多，用鸭蛋加工出的咸蛋，其蛋黄呈鲜艳油润的橘红色，成品的风味更佳。我国各地加工咸蛋的辅料和用量大同小异，但加工方法却较多。按加工方法的不同，可分为黄泥咸蛋、包泥咸蛋、滚灰咸蛋、盐水浸泡咸蛋等。

一、原料蛋和辅料的选择

1. 原料蛋的选择　为了确保咸蛋的质量，用于加工的原料蛋必须经过严格的检验和挑选，剔除不符合加工要求的各种次劣蛋，然后根据蛋的重量分级。原料蛋的挑选和分级方法与皮蛋加工的选择和分级方法完全相同。

2. 辅料的选择

（1）食盐。它是加工咸蛋最主要的辅料。生产咸蛋时应选择色白、味咸、氯化钠含量高（96％以上）、无苦涩味的干燥产品。在大批量生产时，事先应测定食盐中氯化钠的含量和食盐的含水量，以便在加工中能准确掌握食盐的用量。

（2）草灰。当采用草灰法加工咸蛋时，草灰是用来和食盐调成灰料，使其中的食盐能够长期、均匀地向蛋内渗透，同时可有效阻止微生物向蛋内侵入，防止由于环境温度变化对蛋内容物造成不利影响。除此以外，草灰还能明显地减少咸蛋的破损，便于贮藏、长途运输和销售。国内加工咸蛋一般选用稻草灰，个别地方也采用其他植物灰，使用时应选择干燥、无霉变、无杂质、无异味、质地均匀细腻的产品。

（3）黄泥。在咸蛋加工的用料上，除了可以使用草灰外，还可以采用黄泥加工，甚至可将草灰与黄泥混合使用。黄泥的作用与草灰相同。选用的黄泥应干燥、无杂质、无异味。另外，含腐殖质较多的泥土不能使用，因为这种泥土在加工时容易使蛋变质发臭。

（4）水。加工咸蛋一般直接使用清洁的自来水，如果使用冷开水对于提高产品的质量非常有利。

二、咸蛋的加工方法

咸蛋在我国各地均有大量生产，有多种加工方法，如草灰法、盐泥涂布法、盐水浸渍法、泥浸法、包泥法等。这些加工方法的原理相同，加工工艺相近，下文叙述最常见的几种咸蛋加工方法。

1. 草灰法 草灰法又分提浆裹灰法和灰料包蛋法两种。

（1）提浆裹灰法。其加工工艺如下：

① 配料：生产咸蛋的配料标准在各地都不尽相同。在不同季节生产，其配料的标准也应做适当调整（主要改变食盐的用量）。各地在不同季节加工咸蛋的配料比例见表7-3。

表7-3 加工咸蛋的配料比例　　　　　　　　　　　　　　　　　　　单位：kg

加工地区	加工季节	使用的辅料		
		草木灰	食盐	水
四川	11月至次年4月	25	8.0	12.5
	5～10月	22.5	7.5	13.0
湖北	11月至次年4月	15.0	4.25	12.5
	5～10月	19.5	3.75	12.5
北京	11月至次年4月	15.0	4.3～5.0	12.5
	5～10月	15.0	3.8～4.5	12.5
江苏	春季、秋季	20.0	6.0	18.0
浙江	春季、秋季	17～20	6～7.5	15～18

② 打浆：在打浆之前，先将食盐倒入水中充分搅拌使其溶解，然后将盐水全部加入打浆机（或搅拌机）内，再加入2/3用量的稻草灰进行搅拌。经10 min左右的搅拌后，草灰、食盐与水已混合均匀，这时将余下的草灰分两次或三次加入并充分搅拌，搅拌均匀的灰浆呈不稀不稠的浓浆状。检验灰浆是否符合要求的方法：将手指插入灰浆内，取出后手上灰浆应黑色发亮、不流、不起水、不成块、不成团下坠，放入盘内无气泡现象。制好灰浆后放置过夜，次日即可使用。

③ 提浆、裹灰：将选好的蛋用手在灰浆中翻转一次，使蛋壳表面均匀黏上一层约2 mm厚的灰浆，然后将蛋置于干稻草灰中裹灰，裹灰的厚度约2 mm。裹灰的厚度要适宜，若太厚，会降低蛋壳外面灰浆中的水分，影响腌制成熟的时间；若裹灰太薄，易造成蛋间的粘连。裹灰后将

灰料压实捏紧，使其表面平整、均匀一致。

④ 装缸（袋）密封：经裹灰、捏灰后的蛋应尽快装缸密封，如果生产量不大时，也可装入阻隔性良好的塑料袋中密封，然后转入成熟室内堆放。在装缸（袋）时，必须轻拿、轻放，叠放应牢固、整齐，防止操作不当使蛋外的灰料脱落或将蛋碰裂而影响产品的质量。

⑤ 成熟与贮存：咸蛋的成熟期在夏季为 20～30 d，在春、秋季节为 40～50 d。咸蛋成熟后，应在 25 ℃以下、相对湿度 85%～90%的库房中贮存，其贮存期一般为 2～3 个月。

（2）灰料包蛋法。这种加工方法的配料与上面基本相同，只是加水量少一些。加工时先将稻草灰和食盐置于容器内混合，再适量加水并进行充分搅拌混合均匀，使灰料成为干湿度适中的团块，然后将灰料直接包裹于蛋的外面。包好灰料以后将蛋置于缸（袋）中密封贮藏。

2. 盐泥涂布法　盐泥配方：鲜鸭蛋 1 000 枚，食盐 6.0～7.5 kg，干黄土 6.5～8.5 kg，冷开水 4.0～4.5 kg。木棒搅拌使其成为糨糊状。泥浆浓稠程度的检验方法：取一枚蛋放入泥浆中，若蛋一半沉入泥浆，一半浮于泥浆上面，则表示泥浆浓稠度合适。然后将挑选好的原料蛋放入泥浆中（每次 3～5 枚），使蛋壳粘满盐泥后，点数入缸或装箱，装满后将剩余的泥料倒在蛋的上面，再加盖封口。夏季 25～30 d，春、秋季 30～40 d，就变成咸蛋。

3. 盐水浸渍法　用食盐水直接浸泡腌制咸蛋，其用料少、方法简单、成熟时间短。我国城乡居民普遍采用这种方法腌制咸蛋。

（1）盐水的配制。冷开水 80 kg，食盐 20 kg，花椒、白酒适量。将食盐于开水中溶解，再放入花椒，待冷却至室温后再加入白酒即可用于浸泡腌制。

（2）浸泡腌制。将鲜蛋放入干净的缸内并压实，慢慢灌入盐水，将蛋完全浸没，加盖密封腌制 20 d 左右即可成熟。浸泡腌制时间最多不能超过 30 d，否则成品太咸且蛋壳上易出现黑斑。此水可留作第二次甚至多次使用（但要追加食盐）。盐水的浓度与腌蛋的品质颇有关系，如用 10%的盐水、使用的蛋平均质量为 81.7 g，腌制后，每枚蛋含盐量为 1.245 g，全蛋含盐量为 1.5%，除壳后含盐量为 1.7%。用 20%的盐水、使用的蛋平均质量为 80.7 g，腌制后，每枚蛋含盐量为 4.075 g，全蛋含盐量 5%，除壳后含盐量为 5.6%。用 30%的盐水、使用的蛋平均质量为 81.2 g，腌制后，每枚蛋含盐量为 5.136 g，全蛋含盐量 6.3%，除壳后含盐量为 7.8%。以上鸭蛋腌制期为 40 d。试验结果表明，用 20%的盐水来腌蛋最适宜，10%盐水腌的蛋味较淡。盐水腌蛋，1 个月以后，蛋壳上常生黑斑，其他方法制成的盐蛋则无此缺点。

近年来我国鸭蛋年产量在 350 万～400 万吨，估计一半以上用于加工咸蛋，再加上用鸡蛋加工的咸蛋，我国年生产咸蛋在 200 万吨以上。可见，咸蛋在我国的蛋制品中占有重要地位，它既是我国居民日常消费的食品，也是我国蛋制品出口的主要品种。然而，我国咸蛋加工技术的研究缺乏广度、深度和系统性，有关这方面的报道也不多。随着人民生活水平的提高，咸蛋的消费又发生了新变化，使咸蛋生产面临许多新问题。面对这些新问题，不少蛋品科技工作者在这方面做了许多的尝试，取得了较大的进展。

咸蛋传统加工方法生产周期较长，对资金周转、场地利用不利，为缩短生产周期，有采用压力腌蛋法，即将蛋放入压力容器内，加入饱和盐水，然后对容器进行加压，经 24～48 h 即可腌制完毕。而黄如瑾则采用 3%～13%的盐酸腐蚀蛋外壳，使蛋成为软壳蛋后，再加盐水腌渍，以加速咸蛋加工进程。黄浩军将盐与调味料以 2∶3 比例配成卤汁，再将卤汁灌入注射器，直接注入蛋内以缩短加工期。为保证成品蛋的清洁卫生和食用方便，周承显发明了以咸蛋纸制作咸蛋的方法，它是把喷洒和浸渍并撒上适度食盐的植物纤维组织或无纺布包裹于干净的蛋上，密封 25～30 d，即制成咸蛋。陈雄德发明了真空无泥咸蛋的制作方法。另外，为增加咸蛋的风味和营养，还发明了五香熟咸蛋的加工方法、富硒咸蛋的生产方法等。

三、咸蛋加工中需要解决的问题

在目前我国科学技术全面高速发展的今天，咸蛋生产加工技术怎样发展是一个值得思考的问题。在新形式的要求下，我国咸蛋的生产加工需要研究解决下列问题：

1. 清洁原料蛋生产咸蛋技术问题 要改变"脏蛋"加工状况，实行洁蛋生产咸蛋，确保咸蛋的卫生与质量安全，就需要研究清洁消毒原料蛋（洁蛋）生产咸蛋中出现的一系列技术问题。

2. 低盐咸蛋的开发与保鲜技术研究 为了促进人体健康，提高传统咸蛋的风味，需要研究开发低盐咸蛋加工技术、复合风味添加剂，并解决低盐咸蛋生产中出现的保质期短等保鲜技术问题。

3. 咸蛋加工的机械化、现代化生产问题 我国咸蛋加工生产一直采用作坊式的原始生产，几乎都是手工制造，机械化程度极低，产品质量不稳定，劳动生产率低，迫切需要逐步实行机械化生产，提升整体生产装备，甚至逐步实行自动化生产。

4. 咸蛋黄加工中蛋白脱盐的技术问题 咸蛋黄在我国许多地区的应用越来越广，并且逐步出口到一些国家和地区。但生产咸蛋黄产生的大量蛋白（蛋清），由于盐分浓度太高，几乎均被遗弃，既造成优质蛋白质资源浪费，又导致环境污染。需要研究开发蛋白脱盐技术，充分利用蛋白资源。

5. 咸蛋产品的进一步研发与应用问题 扩大咸蛋应用的领域与范围，并利用咸蛋进一步研究开发更深层次的产品，或者是其他形式的咸蛋产品，丰富咸蛋的品种，提升咸蛋产品的品质。

第三节 咸蛋黄的加工

一、蛋黄的分离腌制

咸蛋黄是咸蛋的精华，它作为其他食品加工的材料，应用范围逐渐扩大，用量日益增多。然而，咸蛋分离出咸蛋黄后剩余的咸蛋白因含盐量过高，难以利用，常作废物处理，不仅浪费宝贵的蛋白质资源，而且污染环境。如能将鲜蛋的蛋白与蛋黄分离，分离后的蛋黄直接被腌渍成咸蛋黄，鲜蛋白就能作为其他食品加工的材料而利用。基于此理由，我国台湾多位学者进行了这方面的研究。蒋丙煌和钟美玉（1986）首先进行鲜蛋黄制造咸蛋黄的可行性探讨。林阳山等（1991）用味精调制成食盐含量为 15% 的腌渍液，鲜蛋黄在此腌渍液中浸渍 36~48 h，即可得成熟的咸蛋黄，但其沙感及其他感官品质均比传统法差。此后，陈明造采用渗透法腌制咸蛋黄获得成功，其要点是根据渗透压原理配制成稠状腌制液，蛋黄在这种腌制液中浸泡 2 d 即成咸蛋黄。但批量生产时会出现严重的微生物污染。

赵旭军采用湿盐腌制咸蛋黄，可较好地抑制微生物在咸蛋黄腌制过程的生长繁殖，可使咸蛋黄的卫生指标达到要求。其方法是先将食盐 97~80 份、水 3~20 份、味精 0~10 份、花椒水 0~10 份配成湿盐。再将配制好的湿盐放入平盘中，并铺平，使湿盐厚度为 1~10 cm。用蛋黄模在湿盐上压制蛋黄窝。将去除蛋清后的蛋黄倒入制好的蛋黄窝内，再用湿盐撒在蛋黄顶部。在常温、常压下腌制 2~10 h。然后将腌制后的蛋黄从湿盐中取出，去掉蛋黄表面的浮盐，即为腌制好的咸蛋黄。该法的优点是咸蛋黄起油沙，不咸苦，口感好，腌制速度快，便于批量生产。

二、咸蛋黄的保鲜

在冷藏链比较完善的今天，咸蛋黄保鲜选用速冻法应是较经济简便的方法，但咸蛋黄经低温冻结，其质构发生变化，原有的品质下降。廖兴佳（1994）发明了一种咸蛋黄的保鲜法，将分离出的咸蛋黄放在山梨酸钾、氯化钠溶液中洗净残蛋白，再放入 50～100 ℃ 的烘箱中烘烤 3.5～4.5 h 后，抽真空包装，置 20 ℃ 下可保存 3 个月，置 0～4 ℃ 下可保存 6 个月。但这种方法因在烘烤时脱去较多水分，咸蛋黄质地变硬，品质下降。采用真空包装、充气包装和保鲜液浸泡 3 种方法进行咸蛋黄的保鲜试验，结果发现，真空包装在常温下可保存 1 个月以上，但咸蛋黄易变形；充气包装不会使咸蛋黄变形，但其氧气残留率不能大于 0.1%，否则真菌易于繁殖；保鲜液浸泡，于 0～4 ℃ 下可使咸蛋黄保存 3～5 个月。

三、咸蛋蛋白的脱盐利用

因蛋黄的分离腌制技术还必须进行大量的研究和完善才能在生产上应用，所以许多研究者认为与其进行蛋黄分类腌渍技术的完善研究，不如研究咸蛋白的利用。林庆文（1996）将咸蛋清添加到法兰克福香肠中，使法兰克福香肠的保水性、凝胶强度及出品率均提高。黄建政等（1996）利用咸蛋清制备了咸蛋清粉，并探讨了不同干燥方法对咸蛋清蛋白的分子结构及功能特性的影响。也有人利用咸蛋清生产类似腐乳的产品。但这些利用都未将咸蛋清中脱盐。采用超滤技术对咸蛋清进行脱盐，选用截留相对分子质量为 3 万、5 万、10 万的 3 种超滤膜进行试验，结果表明，3 种膜的通量无显著差异，蛋白质截留率以 3 万的膜最高，达 97.6%。单次超滤处理，咸蛋清的脱盐率达 95.77%，其含盐量仅 0.351%，低于新鲜蛋清的含盐量 0.835%。脱盐后的蛋清用喷雾干燥法可制成蛋白粉，用胰酶水解法可加工成蛋白胨，用多种酶联合水解可制成水解蛋白。

第四节　咸蛋的营养与质量要求

一、咸蛋的营养成分

咸蛋的营养成分随着原料蛋的不同而各异，同时，也受配料标准、加工方法和贮藏条件的影响。咸蛋的营养成分见表 7-4、表 7-5 和表 7-6。

表 7-4　咸蛋和鲜鸭蛋的营养成分比较

种类	可食部百分率/%	能量/kJ	水分/%	蛋白质/%	脂肪/%	糖类/%	灰分含量/%
咸蛋	88	795	61.3	12.7	12.7	6.3	7.0
鲜鸭蛋	87	753	70.3	12.6	13.0	3.1	1.0

表 7-5　咸蛋和鲜鸭蛋的维生素含量比较（每 100 g）

种类	可食部百分率/%	维生素 A/μg	维生素 B_1/mg	维生素 B_2/mg	烟酸/mg	维生素 E/mg
咸蛋	88	134	0.16	0.33	0.1	6.25
鲜鸭蛋	87	261	0.17	0.35	0.2	4.98

表 7-6　咸蛋和鲜鸭蛋矿物质及微量元素含量比较（每 100 g）

种类	可食部百分率/%	钾/mg	钠/mg	钙/mg	镁/mg	铁/mg	锰/mg	锌/mg	铜/mg	磷/mg	硒/mg
咸蛋	88	184	2.70	118	30	3.6	0.10	1.74	0.14	231	24.04
鲜鸭蛋	87	135	0.106	62	13	2.9	0.04	1.67	0.11	226	15.68

从表7-4、表7-5和表7-6中可看出鲜鸭蛋加工成咸蛋后，其营养成分也发生了一些变化。由于食盐的渗透作用，咸蛋的含水量降低，糖类、矿物质和微量元素有所增加，能量也有所上升，维生素E含量提高，其余维生素略有损失，蛋白和脂肪变化较小。总的来说，咸蛋与鲜鸭蛋相比，营养价值极为接近。

二、咸蛋的质量要求

1. 咸蛋的质量要求 咸蛋的质量要求包括蛋壳状况、气室大小、蛋白状况（色泽、有否斑点、细嫩程度）、蛋黄状况（色泽、是否起油）和滋味等。

（1）蛋壳：咸蛋蛋壳应完整、无裂纹、无破损、表面清洁。}（20分）

（2）气室：高度应小于7 mm。

（3）蛋白：蛋白纯白、无斑点、细嫩。（20分）

（4）蛋黄：色泽红黄，蛋黄变圆且黏度增加，煮熟后黄中起油或有油析出。（30分）

（5）滋味：咸味适中，无异味。（30分）

2. 咸蛋验收标准及方法

（1）抽样方法。对于出口咸蛋采用抽样方法进行验收。1～5月、9～12月按每100件抽查5%～7%，6～8月按100件抽查10%，每件取装数的5%。抽检人员可根据到货的品质、包装、加工、贮存等情况，酌情增减抽检数量。

（2）质量验收。抽检时，不得存在红贴壳蛋、黑贴壳蛋、散蛋黄、臭蛋、泡花蛋（水泡蛋）、混黄蛋、黑黄蛋。

（3）重量验收。自抽检样品中每级任取10枚鉴定大小是否均匀。先称总重量，计算其是否符合分级标准。再挑出小蛋分别称重，检查其是否符合规定。平均每个样品蛋的重量不得低于该等级规定的重量，但允许有不超过10%的邻级蛋。出口咸蛋重量分级标准见表7-7。

表7-7 出口咸蛋重量分级标准

级别	1 000枚重量/kg	级别	1 000枚重量/kg
一级	≥77.5	四级	62.5～67.4
二级	72.5～77.4	五级	57.5～62.4
三级	67.5～72.4		

三、次劣咸蛋产生的原因

咸蛋在加工、贮存和运输过程中，时有次劣蛋产生。有些虽质量降低，但尚可食用，也有些因变质而失去食用价值。次劣咸蛋在灯光透视下，各有不同的特征。

1. 泡花蛋 透视时可看到内容物中有水泡花，泡花随蛋转动，煮熟后内容物呈"蜂窝状"，这种蛋称为泡花蛋，不影响食用。产生原因主要是鲜蛋检验时，没有剔除水泡蛋，其次是贮存过久，盐分渗入蛋内过多。防止方法：不使鲜蛋受水湿、雨淋，检验时注意剔除水泡蛋，加工后不要贮存过久，成熟后立即上市销售。

2. 混黄蛋 透视时内容物模糊不清，颜色发暗，打开后蛋白呈白色与淡黄色相混的粥状物。蛋黄的外部边缘呈淡白色，并发出腥臭味，这种蛋称为混黄蛋，初期可食用，后期不能食用。产生原因是原料蛋不新鲜，盐分不够，加工后存放过久。

3. 黑黄蛋 透视时蛋黄发黑，蛋白呈混浊的白色，这种蛋称为"清水黑黄蛋"，该蛋进一步变质，蛋黄和蛋白全部变黑，成为具有臭味的"混水黑黄蛋"。前者可以食用，有的人很喜欢吃，后者不能食用。产生原因：加工咸蛋时，鲜蛋检验不严，水湿蛋、热伤蛋没有剔除；在腌制过程中温度过高，存放时温度过高、时间过久。防止方法：严格剔除鲜蛋中的次劣蛋，腌制时防止高温，成熟后不要久贮。

此外，还有红贴皮咸蛋、黑贴皮咸蛋、散黄蛋、臭蛋等，这些都是因为原料蛋不新鲜。

第五节　咸蛋加工机械与设备

近年来，咸蛋的加工技术及原理探究等方面都取得了很大的成就，但其加工的机械化、现代化方面还亟待发展。进入 21 世纪以来，我国国产蛋品机械的生产与制造已经取得了长足的进步，如福州闽台、深圳振野等蛋品生产企业，根据我国咸蛋加工企业的现状，开发了许多不同生产能力的咸蛋加工机械，如分级机、分级与泥浆组合机、咸蛋涂膜机、咸蛋黄煮制与烘干设备、包装设备等，使咸蛋加工逐步向机械化、自动化方向发展（图 7-1～图 7-4）。

图 7-1　分级设备

洗蛋黄

打蛋黄

图 7-2　蛋黄设备

图7-3 咸蛋涂膜机

单门烘干箱

双门烘干箱

图7-4 蛋黄烘干机

复习思考题

1. 食盐在咸蛋加工中有哪些作用?

2. 咸蛋加工过程中蛋主要发生了哪些变化?

3. 为什么咸蛋黄会泛油起沙?

4. 3种咸蛋加工方法各有何特点?

5. 咸蛋黄如何加工和保存?

6. 我国对咸蛋质量有何要求?

第八章 CHAPTER 8

糟蛋加工

学习目的与要求

了解糟蛋的特点，掌握糟蛋的加工原理；重点掌握糟蛋加工原辅料的选择和各种糟蛋的加工方法；熟悉糟蛋的质量要求与劣糟蛋产生的原因；了解糟蛋目前发展中需要研究的新技术与现代化加工动态。

糟蛋是鲜鸭蛋经糟制而成的再制品。它是我国著名的传统特产，营养丰富，风味独特，是人们喜爱的食品和传统出口产品。糟蛋的加工过程主要有酿酒制糟、装坛糟制（发酵）等，其特殊的产品风味主要通过发酵环节产生，所以，糟蛋是一类典型的发酵型蛋制品。

根据加工方法的不同，糟蛋可分为生蛋糟蛋和熟蛋糟蛋；根据成品是否包有蛋壳，糟蛋可分为硬壳糟蛋和软壳糟蛋。硬壳糟蛋一般以生蛋糟制，软壳糟蛋则有熟蛋糟制和生蛋糟制两种。在这些种类中，尤以生蛋糟制的软壳糟蛋质量最好，我国著名的糟蛋有浙江省平湖市的平湖糟蛋和四川省宜宾市的叙府糟蛋。

第一节 糟蛋加工原理

鲜蛋经过糟制而成糟蛋，其原理目前还缺乏系统的研究，尚未完全清楚。一般认为，糯米在酿制过程中，受糖化菌的作用，淀粉分解成糖类，再经酵母的酒精发酵产生醇类（主要为乙醇），同时一部分醇氧化转变为乙酸，加上添加的食盐，共同存在于酒糟中，通过渗透和扩散作用进入蛋内，发生一系列物理和生物化学的变化，同时使糟蛋具有显著的防腐作用。最主要的是酒糟中的乙醇和乙酸可使蛋白和蛋黄中的蛋白质发生变性和凝固作用，而实际上制成的糟蛋蛋白呈乳白色或酱黄色的胶冻状，蛋黄呈橘红色或橘黄色的半凝固、柔软状态。其原因是酒糟中的乙醇和乙酸含量不高，故不至于使蛋中的蛋白质发生完全变性和凝固；酒糟中的乙醇和糖类（主要是葡萄糖）渗入蛋内，使糟蛋带有醇香味和轻微的甜味；酒糟中的醇类和有机酸渗入蛋内后，经长时间相互作用，产生芳香的酯类，这是糟蛋具有特殊浓郁的芳香气味的主要来源。其反应式如下：

$$RCOOH + R'OH \longrightarrow RCOOR' + H_2O$$

酒糟中的乙酸，具有侵蚀含有碳酸钙的蛋壳的作用，使蛋壳变软、溶化脱落成软壳蛋。乙酸对蛋壳能发生这样的作用，其原因在于蛋壳中的主要成分为 $CaCO_3$，遇到乙酸后生成容易溶解的醋酸钙，所以蛋壳首先变薄、变软，然后慢慢与蛋壳膜分离而脱落，使乙醇等有机物更易渗入蛋内。其化学反应如下：

$$CaCO_3 + 2CH_3COOH \longrightarrow Ca(CH_3COO)_2 + H_2CO_3$$

$$H_2CO_3 \longrightarrow H_2O + CO_2 \uparrow$$

内蛋壳膜的化学成分主要是蛋白质，且其结构紧密，微量的乙酸对这层膜不致产生破坏作用，所以，内蛋壳膜是完整无损的。

糟蛋在糟制的过程中加入食盐，不仅赋予咸味，增加风味和适口性，还可增强防腐能力，提高贮藏性。鸭蛋在糟制过程中，由于酒糟中乙醇含量较少，食盐亦不多，所以糟蛋糟渍成熟时间长，但在乙醇和食盐长时间作用下（4~6个月），蛋中微生物的生长和繁殖受到抑制，特别是沙门菌可以被灭活，因此糟蛋生食对人体无致病作用。

第二节 糟蛋加工方法

一、原辅材料和用具的选择

1. 鸭蛋 加工糟蛋对鸭蛋的挑选非常严格，取大弃小，选白壳弃青壳。要求 1 000 枚蛋重

65 kg以上。蛋新鲜，品质优良，须经感官鉴定和灯光透视，剔除各种次劣蛋。

2. 糯米 糯米是酿糟的原料，它的质量好坏直接影响酒糟的品质。因此应精选糯米，要求米粒丰满、整齐，颜色应心白、腹白（中心、腹部边缘白色不透明），无异味，杂质少，含淀粉多（糙米中含70％）。凡是脂肪和含氮物含量高的糯米，酿制出来的酒糟质量差。

3. 酒药 又称为酒曲，是酿糟的菌种，内含根霉、毛霉、酵母及其他菌类，它们主要起发酵和糖化作用。加工平湖糟蛋酿糟选用绍药和甜药。选用色白质松、易于捏碎、具有特色菌香味者为佳。

（1）绍药。绍药有白药和黑药两种，酿糟使用白药。它是用早籼糙米，加入少量辣蓼草粉末，接入陈酒药，使根霉、酵母等微生物对其糖化、发酵而制成。它是加工绍兴黄酒的酒药，用它酿成的酒糟，色黄、香气较浓、酒精含量高，但糟味较猛且带辣味，所以，不单独使用，还需用甜药搭配，混合酿糟，以减弱酒味和辣味，增加甜味。

（2）甜药。甜药是面粉或米粉加入蜀葵的茎、叶，再加入制曲菌种，以培养糖化菌而制成的。甜药色白，做成球形。用它酿成的酒糟，酒精含量低，性淡、味甜。如仅用甜药酿糟其酒精含量过低，蛋白质难以凝固，所以，须同绍药配合使用酿糟。

4. 食盐 加工糟蛋的食盐，应洁白、纯净，符合食用盐卫生标准。

5. 水 酿糟用水，应无色透明、无味、无臭，符合生活饮用水卫生标准。

6. 红砂糖 加工叙府糟蛋时，需用红砂糖，符合食糖卫生标准。

7. 用具 大缸（可放75 kg米）、稻草盖（每只缸备3个）、草衣、淘米箩（可盛20 kg米）、蒸饭灶、木蒸桶（桶底垫细竹片）、木盖、通饭棒、淋饭架、陶土罐（高与直径均为33 cm）、板刷、小竹片（长13 cm、宽3 cm、厚0.7 cm）、三丁纸、牛皮纸、温度计、密度计等。

二、平湖糟蛋加工

糟蛋加工的季节性较强，是在三四月间至端午节。端午节后天气渐热，不宜加工。加工糟蛋要掌握好3个环节，即酿酒制糟、选蛋击壳、装坛糟制。其工艺流程见图8-1。

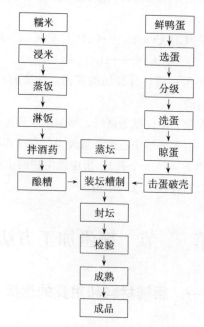

图8-1 糟蛋加工工艺流程

1. 酿酒制糟

（1）浸米。糯米是酿酒制糟的原料，应按原料的要求精选。投料量以腌渍 100 枚蛋用糯米 9～9.5 kg 计算。所用糯米先放在淘米笤内淘净，后放入缸内，加入冷水浸泡，目的是使糯米吸水膨胀，便于蒸煮糊化，浸泡时间以气温 12 ℃浸泡 24 h 为计算依据。气温每上升 2 ℃，可减少浸泡 1 h；气温每下降 2 ℃，需增加浸泡 1 h。

（2）蒸饭。目的是促进淀粉糊化，改变其结构利于糖化。把浸好的糯米从缸中捞出，用冷水冲洗一次，倒入桶内（每桶约 37.5 kg 米），米面铺平。在蒸饭前，将锅内水烧开，然后将蒸饭桶放在蒸板上，先不加盖，待蒸汽从锅内透过糯米上升后，再用木盖盖好。蒸 10 min 左右，将木盖拿开，用洗帚蘸热水泼洒在米饭上，以使上层米饭蒸涨均匀，防止上层米饭因水分蒸发而使米粒水分不足，米粒不涨，出现僵饭。再将木盖盖好蒸 15 min，揭开锅盖，用木棒将米搅拌一次，再蒸 5 min，使米饭全部熟透。蒸饭的程度掌握在出饭率 150％左右。要求饭粒松、无白心，透而不烂、熟而不黏。

（3）淋饭。亦称淋水，目的是使米饭迅速冷却，便于接种。将蒸好饭的蒸桶放于淋饭架上，用冷水浇淋，使米饭冷却。一般每桶饭用水 75 kg，2～3 min 内淋尽，使热饭的温度降低到 28～30 ℃，手摸不烫为宜，但也不能降得太低，以免影响菌种的生长和发育。

（4）拌酒药及酿糟。淋水后的饭，沥去水分，倒入缸中，撒上预先研成细末的酒药。酒药的用量以 50 kg 米出饭 75 kg 计算，需加入白酒药 165～215 g、甜酒药 60～100 g，还应根据气温的高低而增减用药量，其计算方法见表 8-1。

表 8-1 气温对白酒药、甜酒药用量的影响

气温/℃	5～8	8～10	10～14	14～18	18～22	22～24	24～26
白酒药/g	215	200	190	185	180	170	165
甜酒药/g	100	95	85	80	70	65	60

加酒药后，将饭和酒药搅拌均匀，面上拍平、拍紧，表面再撒上一层酒药，中间挖一个直径 30 cm 的潭穴直深入缸底，洞底不要留饭。缸体周围包上草席，缸口用干净草盖盖好，以便保温。经 20～30 h，品温达 35 ℃，就可出酒酿。当潭穴内酒酿有 3～4 cm 深时，应将草盖用竹棒撑起 12 cm 高，以降低温度，防酒糟热伤、发红、产生苦味。待潭穴满时，每隔 6 h，将潭穴内的酒酿用勺泼在糟面上，使糟充分酿制。经 7 d 后，把酒精拌和灌入潭穴内，静置 14 d，待变化完成、性质稳定时方可供制糟蛋用。品质优良的酒糟，色白、味香、带甜，乙醇含量为 15％左右，波美表测量时为 10 波美度左右。

2. 选蛋击壳

（1）选蛋分级。根据原料蛋的要求进行选蛋，通过感官鉴定和照蛋，剔除次劣蛋和小蛋，整理后粗分等级，其规格见表 8-2。

表 8-2 原料分级规格

级别	特级	一级	二级
每千只重/kg	＞75	70～75	65～70

（2）洗蛋晾蛋。挑选好的蛋，在糟制前 1～2 d 逐只用板刷清洗，除去蛋壳上的污物，再用清水漂洗，然后铺于竹匾上，置通风阴凉处晾干，如有少许的水迹也可用干洁毛巾擦干。

（3）击蛋破壳。击蛋破壳是平湖糟蛋加工的特有工艺，是保证糟蛋软壳的主要措施。其目的

在于糟渍过程中，使醇、酸、糖等物质易于渗入蛋内，提早成熟，并使蛋壳易于脱落和蛋身膨大。击蛋时，将蛋放在左手掌上，右手拿竹片，对准蛋的纵侧，轻轻一击使蛋壳产生纵向裂纹，然后将蛋转半周，仍用竹片照样击一下，使纵向裂纹延伸连成一线。击蛋时用力轻重要适当，壳破而膜不能破，否则不能加工。

3. 装坛糟制

（1）蒸坛。糟制前检查所用的坛是否有破漏，用清水洗净后进行蒸汽消毒，消毒时坛底朝上，并涂上石灰水，然后倒置在蒸坛上用的带孔眼的木盖上，再放在锅上，加热锅里的水至沸，使蒸汽通过盖孔而冲入坛内加热杀菌。如发现坛底或坛壁上有气泡或蒸汽透出，即是漏坛，不能使用，待坛底石灰水蒸干时，消毒即告完毕。然后把坛口朝上，使蒸汽外溢，冷却后叠起，坛与坛之间用三丁纸两张衬垫，最上面的坛，在三丁纸上用方砖压上，备用。

（2）落坛。取经过消毒的糟蛋坛，用酿制成熟的酒糟4 kg（底糟）铺于坛底，摊平后，随手将击破蛋壳的蛋放入，每只蛋的大头朝上，直插入酒糟内，蛋与蛋依次平放，相互间的间隙不宜太大，但也不要过紧，以蛋四周均有酒糟，且能旋转自如为宜。第一层蛋排好后再放腰糟4 kg，同样将蛋放上，即为第二层蛋。一般第一层放蛋50多枚，第二层放60多枚，每坛放两层共120枚。第二层排满蛋后，再用9 kg面糟摊平盖面，然后均匀地撒上1.6～1.8 kg食盐。

（3）封坛。目的是防止乙醇和乙酸挥发和细菌侵入，蛋入糟后，坛口用牛皮纸两张，刷上猪血，将坛口密封，外用竹箬包牛皮纸，再用草绳沿坛口扎紧。封好的坛，每四坛一叠，坛与坛间用三丁纸垫上（纸有吸潮能力）。排坛要稳，防止摇动而使食盐下沉，每叠最上一只坛口用方砖压实。每坛上面标明日期、蛋数、级别，以便检验。

（4）成熟。糟蛋的成熟期为4.5～5个月。成熟过程一般存放于仓库里，所以应逐月抽样验查，以便控制糟蛋的质量，根据成熟的变化情况来判别糟蛋的品质。

第一个月，蛋壳带蟹青色，击破裂缝已较明显，但蛋内容物与鲜蛋相仿。

第二个月，蛋壳裂缝扩大，蛋壳与壳下膜逐渐分离，蛋黄开始凝结，蛋白仍为液体状态。

第三个月，蛋壳与壳下膜完全分离，蛋黄全部凝结，蛋白开始凝结。

第四个月，蛋壳与壳下膜脱开1/3。蛋黄微红色，蛋白乳白色。

第五个月，蛋壳大部分脱落，或虽有少部分附着，只要轻轻一剥即予脱落。蛋白成乳白胶冻状，蛋黄呈橘红色的半凝固状，此时蛋已糟制成熟，可以投放市场销售。

三、叙府糟蛋加工

叙府糟蛋加工用的原辅料、用具和制糟与平湖糟蛋大致相同，但其加工方法与平湖糟蛋有些不同，产品特点也有差异。

1. 选蛋、洗蛋和击破蛋壳　同平湖糟蛋加工。

2. 配料　150枚鸭蛋加工叙府糟蛋所需要的配料：甜酒糟7 kg，高度（68°）白酒1 kg，红砂糖1 kg，陈皮25 g，食盐1.5 kg，花椒25 g。

3. 装坛　以上配料混合均匀后（除陈皮、花椒外），将全量的1/4铺于坛底（坛要事先清洗、消毒），将击破壳的鸭蛋40枚，大头向上，竖立在糟里。然后加入甜糟约1/4，铺平后再以上述方式放入鸭蛋70枚左右，再加入甜糟1/4，放入其余的鸭蛋40枚，一坛共150枚。最后加入剩下的甜糟，铺平，用塑料布密封坛口，不使漏气，在室温下存放。

4. 翻坛去壳　上述加工的糟蛋，在室温下糟渍3个月左右，将蛋翻出，逐枚剥去蛋壳，切勿将内蛋壳膜剥破。这时的蛋成为无壳的软壳蛋。

5. 白酒浸泡　将剥去蛋壳的蛋，逐枚放入缸内，倒入高度（68°）白酒（每150枚约需

4 kg），浸泡 1～2 d。这时蛋白与蛋黄全部凝固，不再流动，蛋壳膜稍膨胀而不破裂者为合格。如有破裂者，应作次品处理。

6. 加料装坛 用白酒浸泡的蛋，逐枚取出，装入容量为 150 枚蛋的坛内。装坛时，用原有的酒糟和配料，再加入红糖 1 kg、食盐 0.5 kg、陈皮 25 g、花椒 25 g、熬糖 2 kg（红糖 2 kg 加入适量的水，煎成拉丝状，待冷后加入坛内），充分搅拌均匀，按以上装坛方法，一层糟一层蛋，最后加盖密封，保存于干燥而阴凉的仓库内。

7. 再翻坛 贮存 3～4 个月时，必须再次翻坛，即将上层的蛋翻到下层，下层的蛋翻到上层，使整坛的糟蛋达至均匀糟渍。同时做一次质量检查，剔除次劣糟蛋。翻坛后的糟蛋，仍应浸渍在糟料内，加盖密封，贮于库内。从加工开始直至糟蛋成熟，需 10～12 个月，此时的糟蛋蛋质软嫩，蛋膜不破，色泽红黄，气味芳香，即可销售，也可继续存放 2～3 年。

四、硬壳糟蛋加工

1. 配料 鸭蛋 100 枚，绍兴酒酒糟 23 kg，食盐 1.8 kg，黄酒 4.5 kg（酒精度 13°～15°），菜籽油 50 mL。

2. 加工方法 将生糟放在缸内，用手压平，糟不能过松也不能过紧。然后用油纸封好，油纸上铺约 5 cm 厚的砻糠，再盖上稻草保温，使酒精发酵 20～30 d，至糟松软，再将糟分批翻入另一缸内，边翻边加入食盐、酒，拌匀捣烂后即可用来糟制鸭蛋。加工所用鸭蛋经挑选后，洗净晾干。加发酵成熟的酒糟落坛糟制，一层糟一层蛋。蛋与蛋的间隔以 3 cm 左右为度，不可挤紧，蛋面盖糟，撒食盐 100 g 左右，再滴上 50 mL 菜籽油。坛口用牛皮纸封好，包上竹箬，贮放 5～6 个月，至蛋摇动时已不发出响声即为成熟。这种糟蛋加工期比平湖软壳糟蛋要长，而贮存期也较平湖软壳糟蛋长。

五、熟制糟蛋加工

1. 配料 鸭蛋 100 枚，绍兴酒酒糟 10 kg，食盐 3 kg，醋 0.2 kg。

2. 加工方法 将酒糟放在缸中，加入食盐和醋，充分搅拌使混合均匀，以备糟蛋之用。将鸭蛋挑选后，放在清水洗净，再放于锅里，加入清水，以淹满蛋为度，将水煮沸，煮蛋 5 min 左右，至熟后捞出，放在冷水中冷却，然后剥去外壳，保留壳膜，逐枚埋入糟里。密封好坛口，经 40 d 就可糟透。

第三节 糟蛋的营养和质量要求

一、糟蛋的营养成分

糟蛋的营养成分见表 8-3。

表 8-3 糟蛋的营养成分（每 100 g 可食部）

水分/ g	蛋白质/ g	脂肪/ g	糖类/ g	灰分/ g	钙/ mg	磷/ mg	铁/ mg	维生素 A$_1$/ IU	维生素 B$_1$/ mg	维生素 B$_2$/ mg	烟酸/ mg
52.0	15.8	13.1	11.7	7.1	248	111	3.1	234	0.45	0.50	6.72

糟蛋中各种氨基酸的含量见表 8 - 4。

表 8 - 4　糟蛋中各种氨基酸的含量

氨基酸名称	氨基酸含量/%
天门冬氨酸	0.87
苏氨酸	0.50
丝氨酸	0.67
谷氨酸	1.16
脯氨酸	0.23
甘氨酸	0.33
丙氨酸	0.50
胱氨酸	0.089
缬氨酸	0.57
甲硫氨酸	0.34
异亮氨酸	0.49
亮氨酸	0.81
酪氨酸	0.14
苯丙氨酸	0.61
赖氨酸	0.57
组氨酸	0.18
色氨酸	微量
精氨酸	0.16
总氨基酸	8.22

糟蛋在形成过程中，由于醇、酸、糖和食盐的作用，与鲜鸭蛋比较，水分含量明显下降，灰分、糖类和氨基酸增加。糟蛋营养丰富，醇香可口，易于消化吸收，具有开胃、助消化、促进血液循环等功能。糟蛋是冷食食品，不需烹调，食用时只要将糟蛋放在碟、碗内，用小刀轻轻划破糟蛋壳膜即可。取少量慢食，鲜美无比，别有风味。

二、糟蛋的质量要求

软壳糟蛋的质量要求如下：

（1）蛋壳。蛋壳与内蛋壳膜完全分离，蛋壳全部或大部分脱落，呈软壳蛋，蛋形完整，略膨胀饱满，不起纹，呈乳白色。

（2）蛋白。不流散，呈胶冻状，与蛋黄分清，呈乳白色。叙府糟蛋呈酱黄色，与蛋黄可融为一体。

（3）蛋黄。呈橘红色或黄色的半凝固状，与蛋白可明显分清。叙府糟蛋呈酱黄色。

（4）气味与滋味。具有糯米酒糟特有的浓郁酒香和酯香味，略带甜味、咸味，无异味和酸辣味。

已成熟的糟蛋，一般不再分级，因为鸭蛋在糟渍前已分好了等级，只要按鸭蛋所分等级进行糟蛋的分级即可（每 1 000 枚糟蛋，特级不低于 75 kg，一级不低于 70 kg，二级不低于 65 kg）。

三、劣糟蛋产生的原因

糟蛋在加工过程中常发现不符合质量要求的次劣品，一般有如下几种：

1. 矾蛋 蛋壳变厚如同燃烧后的矾一样，由于蛋壳变质，坛内同一层的蛋膨胀而挤成一团，相互黏结，蛋不成形，糟呈糊状与蛋混杂，严重时使蛋无法从坛内取出，故称为"凝坛"，必须击破坛底才能将蛋取出。一般产生矾蛋先由上层开始，逐渐向下发展，所以，要经常检查，及时发现，有时仅上层变成矾蛋，而下层是正常的，可以取出，换上质量好的酒糟继续进行糟渍，仍可得到符合要求的糟蛋。矾蛋形成的原因较多，主要是酒糟质量不符合要求，含醇类不足，而酸的含量却高，坛内的蛋又相互靠在一起，在酸的作用下，蛋壳溶化而黏在一起；或者是由于上层铺糟不足，过薄，坛有裂缝漏糟，坛内糟液减少，使蛋相互接触、挤压，在乙酸作用下，使蛋融合一起，黏结成块，形成凝坛。

2. 水浸蛋 由于酒精变质或含醇类不足，使蛋白不能成胶冻状，仍为流动的水样状，色由白变红，蛋黄硬实，发生变味，这种蛋不能食用。

3. 嫩蛋 由于加工时间过迟、糟制时间不足、气温过冷，使糟蛋不能成熟，蛋白仍为流动的液体，蛋黄已凝结，这种蛋为次糟蛋。补救的办法就是将嫩蛋在沸水中煮一煮，使蛋白凝固，嫩度仍可食用，但失去了糟蛋的固有风味。

四、糟蛋加工技术的发展与创新

糟蛋也是我国历史上著名的传统蛋制品之一，产品形式与风味都很独特，曾受到国内外消费者的喜爱。但在 20 世纪，随着我国经济与科学的发展，由于该产品加工季节性强，生产周期长达 4.5 个月甚至 5 个月以上，而且生产成本过高、效率低下，几乎没有企业生产，一度失传。近年来开始有个别单位经过一段时间的挖掘整理，恢复传统糟蛋的生产。因此，糟蛋产品必须进行技术与产品的革新，才能逐步适应新形势发展的需要。目前糟蛋应该革新与研究的主要内容有以下几个方面。

1. 缩短生产周期 糟蛋加工生产中，仅成熟期就为 4.5～5 个月。生产周期太长，往往占用生产资金较多，资金周转太慢，生产成本高。因此，需要研究糟蛋的生产技术问题，缩短糟蛋的生产时间。

2. 解决生产加工季节性强的问题 糟蛋加工的季节性较强，多数产品生产时间是在每年三四月间至端午节，而端午后天气渐热，不宜加工。需要研究糟蛋加工的系列新技术与新方法，尽量做到全年能够生产。

3. 糟蛋发酵机理与微生物菌种以及微生态的研究 糟蛋生产的实质是发酵过程，属于发酵型产品类型，需要研究糟蛋的发酵与成熟机理，发酵过程中蛋白、蛋黄的系列变化，发酵与风味的形成，糟蛋风味成分物质与风味化学；开展糟蛋高效发酵的微生物菌种筛选、选育与诱变；同时也需要进行糟蛋发酵时微生态状况与微生物区系及其消长规律等的研究。

4. 糟蛋包装保鲜的研究 糟蛋是一类生产与产品形式都十分独特的产品，在现有形势下，需要研究解决糟蛋的包装与保鲜技术问题，采用适宜的包装方式，结合有效的保鲜技术，延长糟蛋产品的货架期，提高产品生产的效率。

5. 不同风味品种与其他产品形式的研究 自从糟蛋在我国生产以来，虽然糟蛋产品的风味受到消费者的喜爱，但产品的风味类型仍然单一，没有适应不同消费地区的不同风味产品，糟蛋的生产消费受到地域限制。研究开发糟蛋的不同产品形式，以适宜更多的人群食用。

6. 糟蛋生产机械与设备的研究 我国糟蛋的生产一直以来都是简单的作坊式生产，机械化程度极低。只有不断解决糟蛋生产的机械与设备问题，才能逐步改变目前糟蛋生产仍然原始、落后的现状，提高糟蛋的生产效率，促进产品的质量稳定、一致，使糟蛋这一传统产品适应新时代发展的需要。

总之，糟蛋是发酵型蛋制品的主要品种。由于发酵食品具有产品风味独特、营养物质容易消化吸收、保健作用明显等许多优点，发酵型蛋制品在我国具有广阔的市场前景。我国蛋品科技工作者应重视发酵型蛋制品新产品的开发，加大科学研究，研发出更多、更好、更新的发酵型蛋制品，丰富产品类型，满足消费者的需求，促进我国蛋品工业的发展。

复习思考题

1. 试述糟蛋加工的原理。
2. 糟蛋加工的辅料如何选择？简述糟蛋加工的工艺步骤。
3. 如何酿酒制糟？
4. 次劣糟蛋的产生原因是什么？糟蛋加工中目前需要解决哪些技术问题？

CHAPTER 9 第九章

液态蛋与蛋液加工

学习目的与要求

分析我国液态蛋产品的发展前景；掌握液态蛋的生产技术，重点掌握蛋壳清洗和消毒方法、打蛋方法、蛋液杀菌等工艺与操作要求；掌握浓缩蛋液生产；了解冰蛋品加工的主要工艺步骤、解冻方法，掌握影响冰蛋品质量的主要工序、冷冻与解冻引起蛋液性质的变化。

由于蛋壳质量等多方面原因，鲜蛋不利于大批量贮存、运输，影响了其工业化消费。将检验合格的新鲜蛋清洗、消毒、去壳后，进一步进行低温杀菌、加盐、加糖、蛋清与蛋黄分离（或不分离）、冷冻、浓缩等处理，从而形成一系列液体状态蛋制品，称为液态蛋。液态蛋又称为液体蛋，有的简称为液蛋。液体蛋主要包括全蛋液、蛋白液、蛋黄液等几类。

液蛋在营养、风味和功能特性上基本保留了新鲜鸡蛋的特性，质量稳定，液蛋生产中还杀灭了致病菌。液蛋在使用时省去了打蛋及处理蛋壳的操作，在发达国家的食品工业及家庭中备受欢迎，近年来美国将鲜蛋总产量的15％～18％加工成液蛋销售，其中近60％用于直接消费。我国液蛋加工业基础比较薄弱，发展相对较慢，20世纪80年代，北京、上海等地引用了一些先进蛋品加工设备，液蛋加工业有了一定的发展。

第一节 液态蛋生产流程与厂房布局

一、液态蛋生产流程

液态蛋是新鲜鸡蛋经洗蛋、打蛋、蛋液杀菌、加糖或加盐等一系列加工过程得到的产品。新鲜鸡蛋经过预处理、打蛋后分为全蛋液、蛋黄液和蛋白液，然后再加工、冷藏、杀菌。

预处理工艺一般流程：原料蛋的选择→蛋的整理→照蛋检查→洗蛋→蛋壳的杀菌→晾蛋。

液态蛋制品的生产工艺流程见图9-1。

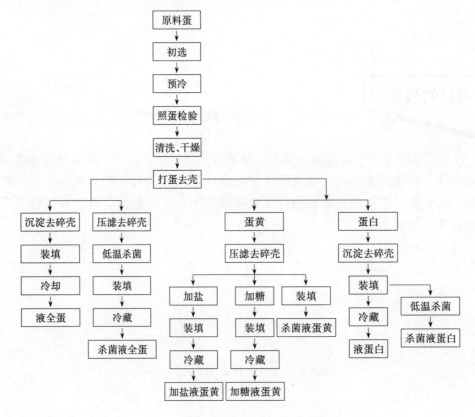

图9-1 液态蛋生产工艺流程

二、液态蛋生产厂房布局

为能充分及时得到蛋液，打蛋厂应设置在产蛋地区，其厂房设置根据制造过程的需要确定。一般打蛋厂包括原料室、贮藏室、洗蛋室、打蛋室、杀菌室、充填包装室、冷藏室、冷冻库、蛋壳室、检验室等。大型打蛋厂和小型打蛋厂配置分别见图9-2和图9-3所示。

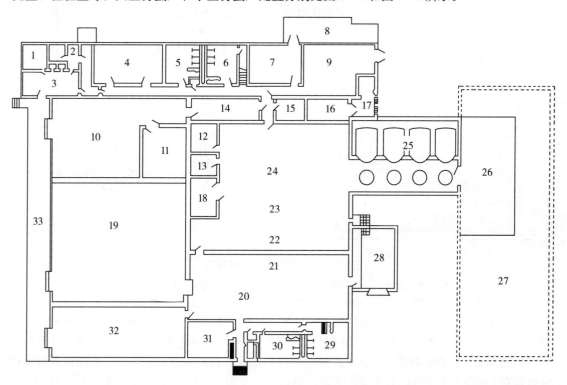

图 9-2 大型打蛋厂车间布局

1. 管理室 2. 休息室 3. 办公室 4. 餐厅 5. 女休息室 6. 男休息室 7. 锅炉间 8. 器具设备贮存室
9. 机械室 10. 贮藏室（冷冻室）11. 急速冷冻室 12. 化学分析室 13. 微生物实验室 14. 充填包装室
15. 检查员室 16. 可食物料室 17. 更衣室 18. 机能特性实验室 19. 壳蛋贮藏室（冷藏室） 20. 洗蛋室
21. 洗蛋机 22. 打蛋机与分离机 23. 搅拌、过滤机 24. 杀菌机 25、26. 蛋液贮槽室 27. 计量区
28. 蛋壳室 29. 女休息室 30. 男休息室 31. 餐厅 32. 空箱贮存室 33. 装载台

鲜蛋经初步检验后先移入贮藏室，然后依次移入洗蛋室洗净与杀菌，再移入打蛋室打蛋，必要时将蛋白与蛋黄分开，经过滤后移入杀菌室杀菌，在包装室内充填包装，最后移入冷藏库。蛋壳等则应及时处理。

打蛋工厂的设计应避免输送路线交叉，处理原料蛋与蛋制品的人员所使用的休息室与餐厅应分开，以免污染成品。工厂空气必须流通，而且气流方向须与蛋制品生产方向相反。

1. 贮藏室与洗蛋室 鲜蛋贮藏室的大小须能容纳机械操作5~10 d的蛋量。若蛋需贮藏1周，则必须将温度控制在12.7 ℃，若超过1周，则温度须调整为7.2 ℃。为了减少中间环节的运输，禽蛋贮藏室要与空箱贮放室与洗蛋室相邻。洗蛋室要与工厂其他配置室隔离，蛋在此洗净后再移入打蛋室。

2. 打蛋室 打蛋室若光线适宜、通风良好，并过滤空气。打蛋前后设备应清洗，打蛋时若有不可食用的蛋、蛋壳混入后，应及时除去并清洗受污染的设备，以减少细菌与蛋壳的污染。包装蛋液的容器运入时，不可经过打蛋室或鲜蛋装箱处，以避免对容器造成污染。装蛋液的容器的材料须符合规定，且应加盖密闭后存放于清洁卫生的场所。

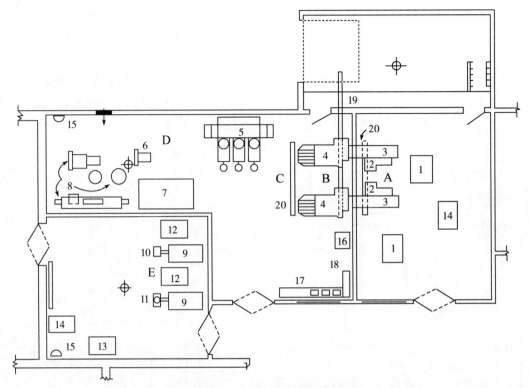

图 9-3 小型打蛋厂车间布局

A. 鸡蛋取出组　B. 打蛋机组　C. 混合过滤组　D. 质检组　E. 充填包装组

1. 蛋输送台　2. 蛋箱台　3. 蛋输送带　4. 打蛋机　5. 混合机与过滤机　6. 板式冷却机　7. 冷却槽

8. 杀菌机　9. 冷却槽　10. 塑胶盒用充填机　11. 秤　12. 蛋液用输送台　13. 空罐用输送台　14. 输送台

15. 洗手设备　16. 工作台　17. 器具洗净用浸泡槽与洗净器具架台　18. 污染器具架台　19. 螺旋输送带　20. 排水池

3. 蛋壳室　打蛋后的蛋壳直接送入蛋壳室烘干处理或直接运走。有些工厂使用蛋壳分离机分离附着于蛋壳上的蛋白，用于制作工业用蛋白。通常附着蛋白占蛋壳重的 8.62%，但分离附着于蛋壳上的蛋白不经济，故目前多将蛋壳与附着蛋白一起处理后作肥料或饲料。

4. 杀菌室　分离后的蛋液在杀菌室进行杀菌，分别按照生产蛋白液、蛋黄液和全蛋液的要求进行。

5. 检验室　蛋液经杀菌、过滤后装入贮存槽，此时视需要可添加糖、盐等。检验室应与打蛋室相邻，以便于检验与督促。

6. 充填包装室　充填包装室应与其他配置室分开，避免制品在充填、包装时二次污染。充填包装室的空气须经过滤处理。包装材料不得经过打蛋室输送。制品的输送、传递路线应尽量避免交叉。

第二节　液态蛋生产工艺

液态蛋的生产工艺包括原料蛋预处理，打蛋、去壳与过滤，蛋液的混合与过滤，杀菌，充填、包装及输送等。

一、原料蛋预处理

加工液态蛋制品都必须事先取得半成品——蛋液，再用蛋液加工成各种产品。将鲜蛋制成蛋液半成品前的选择、清洗、消毒的过程，也就是鲜蛋的预处理。

1. 原料蛋的选择 原料蛋的质量直接影响蛋液半成品和成品的质量好坏，为了保证蛋液的质量，加工蛋液必须选择新鲜、蛋壳清洁且无破损、无脏物黏附、符合国家标准规定的鲜蛋。

不适合的蛋包括黑蛋、霉蛋、酸蛋、绿色蛋、白蛋、黏壳蛋、异味蛋、胚胎发育蛋、血坏蛋、热伤蛋等。蛋的新鲜度对蛋液的细菌菌群种类和数量、理化性质及功能特性影响很大。若蛋不新鲜，则打蛋后蛋白与蛋黄不易分开，由此制成的产品功能特性均较差，微生物含量也较多。因此，进入加工厂的原料蛋首先要经过严格的挑选和检验。

2. 鲜蛋的整理 鲜蛋从产地运到加工厂后，通常会因运输有破损，并混有各种包装填充材料，如麦秸、稻草、稻壳等，蛋壳本身也会受到一定的污染。因此，必须对原料蛋加以整理，如清除填充物，剔除破损蛋、脏蛋等，粗略选出适于加工的鲜蛋。经过初步选择后，将蛋送到照蛋车间进行进一步的检验。用鲜蛋自动装蛋设备（图9-4），可把鲜蛋成箱整理。

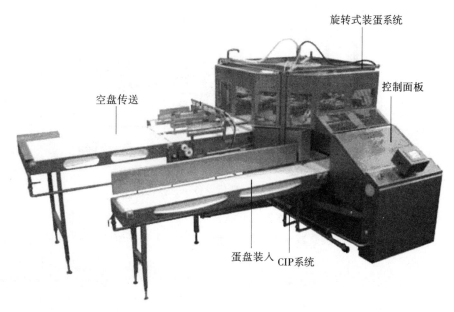

图9-4 自动装蛋设备

3. 照蛋检验 鲜蛋在收购、保管、运输过程中，蛋的内容物会发生不同程度的变化，为了将变质的、不适于加工用的次劣蛋挑出来，对鲜蛋要进行照蛋检查。一般使用照蛋器逐个检查，把散黄蛋、霉蛋、血圈蛋、热伤蛋、孵化蛋、腐败蛋等次劣蛋剔出。

4. 蛋壳的清洗 鲜蛋因产蛋过程和存放、运输等原因，蛋壳上常粘有粪便等脏物和大肠杆菌、产气杆菌、枯草杆菌等细菌，这些脏物和细菌在打蛋时会污染蛋液。因此，打蛋前应将蛋壳洗净并杀菌。

洗蛋通常在洗蛋室中进行。检验好的蛋装入蛋箱或蛋盘内运至洗蛋室，现代化蛋品加工厂使用真空吸蛋器将蛋放入洗蛋槽。为避免洗蛋水被吸入蛋内，洗蛋槽内水温应较蛋温高7℃以上。蛋不应在水中停留，以免污水浸入蛋内造成蛋液污染。为使蛋白和蛋黄易分离，减少蛋壳内蛋白残留量，提高蛋液的出品率，清洗后也可使蛋温升高。

洗蛋的方法有两种，手工洗蛋法和机器洗蛋法。

手工洗蛋是将装有蛋的蛋篓或蛋箱放入洗蛋槽或洗蛋池中，槽或池的一端有进水孔，另一端有排水孔。洗蛋工手持刷子或布逐个在流水中洗涤。这种方法洗得干净，破壳少，但生产率低。

机器洗蛋法是在洗蛋机中进行，洗蛋机由进蛋水槽、凹槽传送带、棕刷、出蛋水槽、刷上喷水管、刷下贮水池等组成。洗蛋设备见图9-5。洗蛋前将进蛋水槽放满水，打开刷子上的喷水管使水喷出而落于棕刷上，同时打开传送带和刷子转动开关，使其转动。然后将蛋移入进蛋槽中，蛋随槽中的传送带移动而在棕刷的刷动下得到清洗，再随着传送带移到出蛋槽，用清水喷洗。机器洗蛋生产能力大，但破壳率较高。

不管采用何种洗蛋方法，蛋都不应在水中停留，以免污水浸入蛋内造成蛋液污染。另外，洁壳蛋和污壳蛋一定要分开清洗，污壳蛋最好手工清洗。

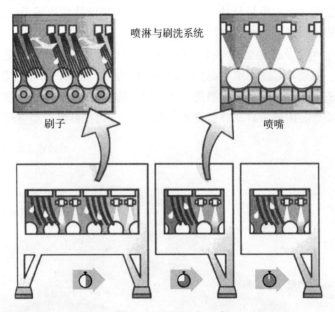

图 9-5　洗蛋设备示意

5. 蛋壳的杀菌消毒　清洗后的蛋壳上仍可能带有肠道致病菌，为了保证蛋液的质量，对蛋壳需要消毒，以使蛋壳表面细菌数减少到最低限度。常见的蛋壳消毒方法有 3 种：漂白粉溶液消毒法、氢氧化钠消毒法、热水消毒法。

（1）漂白粉溶液消毒法。很多国家使用此方法。其原理是漂白粉溶于水产生次氯酸和氢氧化钙，次氯酸进一步分解而产生具有很强氧化能力的新生态的氧，从而可以杀菌。

用于蛋壳消毒的漂白粉溶液有效氯含量为 100～200 mg/kg，对污壳蛋为 800～1 000 mg/kg。使用时，将该溶液加热至 32 ℃左右，至少要高于蛋温 20 ℃，然后将洗涤后的蛋在该溶液中浸泡 5 min，或采用喷淋方式进行消毒，取出后放在 60 ℃温水中浸泡或用淋水喷头冲洗 1～3 min 洗去余氯。经此消毒可使蛋壳上的细菌减少 99％以上，其中肠道致病菌可完全被消灭。

（2）氢氧化钠消毒法。Kinner 提出在 pH＝9 的水溶液中，蛋壳表面的沙门菌数随着时间的延长而逐渐减少，在 pH＞11 时，细菌数量减少更快。通常用 0.4％ NaOH 溶液浸泡洗涤后的蛋 5 min 来消毒。

（3）热水消毒法。热水消毒法是将清洗后的蛋在 78～80 ℃的热水中浸泡 6～8 s，杀菌效果良好。但水温和杀菌时间稍有控制不当，易发生蛋白凝固。

此外，也可不将蛋移入水槽，而是蛋在输送带上前进时用消毒剂喷洗，同时经由两侧的刷子刷洗，除去污物后，再用清水喷洗、风干。

6. 晾蛋　经消毒并用温水冲洗后的鸡蛋应及时晾干水分，以防打蛋时水珠滴入内容物中而污染，并减少蛋壳表面再次污染的机会，提高蛋液的质量。晾蛋时间不宜太长，否则空气中的微生物会使蛋壳表面的细菌数增加，从而影响蛋液的质量。晾干方法通常有自然晾干法、吹风晾干法、烘干法等。晾蛋车间应高大、空旷，并设有通风设备以加速水分的蒸发。大规模生产时多采用烘干隧道的方法，在 45～50 ℃经 5 min 烘干。

二、打蛋、去壳与过滤

无论何种蛋液制品都要经过打蛋、去壳、过滤等工序。打蛋就是将蛋壳击破，取出蛋液的过程，分为打全蛋和打分蛋两种。打全蛋就是将蛋壳打开后，把蛋白和蛋黄混装在一个容器里。打分蛋就是将蛋白、蛋黄分开，分放在两个容器里。打蛋是蛋液生产中最关键的工艺，很容易造成污染，生产中应注意减少对蛋液的污染，提高产品的质量和出品率。打蛋的理想温度是15～20℃。从打蛋开始，蛋液开始暴露在空气中，因此需要在设备内部保持正压，且空气应该经过过滤处理。洗蛋的房间应该保持负压，以防止污染的空气进入打蛋间。

1. 人工打蛋 人工打蛋是指人工使用打蛋台和打蛋器将蛋逐个打破去壳，并将蛋白、蛋黄分开。

（1）打蛋的设备及工具。

① 打蛋台：打蛋台是打蛋的主要设备。为了消毒方便，台架可用铁管焊成，台面铺有白瓷砖或磨光水泥面或不锈钢面。台高75 cm，宽为80 cm（两人对面操作）。打蛋台的长度可根据生产量的多少和打蛋车间的大小而定。打蛋台面上，每隔39～40 cm设一个投蛋壳孔。孔上装有方形漏斗，便于投蛋壳。台下装有带槽的蛋壳输送带，将蛋壳及时运走。打蛋台上还应装有压缩空气吹风嘴及吹风漏斗，用来吹出蛋壳中剩余的蛋清。吹风嘴的孔径为1～2 mm，嘴间距为38～40 cm，每个吹风嘴前坐一名打蛋工打蛋。每排打蛋台的两端设有蛋液质量检查点和蛋液汇集桶。打蛋台的中央设有两层输送带，下层距台面高45～50 cm，上下层间距为30～35 cm。

② 打蛋器：打蛋器由打蛋盘、打蛋刀、分蛋器及蛋液流向器等组成。打蛋盘是用铜制镀镍材料制成。盘底里面设有带无数小孔的假底，有过滤碎蛋壳的作用。盘的两端槽头中部各竖有支柱，支柱的上端横设一根宽2.5 cm镀镍铜片。靠一端有约2 cm的锐利刀口，即为打蛋刀。打分蛋用的工具有分蛋器和分蛋杯两种。分蛋器是一种由铝片压制而成，形似杯状的工具。杯直径为10 cm，有一把柄，杯的中央有一凹入的半球形，大小如蛋黄，直径为3 cm、深为2.5 cm，是存蛋黄处。在存蛋黄处的四周留有0.3 cm宽的空隙，蛋白即由此隙流下。蛋液流向器是由铜（镀镍）或不锈钢制成，形似蝌蚪，前端呈椭圆形，后端为弯曲状，这样可减缓蛋液流速，观察蛋液色泽、气味、异物等。打全蛋液时，可直接打入流向器中，经感官鉴定后，流入蛋桶。

③ 存蛋杯及蛋液小桶：存蛋杯和蛋液小桶均由铝或铜制成（镀镍）。存蛋杯为有柄的小杯子，能存1～2个蛋的蛋液。打开的蛋倾入杯内，进行色泽、气味、异物等鉴定。不合格蛋不能与其他蛋液混合，杯和蛋液一起单独存放，根据异常特点分别处理。蛋液桶的大小与机械化水平有关。如用输送带运输，蛋液桶容积以2～3 kg有柄小桶为宜；人工输送蛋液的桶，容积为8～10 kg。

（2）打蛋方法。打蛋方法有打全蛋和打分蛋之分。

① 打全蛋：打蛋人员坐在打蛋台前，取一枚蛋，于打蛋刀上用适当的力量在蛋的中间一次将蛋打碎，成大裂缝，而不要使蛋壳细碎，再用双手的拇指、食指、中指将蛋壳从割破处分开。但勿使手指伸入蛋液内，防止污染。蛋壳分开后，蛋液流入蛋液流向器内，随即将蛋壳向蛋液流向器内甩一下，再将壳于吹风嘴上吹风，以达到取尽壳内蛋白的目的。蛋壳可投入蛋壳收集孔内。同时进行蛋液色泽、气味和异物等的感官鉴定。正常蛋液沿流向器流入蛋液小桶。如遇次劣蛋，及时拿出流向器，倒出蛋液或连同蛋液一起更换。若不用流向器时，蛋打开后将蛋液倒入存蛋杯内，蛋壳按以上步骤处理，蛋液则举杯进行质量鉴定，合格蛋液倒入合格桶内，不合格蛋连同存蛋杯一起放在下层输送带上，送到台端的质量检查点，由专人检查后处理。

② 打分蛋：打分蛋时除增加分蛋器使蛋白和蛋黄分开外，其他工序同打全蛋。操作时，将

蛋打破后，拨开蛋壳使蛋液流入分蛋器或分蛋杯内（分蛋器位于打蛋器上）。蛋黄在分蛋器的铜球内或分蛋器杯的存黄处，蛋白于球的四周流下。人工打蛋一般是每人每小时可打蛋 540～1 260 枚；若需要将蛋白、蛋黄分开，则每小时可打蛋 400～700 枚。人工打蛋的生产率低，不适于大规模打蛋，目前只有小规模工厂采用。人工打蛋的优点是可减少蛋白混入蛋黄中或蛋黄混入蛋白中的现象。

2. 机械打蛋 机械打蛋主要是在打蛋机（图 9-6）上完成。打蛋机是于 20 世纪 50 年代发展起来的蛋品生产设备，它可实现蛋清洗、杀菌过程连续化，生产率大为提高。目前打蛋机在发达国家已被广泛应用于蛋品加工。我国一些蛋品加工厂已经从丹麦、日本、荷兰引进了打蛋机。蛋的清洗、消毒、晾蛋及打蛋几道工序同时可在打蛋机上完成。打蛋机上有许多分蛋杯、打蛋刀。当分蛋杯被不合格蛋污染或散黄时，可很方便地单独取下清洗、消毒。打蛋刀由两片组成，它设在蛋下，同时起托着蛋或蛋壳的作用。在一定位置，打蛋刀切入蛋内，同时向两侧劈开，蛋内容物由劈开的两片刀的空间落入分蛋杯，在机器传动过程中完成蛋清和蛋黄的分离过程。机械打蛋能减轻劳动强度，提高生产率，但要求蛋新鲜度高、大小适当。而我国目前蛋源分散，蛋鸡的品种杂，所产的蛋大小不一，给机械打蛋带来一定困难，故采用机械打蛋的同时配合手工打蛋是比较合理的，这样可以保证蛋液的质量。

图 9-6 打蛋机

3. 打蛋环节的卫生管理 打蛋是蛋液加工中重要的一环。打蛋后，蛋液完全暴露在空气中，如果生产中卫生条件不符合要求、操作不当等都会严重影响成品的质量。因此，打蛋工序中应注意以下事项：

（1）打蛋车间的卫生。车间的墙壁上应有壁裙，墙角应为钝角以便于消毒。地面铺瓷砖或水泥应磨光，并有一定的坡度，使车间无积水现象。打蛋间应空气新鲜、光线充足、无直射光，以便于打蛋人员进行蛋液的感官鉴定。无虫、蝇、鼠等侵入。打蛋车间的温度不应高于 18 ℃。因此，夏季应有空调设备。

车间内的固定打蛋设备必须做到生产班次结束时彻底清洗，开始使用前进行消毒，一切打蛋用具必须彻底清洗、消毒后才能使用。原料蛋输送带与打蛋机每隔 4 h 应停止使用并杀菌 1 次。人工打蛋所使用的收蛋杯等器具每隔 2.5 h 应清洗、杀菌 1 次。机械的洗涤以刷洗较为有效，杀菌则以热水或含有效氯 200 mg/kg 较有效。杀菌时可将分解的机械拆开浸渍，就地清洗。打蛋时如遇到次劣蛋，部分或全部用具必须更换。如发现有异味蛋或臭蛋时，全部用具应及时送出车间处理，不宜久留。

（2）打蛋人员卫生。打蛋人员应定期进行健康检查。上班时不能涂带香味或其他气味的化妆品，不许留长指甲。进入车间时应洗澡，换上已消毒的工作服及鞋帽。头发必须全部包入帽内，戴上口罩。然后洗手，并用酒精消毒。打蛋人员每隔 2 h 要洗手和消毒 1 次。若遇次劣蛋时，在更换打蛋用具的同时，要彻底洗手并消毒。

4. 副产物的处理 打蛋后若蛋壳任意丢弃，则附着在蛋壳上的蛋液将腐败发臭，引起虫蝇滋生。随着禽蛋加工企业数量和企业规模的扩大，蛋壳、残留蛋液等蛋品副产物的综合利用备受关注，禽蛋副产物加工利用的详细内容参考本书第十五章。

打蛋厂排出的废水中含大量有机质，因此须有废水处理设备。废水若用硫酸调整 pH 为 4.7 后加热至 75 ℃，再经过滤或离心分离沉淀的蛋白质，则其生化需氧量可减少 76%～97%。

三、蛋液的混合与过滤

蛋内容物并非均匀一致，为使所得到的蛋液组织均匀，要将打蛋后的蛋液进行搅拌混合，然后经过过滤器（图 9-7）进行过滤。蛋液过滤即除去碎蛋壳、蛋壳膜、蛋黄膜、系带等杂物。搅拌过滤的方法由于搅拌过滤的用具形式不同而有差异，常用的有如下几种。

图 9-7 蛋液过滤器

（1）搅拌过滤器由蛋液过滤槽、搅拌器、过滤箱及莲蓬式过滤器等 4 部分组成。蛋液过滤槽为金属制品，槽内有带孔的金属圆筒，可清除蛋液中杂质和割破的蛋黄膜。在圆槽之间有齿状挡板，可减缓蛋液流速和便于蛋壳沉降。槽的一端设有蛋液流出口。蛋液搅拌器是由金属制成，内有螺旋搅拌桨，蛋液在此搅拌均匀，而由出口进入蛋液过滤箱。过滤箱内有筛子，可过滤蛋液。筛子是过滤蛋液、除去杂质的主要装置。莲蓬式过滤器也是金属过滤器，内附有金属筛子。这种搅拌过滤器的工作过程是一搅三过滤法。蛋液经检验鉴定后，注入蛋液过滤器，初步除去蛋壳、割破的蛋黄膜，使其自动流入搅拌器内进行搅拌混合，再自动流入过滤箱进行第二次过滤，此时蛋液中的蛋黄膜、壳膜、系带等杂质已基本除去。最后由离心泵将蛋液抽至莲蓬过滤器进行最后过滤，除净一切杂物，流入预冷器内。

（2）搅拌过滤器由搅拌及过滤 2 部分组成。搅拌部分主要是电力带动的搅拌轴，轴的活动方式不是螺旋式运动，而是上下击动，以使蛋白和蛋黄混合均匀。搅匀的蛋液经出口处装有的镀镍钢制圆筒进行过滤。蛋液内的蛋壳、壳膜、系带等均留于筒内，纯净的蛋液由细孔中流出，经管道进入预冷器内。

（3）搅拌过滤器由三次过滤装置组成，无搅拌装置。第一道过滤器为铝制方形缸，缸的底部有一方形过滤槽。槽内有方形过滤器，蛋液经过滤后由泵抽送到第二过滤器，此过滤器为圆筒形。然后进入第三道过滤器。蛋液经多次过滤达到混合净化的目的。

目前蛋液的过滤多使用压送式过滤机，但是在国外也有使用离心分离机以除去系带、碎蛋壳等杂质的方法。由于蛋液在混合、过滤前后均需要冷却，而冷却会使蛋白与蛋黄因相对密度差异而不均匀，故需要通过均质机或胶体磨，或添加食用乳化剂以使其均匀混合。蛋液的混合机、过滤机需注意清洗、杀菌，以免被微生物污染。

四、蛋液的杀菌

原料蛋在洗蛋、打蛋去壳、蛋液混合、过滤处理过程中，均可能受微生物的污染，而且蛋经打蛋、去壳后即失去了一部分防御能力，因此生蛋液应经杀菌方可保证卫生安全。蛋液的巴氏杀菌是在彻底杀灭蛋液中的致病菌，最大限度地减少细菌总数，同时最大限度保持蛋液营养成分不受损失的加工措施。

蛋液采用巴氏杀菌方法最早是在 20 世纪 30 年代使用加热罐批量进行的，杀菌温度为 60 ℃。后来发现蛋液也可像牛乳那样用片式加热器高温短时间连续杀菌，因此各国纷纷采用高温短时连续杀菌设备对蛋液进行杀菌。但是，蛋液中蛋白极易受热变性并发生凝固，因此要选择适宜的蛋液巴氏杀菌条件。全蛋液、蛋白液、蛋黄液和添加盐、糖的蛋液的化学组成不同，对热的抵抗能力有差异，因此，采用的巴氏杀菌加热条件也不同。美国农业部要求对全蛋液应加热至 60 ℃，至少保持 3.5 min；英国采用 64.4 ℃，2.5 min 杀菌。我国对全蛋液的巴氏杀菌要求是 64.5 ℃，3 min。各国对蛋液巴氏杀菌的要求见表 9-1。但是，对蛋白液的杀菌条件存在一些疑问，主要是因为在有效的巴氏杀菌加热强度范围内蛋白不稳定、易变性。

表 9-1　部分国家的蛋液低温杀菌条件

国别	全蛋液杀菌温度/℃	杀菌时间/min	蛋白液杀菌温度/℃	杀菌时间/min	蛋黄液杀菌温度/℃	杀菌时间/min
波兰	64.0	3.0	56.0	3.00	60.5	3.0
德国	65.5	5.0	56.0	8.00	58.0	3.5
法国	58.0	4.0	55.0～56.0	3.50	62.5	4.0
瑞典	58.0	4.0	55.0～56.0	3.50	62.0～63.0	4.0
英国	64.4	2.5	57.2	2.50	62.8	2.5
澳大利亚	64.4	2.5	55.6	1.00	60.6	3.5
美国	60.0	3.5	56.7	1.75	60.0	3.1

1. 蛋液中的微生物

（1）常见的微生物。未杀菌的蛋液中最常发现大肠菌群，沙门菌、葡萄球菌也常被检出。

（2）来源。污染蛋液的病原微生物主要来自鸡本身及蛋液制造工厂的设备。据报道，在洗净前后或清洁的未洗蛋蛋壳上，均存在大量的微生物，而且沙门菌检出数在污壳蛋中比洁壳蛋中高数倍。在蛋液加工过程中，以打蛋后的贮蛋槽检出微生物概率最高。

2. 蛋液的杀菌方法

（1）全蛋液的巴氏杀菌。我国一般采用的杀菌条件是 64.5 ℃，保持 3 min。经该条件的杀菌，一般可以保持全蛋液在食品配料中的功能特性，也可以杀灭致病菌并减少蛋液内的杂菌数。

（2）蛋黄的巴氏杀菌。蛋黄中主要的病原菌是沙门菌，由于蛋黄 pH 低，沙门菌在低 pH 环境中对热不敏感，并且蛋黄中干物质含量高，致使该菌在蛋黄中的热抗性比在蛋白液、全蛋液中高。因此，蛋黄的巴氏杀菌温度比全蛋液或蛋白液高。而蛋黄的热敏感性低，采用较高的巴氏杀菌温度也是可行的。

（3）蛋清的巴氏杀菌。

①蛋清的热处理：蛋清中的蛋白质对热敏感，更容易受热变性，使其功能特性受损失。因此，对蛋清的巴氏杀菌是很困难的。有报道指出，蛋清即使在57.2 ℃瞬间加热，其发泡力也会下降。也有研究表明，用小型商业片式加热器将蛋清加热到60 ℃以上进行杀菌，则蛋清黏度和混浊度增加，甚至蛋清会黏附到加热片上并凝固。但在56.1～56.7 ℃加热2 min，蛋清没有发生机械和物理变化；而在57.2～57.8 ℃加热2 min，则蛋清黏度和混浊度增加。另外，蛋清蛋白的热变性程度随蛋清pH升高而增加，当蛋清pH为9时，加热到56.7～57.2 ℃则黏度增加，加热到60 ℃时迅速凝固变性。可见，对蛋清的加热灭菌要同时考虑流速、蛋清黏度、加热温度和时间及添加剂的影响。

②添加乳酸和硫酸铝（pH 7）的杀菌：这种巴氏杀菌蛋清的方法是由美国一家研究室提出的，使用这种方法可以大大提高蛋清对热的抵抗力，从而可以对蛋清采用与全蛋液一致的巴氏杀菌条件。主要是因为向蛋清中加入金属铁或铝等物质后，加入的铁或铝会与伴白蛋白结合形成热稳定性较好的复合物。

③添加过氧化氢的杀菌：过氧化氢是众所周知的杀菌剂，很早就有人提出将其应用到蛋液中杀菌。但因过氧化氢在热处理过程中会分解出氧气而产生大量的泡沫，另外杀菌完成后过氧化氢会残留在蛋中。因此，该方法长期没被商业生产采用。近年的研究结果使该方法成为生产中可接受的蛋清巴氏杀菌方法。

3. 蛋液热杀菌设备 蛋液巴氏杀菌装置和杀菌车间分别如图9-8和图9-9所示。蛋液巴氏杀菌装置分为单槽式杀菌器、高温短时杀菌装置两种。

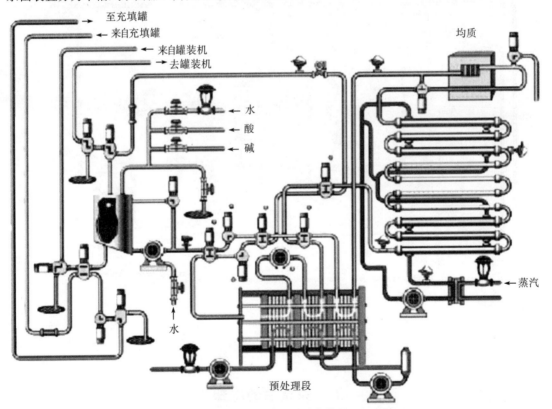

图9-8 蛋液巴氏杀菌装置

（1）单槽式杀菌器。单槽式杀菌器容量多在500 L以下。蛋液在杀菌时较牛乳容易起泡，且形成的泡沫不宜消除。此泡沫常成为绝缘物而阻隔传热、妨碍杀菌效果，导致杀菌不完全等，故蛋液杀菌时应避免产生泡沫。使用单槽式杀菌器时，杀菌槽液面若有成层泡沫存在，则会使液面温度降低，故设置面上空间加热器较为理想。另外，蛋液在加热后能附着在传热面上，阻碍热的传导，故杀菌槽还应设置热面刮除器。

（2）高温短时杀菌装置。此为牛乳的高温短时杀菌（HTST）装置沿用于蛋液杀菌，其主要由精密的温度调节系统、保持管、热交换器、真空器以及其他设备组成。这种高温短时杀菌装置常配有热交换器，依其型式可分为板型热交换器、刮除型热交换器及三重管型热交换器。

高温短时杀菌装置不论其配置的热交换器型式如何，均可以就地清洗（图9-10）及进行机械设备的杀菌。

图9-9　蛋液杀菌车间

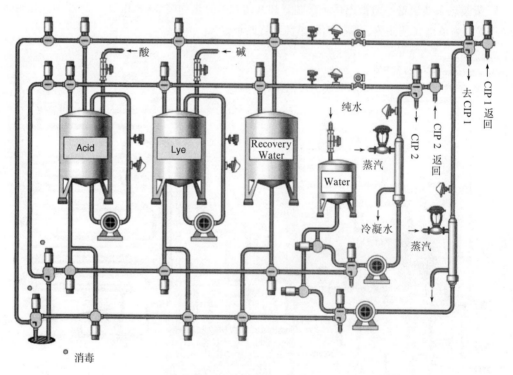

图9-10　就地清洗系统

五、杀菌后的冷却

杀菌后的蛋液需要根据使用目的迅速冷却，如供原工厂使用，可冷却至15℃左右；若以冷却蛋或冷冻蛋形式出售，则需要迅速冷却至2℃左右，然后再充填至适当容器中。根据FAO/WHO的建议，蛋液在杀菌后急速冷却至5℃，可贮藏24 h；若急速冷却至7℃，则仅能贮藏8 h。

经搅拌过滤的蛋液也要及时预冷，以达到防止蛋液中微生物生长繁殖的目的。预冷是在预冷罐中进行。预冷罐内装有蛇形管，管内有流动着的制冷剂（－8℃的氯化钙水溶液），蛋液在管内冷却至4℃左右即可。如不进行巴氏杀毒，可直接包装。冷却在冷却器中进行，其种类和结构与杀菌器相同。

由于蛋液容易起泡，所以生产加盐或加糖蛋液时则在充填前将蛋液移入搅拌器中，再加入一定量食盐（一般10%左右）或砂糖（5%～10%）予以搅拌。加盐或糖尽可能在杀菌前，以免制品再污染，但加盐、糖后蛋液黏度较高，给杀菌操作带来困难。

六、充填、包装及输送

蛋液充填容器通常为12.5～20 kg装的方形或圆形马口铁罐，其内壁镀锌或衬聚乙烯袋。容器为广口，方便充取。容器罐在充填前必须经水洗、干燥。如衬聚乙烯袋在充入蛋液后应立即封口或用橡皮筋封紧后加罐盖。为了方便零用者，也有塑料袋包装或纸板包装的，一般容量为2～4 kg。蛋液充填机如图9-11所示。

欧美国家的蛋液加工厂多使用蛋液车或大型货柜给用量大的加工厂运送蛋液。蛋液车备有冷却或保温槽，其内可以隔成小槽以便能同时运送蛋白液、蛋黄液及全蛋液。蛋液车槽可以保持蛋液最低温度为0～2℃，一般运送蛋液温度应在12.2℃以下，长途运输则应在4℃以下。蛋液冷却或保温槽每日均须清洗、杀菌1次，以防止微生物污染繁殖。

图9-11　蛋液充填机

第三节　浓缩蛋液的生产

由于蛋液的水分含量高，很容易腐败变质，因此仅能在低温条件下短时间贮藏。为使蛋液方便运输或延长其在常温下的贮藏时间，近年来出现了浓缩蛋液。浓缩蛋液分为两种：一种是全蛋加糖或盐后浓缩使其含水量减少及水分活性降低，可在室温或较低温度下运输贮藏；第二种是将蛋白水分除去一部分，以减少其包装、贮藏、运输等环节的费用。

一、浓缩蛋液的工艺流程

原料蛋→检验→预冷→洗净→干燥→照蛋检查→打蛋→全蛋或分离蛋液→过滤→加糖或加盐→低温→杀菌→浓缩→产品。

二、浓缩蛋白液、蛋黄液、全蛋液的生产

1. 浓缩蛋白液的生产　蛋白含有88%水分和12%固形物，故若用浓缩方法将蛋白的部分水分除去，将节省其包装、贮藏及运输费用。目前，蛋白的浓缩利用反渗透法或超滤法，经浓缩后干物质含量由原来的10%～12%升至20%～24%。一般将蛋白浓缩至含固形物为原来的2倍，

蛋白质含量也由原来的 10％左右上升到 21％左右，灰分含量也由原来的 0.60％左右变为 0.98％左右。蛋液超滤浓缩设备见图 9-12。

图 9-12　蛋液超滤浓缩设备

在浓缩过程中，有些葡萄糖、灰分等低分子化合物与水分一起被膜透过而被除去。用反渗透法浓缩的蛋白由于失去了钠，因此在加水还原时其起泡所需时间延长，泡沫容积小，所调制的蛋糕容积也较小。

2. 浓缩全蛋液、蛋黄液的生产　由于禽蛋有热凝固的特性，所以常用的加热浓缩方法不适用于禽蛋液的浓缩。禽蛋液浓缩需要加糖或盐。全蛋液在 60～70 ℃开始凝固，而加糖后的全蛋液，其凝固温度大大提高。加糖蛋液的凝固温度随加糖量的增加而升高。当加糖量为 50％时，凝固温度为 85 ℃；加糖量为 100％时，凝固温度上升到 95 ℃。生产加糖浓缩蛋液时，加糖量必须适量，过低则贮藏一段时间后有微生物生长而不利于保藏，过高则有蔗糖析出。不能使用葡萄糖、果糖，此类还原糖易使产品在长期贮藏后颜色变黑。一般蔗糖添加量应在 53.3％～72.7％，最适宜量为 66.7％。也可以加盐浓缩全蛋液，它与加糖浓缩全蛋液工艺相同，一般加盐浓缩全蛋固形物含量为 50％，其中食盐含量为 9％。

此外，还有一种浓缩蛋液的方法是将全蛋液或蛋黄液先以各种酶处理，然后添加蔗糖或食盐再浓缩，称为酶处理、加糖或盐浓缩蛋液，此种浓缩蛋制品的蛋黄香味浓，加热不易凝固，黏度低，且富含氨基酸，可作为调味料，也可作各种食品加工原料。此产品在未开封前于常温下可贮藏 3 个月。

第四节　液态蛋的应用

一、液态蛋制品的分类

液态蛋主要分为 3 类：液全蛋、液蛋黄、液蛋白。在这 3 类上加糖或加盐，可得到加糖全蛋、加盐全蛋等。由于各类液态蛋成分、功能不同，其使用范围也有差别。

二、液态蛋制品的应用

液态蛋主要应用于食品工业，由于使用方便，其应用范围很广，可运用于蛋糕、蛋奶冻、色拉酱、冰淇淋、饮料、煎蛋卷、蛋黄酱、婴幼儿营养食品等的生产。在欧洲、日本、美国等发达国家，巴氏杀菌蛋液已成为现代化蛋品的主流，广泛应用于各式西点、点心、面包、蛋糕等食品的生产，比例高达20%以上，小包装液态蛋消费在欧美市场也已经起步。

第五节 蛋液冷冻与解冻

冰蛋品又称为冷冻蛋品，是蛋制品中的一大类，它是鲜蛋去壳后，所得的蛋液经一系列加工工艺，最后冷冻而成的蛋制品。由于蛋液的种类不同而分为冰全蛋（简称冰全）、冰蛋黄（简称冰黄）、冰蛋白（简称冰白）。将鸡全蛋液经巴氏杀菌后加工而成的冰全蛋称为巴氏杀菌冰鸡全蛋。

制作冰蛋过程中常加入许多其他物质，如食盐、蔗糖等，以改善含蛋黄制品的胶化现象。此外，也有添加甘油、糖浆、食用胶、偏磷酸钠等物质。冰蛋制品的加工方法相对简单，使用方便。在美国用来制造蛋制品的总蛋液的1/3用来制成冰蛋品，可见冰蛋制品在蛋制品中占有重要地位。在我国随着冷藏业的发展，冰蛋制品的产量有较大幅度的增长，已是我国出口创汇的主要蛋制品，也是国内调节蛋品季节性供应不均的主要蛋制品。不仅可以满足食品工业，如制造面包、饼干、中西式点心、冰淇淋、糖果的常年需要，也可在产蛋淡季时投入市场，弥补鲜蛋供应的不足。

一、冰蛋品的加工

（一）加工工艺流程

冰蛋品的加工工艺流程见图9-13。其前部分加工过程，如原料蛋检查至杀菌结束完全与液态蛋加工相同，后期加工过程包括包装、冻结。

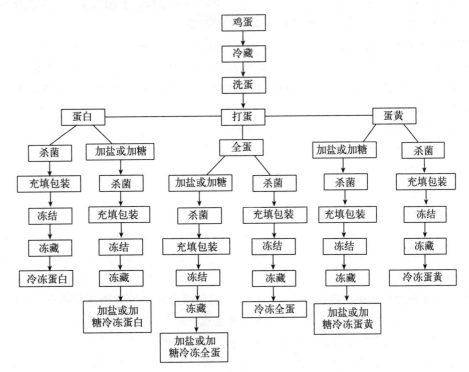

图9-13 冰蛋的加工工艺流程

（二）生产工艺要点

虽然冰蛋品有许多种类，但其加工方法基本相同。现按加工程序，阐述冰蛋品的加工方法要点。

1. 搅拌与过滤 搅拌与过滤是冰蛋品加工过程中的首要环节，目的是把打蛋车间打出的蛋液经过搅拌，蛋黄和蛋白得以混匀，以保证冰蛋品的组织状态达到均匀。蛋液经过过滤，可以清除碎蛋壳、蛋壳膜、系带等杂质，以保证冰蛋品的纯净。

（1）设备及用具。蛋液注入器，将蛋液注入过滤槽内。过滤槽，第一次过滤用。搅拌器，内有螺旋桨，以电动机带动，第二次过滤用。蛋液过滤箱，第三次过滤用。莲蓬头，最后一次过滤用。离心泵：将过滤箱内的蛋液抽出。离心机，过滤蛋黄液、蛋液及检查蛋壳内的蛋白液含量用。

（2）操作过程。搅拌与过滤是经过4次自动连续不断的操作过程，由输送带运来合乎工艺要求的蛋液，先经注入器注入蛋液过滤槽，进行第一次过滤，可初步清除蛋壳、蛋液中的杂质并割破蛋黄。随即蛋液自动流入搅拌器内，进行第二次过滤，蛋液经螺旋桨搅拌后，加工冰全蛋，使蛋黄、蛋白混合均匀（加工冰蛋黄，蛋黄得以混匀），而其中的蛋黄膜、系带、蛋壳膜等杂质，进行第三次过滤。最后由离心泵将蛋液抽至莲蓬头过滤装置中进行最后一次过滤，除去蛋液内所有杂质，纯净的蛋液经漏斗流入预冷罐内进行冷却。

2. 预冷 经搅拌与过滤已达到均匀纯净的蛋液，由蛋液泵打入预冷罐，在罐中降低温度，这一过程称为预冷。预冷的目的在于防止蛋液中微生物繁殖，加速冻结速度，缩短急冻时间。预冷方法是蛋液由泵打入预冷罐后，由于罐内装有盘旋管（或蛇形管），管内有 $-8\ ℃$ 氯化钙水不断循环，使管冷却，随之蛋液温度下降得以冷却。一般蛋液的温度达到 $4\sim10\ ℃$，便为预冷结束，即可由罐的开关处放出蛋液，进行装听。

3. 装听 装听又称为装桶或灌桶。装听的目的是便于速冻与冷藏。装听时，将经过消毒和称过重的马口铁听（或内衬无毒塑料袋的纸板盒）放在秤上，听口（或盒口）对准盛有蛋液的预冷罐的输出管，打开开关，蛋液即流入听内，达到规定的重量时，关闭开关，蛋听由秤上取下，随后加盖，用封盖机将听口封固，再送至急冻间进行急冻。

4. 急冻 蛋液装听后，运送到急冻间，顺次排列在氨气排管上进行急冻。放置蛋听时，听的一角应面向风扇（风扇直径为 $1.52\ m$），听与听之间要留有间隙，以利于冷气流通。冷冻间的前、中、后各部位须挂温度表1支，一般配有专人每2小时检查记录1次，以便及时调节温度。冷冻间温度应保持在 $-20\ ℃$ 以下，使听内四角蛋液冻结均匀结实，以便缩短急冻时间、防止听身膨胀。在急冻间温度 $-23\ ℃$，经过72 h时以内的急冻，蛋液温度可以降到 $-13\ ℃$ 以下，这时可视为达到急冻要求，并将冰蛋经过包装转入冷藏库内冷藏。

5. 包装 急冻好的冰蛋，在送入冷藏库前须进行包装，即在马口铁听外面加套涂有标志的纸箱，以便于运输和保管。

6. 蛋液的巴氏消毒 又称为低温杀菌。国内外生产冰蛋品的实践已证明，蛋液经过巴氏低温消毒，杀菌效果良好。近年来，我国的大型蛋品加工厂生产的冰鸡全蛋已应用巴氏杀菌法。巴氏杀菌冰鸡全蛋的主要工序为打蛋、过滤、巴氏杀菌、冷冻。巴氏杀菌一般采用自动控制的巴氏杀菌机。该设备由片式热交换器、贮存罐、蛋液泵、温度自动控制器等组成，全部由不锈钢制成，其中主要部分为片式热交换器，这是由许多受热片组成的平板式热量交换器。受热片的夹层，通入调节成所需温度的热水，蛋液通过受热片受热后转入保持导管3 min，再移入另一同样的受热片夹层中，但这夹层中改灌入冷流动水，蛋液通过后便可冷却，流入贮存罐以便装听。冷流体与热流体在受热片的两边表面上形成薄膜流动，通过受热片进行换热，以使蛋液达到预定的杀菌效果。一般蛋液在受热片的加热温度为 $64.5\ ℃$，经过3 min即可达到标准规定的杀菌效果，可使蛋液的细菌总数和大肠菌群大为降低，并可杀灭全部致病菌。

（三）影响冰蛋品质量的主要工序

1. 蛋液的包装 经巴氏杀菌后的蛋液或未经巴氏杀菌的蛋液，冷却在4℃以下即可包装。包装或装听的目的是便于冷冻和贮藏。美国多用13.62 kg容量的罐包装冰蛋。我国以马口铁罐为主，容量为5 kg、10 kg和20 kg 3种，这对于冰蛋用量大的厂家比较适合，但对用量小的消费者则有很大不便。另外，铁罐作包装材料，开启不方便，因此现在许多冰蛋加工厂采用塑料袋或纸板盒包装，常见的冰蛋包装容器容量为1～3 kg，蛋液充填入容器后立即密封容器，送至冷冻室。

充填时应注意蛋液容器必须事先彻底清洗杀菌，干燥后方可使用，充填时防止污染和异物进入，并使蛋液不流于容器外侧，以免霉菌污染。如用铁罐，则罐内侧须有涂层或内衬聚乙烯袋。

2. 速冻和冷藏 包装后的蛋液马上送到速冻车间冷冻。冷冻时，各包装容器之间，尤其采用铁听等大包装之间，应留有一定的间隙，以利于冷气流通，保证冷冻速度。

速冻车间的温度应保持在−20℃以下，在这样的温度下，速冻72 h即可结束，这时听内中心温度达−18～−15℃，然后即可取听装入纸箱。冰蛋制作过程中冻结速度与蛋液种类和急冻温度有关。温度低，冻结得快；蛋液所含固体成分多，冻结得快。所以在同样温度下，蛋黄完成冻结早，全蛋次之，蛋白液虽然早开始冻结，但完成冻结的时间最晚。

将全蛋液置于−10℃、−20℃和−30℃时，其冻结速度（最大冰结晶生成温度的平均通过速度）分别为0.2 cm/h、0.7 cm/h和4.0 cm/h。蛋液冻结后第二天解冻的黏度变化为冻结速度越快，其黏度越大。据报道，蛋冷冻在−6℃黏度增大，且冻结温度越低，冻结后其黏度的增加越大。冷冻蛋经1～2个月贮藏后再解冻，其黏度与发泡性受贮藏温度的影响大，而受冻结速度影响较小。

16 kg容器袋的液态蛋在−10℃冷冻库冷冻时，液蛋中心温度达−5℃，需要10 h以上，冻结速度较慢，以致容器中心部分的蛋液易腐败。因此，液蛋须尽量低温冻结，而一旦冻结后再贮藏于稍高温度条件下。

全蛋液的冻结点在−0.5℃左右，在冻结点以上温度，其比热容：全蛋液为3.7 J/(g·℃)，蛋白液为3.9 J/(g·℃)，蛋黄液为3.3 J/(g·℃)；加13%的糖或盐，蛋黄液为0.5 J/(g·℃)。当蛋在冻结点以下的温度时，全蛋液、蛋白液、蛋黄液及加13%糖或盐蛋黄液的潜热分别为246.6 J/(g·℃)、292.6 J/(g·℃)、183.9 J/(g·℃)、167.2 J/(g·℃)和146.3 J/(g·℃)。蛋的比热容与潜热计算可依式（9-1）、式（9-2）算出：

$$比热容＝[水（\%）＋0.5×固形物（\%）]/100 \tag{9-1}$$
$$潜热＝[水(\%)/100][144−0.5×(32−冻结点)]×0.555 \tag{9-2}$$

冰蛋在急冻时常常出现胖听现象，听变形，甚至发生破听。为了避免此现象的发生，急冻36 h后进行翻听，使听的四角及听内壁冻结实，然后由外向内冻结。

此外，也可采用蛋液盘冻结，即将未经包装的蛋液灌入衬有硫酸纸或无毒塑料膜的蛋液盘内，进行急冻。急冻好的冰冻品送至冷库贮藏，冷藏库内的温度应保持在−18℃，同时要求冷库温度不能上下波动太大，以此达到长期贮藏的目的。贮存冰蛋的冷库不得同时存放有异味（如腥味）的产品。

二、冰蛋品的解冻

冰蛋制品属冻结食品，故在食用或作为食品工业原料前必须进行解冻，使其恢复冻结前的良好状态。因此，不仅急冻和冷藏要达到要求的条件，而且要有科学的解冻方法和良好的卫生条件。解冻要求速度快，汁液流失少，解冻终止时的温度低，表面和中心的温差小。这样既能使产品营养价值不受损失，又能使组织状态良好。

（一）解冻方法

常用的解冻方法有常温解冻法、低温解冻法、加温解冻法、流水解冻法、微波解冻法。

1. 常温解冻法 这是经常使用的方法，冰蛋制品出冷藏库后，在常温清洁解冻室内进行自然解冻。此法优点是方法简便，但存在解冻时间较长的缺点。

2. 低温解冻法 在 5 ℃或 10 ℃的低温下进行冻解，解冻时间分别为 48 h、24 h。国外常采用此法。

3. 加温解冻法 将冰蛋制品置于 30～50 ℃的保温室中进行解冻。加温解冻法解冻快，但温度必须严格控制，室内空气应流通。日本常用此法解冻加盐或加糖冰蛋。

4. 流水解冻法 将装有冰蛋的容器置于清洁长流水中，由于水比空气传热性能好，因此流水解冻的速度较常温解冻快，还可防止微生物的污染及繁殖。

5. 微波解冻法 利用微波对冰蛋品进行解冻。冰蛋品采用此方法解冻不会使蛋白发生变性，既能保证蛋品的质量，而且解冻时间短。但微波解冻结成本高，目前还不能普及。

上述几种解冻方法以低温解冻或流水解冻较为适宜，解冻所需时间因冰蛋品的种类而有差异，如冰蛋黄要比冰蛋白解冻时间短，加盐或加糖冰蛋由于其冰点下降其解冻较快。采用不同解冻方法，产品需要的解冻时间也不一样。

在解冻过程中发生的细菌污染和繁殖，也因冰蛋品的种类与解冻方法有所不同。例如，同样解冻条件，细菌总数增加速度在蛋黄中比蛋白中快。同一种冰蛋品，解冻速度快，细菌总数增加得少，反之，则多。

（二）冷冻和解冻对蛋液性质的影响

蛋液冷冻会引起其物理、化学性质变化，如组织结构可能会出现冰晶，含蛋黄制品会有凝胶形成，这些变化在短期冻藏时较不明显，但在长期冷藏后则很明显，因此在冰蛋品制造时应对这些变化采取一定条件加以控制，使得终产品的应用特性不受严重影响。

1. 蛋白性质的变化 蛋白经冷冻、解冻后，其浓厚蛋白所占比例减少，且黏度下降，以致外观呈水样，见表 9-2。

表 9-2 冷冻和解冻对浓厚蛋白的影响

供试蛋白	浓厚蛋白/%	稀蛋白/%
新鲜蛋白	58.4	41.6
经冷冻、解冻后的蛋白	27.0	73.0

据国外研究报道，冰蛋贮藏 10 d，蛋白中的巯基减少，这可能与蛋白稀薄化有关。而搅拌后的蛋白冻结时，在靠近容器内层附近有些浓厚化，在中心形成云雾状团，这些变化可能与冰冻速度和加盐有关，使搅拌的蛋白又逆回到蛋白原来的组成结构。以上变化仅是组织结构变化，对于冰蛋白在食品中特性没有影响，可认为与鲜蛋白相同，如蛋白在 -15 ℃冻藏 6 个月后，再供调制蛋糕时，蛋糕的容积与组织、香味等均与未冷藏冷冻蛋白相似。

2. 蛋黄性质的变化

（1）蛋黄胶凝。当冷冻或贮藏蛋黄的温度低于 -6 ℃时，蛋黄黏度增加发生胶凝，最后失去流动性，即使搅拌也不分散，用机械处理则蛋黄呈斑点状分散，这样的产品在用于食品配料时不易混合均匀。蛋黄在－6℃以上的温度保存时并不发生胶凝化，但是在此温度长期贮藏则会变味以致生成异味，因此蛋黄应贮存在－6℃以下。

（2）冷冻引起的蛋黄黏度上升。如图9-14所示，在－73～－12℃温度内，冻藏温度越低，蛋黄的黏度越小。－73℃冻藏的蛋黄其黏度在2 000 Pa·s以下，故将容器倾倒蛋黄即可流出。

（3）影响蛋黄胶凝作用的因素。蛋黄胶凝作用不仅受贮藏时间和温度的影响，还受冰冻速度、冰冻温度和解冻温度影响，这些条件的影响相互联系，很难测定其单独影响的程度。值得注意的是，蛋黄的冰点约为－0.6℃，然而直至－6℃时才发生胶凝现象，普通蛋黄在－18℃时凝胶作用发生最快。速冻或迅速解冻，蛋黄发生胶凝作用较小，显然速冻时形成冰晶越小，蛋白脱水越少。

（4）防止蛋黄发生胶凝的措施。为了防止蛋黄因冷冻引起的胶凝化，最常用的方法是在蛋黄冷冻前加2%～10%食盐或8%～10%蔗糖，加食盐效果更好一些。但在生产上都采用加10%蔗糖或食盐。蛋黄如加8%食盐时，其冻结点为－15℃，而含有15%蛋白质的蛋黄添加10%食盐时，其冻结点为－17℃，这样加盐蛋黄可以在冻结点温度以上保存，既可达到贮藏目的，又可避免冷冻造成胶凝化。

蛋黄的冷冻胶凝化程度受添加的食盐或蔗糖浓度影响，如图9-15所示，其中4%加盐蛋黄解冻后的黏度最小，这是因为食盐对脂蛋白具有溶解作用，而更高浓度的加盐蛋黄其解冻后的黏度增高，是因为食盐溶解而争夺蛋黄中水分。尽管添加食盐或蔗糖的冰蛋黄在某些特殊食品中受到限制，糖浆、甘油、磷酸盐和其他糖类也可使用到冰蛋黄中起防止胶凝化作用。另外，蛋白分解酶（胃蛋白酶、胰蛋白酶和根霉属蛋白分解酶）也可抑制蛋黄冰冻时胶凝化，但只有胃蛋白酶没有严重影响产品的感官特征，这类酶破坏了蛋黄内形成凝胶的成分。蛋黄在冷冻前加脂肪酶A可以减弱蛋黄的胶凝作用。机械处理如均质、胶体磨处理或激烈混合均可减小冷冻蛋黄的黏度。

冷冻蛋黄解冻时的解冻温度，也影响其解冻后的黏度，解冻温度高则蛋黄的黏度低（如45℃解冻比21℃解冻黏度低），常把45℃解冻称为加（高）温解冻。蛋黄冻结时除黏度变化外，还会产生起泡力下降，从而使调制的蛋糕容积小、质地硬，同时也会出现乳化力变差等情况。

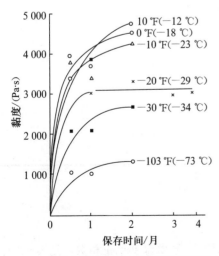

图9-14 冻藏条件对冷冻蛋黄黏度的影响

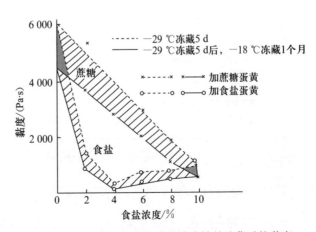

图9-15 蛋黄添加食盐或蔗糖冻结并贮藏后的黏度

3. 全蛋液性质的变化　全蛋液在冷冻时也存在胶凝，尤其是在全蛋中蛋黄与蛋白保持原状下，经冷冻、解冻，则其蛋黄呈汤圆状胶化，即使搅拌也不分散。如果蛋白和蛋黄混合则会因蛋黄得到稀释而降低冻结时胶凝化。

在－30～－10 ℃冻结并在－20～－10 ℃冷藏的全蛋液，易使焙烤食品的品质，如蛋糕的组织、色泽、滋气味等均下降，但这种现象在冰全蛋贮藏3个月时有所改善，然而继续冷藏则又下降。有报道认为，全蛋液冰冻后在－18 ℃下贮藏1个月时黏度最大。Miller等（1951）比较了冰全蛋与鲜蛋液在蛋黄酱中的性质，认为用冰全蛋制得的蛋黄酱更稳定。另外，冰全蛋的发泡力没有明显变化。

全蛋液在冻结前添加砂糖、玉米糖浆或食盐及机械处理（如均质、胶体磨处理）、蛋白与蛋黄均匀混合，则可降低冰冻时凝胶的形成。冷冻全蛋在添加脂肪、甘油酯等乳化剂或蛋白质类起泡剂后，再以压力搅拌机使空气混入后，即可烘焙出具有理想外观与组织的蛋糕。

三、冰蛋品的质量卫生指标

（一）冰蛋品中的微生物

用于制造冰蛋的原料蛋中可能存在各种微生物，其蛋液经巴氏杀菌后主要残留的微生物为产碱杆菌、芽孢杆菌、变形杆菌、埃希杆菌、黄杆菌和革兰阳性球菌等6个属，经冷冻后大部分数量可减少，但前3个属仍有大量残存，有的甚至增加，其中芽孢杆菌的数量占83.5%，产碱杆菌及变形杆菌各占8.3%左右，冷冻前后全蛋液中检出的主要微生物种类见表9-3。

表9-3　冷冻前后全蛋液中检出的主要微生物种类

菌　种	未杀菌/%		杀菌后/%	
	冻结前①	冻结贮藏后②	冻结前①	冻结贮藏后②
无色杆菌（Achromobacter）	0	1.5	—	—
气杆菌属（Aerobacter）	3	0	—	—
产碱杆菌（Alcaligenes）	25.1	20.0	4.0	8.3
芽孢杆菌（Bacillus）	7.4	2.0	83.0	83.5
色杆菌（Chromobacter）	1.6	1.6	—	—
伤寒菌（Eberthella）	1.0	0.0	—	—
埃希杆菌（Escherichia）	5.7	6.8	2.5	0.0
黄杆菌（Flavobacterium）	29.0	26.9	4.0	0.0
革兰阳性球菌（Gram - positive cocci）	5.3	3.5	2.5	0.0
变形杆菌（Proteus）	15.6	8.1	4.0	8.3
假单胞菌（Oseudomonas）	7.4	16.0	—	—
沙门菌（Salmonells）	1.0	0.0	—	—
链丝菌（Streptothrix）	0.0	2.3	—	—

注：①61～62 ℃，4 min杀菌；②－23～－17 ℃冷藏3周后。

（二）冰蛋品在冷冻贮藏过程中细菌数的变化

液蛋在冷冻及贮藏过程中总菌数略有减少，减少量随冷冻与贮藏温度呈正相关，见表9-4。而蛋白中微生物减少量多于蛋黄或全蛋。

表 9-4　全蛋在冷冻及贮藏过程中的总菌数变化情况

细　菌	冻结及冻藏温度	冻藏期间			
		冻结前	冻结次日	冻结 1 个月后	冻结 2 个月后
活菌数/ (个/g)	−10 ℃	2.7×10⁵	1.2×10⁵	1.3×10⁵	5.4×10⁴
	−20 ℃		1.1×10⁵	1.8×10⁵	1.5×10⁵
	−30 ℃～−10 ℃①		1.8×10⁵	9.0×10⁴	5.4×10⁴
大肠菌群数/ (个/g)	−10 ℃	1.6×10⁵	2.4×10³	50	0
	−20 ℃		1.9×10³	5.0×10²	0
	−30 ℃～−10 ℃①		9.0×10³	50	0

注：①−30 ℃冻结，−10 ℃贮藏。

由于微生物可在冰蛋中残留，并在贮藏过程中引起蛋的品质下降，甚至腐败，因此制造冰蛋的原料必须新鲜而且蛋壳清洁，在加工过程中严格杀菌以防止微生物污染。

（三）冰蛋品的质量指标

质量指标是进行冰蛋品的鉴定、分级等的重要依据。决定冰蛋品的质量指标有如下一些共同项目：即状态和色泽、气味、杂质、含水量、含油量、游离脂肪酸含量、细菌指标等。由于冰蛋品的用途及销售对象不同，对其质量要求也各异。

1. 状态和色泽　各种冰蛋品均有其固有的冻结状态，对冰鸡全蛋、冰鸡蛋白、冰鸡蛋黄和巴氏杀菌冰鸡全蛋均要求冻结坚洁均匀。质量正常的冰蛋品还应该有其固有的色泽，冰蛋品的色泽取决于蛋黄中所含有的色素，由于所含色素深浅不同而使不同的冰蛋品的成品色泽也各异，例如冰鸡全蛋和巴氏杀菌冰鸡全蛋应为淡黄色，而冰鸡蛋黄应为黄色，冰鸡蛋白则应为微黄色。

此外，冰蛋品的色泽还与加工过程有关，如果打分蛋时，蛋黄液中混有蛋白液，则冰蛋黄的色泽也随之变浅。因此，观察色泽可以评定冰蛋品的质量是否正常。

2. 气味　冰蛋品的气味是评定其成品新鲜程度的重要指标，所有的冰蛋品的气味必须正常。冰蛋品若带有异味是在原料、加工或贮藏中形成的。例如，使用霉蛋加工成的冰蛋品就带有霉味，冰蛋黄有酸味则多是由于在贮藏中受温、湿度的影响而使其中的脂肪酸败造成的。

3. 杂质　冰蛋品中含有杂质，不但使其纯度降低，直接影响其食用价值，而且有些杂质不符合卫生要求，会影响人体健康。因此，质量正常的冰蛋品均不得含有杂质。冰蛋品中的杂质，大部分是由于加工时过滤不好、卫生条件不良或设备不完善造成的。

4. 含水量　由于鲜蛋（冰蛋原料）的含水量受到许多因素的影响，如鸡的品种、产蛋季节、产蛋期、饲料等，而加工时使用的鲜蛋，又常常是不同地区、不同产蛋期、不同品种鸡所产的鲜蛋，其中的成分含量也各异，含水量也随之有所不同，因此，冰蛋品的含水量，在我国内销或出口的冰蛋品中均以最高含水量为准，如冰鸡全蛋最高不超过76%，冰鸡蛋白最高不超过88.5%，冰鸡蛋黄最高不超过55%。但是，如果成品中的含水量超过最高水准，则会使冰蛋在贮藏、运输过程中容易分解变质，同时也使冰蛋品重量增加。所以，通过对成品水分含量的测定，也能反映出冰蛋品的质量状况。

5. 含油量　含油量又称为脂肪含量。由于各种因素的影响，鲜蛋的含油量有很大的差别。制成的冰蛋品，甚至每批成品的含油量也各异。因此，对冰蛋品的含油量很难规定固定的数值，通常在标准中规定以最低的含量为限，例如，冰鸡蛋黄含油量（三氯甲烷冷浸出物）不低于25%，冰鸡全蛋含油量则要求不低于10%。若打分蛋时，蛋白液混入蛋黄液内，则冰蛋黄中的含油量将随之下降。此外，成品中水分过高也会相对地降低含油量。反之，水分过低，含油量也会提高。

6. 游离脂肪酸含量 游离脂肪酸含量又称为脂肪酸度，即由脂肪分解出来的游离脂肪酸和脂肪的比。脂肪酸度的高低可说明冰鸡全蛋和冰鸡蛋黄的新鲜程度。凡是贮藏时间过长、温度过高及空气的影响等，蛋黄中的脂肪均会分解产生游离脂肪酸，严重者能使脂肪发生酸败，从而使冰蛋品产生异味。可见，游离脂肪酸含量越高，脂肪酸度越大，成品质量越低劣。因此，游离脂肪酸含量的多少或脂肪酸度的高低也是衡量冰蛋品的重要指标之一。内销冰鸡全蛋，其中优级品游离脂肪酸（以油酸计）要求不超过 4％，一级品不超过 5％，二级品不超过 6％。

7. 细菌指标 由于冰蛋品加工不经过高温灭菌处理，因此，加工过程中的卫生条件是否完全合乎要求与成品中的细菌量的高低有密切关系。要求细菌总数不超过 1×10^6 cfu/g。

第六节　湿蛋液

一、湿蛋液特点与种类

1. 湿蛋液的特点 湿蛋液又称湿蛋品，是以蛋液为原料加入不同的防腐剂而制成的蛋液制品。因其多为半流动状态，故又称为湿蛋品。在湿蛋品中，由于加入防腐剂，可以抑制微生物的生长，保持蛋品的品质。在实际工作中，为了保证湿蛋品的保存效果，采用的防腐剂大多数是非食用的防腐剂，即使采用食品级的防腐剂，使用剂量较大，超出了食品添加剂的允许使用剂量，因此，湿蛋品大多不适宜于食用，而应用于许多工业领域。对于严格按相关食品生产标准使用和添加防腐剂的湿蛋品，也可以应用于食品工业，主要根据湿蛋品本身生产的卫生要求和防腐剂的使用情况来决定。

目前，我国生产湿蛋液的数量相对较少，只少量生产新粉盐黄和老粉盐黄。但从湿蛋品在许多工业领域的应用来看，具有很好的应用效果和广阔的前景。由于近几十年来湿蛋品没有引起人们的足够重视，不仅湿蛋品的生产加工技术研究很少，湿蛋品的应用开发也很少，导致湿蛋品的生产加工很不够。随着我国对湿蛋品生产加工研究的深入，湿蛋品的应用范围和领域会不断扩大，湿蛋品的种类与品种也将会随着湿蛋品应用领域的不断扩大而越来越多。

2. 湿蛋液的种类 我国生产的湿蛋品主要是以蛋黄液为原料生产湿蛋黄，可分为无盐湿蛋黄（即在蛋黄液中加入 1.5％硼酸或 0.75％苯甲酸钠）、有盐湿蛋黄（即在蛋黄液中加入 1.5％～2％硼酸及 10％～12％的精盐，或者是加入 0.75％苯甲酸钠及 10％～12％精盐）和蜜湿蛋黄（即在蛋黄液中加入 10％优等甘油）3 种。另外，根据防腐剂使用的不同，可将湿蛋黄分为新粉盐黄和老粉盐黄。新粉盐黄以苯甲酸钠为防腐剂，老粉盐黄则以硼酸为防腐剂。凡是按规定采用苯甲酸钠、甘油、食盐为辅料的湿蛋黄，既可以食用（调水后炒食或做汤），也可以供工业使用。例如，作蛋黄酱的原料，提炼蛋黄油，制造人造奶油等。以硼酸为辅料制成的湿蛋黄，防腐力很强，多食或少量常食用均可引起肾脏疾病，不能食用，只能应用在工业领域中，如作皮革工业的抛光材料等。

二、湿蛋液加工工艺

蛋黄液→搅拌过滤→加防腐剂→静置沉淀→装桶→成品。

1. 搅拌过滤 搅拌过滤的目的：割破蛋黄膜，使蛋黄液均匀，色泽一致，除去系带、蛋黄膜、碎蛋壳等杂质。

搅拌可用搅拌器进行，过滤可用离心过滤器进行。也可用 18 目、24 目、32 目的铜丝筛三次过滤，以达到搅拌过滤的目的。过滤后的纯净蛋黄液，存于贮蛋液槽内。

加工湿蛋黄的蛋黄液主要用鸡蛋黄，有的也用鸭蛋黄。

2. 加防腐剂 加入防腐剂的目的是抑制细菌的繁殖，防止产品腐败，延长产品的贮存时间。

（1）常用的防腐剂。湿蛋制品中可以使用单一的防腐剂，也可以使用混合防腐剂，后者的使用效果好，持续时间长。常用的防腐剂有苯甲酸钠、硼酸、甘油、精盐等。

（2）防腐剂的添加量。

新粉盐黄配方：纯蛋黄液 100 kg，精盐 8～10 kg，苯甲酸钠 0.5～1 kg。

老粉盐黄配方：纯蛋黄液 100 kg，精盐 10～12 kg，硼酸 1～2 kg。

蜜湿蛋黄配方：纯蛋黄液 100 kg，上等甘油 10 kg。

（3）添加防腐剂的方法。根据搅拌过滤后的蛋黄液质量，计算防腐剂用量，同时可根据蛋液质量加入 1%～4% 的水。边加边搅拌 5～10 min，搅拌速度不能过快，以 120 r/min 为宜。过快会产生大量气泡，延长沉淀时间。

3. 静置、沉淀 加防腐剂后的蛋黄液应静置 3～5 d，使泡沫消失，精盐溶解，杂质沉淀，蛋黄液与防腐剂完全混匀后，装桶。

4. 装桶 湿蛋制品是用长圆筒形木桶包装。木桶材质为榆木、柞木，桶外加有 5～6 道铁箍，桶侧面中央部开一小孔，以便灌入湿蛋黄液。木桶使用前必须洗净，消毒。然后将 60～65 ℃ 的石蜡涂于桶内壁。

蛋液静置、沉淀后，将上面泡沫除去，经 28 目筛过滤后，灌于木桶内。每桶装 100 kg。用木塞塞住桶口，加封密闭，送于仓库保存。

5. 贮藏 湿蛋黄由于装在密封的木桶内，内部有防腐剂，因此，在普通的仓库中贮存即可。现在也采用无毒塑料桶和其他材料容器包装。贮存时要求库温低于 25 ℃，每隔 10～15 d，将木桶翻滚 1 次。

✏ 复习思考题

1. 什么是液态蛋与打分蛋？

2. 常见的蛋壳消毒方法有哪些？

3. 打蛋的卫生管理要求有哪些？

4. 试述蛋液的过滤方法及注意事项。

5. 试述蛋液的杀菌方法。全蛋液、蛋白液、蛋黄液的杀菌温度是否相同？试述其原因。

6. 试述蛋液生产工艺流程。蛋液生产厂房布局有何要求？

7. 蛋液生产工艺中有哪些具体要求？

8. 试述液蛋制品的种类与应用情况。

9. 冰蛋液加工主要步骤有哪些？那些工序会影响冰蛋液的质量？

10. 冰蛋液的解冻方法有哪些？冷冻与解冻将引起冰蛋液性质的什么变化？

11. 冰蛋液的质量指标有哪些？主要冰蛋液的分级标准有哪些要求？

12. 何谓湿蛋液？湿蛋液的加工步骤有哪些？

13. 湿蛋液中防腐剂主要种类是什么？

第十章 CHAPTER 10

干蛋制品加工

学习目的与要求

　　掌握干蛋制品的生产工艺及原理，重点掌握干蛋制品脱糖方法和原理、各种脱糖方法的特点；了解蛋液杀菌和干燥方法；掌握蛋白片的加工工艺流程及操作要点；熟悉蛋粉的加工工艺流程、质量控制途径及原理，了解干蛋品产品研究开发动态。

鸡蛋中含有大量的水分，将含水量如此高的全蛋、蛋黄或蛋白冷藏或输送，既不经济，又容易变质。干燥是贮藏蛋的很好方法，早在20世纪初中国就有了干燥蛋品。干蛋制品是人工条件下除去蛋液中水分或保留较低的水分后所制得的蛋制品。

干蛋制品具有以下优点：①干蛋制品由于除去水分而体积减小，从而比带壳蛋或液蛋贮藏的空间小，成本低；②运输的成本比冰蛋品或液态蛋低；③管理卫生；④在贮藏过程中细菌不容易侵入、繁殖；⑤在食物配方中数量能准确控制；⑥干蛋制品成分均一；⑦可用于开发很多新的方便食品。

第一节 概　述

一、干蛋制品的种类、用途

干蛋制品由于原料及加工方法不同，种类很多，用途也不一样。常见干蛋制品见表10-1。

表 10-1　常见干蛋制品

种　类	常见干蛋制品
干蛋白	干蛋白粉、蛋白片（均除去葡萄糖）
干全蛋	普通干全蛋粉、除葡萄糖干全蛋粉、加糖干全蛋粉（蔗糖或玉米糖浆）
干蛋黄	普通干蛋黄粉、除葡萄糖干蛋黄粉、加糖干蛋黄粉（蔗糖或玉米糖浆）
特殊类型干蛋制品	炒蛋用混合蛋粉、煎鸡蛋粉、蛋汤用鸡蛋粉、烹调用蛋粉

1. 干蛋白　喷雾干蛋白粉是通过喷雾干燥而制成的粉状制品，主要作为制作天使蛋糕的原料。蛋白片是通过浅盘干燥而制成的片状或粒状产品或将其磨成粉状包装。蛋白片可在水中浸一夜，使之还原后再使用。其使用方便、用途很多。

（1）食品工业用。干蛋白在食品工业中应用广泛，如加工冰糖及糖精时可作澄清剂，加工点心时可作起泡剂，如加工冰淇淋、巧克力粉、清凉饮料、饼干等均有使用。

（2）纺织工业用。纺织工业中的染料及颜料浆中加入35%～50%干蛋白片的水溶液，可以增加印染的黏着性。若加以蒸热，即可使染料或颜料固着于纺织物上。印染棉、绢、毛等各种纺织品时均可用干蛋白作固着剂。

（3）皮革工业用。干蛋白可作皮革鞣制中的光泽剂。用5 g干蛋白、100 mL牛乳、5 g苯胺染料，再加水1 000 mL制成光泽剂，涂于皮革表面，可使制成的皮革表面光滑，防水耐用。

（4）造纸及印制工业用。制造高级纸张可用干蛋白作施胶剂，提高纸张的硬度、强度，增强其韧性和耐湿性。印刷制版、写真制版时需用干蛋白，如写真平版地图、机械图、活版印刷和复制平版印刷等都需用干蛋白作为感光剂及胶着剂。

（5）制印画纸用。日常生活中常见陶器、瓷器及玻璃皿上的彩画或图案，都是用印画纸印上的。而印画纸是用颜料与干蛋白配制成含量为25%左右的涂料液或配合料，印刷在纸上制成的。

（6）医药工业用。干蛋白在医药工业上应用也较为广泛。干蛋白制造的蛋白银可治结膜性眼炎，鞣酸蛋白可治慢性肠炎，蛋白铁液可作小儿营养剂。也可用干蛋白制造细菌培养基等。

另外，干蛋白还可用于人造象牙、化妆品及发光漆等制造。

喷雾干燥蛋白的种类、用途及品质见表10-2。

表 10-2　喷雾干燥蛋白的种类、用途及品质

种类	酶处理干蛋白	酵母除糖干蛋白	细菌除糖干蛋白	酵素除糖干蛋白	起泡剂添加干蛋白	加盐干蛋白
品质特性	起泡性甚佳	结着性良，凝固性良，有起泡性	起泡性良	有起泡性	起泡性甚佳	有起泡性
用途	蛋白酥皮、天使蛋糕等特别需要起泡性大者	鱼丸等水产品、香肠等畜肉加工制品	一般用	一般用	与酵素处理蛋白相同，特别需要起泡性大者	改良面质

2. 普通干全蛋及蛋黄粉　包括普通干全蛋粉和干蛋黄粉、除葡萄糖干全蛋粉和干蛋黄粉。这些制品没加入其他物质，未改变其特性，但可能除去糖分，或加入抗结块剂，如硅铝酸钠，以改进蛋粉的一些特性。此类全蛋及蛋黄制品，其发泡力很差，但具有良好的黏着性、乳化性及凝固性，所以常用于制作夹心蛋糕、油炸圈饼（甜圈）及酥饼等。

3. 加糖干全蛋及蛋黄粉　包括加糖干全蛋粉和干蛋黄粉。加糖干全蛋粉是在干燥前的杀菌阶段加入一定量的糖，使制品具有一定的功能特性，尤其是起泡性。该类型制品常用于糕饼工业，并适用于任何糕饼制品、冰淇淋、鸡蛋面条。蛋黄粉还可提炼出蛋黄素供医药工业用，可提炼蛋黄油供制作油画和化妆品用。

4. 其他干蛋品　包括炒蛋用混合蛋粉、煎鸡蛋粉、蛋汤用速食鸡蛋粉及烹调用蛋粉等。这些产品是将蛋液与其他食物成分如脱脂乳、酥烤油等混合后干燥或加入碳酸钠粉调 pH 后喷雾干燥而成的制品。如美国曾研制的碎炒蛋粉，其固形物中含全蛋 51%、脱脂乳 30%、植物油 15%、食盐 1.5%、水分 2.5%。

用来生产干蛋制品的原料主要是鸡蛋，鸭蛋、鹅蛋很少。中国目前仅生产普通干全蛋粉、普通干蛋黄粉、蛋白片。根据蛋液是否杀菌而又可分为巴氏杀菌干蛋制品和非巴氏杀菌干蛋制品。

二、干蛋制品的干燥特点

干蛋制品按其原料不同可分为全蛋粉、蛋白粉和蛋黄粉。蛋白粉不含脂肪，其他两种含有较高的乳化磷脂，这些磷脂易与蛋黄中的蛋白质或其他成分结合在一起，因此干燥时应采取特殊的工艺。

干蛋制品在食品工业中几乎都是作为其他食品的配料或经再加工才能食用，因此在干燥加工过程中应保持鲜蛋的原有特性，这些特性包括热凝固、打擦力、乳化力、颜色和风味。但这些特性对热和其他干燥条件非常敏感，所以，要特别注意蛋液的干燥条件及所采用的物理化学方法。

在蛋的干燥过程中，水分蒸发速度取决于液体温度、周围条件、液体表面积等。表 10-3、表 10-4、表 10-5 分别列出干全蛋、干蛋黄和干蛋白在各种相对湿度和温度条件下的平衡水分含量，可以看到，在同等温度、湿度条件下，三者平衡水分含量差别很大，以蛋黄最少，蛋白最多，研究者认为，这一结果与疏水的脂肪含量有关。

表 10-3　不同温度和相对湿度条件下干全蛋平衡水分含量（%）

相对湿度/%	10 ℃	21 ℃	32 ℃	43 ℃	60 ℃	77 ℃
10	2.7	2.6	2.4	2.0	1.8	1.4
20	3.9	3.7	3.4	3.2	2.6	2.0
30	5.1	4.8	4.4	4.0	3.4	2.8
40	6.4	6.0	5.6	5.2	4.2	3.4
50	7.4	7.0	6.6	6.2	5.4	4.6
60	9.0	8.6	8.2	7.8	7.0	5.6
70	10.7	10.5	10.2	9.6	8.6	6.8

表 10‑4 不同温度和相对湿度条件下干蛋黄平衡水分含量（%）

相对湿度/%	10 ℃	21 ℃	32 ℃	43 ℃	60 ℃	77 ℃
10	1.6	1.5	1.4	1.3	1.1	0.8
20	2.5	2.4	2.2	2.0	1.7	1.3
30	3.1	2.9	2.7	2.4	2.1	1.7
40	3.7	3.5	3.3	5.2	2.5	2.0
50	4.3	4.1	3.9	3.0	3.1	2.7
60	5.6	5.0	4.7	4.5	4.1	3.3
70	6.9	6.7	6.6	6.3	5.6	4.4

表 10‑5 不同温度和相对湿度条件下干蛋白平衡水分含量（%）

相对湿度/%	10 ℃	21 ℃	32 ℃	43 ℃	60 ℃	77 ℃
10	5.6	5.4	5.0	4.1	3.7	2.9
20	6.8	6.5	6.0	5.6	4.6	3.5
30	8.4	8.0	7.3	6.6	5.6	4.6
40	10.5	9.9	9.2	8.6	6.9	5.6
50	11.8	11.1	10.6	9.9	8.6	7.4
60	14.6	13.0	12.2	11.8	10.6	8.5
70	18.0	17.6	17.2	16.5	14.4	11.4

Makeower 研究了全蛋在低水分范围（0.5%～5.5%）内的脱水蒸气压，确定了水分吸收热，他发现当蛋品水分含量为 0.5% 时，水蒸气吸收热与在同样温度时冷凝热比值为 2.09，当水含量是 5.5% 时，比值则达到 11。这说明蒸发蛋中水分需要额外能量，而且水分含量越低，干燥需要的能量越多。

在干燥期间，蛋的比热容随着干燥程度而变化，可用式（10‑1）近似表示：

$$蛋的比热容 = \frac{水（\%）+ 0.5 \times 干物质含量（\%）}{100} \tag{10-1}$$

比热容数值大小影响热量向蛋液传送的速度和水从蛋液中蒸发的速度。

三、干蛋制品的生产工艺

干蛋制品的生产工艺见图 10‑1，其制造过程见图 10‑2。

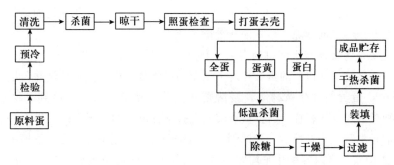

图 10‑1 干蛋制品的生产工艺

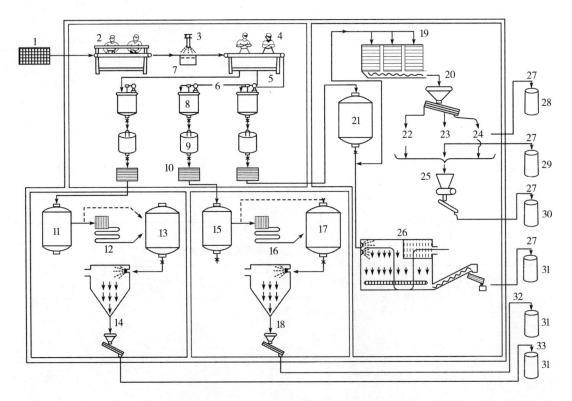

图 10-2 干蛋制品（未除糖制品）的制造过程

1. 蛋壳　2. 照蛋检查与分级　3. 洗蛋　4. 打蛋与分离　5. 蛋白　6. 蛋黄　7. 全蛋　8. 搅拌　9. 离心式过滤
10. 冷却　11. 全蛋贮槽　12、16. 低温杀菌　13. 全蛋浓缩　14. 全蛋喷雾干燥　15. 蛋黄贮槽　17. 蛋黄浓缩
18. 蛋黄喷雾干燥　19. 蛋黄浅盘干燥　20. 分级　21. 蛋白浓缩　22、30. 细粉　23、29. 颗粒　24. 薄片
25. 粉碎机　26. 蛋白喷雾干燥　27. 干燥蛋白　28. 片状　31. 喷雾粉末　32. 干燥蛋黄　33. 干燥全蛋

四、干蛋制品的加工设备

干蛋制品的加工制作所用到的设备主要有洗蛋机、打蛋分离设备、搅拌过滤设备、喷雾干燥器、烘干机等。

1. 洗蛋机　洗蛋机是鸡蛋的清洗设备，常用旋转柔软毛刷配合清水对蛋壳表面进行刷洗。图 10-3 是一种多排蛋清洗示意图，输蛋胶辊输送多排禽蛋前移，且禽蛋在旋转输蛋胶辊的带动下绕蛋长轴旋转，在输蛋胶辊上方适当高度固定有与输送方向相垂直的多排旋转毛刷，同时在毛刷上方设有多道喷淋管喷淋清水，适当调整毛刷高度，能使蛋壳表面得到全面刷洗。

2. 打蛋分离设备　打蛋工作由打蛋器完成，打蛋器分为击裂式打蛋器和压裂式打蛋器。压裂式打蛋器是将禽蛋夹持在打蛋器中，合在一起的两片打蛋刀片弹起从禽蛋赤道处打破，然后刀片张开使蛋壳裂开足够大的缝隙，让蛋液从缝隙中流出（图 10-4）。

分离工作主要是将蛋黄与蛋清进行分离。图 10-5 是一种带狭缝（缺口）的蛋杯式分离装置，主要由上层带狭缝（缺口）的蛋黄杯与下层蛋清杯组成。由打蛋器打蛋并流出的全蛋液落入上层的蛋黄杯中，蛋黄留在蛋黄杯上，蛋清则从蛋黄杯狭缝（缺口）流到下层的蛋清杯内。图 10-6 是一种溜板式分离装置，由打蛋器或人工打蛋并流出的全蛋液落到带有一定斜度的溜板上，蛋黄顺着溜板滑落入蛋黄槽内，蛋清则从溜板中间的狭缝流下并落在蛋清槽中。

3. 搅拌过滤设备　蛋内容物并非均匀一致，为使所得的蛋液组织均匀，要将打蛋后的蛋液混合，这一过程是通过搅拌实现的。蛋液过滤即除去碎蛋壳、蛋壳膜以及杂物的过程。

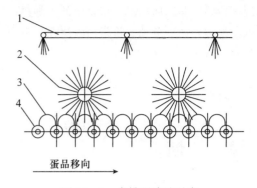

图 10-3　多排蛋清洗示意　　　　　　　　图 10-4　压裂式打蛋器
1. 喷淋管　2. 旋转毛刷　3. 蛋品　4. 输蛋胶辊

图 10-5　蛋杯式分离装置　　　　　　　　图 10-6　溜板式分离装置

　　搅拌过滤设备主要包括蛋液过滤槽、蛋液搅拌器、蛋液过滤箱及莲蓬式过滤器。蛋液过滤槽为金属制品，槽内有带孔的金属圆筒，可清除蛋液中杂质和割破的蛋黄膜。蛋液搅拌器是由金属制成，内有螺旋搅拌桨。蛋液在此搅拌均匀，由出口进入蛋液过滤箱。蛋液过滤箱内有筛子，可过滤蛋液，是过滤蛋液除去杂质的主要部分。莲蓬式过滤器也是金属过滤器，内附金属筛子。蛋液注入蛋液过滤槽内，初步除去蛋壳、割破的蛋黄膜，自动流入搅拌器内进行搅拌混合，再流入过滤箱进行第二次过滤，此时蛋液中的蛋黄膜、壳膜、系带等杂质已基本除去，然后由离心泵将蛋液抽至莲蓬过滤器进行最后过滤，除净一切杂质，从而流入冷却器内。

　　4. 喷雾干燥器（参见本章第三节）。

　　5. 烘干机　蛋白液的烘干可以采用流水线式的水流式烘干机烘干，也可以采用分式的干燥机干燥。

　　我国多采用传统的室内水流式烘干法，图 10-7 为水流式烘干设备的示意图，其各主要组成

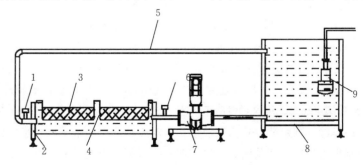

图 10-7　水流式烘干设备示意
1、6. 温度传感器　2. 水槽　3. 蛋白　4. 烘盘　5. 回水管　7. 水泵　8. 水箱　9. 加热器

部件分别为水槽、烘盘、水箱加热装置、水泵、温度传感器等。加热器将水箱中的水加热，用温度传感器及温控器控制水流温度，用水泵抽出注入水槽内，循环流动。将蛋白液浇在烘盘中，放于水槽的水流上，利用热水的热量，使蛋白液中的水分蒸发。

实际使用中，水槽可制成多层式的，每层所放烘盘数量也可按需要增加，并按此规格配置相应的水泵及加热设备，从而增加每次可以烘干的蛋白液数量。

第二节 脱 糖

一、脱糖方法

蛋中含有游离葡萄糖，如蛋黄中约含 0.2%，蛋白中约 0.4%，全蛋中约 0.3%。如果直接把蛋液加以干燥，在干燥后的贮藏期间，葡萄糖的羰基与蛋白质的氨基之间会发生美拉德反应，另外还会和蛋黄内磷脂（主要是卵磷脂）反应，使得干燥后的产品出现褐变、溶解度下降、变味等现象，因此，蛋液（尤其是蛋白液）在干燥前必须除去葡萄糖，俗称脱糖。脱糖方法有以下几种。

1. 自然发酵（spontaneous microbial fermentation） 自然发酵方法只适用于蛋白液的脱糖，不适用于全蛋液和蛋黄液的脱糖。该方法是依靠蛋白液本身存有的发酵细菌，在适宜的温度下使之生长繁殖，将蛋白液中的葡萄糖分解成乳酸等成分，从而达到脱糖的目的。由于蛋白液中的菌类不同，脱糖过程可分为两种形式，反应式如下：

$$C_6H_{12}O_6 + ADP + Pi \longrightarrow C_2H_4OHCOOH + ATP$$

葡萄糖　　　　　　　　乳酸

$$C_6H_{12}O_6 + ADP + Pi \longrightarrow C_2H_4OHCOOH + C_2H_5OH + CO_2 + ATP$$

葡萄糖　　　　　　　乳酸　　　　乙醇

在自然发酵过程中生成的乳酸，能降低蛋白的 pH；能把像卵黏蛋白那样容易凝固的蛋白质析出并上浮或下沉，同时还可以把系带和其他的不纯物一起澄清出来。发酵生成的二氧化碳，小部分溶解在蛋白中，使蛋白 pH 下降，而大部分则以气体形式上浮，促进析出的蛋白及固形物一起上浮，而使蛋白澄清化。蛋白液在自然发酵过程中，由于原料蛋白液中初菌数不同，发酵很难保持稳定状态，而且污染的菌中，可能含有沙门菌等病原菌，干燥产品一般含水分 4%～6%，这样的水分含量对沙门菌并没有很强的致死作用，因此，产品的卫生质量很难保证。另外，随着技术的进步，目前打蛋去壳过程相当卫生，原料蛋白的初菌数很少，使自然发酵过程难以进行，因此现在应用较少。

2. 细菌发酵（controlled bacterial fermentation） 细菌发酵方法一般只适用于蛋白液发酵。它是指用纯培养的细菌在蛋白液中进行增殖而达到脱糖的一种方法。所使用的细菌：产气杆菌（*Aerobacter aerogenes*）、乳酸链球菌（*Streptococcus lactis*）、粪链球菌（*Streptococcus faecalis*）、费氏埃希菌（*Escherichia reundii*）、阴沟气杆菌（*Aerobacter cloacae*）。研究证明，如果蛋白液中卵黄脂肪未除净，用乳酸链球菌和粪链球菌发酵就不产生气体，味道不好，pH 低，还需要有相当长的发酵时间，起泡力也较差，而用产气杆菌发酵可产生气体（CO₂），pH 低，有特殊的甜酸味，起泡力很好，现在欧美发达国家通常采用这种发酵菌。表 10-6 是产气杆菌和乳酸链球菌发酵情况比较。

若使用粪链球菌发酵，则发酵后对蛋白液进行低温杀菌或干热杀菌时，难以使菌数减少。

我国有关科研部门及蛋厂的试验研究结果表明，引起蛋白液发酵的主要微生物是非正型大肠杆菌。他们从发酵蛋白液中分离出两种优良的发酵菌种，分别是费氏埃希菌和阴沟气杆菌，用这两种菌进行发酵试验，发酵时间可缩短 12～24 h，发酵终点容易判断，制成的产品质量好。

表 10-6 产气杆菌与乳酸链球菌发酵情况比较

项 目	产气杆菌	乳酸链球菌
产气	多	无
发酵速度	一般	稍慢
滋味	独特甜酸味	少
最终 pH	普通程度 5.8～6.2	5.4～5.8
浮泡及残渣	与气泡一起上浮；形成比较完整的浮泡，沉淀少	浮泡少，大部分沉淀于底部
起泡蛋白的起泡力	良好	稍差

细菌发酵所用的细菌要先在试管中扩大培养后再添加。一般在培养瓶中装入无菌蛋白液500 g左右，接种筛选好的细菌进行培养；然后逐次添加到5 kg、50 kg至1 t的无菌蛋白液中，添加量为蛋白的5%～10%，发酵除糖。发酵完毕后，可将中间层蛋白取出，再添加原料蛋白。细菌发酵过程初期 pH 下降比较缓慢；然后变快至分解葡萄糖。这是因为初期细菌数少、蛋白液的pH 高、蛋白液内存在溶菌酶之类的抗菌性物质抑制细菌的繁殖。

随着发酵进行，蛋液 pH 逐渐降低，而当pH 达 5.6～6.0 时，或葡萄糖含量经测定在 0.05% 以下，则认为发酵完毕（图 10-8）。若在发酵完成后让细菌继续发酵，细菌把葡萄糖全部分解完后，会继续分解蛋白质而导致蛋白液 pH 上升，影响蛋品质量。另外，若使用的发酵细菌分解蛋白质能力强，则会将蛋白中已上浮或下沉的黏蛋白再度分解溶入，而影响透明度。所以发酵终点应严格掌握，避免过度发酵。发酵后的蛋液取中间澄清部分，或用过滤法过滤。发酵终点可通过检测蛋液中葡萄糖的含量来确定。检测方

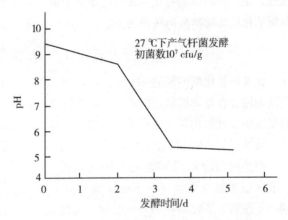

图 10-8 细菌发酵蛋白液中 pH 的变化

法：取0.1 mL发酵液，用红外线灯照射 15 min 后若无褐色出现，即可判定为葡萄糖阴性。细菌发酵法在27 ℃时，大约 3.5 d 即可完成发酵除糖。

3. 酵母发酵（yeast fermentation） 酵母发酵既可用于蛋白液发酵，也可用于全蛋液或蛋黄液发酵。常用的酵母有面包酵母和圆酵母。其发酵过程加下：

$$C_6H_{12}O_6 \longrightarrow 2C_2H_5OH + 2CO_2$$

葡萄糖　　　　　乙醇

酵母发酵只产生 2 分子乙醇和 2 分子二氧化碳，不产酸。二氧化碳可部分溶解于蛋白液中，使蛋白液 pH 有所下降。但在干燥过程中，二氧化碳会逸出，因此，单独使用酵母发酵蛋白液制得的干燥蛋品 pH 非常高。为解决这一问题，依据酵母适于在弱酸性条件下生长的特点，在酵母发酵时，可用有机酸将蛋白液的 pH 调至 7.5 左右，也可加柠檬酸铵之类的热分解中性盐，通过干燥时产生的热量使其分解成柠檬酸和氨，氨被蒸发，只残留柠檬酸来维持蛋白液的 pH 呈中性。

酵母发酵只需数小时，但酵母不具备分解蛋白质的能力，使蛋白液中层的黏蛋白析出不太充分，黏蛋白下沉或上浮也不太完全，所以制品中常含有黏蛋白的白色沉淀物。另外，酵母发酵也不具有分解脂肪的能力，所以制成的干燥蛋白通常起泡力较低。为使黏蛋白全部析出，可将蛋白

液 pH 调整到 6.2 以上进行发酵,但以此法所得的最终产品 pH 达 9 或 10 以上,商品价值降低。为解决此问题,可添加柠檬酸铵等具有热分解性的中性盐。另外,为改进酵母发酵不具有蛋白质及脂肪分解能力的缺点,可在酵母发酵前添加胰酶或胰蛋白酶等,以分解部分蛋白质及混入的蛋黄脂肪。酵母发酵的产率高,但产品会残留一些酵母味,应用方面受到一定限制。

蛋黄液或全蛋液进行酵母发酵时,可直接使用酵母发酵,也可加水稀释蛋白液、降低黏度后才加入酵母发酵。蛋白液发酵时,先用 10% 的有机酸把蛋白液 pH 调到 7.5 左右,再用少量水把占蛋白液量 0.15%～0.20% 的面包酵母制成悬浊液,加入蛋白液中,在 30 ℃左右条件下,保持数小时即可完成发酵。发酵过程中葡萄糖变化情况见图 10 - 9。

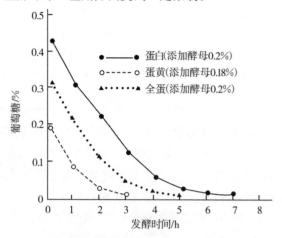

图 10 - 9　酵母发酵蛋液中葡萄糖的变化情况(30℃)

4. 酶法脱糖(enzyme fermentation) 该法完全适用于蛋白液、全蛋液和蛋黄液的发酵,是一种利用葡萄糖氧化酶把蛋液中葡萄糖氧化成葡萄糖酸而脱糖的方法。

$$C_6H_{12}O_6 + O_2 + H_2O \xrightarrow{\text{葡萄糖氧化酶}} C_6H_{12}O_7 + H_2O_2$$

葡萄糖氧化酶的最适 pH 为 3～8,而一般以 pH 6.7～7.2 时加入该酶除糖最好。目前使用的酶制剂除含有葡萄糖氧化酶外,还含有过氧化氢酶,可分解蛋液中的过氧化氢形成氧,但需不断向蛋液中加过氧化氢,也可不使用过氧化氢,而直接吹入氧。由于使用酶法除糖时会生成葡萄糖酸,故所得制品的 pH 比使用酵母发酵方法低,只需加少量的酸即可得到中性制品。

酶法脱糖应先用 10% 的有机酸调蛋白液(蛋黄液或全蛋液可不必加酸)pH 到 7.0 左右,然后加 0.01%～0.04% 葡萄糖氧化酶,用搅拌机进行缓慢地搅拌,同时加入占蛋白液量 0.35% 的 7% 过氧化氢液,以后每隔 1 h 加入同等量的过氧化氢。酶法脱糖时温度可采用 30 ℃左右或 10～15 ℃两种,脱糖过程中葡萄糖含量下降情况见图 10 - 10。

通常蛋白液用酶法除糖需 5～6 h 完成;蛋黄液 pH 约为 6.5,故蛋黄液用酶除糖时,不必调整 pH 即可在 3.5 h 内完

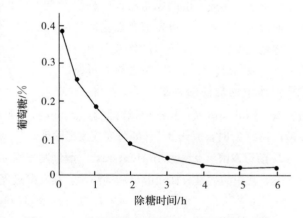

图 10 - 10　酶法脱糖的蛋白液中葡萄糖的变化情况

成除糖;全蛋液调整 pH 7.0～7.3 后,约在 4 h 内即可除糖完毕。酶法除糖过程中添加的过氧化氢溶液具有杀菌作用,因此蛋液中细菌数有减少的趋势。图 10 - 11 为用酶法除糖装置。

酶法除糖是将葡萄糖氧化成葡萄糖酸,其制品产率理论上应超过 100%,但是过氧化氢在搅拌时会生成泡沫,所以实际制品产率约 98%,比前 3 种方法产率高,但酶法成本高。

5. 其他脱糖方法 除了前面的 4 种除糖方法外,还可利用物理方法脱糖。如用超滤或反渗透法。蛋浆超滤是一种非常有前景的节能方法之一。用醋酸纤维膜在 0.15 MPa、10 r/s 的搅拌转速下进行超滤,蛋白液浓度可由 13% 提高到 26%。干燥前超滤,不仅耗能减少,技术经济指标改善,而且提高了产品质量。超滤时,蛋白液被浓缩的同时,低分子质量的葡萄糖随水排出,从

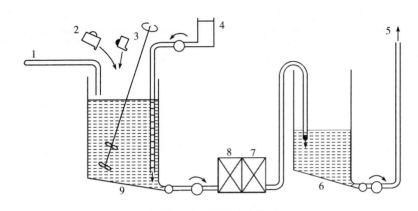

图 10-11　酶法除糖装置

1. 生蛋白　2.10%酸　3. 酶　4. 过氧化氢溶液　5. 喷雾干燥
6. 蛋液贮槽　7. 冷却器　8. 杀菌器　9. 蛋液除糖槽

而达到脱糖的目的。但此法脱糖不完全，只能脱除约 50% 的游离糖。此外，随滤液还会排除一些其他的低分子化合物，如 15%～20% 钙、镁离子，30%～40% 钠、钾离子，10% 以下的非蛋白氮等，这些小分子盐离子的流失，会使产品的发泡力有所降低。

二、脱糖方法的比较

1. 自然发酵或细菌发酵使葡萄糖变成非挥发性的乳酸，产酸量多，pH 下降快，不必再调酸；葡萄糖氧化酶除糖时，葡萄糖变成葡萄糖酸，需要添加少量的有机酸以调整 pH；酵母发酵的产物是二氧化碳和乙醇，当其干燥时二氧化碳逸散，所以最终制品的 pH 较高，故利用酵母发酵除糖时应添加比较多的有机酸。

2. 使用自然发酵及细菌发酵时，即使不添加任何有机酸也可加工，而使用酶除糖则必须添加一些有机酸调 pH 至最适的 7.0。

3. 自然发酵或细菌发酵可以改善制品的起泡力，而使用酵母发酵或酶法均无此效果，其原因虽未完全了解，但有人认为，混入蛋白中的微量蛋黄可与自然发酵或细菌发酵析出的黏蛋白及 CO_2 一起上浮，如未产气体则会沉淀而除去；还有人认为自然发酵或细菌发酵能使蛋白部分分解而生成低分子蛋白质，同时蛋黄脂肪受细菌产生的解脂酶作用而分解。

4. 由于细菌及自然发酵能分解脂肪，故不能用于全蛋液或蛋黄液发酵。

5. 葡萄糖氧化酶除糖时，添加的过氧化氢溶液具有杀菌作用，因此蛋在除糖中其细菌不但未增殖，反而有减少的趋势。同时，葡萄糖氧化成葡萄糖酸，理论上其制品产率应超过 100%。由于 H_2O_2 在搅拌时会生成泡沫，所以实际产率约 98%，比其他方法产率高。但酶法成本较高。

欧美等发达国家把需要起泡性的干蛋制品如干蛋白多用细菌发酵除糖，而对于不需起泡性的干蛋制品则使用酶法除糖。表 10-7 为细菌发酵对蛋白起泡性的影响，由此表可知混入蛋白的蛋黄在细菌发酵时可除去。

表 10-7　细菌发酵对干燥蛋白起泡性的影响

使用菌	混入蛋黄量/%				干燥蛋白的起泡性		
	原料蛋白	除糖蛋白液	浮泡	沉淀	起泡力/mm	排液/mL	泡的硬度/g
对照 1（未除糖）	0.011	0.011	—	—	12.7	45	110
对照 2（未除糖）	0.144	0.144	—	—	50	148	20
克氏杆菌	0.011	0.005	0.146	0.055	150	2	130

（续）

使用菌	混入蛋黄量/%				干燥蛋白的起泡性		
	原料蛋白	除糖蛋白液	浮泡	沉淀	起泡力/mm	排液/mL	泡的硬度/g
克氏杆菌	0.070	0.009	0.675	0.150	148	3	120
克氏杆菌	0.144	0.032	0.891	0.246	128	87	90
克氏杆菌	0.223	0.087	1.261	0.329	105	55	70
克氏杆菌	0.420	0.160	1.853	0.423	75	126	20
乳酸链球菌	0.223	0.039	0.252	0.383	117	42	80

第三节　蛋液的杀菌与干燥

一、低温杀菌及干热处理

经脱糖的蛋液，需经过 40 目的过滤器，再移入杀菌装置中低温杀菌，或经过滤后不杀菌而干燥后再予以干热杀菌。蛋白在自然发酵、细菌发酵或酵母发酵脱糖时，蛋液微生物数量很多，低温杀菌效果不理想；而全蛋或蛋黄一般使用葡萄糖氧化酶脱糖法，其蛋液中菌数少，故可使用低温杀菌方法，若以干热杀菌，易使其脂肪氧化。

1. 低温杀菌（pasteurization）　蛋液在脱糖后在 60 ℃ 左右进行的杀菌称为低温杀菌。在低温杀菌时，蛋液中的革兰阴性杆菌或酵母等较容易被杀死，而芽孢杆菌或球菌类在一般条件下难以被杀死。表 10-8 为全蛋、蛋白及蛋黄接种微生物后低温杀菌效果。

表 10-8　酵母除糖蛋液接种几种细菌后低温杀菌效果

菌　种		菌数（cfu/mL）			
		杀菌前	56 ℃，4 min	60 ℃，4 min	64 ℃，4 min
蛋白	啤酒酵母	8.8×10^7	1.7×10^3	<10	
	粪链球菌	9.8×10^5	5.4×10^5	1.3×10^5	
	大肠埃希杆菌	6.3×10^5	<10	<10	
	荧光假单胞杆菌	1.2×10^5	<10	<10	
全蛋	啤酒酵母	7.2×10^7		<10	<10
	粪链球菌	3.4×10^4		4.8×10^5	1.1×10^4
	大肠埃希杆菌	3.0×10^5		<10	<10
	荧光假单胞杆菌	7.8×10^5		<10	<10
蛋黄	啤酒酵母	6.6×10^7		<10	<10
	粪链球菌	4.1×10^4		4.4×10^5	2.6×10^4
	大肠埃希杆菌	3.1×10^4		<10	<10
	荧光假单胞杆菌	6.7×10^5		<10	<10

发酵脱糖后的蛋液杀菌条件同液蛋加工杀菌条件及要求相同，只不过经发酵数小时或数天后，细菌会增殖，杀菌更困难。

2. 干热处理（dried-heat treatment）　干热处理是利用蒸汽热、电热或瓦斯热源，将干燥后的制品放于密封室保持 50~70 ℃，经过一定时间而杀菌的方法。由于干蛋制品在较高温度加热也不凝固，而且其中的细菌需较高温度及较长时间方可被杀灭，故干蛋制品的杀菌多采用干热处理。干热处理在欧美发达国家广泛被使用，其实施方法是 44 ℃保持 3 个月、55 ℃保持 14 d、57 ℃保持 7 d 及 63 ℃保持 3 d 等。另外，也有将干蛋白在 54 ℃保持 60 d 的试验，其结果对干蛋白的特性没有损伤。蛋白使用自然发酵、细菌发酵或酵母发酵脱糖时，蛋液细菌较多，所以多采用干燥后的干热处理杀菌。干燥全蛋与蛋黄在干热处理时，其脂肪易氧化而生成不良风味，故应在在干燥前液体状态杀菌。

以不同方法干燥的蛋白，其干热杀菌的条件也不同。浅盘式干燥的蛋白含水分稍多，与喷雾干燥蛋白相比，蛋白质容易变性，因此其干热杀菌时温度稍低，时间稍长。表 10 - 9 为喷雾干燥蛋白的干热处理效果，表 10 - 10 为浅盘式干燥蛋白（干蛋白片）的干热处理效果。由此两表可知：干燥蛋白在干热处理时，由于其中细菌菌种的差异，杀菌效果差异很大。例如，革兰阴性芽孢杆菌在干热处理时几乎都不能被杀死；干热处理对肠道球菌的杀死速度很缓慢，而对革兰阴性菌如大肠菌群、沙门菌等的杀死速度较快。干燥蛋白经干热杀菌后其 pH 会稍微降低，而起泡力则会增强，因此干热杀菌较适合于干燥蛋白。

表 10 - 9　细菌发酵后喷雾干燥蛋白干热处理效果（64 ℃）

项　　目	处理时间/h			
	0	24	48	72
总菌数/(cfu/g)	4.1×10^7	1.9×10^3	5.0×10^2	2.0×10^2
大肠菌群/(cfu/g)	3.3×10^2	<10	<10	<10
肠球菌/(cfu/g)	2.2×10^2	2.0×10^2	1.4×10^2	8×10
沙门菌/(cfu/50 g)	—	—	—	—
起泡力/mm	135	138	141	142
pH	7.21	7.20	7.20	7.18

表 10 - 10　细菌发酵后浅盘式干燥蛋白干热处理效果（50 ℃）

项　　目	处理时间/h			
	0	24	48	72
活菌数/(cfu/g)	1.6×10^3	5.2×10	4.1×10^3	8.6×10^2
大肠菌群/(cfu/g)	1.1×10^6	2.2×10^2	<10	<10
肠球菌/(cfu/g)	4.8×10^3	2.1×10^3	1.8×10^3	7.7×10^2
沙门菌/(cfu/50 g)	—	—	—	—
起泡力/mm	140	142	144	148
pH	6.98	6.94	6.93	6.87

二、干　　燥

蛋液在脱糖、杀菌后即进行干燥。目前大部分的全蛋、蛋白及蛋黄均使用喷雾干燥，少部分蛋品使用浅盘式干燥、滚筒干燥、冷冻干燥等。

1. 喷雾干燥（spraying drying）　1901 年美国开始使用喷雾干燥制成干燥全蛋及蛋黄，目前喷雾干燥是制造干蛋制品的主要方法。

（1）原理。喷雾干燥法是在机械力（压力或离心力）的作用下，通过雾化器将蛋液喷成高度分散的无数极细的雾状微粒。微粒直径为 $10\sim50~\mu m$，从而大大地扩大了蛋液的表面积，如以粒的直径为 $24~\mu m$ 计，其比表面积高达 $2\,500~m^2/g$。微粒与热风接触，进行热交换，增加了水分蒸发速度，使微细的雾滴瞬间干燥变成粉末，以球形颗粒状降落于干燥室底部。水蒸气被热风带走。全部干燥过程仅需 15～30 s 即可完成。此为喷雾干燥法生产蛋粉的基本原理。

（2）喷雾干燥法的特点。①喷雾干燥法生产蛋粉，其干燥速度快，蛋白质受热时间短，不会造成蛋白质变性。②喷雾干燥对蛋液中的其他成分影响极微小。由于干燥快，受热少，因此加工成的蛋粉还原性能好，色正、味好。③喷雾干燥在密闭条件下进行，成品粉粒小，不必粉碎，故可保证产品的卫生质量。④喷雾干燥法生产蛋粉，可使生产机械化、自动化，具有连续性。

箱式喷雾干燥机的构造见图 10-12，喷雾干燥模式见图 10-13。空气先经空气过滤机除尘后，加热至 121～132 ℃，然后通过送风机进入干燥室。加压泵使蛋液通过喷雾器喷出，形成微细雾滴，当其遇到热空气时，其中所含水分瞬间蒸发，雾滴脱水而变成微细粒子，降至干燥室底部后再通过粉末分离器，经过筛别机筛别，冷却后再包装。而热空气则经由排风机排出。

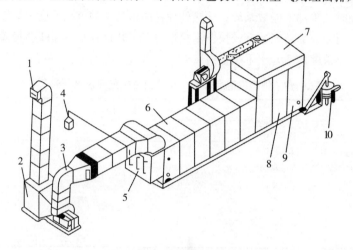

图 10-12　箱式喷雾干燥机

1. 空气吸入口　2. 空气过滤机　3. 空气加热机　4. 蛋液泵　5. 喷雾干燥器喷嘴
6. 干燥室　7. 袋型过滤收集器　8. 集粉装置　9. 输送带　10. 振动器

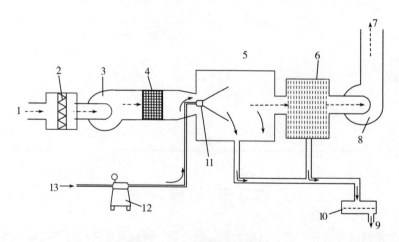

图 10-13　喷雾干燥模式

1. 空气进入　2. 滤气器　3. 风扇　4. 空气加热器　5. 干燥室　6. 粉末分离器　7. 空气排出
8. 排气扇　9. 干蛋品　10. 筛别机　11. 喷雾器　12. 压缩泵　13. 蛋液送入

制造干燥蛋制品所需热空气量受各种因素影响，如整个喷雾干燥机的效率、吹入空气的温度、蛋液的温度、干燥器喷嘴大小、蛋品要求的水分含量等。通常 0.14 m^3/min 的空气，在 121 ℃、0.1 MPa（1 个标准大气压）可蒸发 0.454 kg 水。

2. 浅盘式干燥（pan drying）　以喷雾干燥制成的干蛋白，呈中空的球状粉，故加水使之还原时会生成大量的泡沫，且此泡沫经静置后也不消失，因此这种喷雾干蛋白不适于供印染及印刷制版用，故通常使用薄片状或颗粒状干蛋白来作印染及印刷制版用。

所谓浅盘式干燥是将蛋白脱糖后置于铝制或不锈钢制浅盘（长宽各为 0.5～1 m，深度为 2～7 cm），然后将此浅盘移入箱型干燥室的架上，用 54 ℃以下的热风长时间干燥即可。用 54 ℃热风干燥时，1.5 mm 厚的蛋白液需 3 h，3 mm 厚的蛋白液则需 20 h 能完全干燥。干燥时由液面开始生成干燥蛋白皮膜，继而皮膜逐渐增厚。在干燥至适当程度时，需将皮膜移入其他浅盘，当干燥至水分含量为 15% 时，即可得薄片状浅黄色透明的制品。在制造过程中，薄片破碎后即生成更细的颗粒，此颗粒制品较易溶于水，故使用较为方便。浅盘式干燥蛋白可以磨成微细的粉末，故适于与其他粉末材料混合使用。

浅盘式干燥法使用的加热方式有两种，一为炉式，二为水浴式。炉式是借热气的供应使蛋白的水分蒸发；水浴式则是借浅盘下流动的热水使蛋白的水分蒸发，并在蛋白表面以风扇送风干燥，其优点是在浅盘下流动的热水温度容易控制，热效率高，优于炉式热风干燥。

不论使用炉式还是水浴式干燥，当蛋白被干燥成皮膜状的半干燥品时，均须移至绷布上，再以热风二次干燥而成。

3. 带状干燥与滚筒干燥（belt drying and drum drying）

（1）带状干燥。带状干燥是将蛋白涂布于箱型干燥室内的铝制平带上，使其在热风中移动得以干燥。当蛋白干燥至一定厚度时，即以刮刀刮离而成的制品。

另一种形式的带状干燥称为起毛干燥（fluff drying）或泡沫干燥（foam drying），在美国常被用来制造干燥蛋白粉。泡沫干燥是将蛋液打成固定的泡沫，然后涂布在连续的平带上，借热空气使其干燥，其改良法则为将泡沫涂于有孔的带上，热空气由下方喷出，促进其干燥，其制成的颗粒再经粉碎以成制品。此方法制成的成品黏度大小适中，且易于加水还原成为蛋白液。泡沫干燥时须先将二氧化碳、氮、空气等气体用泵注入蛋液。此法制成的干燥全蛋以及蛋黄的溶解速度较快。若能使用喷雾干燥装置将泡沫喷雾干燥，则其干燥效率将增大。

（2）滚筒干燥。滚筒干燥为将蛋液涂布在圆筒上而干燥的方法。

带状干燥或滚筒干燥均可制成薄片状或颗粒状干燥蛋白，但所制成的干燥全蛋或蛋黄颜色、香味均较差，故此两种制品多使用喷雾干燥法制造。蛋液的干燥，除喷雾干燥可使蛋中的细菌被某种程度的杀死外，其他干燥法并不使细菌死亡，反而会因干燥使其固形物浓缩，或在干燥过程中因细菌增殖等而使细菌数增加。故蛋液在干燥前必须先经过杀菌处理。

4. 冷冻干燥（freezing drying）　用冷冻干燥所得的干燥全蛋或蛋黄，其溶解度高且溶解迅速，干燥损失少，起泡性及香味均佳，然而冷冻干燥制品的制造成本高，故以冷冻干燥制造的干燥蛋数量不多。英国与澳大利亚有较大规模的冷冻干燥蛋加工厂，其制品为干燥全蛋。图 10-14 是英国冷冻干燥蛋制造过程。

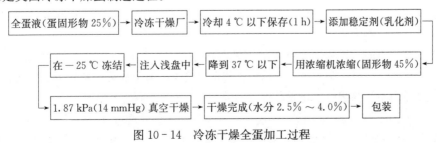

图 10-14　冷冻干燥全蛋加工过程

冷冻干燥易使蛋黄因低温而变性，故在 30～50 ℃条件下使蛋黄呈薄膜状再真空干燥时，所得制品的品质较佳。

第四节　干蛋白片的加工

蛋白片是指鲜鸡蛋的蛋白液经发酵、干燥等加工处理制成的薄片状制品。其加工工艺：蛋白液→搅拌过滤→发酵→放浆→中和→烘干→晾白→拣选→焐藏→包装及贮藏。

一、搅拌过滤

打分蛋而得的蛋白液，在发酵前必须进行搅拌过滤，使浓蛋白与稀蛋白均匀混合，这样有利于发酵进行，缩短发酵时间。搅拌过滤还可除去碎蛋壳、蛋壳膜等杂质，使成品更加纯洁。搅拌过滤的方法根据设备不同而有两种。

1. 搅拌混匀器混匀法　蛋白液于搅拌混匀器内，搅拌轴以 30 r/min 的速度进行搅拌。搅拌速度不能过快，过快产生泡沫多，影响出品率。搅拌时间决定蛋白液的质量。春、冬季蛋质好，浓蛋白多，需搅拌 8～10 min，而夏、秋季稀蛋白多，搅拌 3～5 min 即可。搅拌后的蛋白液可用铜丝筛过滤。筛孔的选择依蛋质而定，春、冬季用 12～16 孔筛，夏、秋季用 8～10 孔筛。未经搅拌的稀蛋白液，亦需过滤，以除去蛋白液中的碎蛋壳、蛋壳膜等杂质。

2. 离心泵过滤器混匀法　鲜蛋液用离心泵抽至过滤器，施加压力，使蛋白液通过过滤器上孔径为 2 mm 的过滤孔，从而使浓蛋白和稀蛋白均匀混合，又能除去杂质，压力的大小与蛋质有关。浓蛋白多的蛋白液所需压力要大，夏、秋季的蛋白液稀蛋白多，压力相对要小些。

二、发　　酵

蛋白液的发酵是由发酵细菌、酵母菌及酶制剂等的作用，使蛋白液中的糖分解。蛋白发酵的过程是复杂的生物化学变化过程，是干蛋白片加工的关键工序。正如前面所述，发酵的目的是为了除去蛋白中的糖分，俗称蛋白脱糖，防止干燥及贮藏过程中发生美拉德反应，使产品呈褐色。发酵可降低蛋白液的黏度，提高成品的打擦度、光泽度和透明度。由于发酵，一部分高分子质量的蛋白质分解为低分子质量的物质，增加成品的水溶物含量。

1. 发酵用设备　用来发酵蛋白的传统设备是木桶或陶制缸，发酵室内设有蒸汽排放管、蒸汽开关以调节发酵温度，桶的下端边缘处装一开关龙头。

2. 操作方法

（1）发酵前将发酵桶彻底洗净，防止桶上有腐败细菌。特别注意要将桶缝中的污物除尽。洗净后的桶用蒸汽消毒 15 min 或者煮沸消毒 10 min。然后将桶排列在木架上备用。

（2）将搅拌过滤后的蛋白液倒入桶内，其量为桶容量的 75%，过满时发酵过程中产生的泡沫会溢出桶外，造成损失。

（3）在发酵成熟前，用圆铝盘将发酵液表面的上浮物轻轻舀出，放入桶内或缸内，另行处理。发酵是指细菌、酵母、酶作用于蛋白液，使蛋白液中的有关成分（糖）分解，蛋白液发生自溶作用，浓厚蛋白与稀薄蛋白均变成水样状态的过程。发酵间的温度，应按产蛋季节和外界气温灵活掌握，以保持在 26～30 ℃为宜。温度高，发酵期短，但温度过高会使蛋白液发生腐败变质。一般在当年 12 月到翌年 3 月，外界气温低，蛋白液浓厚，蛋白液液温也随之降低，发酵成熟时间需 120～125 h；在 4～5 月和 9～11 月期间，约需 55 h；而 6～8 月气温较高，约需 30 h。发酵蛋白液经过测定成熟后，转入过滤与中和工序。

3. 蛋白液发酵成熟度的鉴定　蛋白液发酵的好坏，直接影响成品的质量，因此，成熟的鉴定极为重要，应采用综合鉴定法。

（1）泡沫。当蛋白液开始发酵时，蛋白液面上会出现大量泡沫。当蛋白液发酵成熟时，泡沫不再上升，反而开始下塌，表面裂开，裂开处有一层白色小泡沫出现。

（2）蛋白液的澄清度。用烧杯取蛋白液，再用玻璃试管从中取约 30 mL，将试管口塞紧后反复倒置，经 5～6 s 后，观察有无气泡上升，若无气泡上升，蛋白液呈澄清的半透明淡黄色，则已发酵成熟。

（3）滋味。取少量蛋白液，用已消毒的拇指和食指蘸蛋白液对摸，如果无黏滑性，嗅其气味有轻微的甘蔗汁味，口尝有酸甜味，无生蛋白味为成熟好的标志。

（4）pH。蛋白液在发酵过程中，其 pH 随蛋白液中糖的分解、乳酸的增加而变化。发酵的最初 24 h，蛋白液的 pH 变化不明显，称为发酵缓慢期；48 h 时，由于温度适宜细菌的大量生长和繁殖，造成蛋白液 pH 变化较大，能达 5.6 左右，称为对数期；发酵到 49～96 h 时，由于酸度继续上升，抑制了某些细菌的繁殖，所以 pH 变化不大，称为稳定期或衰亡期。一般蛋白液 pH 达 5.2～5.4 时即发酵充分。

（5）打擦度。用霍勃脱氏打擦度机测定。其方法：取蛋白液 284 mL，加水 146 mL，放入该机的紫铜锅内，以 2 号及 3 号转速各搅拌 1.5 min，削平泡沫，用米尺从中心插入，测量泡沫高度，高度在 16 cm 以上者为成熟结束的标志。但同时要参考其他指标确定。

三、放　浆

发酵成熟后打开发酵桶下部边缘的开关，放出发酵好的蛋白液称为放浆。放浆分 3 次进行。第一次放出蛋白液全量的 75%，余下部分再澄清 3～6 h 后放第二次、第三次，每次放出 10%，最后剩下的 5% 为杂质及发酵产物不能使用。第一次放出的浆为透明的淡黄色，质量最好。为了避免余下的蛋白液发酵时间长而颜色呈暗赤色并有臭味，可在第一次放浆后，将发酵室温度降低至 12 ℃ 以下，抑制杂菌生长繁殖，达到保证蛋白液继续澄清而无臭味的目的，并可降低次品率。

四、中　和

发酵后的蛋白液在放浆的同时进行过滤，然后及时进行中和。蛋白液发酵后，由于葡萄糖发酵产酸，使蛋白液呈酸性，如果直接烘干则会产生大量气泡，有损成品的外观和透明度。酸性成品在保存过程中颜色会逐渐变深，水溶物的含量逐渐减少，降低了成品的质量。因此，为了避免出现以上现象，蛋白液在烘干前必须进行中和。常用相对密度为 0.98 的纯净氨水进行中和，使发酵成熟后的蛋白液呈中性或微碱性。

中和时，将蛋白液表面的泡沫用圆铝盘除去，然后加适量氨水，使发酵液呈中性至弱碱性（pH 7.0～8.4）后，进行烘干。操作过程：在过滤后的蛋白液中，加入相对密度为 0.98 的纯净氨水（NH_4OH 溶液）进行中和，使蛋白液呈中性（pH 7.0 以上）至弱碱性（pH 8.4 以下）。生产中通过小样试验确定整批蛋白液所加氨水量。例如，取 10 mL 发酵成熟蛋白液，滴加 10% 氨水 0.4 mL，pH 达到 7.0，则 1 000 kg 蛋白液所需不稀释的原氨水量，按下列公式计算：

$$X=(L \times B \times 0.1)/A$$

式中，X 为整批蛋白液所需原氨水量（kg）；L 为整批蛋白液量（kg）；A 为取出滴加氨水的蛋白液量（小样）（kg）；B 为所需 10%氨水量（kg）。

在生产中也有采用相对密度为 0.91 的氨水，按每 1 000 kg 蛋白液 2～3 kg 的比例加入，边加边搅拌，使中和均匀，并用 pH 试纸测试，使蛋白液的 pH 达到 7.0～8.0 即可。根据蛋白液 pH 的不同，若采用相对密度为 0.98 的氨水，每 500 g 蛋白液需加氨水量见表 10 - 11。加氨水时应变加边搅拌，速度不能过快，防止产生大量泡沫。

表 10 - 11 蛋白液不同 pH 所需氨水量

发酵成熟蛋白液 pH	每 1 000 kg 需加氨水/（kg，相对密度 0.98）	发酵成熟蛋白液 pH	每 1 000 kg 需加氨水/（kg，相对密度 0.98）
5.2	3.7～4.02	5.4	2.085～2.65
5.3	2.488～3.24	5.5	1.84～2.46

五、烘　干

在不使蛋白液凝固的前提下，利用适宜的温度，使蛋白液在水浴中逐渐除去所含水分，烘成透明的薄晶片，该过程称为烘干，又称为烘制。目前，日本、美国等国家采用浅盘分批式干燥机进行烘干，将蛋白液置于深 1～7 cm、面积 0.5～1 m² 的浅盘中，用 50～55 ℃的热风，在 12～36 h 进行干燥。我国多采用传统的室内水流式烘干法——"水流白"工艺进行烘干，其工艺流程及操作要点如下。

1. 烘干设备及用品

（1）水流烘架。水流烘架用于放置蛋白液烘盘。烘架全长约 4 m，共 6～7 层，每层都设有水槽供放烘盘用。水槽用白铁板制成，槽深约 20 cm。一端或中间处装有进水管，另一端装有出水管。热水由水泵送入进水管而注入水槽内循环流动，再由出水管流出，经水泵送回再次加热使用。蛋白液在槽上的烘盘内受热而使水分逐渐蒸发。水流烘架装置见图 10 - 15、图 10 - 16。

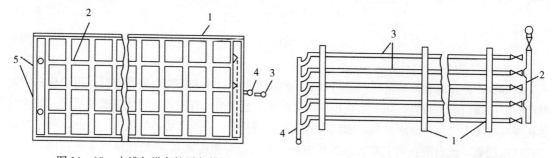

图 10 - 15　水槽与烘盘的平行排列　　　　图 10 - 16　流水架装置
1. 水槽　2. 烘盘　3. 进水管　4. 出水管　5. 水溢流口　　1. 流水架　2. 进水管　3. 水槽　4. 回水管

（2）烘盘。烘盘是铝制方形盘，每边长各 30 cm，深 5 cm，置于水流烘架上，供蛋白液蒸发水分用。

（3）打泡沫板。又称为刮沫板，这是一种木制薄板，板宽与烘盘内径相同，用来除去烘制过程中所产生的泡沫。

（4）其他用具除了上述设备以外，还有浇浆铝制勺、洁白凡士林、藤架等。

2. 烘干方法　蛋白片的烘干，中国采用热流水烧盘烘干法。

（1）烧浆前的准备工作。烧浆前提高水流温度至 70 ℃，以达到烘烤灭菌的目的。然后降温使水温控制在 54~56 ℃。再用消过毒的白布擦干烘盘，用白凡士林涂盘，此过程称为擦盘上油。涂油必须均匀、适量。过多则在烘制时上浮产生油麻片的次品；过少则揭片困难，破损多，片面无光，且多产碎屑，影响质量。

(2) 浇浆。即用铝制勺将中和后的蛋白液浇于烘盘中。浇浆量根据水流温度及不同层次而有差异。按上述烘干盘的大小，每盘浇浆 2 kg。由于烘盘位置和层次不同、水温不同，为了使清盘时间一致，位于出水处和通风不良处的烘盘应当适量少浇浆，而进水口附近的烘盘可多浇浆。但各盘浇浆量相差不多于 45~50 g，浆液深度为 2.5 cm 左右。在上层或通风不良的烘盘内，应适当少浇一些浆液，这样才能使全部蛋白液的烘干时间趋于一致。否则，烘制时间太不一致，会导致揭蛋白片时间的不一致，而影响下面的工序。每层每盘浇入浆液量应尽可能均衡，浇的量要准确，浇浆时防止浆液冲到压板条上或洒在盘外。

(3) 除去水沫和油沫。蛋白液在烘制过程中由于加热而产生泡沫，使盘底的凡士林受热后上浮于蛋白液表面形成沫状油污。如果这些水沫和油沫不除去，则制得的蛋白片光泽透明度均不好。因此必须用水沫板刮去泡沫。打水沫可在浇浆后 2 h 进行，而油沫可在浇浆后 7~9 h 刮除，刮出的水沫与油沫分别存放，另行处理。

(4) 揭蛋白片。将蛋白液表面形成的皮膜揭下，称为揭片。揭蛋白片要求准确掌握片的厚度和揭片时间，而烘干时间又取决于烘干时热水的温度。因此准确控制水温极为重要。揭片一般分 3~4 次揭完。通常，浇浆后 11~13 h（打油沫后 2~4 h），蛋白液表面开始逐渐地凝结成一层薄片，再过 1~2 h，薄片变厚约为 1 mm 时，即可揭第一层蛋白片。揭片时，双手各持竹镊子一个，夹住蛋白片一端的两角，由外边向上揭起，然后干面向上、湿面向下放置在藤架上，使湿面黏附着的蛋白液流入烘盘内。待湿面稍干后，湿面向外移到布棚上，搭成 “人” 字形进行晾白。第一次揭片后经过 45~60 min，即可进行第二次揭片。再经过 20~40 min，进行第三次揭片，一般可揭 2 次大片，余下揭得的为不完整的小片。当呈片状的蛋白片揭完后，盘内剩下的蛋白液继续干燥，取出放于镀锌铁盘内，送往晾白车间进行晾干，再用竹刮板刮去盘内和烘架上的碎屑，送往成品车间。最后，用鬃刷刷净烘盘内及烘架上的剩余碎屑粉末，这部分质量差，可集中存放，另行处理。

(5) 烘干时的水温。由上可见，烘干的关键是水温。水温的高低直接影响成品的颜色、透明度，甚至会出现蛋白质凝固现象，降低水溶性物质的含量。烘制时水温过低，不仅会延长烘干时间，而且不能消灭肠道致病菌，致使产品受到损失。因此，烘干过程中，一般按下列方法严格控制水流温度和蛋白液的温度。

① 浇浆开始时，水流架的进水口温度应保持在 56 ℃ 左右，出水口温度由于受凉浆的影响而降低，但逐渐升高。2 h 内，出水口水温保持 55 ℃。当浆液温度升高到 51~52 ℃，出水口处浆液温度为 50~51 ℃。浆液为浅豆绿色澄清状。

② 浇浆后 2~4 h，出水口处浆液温度上升到 52 ℃，浆液色泽同上。

③ 浇浆后 4~6 h，应使出水口处的浆液温度提高到 53~54 ℃，该温度保持到第一次揭片为止。这样的温度和时间亦可达到杀菌的目的。

④ 第一次揭片后，水温逐渐降低，须先将进水口的水温降到 55 ℃；第二次揭片时，再下降 1 ℃；到第三次揭片时，水温可降到 53 ℃。烘制过程不应超过 22 h，烘干过程应在 24 h 内结束。

3. 烘干工艺注意事项

(1) 水槽内的水面应高于蛋白液面。

(2) 烘制过程不应超过 22 h，烘干全程应在 24 h 内结束。

(3) 烘制车间的一切用具，使用前必须进行消毒。所用温度计必须经过校正，准确无误才能使用。

（4）烘干过程应有专人负责。每半小时记录一次（表 10 - 12）。

表 10 - 12 蛋白片烘干记录卡

项目	水流温度及蛋白液温度/℃															
水流层次	第一层				第二层				第三层				第四层			
进出口物料	进口		出口		进口		出口		进口		出口		进口		出口	
	水	蛋	水	蛋	水	蛋	水	蛋	水	蛋	水	蛋	水	蛋	水	蛋
日期、时间及温度																

六、晾　白

烘干揭出的蛋白片仍含有 24% 的水分，因此需有一个继续晾干的过程，俗称晾白。

晾白车间的四周装有蒸汽排管，保持车间所需的温度。车间内有晾白架，供放置绷布用。每个架有 6～7 层，每层间距 33 cm。

晾白方法：将晾白室温度调至 40～50 ℃，然后将烘干的大张蛋白片湿面向外搭成"人"字形，或湿面向上平铺在布棚上晾干。4～5 h 后，用手在布棚下面轻轻敲动，若见蛋白片有瓦裂现象，即为晾干，此时含水量大约为 15%，取出后放于盘内送至拣选车间。晾干时，根据蛋白片的干湿不同分别放置在距热源远或近的架上晾白。烘干时的碎屑用孔径 10 mm 的竹筛进行过筛。筛上面的碎片放于绷布上晾干，筛下的粉末可同时送到整理包装车间。

七、拣　选

晾白后的蛋白，送入拣选室，按不同规格、不同质量分别处理。

1. 拣大片　将大片蛋白捏成直径约 20 mm 的小片，同时将厚片、潮块、含浆块、无光片等拣出返回晾白车间，继续晾干，再次拣选。优质小片送入贮藏车间进行贮藏，挑出的杂质分别存放。

2. 拣大屑　清盘所得的碎片用孔径 2.5 mm 的竹筛筛去碎屑，与筛上晶粒分开存放。

3. 拣碎屑　烘干和清盘时的碎屑用孔径 1 mm 的铜筛筛去粉末，拣出杂质，分别存放。

4. 次品再处理　将拣出的杂质、粉末等用水溶解，过滤，再次烘干成片作降级品处理。

八、焐　藏

拣选后的干蛋片转入焐藏工序。焐藏是将不同规格的产品分别放在铝箱内，上面盖以白布，再将箱置于木架上 48～72 h，使成品水分蒸发或吸收以达水分平衡、均匀一致的过程。焐藏的时间与温度和湿度密切相关，因此要随时抽样检查含水量、打擦度、水溶物含量等，合格后进行包装。

九、包装及贮藏

干蛋白片包装是将不同规格的产品按一定比例搭配包装的，其比例是蛋白片 85%、晶粒 1%～1.5%、碎屑 13.5%～14%。包装用品是马口铁箱，铁箱容积为 50 kg。消毒后的铁箱晾干后衬上硫酸纸，按上述比例装入蛋白片，盖上纸和箱盖，即可焊封。然后再装入木箱，用钉固定，贴上商标。商标上应包括品名、规格、净重、工厂代号、批号、生产日期等信息。贮藏蛋白片用的仓库应清洁干燥、无异味、通风良好，库温在 24 ℃以下。

十、桶头、桶底的处理

为了减少废品率，提高利用率，在蛋白液发酵过程中的上浮物（俗称桶头）、沉淀物（俗称桶底）以及加工过程中所得的泡沫、次碎屑等均应适当处理和利用。

1. 桶头处理　在蛋白液发酵成熟放浆前，必须将上浮物（泡沫、黏液等）舀出放入缸内，搅拌均匀，静置使其澄清，放出澄清液，过滤，加氨水中和后，经烘干等一系列加工，制得产品，若质量好可搭配成品包装。余下的混合物加适当的水，搅拌 10～15 min，经约 10 h 的沉淀，取出澄清的蛋白水溶液，经过滤、中和、烘制而成产品，若气味不好则作为次品处理。

2. 桶底的处理　发酵蛋白液放出后，余下沉淀物为桶底，将桶底沉淀物加 1 倍水，搅匀后静置 12 h，上清液加氨水中和，烘制成产品，优质者可搭配包装。泡沫可自然放置，待泡沫消失后，过滤、中和、烘制而成产品。根据质量而处理。次屑可加 10 倍水，搅拌待溶，在低温下澄清，取出澄清液，烘制成次级成品。

十一、干蛋白片的标准

（一）干蛋白片的一般标准

1. 状态　晶片及碎屑。
2. 色泽　浅黄。
3. 气味　正常。
4. 杂质　无。
5. 打擦度　泡沫高度不低于 14.0 cm。
6. 碎屑含量　不高于 20%。
7. 水分　不高于 16%。
8. 水溶物的含量　不低于 9.0%。
9. 酸度　不高于 1.2%（以乳酸计）。
10. 肠道致病菌　不得存在。
11. 不得有由微生物引起的腐败和变质现象。

（二）鸡蛋白片的质量标准

鸡蛋白片是以鲜鸡蛋的蛋白，经加工处理、发酵、干燥制成的蛋制品。鸡蛋白片的卫生要求如下。
1. 感官指标　呈晶片状及碎屑状，均匀浅黄色，具有鸡蛋白片的正常气味，无异味和杂质。
2. 理化指标　应符合表 10 - 13 的规定。

表 10 - 13　鸡蛋白片理化指标

项目	指标	项目	指标
水分/% ≤	16	酸度/% ≤	1.2
脂肪/% ≤	—	汞（以 Hg 计）/(mg/kg) ≤	0.03
游离脂肪酸/% ≤	—		

3. 微生物指标 应符合表 10 - 14 的规定。

表 10 - 14 鸡蛋白片微生物指标

项目		指标	项目	指标
菌落总数/(cfu/g)	≤	—	致病菌（系指沙门菌）	不得检出
大肠菌群/(MPN/100 g)	≤	—		

第五节 蛋粉加工

蛋粉可分为全蛋粉、蛋黄粉和蛋白粉。蛋粉的加工主要是利用在高温短时间内使蛋液中的大部分水分脱去，制成含水量为 4.5% 左右的粉状制品。目前常用的脱水方法有离心式喷雾干燥法和喷射式喷雾干燥法两种，我国以喷射式喷雾干燥法为生产蛋粉的主要方法。

一、加工工艺

（一）蛋粉加工工艺流程

蛋粉即以蛋液为原料，经干燥加工除去水分而制得的粉末。近年来功能性专用蛋粉，市场前景较好。蛋粉种类很多，但基本的加工方法相似，其加工工艺流程见图 10 - 17。

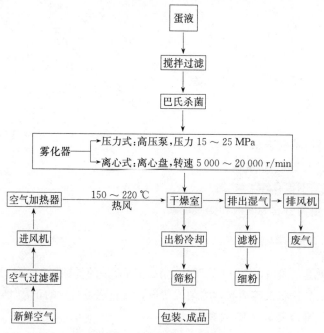

图 10 - 17 蛋粉加工工艺流程

（二）蛋粉加工工艺步骤

1. 蛋液的搅拌过滤 蛋液经搅拌、过滤以达除去碎蛋壳、系带、蛋黄膜、蛋壳膜等杂质，使蛋液组织状态均匀的目的，否则易于堵塞喷雾器的喷孔和沟槽，有碍喷雾工作的正常进行，而且会造成产品水分含量不均匀。

搅拌过滤设备和方法与冰蛋生产相同，为了更有效地滤除杂质，除用机械过滤外，喷雾前再用细筛过滤，使工艺顺利进行并提高成品质量。

2. 巴氏杀菌 巴氏杀菌方法同冰蛋加工。蛋液温度经过64～65 ℃，3 min灭菌，将杂菌和大肠杆菌基本杀死。杀菌后立即贮存于贮蛋液槽内，并迅速进行喷雾。如蛋黄液黏度大，可少量添加无菌水，充分搅拌均匀，再进行巴氏杀菌。

3. 喷雾干燥

（1）喷雾干燥设备：喷雾干燥设备主要包括雾化器、干燥室、空气过滤器、空气加热器、滤粉器、出粉器。

① 雾化器：压力喷雾法的雾化器包括高压泵、喷嘴和喷射管等。

高压泵是一种柱塞式泵，泵内有三个并联的工作活塞，所以称为"三联泵"或"三柱塞往复泵"。蛋液经由高压泵送到喷雾干燥室。

喷嘴和喷射管是将蛋液喷成雾状微粒的机械装置。喷射管的一端与蛋液输送管相接，末端接喷雾嘴，安装在干燥室的正面。蛋液借高压泵的压力，成切线角度从喷雾嘴喷出，形成雾滴，喷雾压力范围为15～25 MPa。喷嘴孔径为0.6～1.0 mm。喷雾压力越大或喷孔越小，喷成的蛋粉颗粒越细。

喷嘴有两种类型，即S型和M型。S型喷嘴容易制造，但喷出时所形成的雾化角度小，雾层较厚，不利干燥。M型喷嘴制造困难，但喷出时所形成的雾化角度大，雾层薄，有利于雾滴的干燥。另外，喷射角度的大小还受喷嘴孔径、蛋液浓度、压力大小的影响，喷嘴用不锈钢或人造宝石制成。

离心喷雾干燥的雾化器是离心喷雾盘。蛋液由空心的转轴进入高速旋转的离心喷雾盘，然后喷成雾状。喷雾盘的直径为160～180 mm，转速为5 000～20 000 r/min。一般为不锈钢或铝合金制成。

② 干燥室：干燥室为喷雾干燥的主体，是蛋液在干燥室内进行雾化、热交换而成为干粉末的场所。干燥室由热风分配器和干燥塔组成。各种喷雾干燥室示意见图10-18。

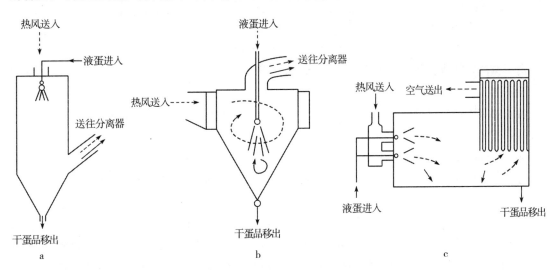

图10-18 各种喷雾干燥室结构示意

a. 垂直型 b. 混合型 c. 水平型

热风分配器设在干燥塔的前端，使进入干燥室的热风均匀分布，不产生涡流，使传热充分而不产生焦粉。

干燥塔外形可分为卧式或立式。离心喷雾法的干燥塔为立式，而压力喷雾法的干燥塔可用立式或卧式。在旋风式干燥室中，气流可与喷出的蛋液呈顺流式或逆流式，或者与雾状的蛋液混在热风气流中。实践证明，顺流式由于高温的干热空气与含水量最高的微滴接触，所以微滴干得快，热对微滴的理化性质影响小。

干燥塔的外形虽然不同，但结构基本相似，均设有雾化器入口、热风入口、废气出口、清扫门、出粉口、灯视孔及温度表等。干燥塔建造的原材料多用钢架，内壁为 2～3 mm 厚的不锈钢板或马口铁，外皮可用不锈钢板、镀锌板或铝板。中间有保温材料，如石棉、玻璃棉、木屑、稻壳均可，厚度为 25～100 mm。

干燥塔的大小，根据年生产量、设备能量和喷头数量等计算。

③ 空气过滤器：喷雾干燥蛋液微滴所用的热风必须是清洁的空气，故要用空气过滤器过滤除去肉眼看不见的灰尘杂质。目前，所使用的空气过滤器多用中孔塑料泡沫做成滤层，上面涂上食用油，以便提高过滤效果。滤层是由数块滤块合成一体，这样便于清洗。每块厚 10～100 mm，每块重 11 kg，适用于空气灰尘浓度小于 20 mg/m³ 的空气过滤，效率达 95％～98％。

空气过滤器的作用范围要求每平方米的过滤面积每分钟能处理 100 m³ 空气，通过过滤层的风速应控制在 2 m/s 左右。但长期使用后，过滤层会污染，导致进风阻力增大，效率降低，使成品杂质度增高，故过滤板应定期清洗或更新。空气过滤器也可用不锈钢丝绒喷上无毒、无味、挥发性低、化学稳定性高的轻质锭子油，效果也很好。

④ 空气加热器：空气加热器又称为空气预热器。其作用是将过滤后而送入干燥塔的空气加热，使其达到最适温度，以雾化微滴干燥成粉末状送入干燥塔。蒸汽间接加热空气的空气加热器，是由多块蒸汽散热管组成。排管一般用紫铜制成。管外套绕有散热翅片，片间为空气通道，管内通蒸汽使之加热。一般加热空气温度达 150～160 ℃时，需要 0.7～0.8 MPa 的蒸气压，其相应关系见表 10-15。

表 10-15 加热空气温度与蒸气压的关系

加热空气温度/℃	140	150	160	170	180	190	200
加热蒸气压/MPa	0.4	0.54	0.73	0.95	1.2	1.6	2.0

由于蒸汽散热排管的总传热系数低，所以喷雾干燥室内每小时每蒸发 1 kg 水分，需要空气加热器面积为 1.2～1.8 m²。

蛋粉喷雾干燥进风温度一般以 140～170 ℃为宜。温度过低，产品水分偏高；反之，产品水分过低，甚至颜色深，还容易出现焦粉，增加杂质度，降低溶解度。

⑤ 滤粉器：滤粉器又称为捕粉器，用来收集喷雾干燥室排出的气流中所夹杂的极细蛋粉微粒。这部分极细粉量可达成品的 10％，因而必须回收。常用的滤粉器有两种，即袋滤器和旋风分离器。

袋滤器又称为布袋跳车，是由数十只布袋组成。袋呈圆筒形，直径仅为 150～250 mm，长 1.5～2 m，袋底悬挂在曲柄杠杆上，袋的开口向下直立，与干燥室相连通。带有蛋粉细粒的废气由下口进入袋内，废气通过布层而粉粒则留在袋内。捕粉器捕粉效率达 98％～100％，但清洗不便。

旋风分离器可将带有细粉的废气，经旋转运动借离心力的作用使粉和废气分开。此设备简单，操作方便，但回收率不高，特别是 5～10 μm 以下的极细粉不易捕净。

⑥ 出粉器：由筒形外套和带有螺旋叶片的旋轴组成。开动电机时，轴转动而推粉前进。

（2）喷雾干燥的方法。

① 压力喷雾干燥法：压力喷雾干燥法生产蛋粉，目前多采用水平顺流式干燥法，见图 10-19。

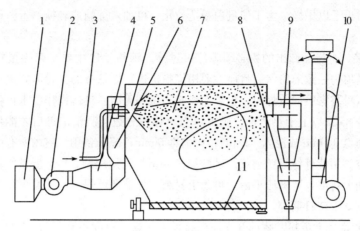

图 10-19　水平式顺流压力喷雾干燥流程

1. 空气过滤器　2. 进风机　3. 高压导管　4. 空气加热器　5. 喷嘴
6. 分风箱　7. 干燥箱　8. 贮斗　9. 旋风分离器　10. 排风机　11. 搅龙

　　蛋液经搅拌过滤、巴氏杀菌后，打入贮蛋液罐，再用高压泵将蛋液在 15~25 MPa 的压力下，经喷嘴喷出呈雾化状。雾滴与经空气过滤器过滤和加热器加热的热风进入干燥室后，热空气和雾滴在干燥室内进行热交换，蛋液即干燥呈粉末。干燥后的粉末大部分落入干燥室底部，另一部分随热风进入捕粉器，粉末落入贮斗，蒸发出来的水分经排风机排出。蛋粉经出粉器送出干燥箱。

　　② 离心喷雾干燥法：蛋粉生产用离心喷雾干燥，普遍采用尼罗式喷雾干燥设备，见图 10-20。离心喷雾的干燥塔多用立式干燥塔，塔的顶部中央安装离心机斗和分风箱。蛋液由蛋液输送泵送入干燥塔中央部，在离心盘的强大离心力的作用下，呈雾状喷出形成雾滴。另外，吸入的空气经过滤加热成热风送入干燥室，这样蛋液雾滴与热空气进行交换，干燥成粉末落到塔底部，由蛋粉输送器送出。混入废气中的细粉，经捕粉器收集废气由鼓风机排出室外。

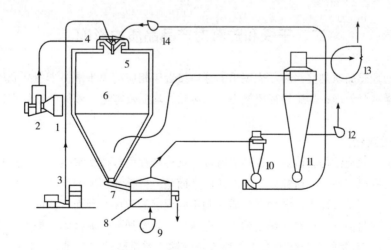

图 10-20　尼罗式离心喷雾干燥设备流程

1. 空气过滤器　2. 鼓风机　3. 蛋液泵　4. 分风箱　5. 离心盘　6. 喷雾干燥塔
7. 振动输粉机　8. 流化床式冷却床　9. 冷风机　10. 小旋风分离器　11. 主旋风分离器
12. 排风机　13. 主旋风分离器排风机　14. 回收细粉的输粉风机

　　4. 二次干燥　某些喷雾式干燥装置进行二次干燥，以使水分降至最低限度。其方法为将制品堆积在热空气中，使水分再次蒸发。

　　5. 蛋粉造粒化　为了使干燥后的蛋粉速溶，需要将干燥的蛋粉富集。通常采用的方法是先加水使蛋粉回潮后再予以干燥，为了使蛋白粉造粒化，可加入蔗糖或乳糖。蛋白粉造粒化后在水中即能迅速分散。

6. 筛粉、包装 干燥后卸出的粉必须晾凉后过筛。筛粉工序主要是筛除蛋粉中的杂质和粗大颗粒，使成品呈均匀一致的粉状。目前主要用筛粉机进行。筛过的蛋粉需要进行包装，包装通常用马口铁箱。蛋粉装满后加盖焊封。包装操作必须做到无菌。具体操作要求：将检查合格的铁箱，内外擦净，经 85 ℃以上干热消毒，或用 75%（体积分数）酒精消毒后才能使用。衬纸（硫酸纸）需经蒸汽消毒 30 min 或浸入 75%酒精内消毒 5 min，晾干备用。室内所有的工具用蒸汽消毒 30 min。室内空气用紫外线灯照射或用乳酸熏蒸。蛋粉采用净装 50 kg 蛋粉的长方形马口铁箱包装，在铁箱内铺上衬纸，装满压平后，再盖上衬纸，加盖即可焊封，外面再用木箱包装，印上商标、品名、净重及生产日期等。

7. 干蛋粉的贮藏 干蛋粉贮藏的仓库应保持低温干燥。温度不宜超过 24 ℃，最好在 0 ℃的冷风库中贮存。蛋粉中含有维生素 A，尤其蛋黄中含量更多，维生素在空气中易于氧化，在日光照射下易被破坏。因此，蛋粉应贮藏在暗处，否则会造成蛋粉维生素损失、颜色劣变、成品质量下降。同时应严格控制仓库湿度，一般不应超过 70%。湿度大，蛋粉易吸潮，贮藏期会大大缩短。贮藏蛋粉的仓库不得同时存放其他有异味的产品，贮存前库内应预先进行清洁消毒。贮存蛋粉的垛下亦应加垫枕木，木箱之间和箱与墙壁之间均应留有一定的距离，垛与垛之间应留有通风道，使空气流通良好。

8. 喷雾干燥中温度的控制 蛋粉生产过程中，喷雾干燥工序极为重要，为使产品的含水量、色、味正常，组织状态均匀，必须将喷液量、热空气温度、排风量 3 个方面配合好。在保证质量的前提下，适当提高蛋粉温度，以达杀菌目的，特别是消灭肠道致病菌。

一般在未喷雾前，干燥塔的温度应在 120～140 ℃，喷射后温度下降为 60～70 ℃。在喷雾过程中，热风温度应控制在 150～200 ℃，蛋粉温度在 60～80 ℃。这样蛋粉的色、味正常，含水量才能合乎质量标准。

二、干燥和贮藏对产品品质的影响

干燥蛋品的理想品质是复水时，表现出的性质接近于相应的原蛋液。干蛋品品质可能受下列因素影响：干燥本身处理；加工过程机械力，如泵轴、均质及雾化；液体的热处理；干燥器的热处理等。

1. 功能特性变化

（1）打擦度。起泡性是蛋清的重要功能特性，这种特性用打擦度来表示。当搅拌蛋液时会产生泡沫，并且具有稳定性。经研究认为，泡沫内表面是由折叠并延展的蛋白质构成，形成气体和液体的分界面。在干燥过程中，各种蛋白质受到不同程度的破坏，因而打擦度往往会降低。为了改进干蛋白制品的打擦度，可在干燥前加入一定量的化学添加剂，如盐类、糖类（蔗糖、玉米糖浆）、助打擦剂等。常用的助打擦剂有十二烷基硫酸钠、柠檬酸钠三乙酯、三乙酸甘油酯、多聚磷酸钠等，使用量为 0.1%。

蛋白液中如果混入蛋黄液，所得干燥成品的打擦度将受到很大影响，因此可以加入脂肪分解酶分解蛋黄中的脂肪，从而改进产品的打擦度。

（2）乳化力。蛋黄液、全蛋液和蛋白液都是良好的乳化剂，其中蛋黄液乳化效果是蛋白液的 4 倍，这主要是由卵磷脂决定的。

（3）凝固性。正常干燥不应使成品失去凝固特性，但如果干燥温度过高或贮藏条件不良，全蛋、蛋黄等则会失去溶解性，有葡萄糖存在时，这种损失更严重。加糖、盐可对蛋的凝固性起保护作用。

(4)风味。葡萄糖存在是风味变化的重要原因。另外，加工过程中也可能因其他原因引起异味，如用酵母发酵可能带来酵母味。全蛋或蛋黄的风味稳定性可以通过加蔗糖、玉米糖浆来改善。贮藏期间可采用充气（如 N_2、CO_2）或除氧包装保持其风味。

(5)营养。蛋品在正常干燥条件下，营养损失变化很小，风味正常。

(6)色泽。正常干燥或贮藏条件下，全蛋或蛋黄的色泽保持不变。但干燥时若过热，色素易氧化而使蛋品色泽变浅。另外，未脱葡萄糖的蛋品，过热加工会发生褐变。

2. 物理变化 干蛋品的物理变化主要是黏度的变化。当干燥温度过高时，干蛋品复水后的黏度会迅速增加，并与温度成正比。如蛋黄喷雾干燥时，出口温度为 60 ℃，复水后的黏度为 3 Pa·s；出口温度为 107 ℃，复水后的黏度高达 8 Pa·s。

3. 微生物变化 巴氏杀菌干蛋品一般经过两次热处理，全蛋液在干燥前进行巴氏杀菌，而蛋白液常在干燥后巴氏杀菌，这样形成了间歇式杀菌，因此杀菌效果良好，能确保产品中微生物数量很低。

为了保证产品中细菌数量少并无致病菌，在不影响品质的前提下，可适当提高干燥温度，延长出粉时间。在生产中如发现细菌数高，大肠杆菌值太高或发现有致病菌如沙门菌时，应采取干热灭菌法处理。

三、几种蛋粉的卫生标准

巴氏杀菌鸡全蛋粉是以鲜鸡蛋经打蛋、过滤、巴氏低温杀菌、喷雾干燥制成的蛋制品。鸡蛋黄粉是以鲜鸡蛋的蛋黄，经加工处理、喷雾干燥制成的蛋制品。几种不同蛋粉的卫生要求如下：

1. 感官要求 应符合表 10-16 的规定。

表 10-16 感官要求

品　种	指　标
巴氏杀菌鸡全蛋粉	呈粉末状或极易松散的块状，均匀淡黄色，具有鸡全蛋粉的正常气味，无异味、无杂质
鸡全蛋粉	呈粉末状或极易松散的块状，均匀黄色，具有鸡全蛋粉的正常气味，无异味、无杂质
鸡蛋黄粉	呈粉末状或极易松散的块状，均匀黄色，具有鸡蛋黄粉的正常气味，无异味、无杂质

2. 理化指标 应符合表 10-17 的规定。

表 10-17 理化指标

项　目	指　标		
	巴氏杀菌鸡全蛋粉	鸡全蛋粉	鸡蛋黄粉
水分/% ≤	4.5	4.5	4.0
脂肪% ≥	42	42	60
游离脂肪酸% ≤	4.5	4.5	4.5
汞（以 Hg 计）/(mg/kg) ≤	0.03	0.03	0.03

3. 微生物指标 应符合表 10-18 的规定。

表 10 - 18　微生物指标

项　　目		巴氏杀菌鸡全蛋粉	鸡全蛋粉	鸡蛋黄粉
细菌总数/(cfu/g)	≤	10 000	50 000	50 000
大肠杆菌/(MPN/100 g)	≥	90	110	40
致病菌（指沙门菌）		不得检出	不得检出	不得检出

四、速食鸡蛋粉的加工方法

为了适应社会需要，近年来人们大量研究了用鸡蛋制造方便、即食的特殊食品，如煎鸡蛋粉、炒鸡蛋粉、鸡蛋汤用鸡蛋粉及烹调用蛋粉等。下面介绍日本专利的一种新型鸡蛋汤用蛋粉加工方法。

1. 加工配方　首先制出全蛋粉和蛋白粉。将全蛋液或蛋白液混合均匀，经均质、脱糖，在正常条件下喷雾干燥，得到干燥全蛋粉或蛋白粉。按以下配方混合：全蛋粉 14.0 kg、蛋白粉 6.0 kg、碳酸氢钠 0.43 kg、酒石酸钾 0.97 kg、60 目面包粉 10.0 kg、调味料少许。

将上述粉末混合，即成为速食蛋粉，其使用特点是该混合粉不必先溶于水中调制，而是可以直接投入热水中，蛋粉便会迅速扩散，受热凝固，形成鸡蛋汤样的小块状。这种速食蛋粉对其成分有一定比例要求。

2. 加工要点

（1）全蛋粉和蛋白粉的用量。全蛋粉与蛋白粉的比例是（5~7）:（3~5）。如果全蛋粉的添加量过高，则鸡蛋的热凝固作用弱，制品投入热水中时，几乎不能形成小块状；如果蛋白粉的添加量过高，则鸡蛋粉的热凝固作用强，制品投入热水中凝固明显，但口感上无弹性。

（2）膨松剂用量。膨松剂用量是全蛋粉与蛋白粉混合物总量的 1.5%~6%。添加量过低时，最终制品投入热水后无松软的口感；添加量过高时，会产生许多气泡，而且出现膨松剂特有气味。常用的膨松剂有碳酸钠、碳酸氢铵、碳酸氢钠等，也可将碳酸钠与铵矾、氯化铵、葡萄糖酸内酯、酸性焦磷酸钙、酒石酸氢钾等加工成合成膨松剂。

（3）分散剂用量。分散剂用量是全蛋粉与蛋白粉总量的 30%~80%。分散剂的添加量过高，速溶粉中的全蛋粉、蛋白粉会分别分散在热水中，凝固成小颗粒状，不能形成碎块状。在使用糖类、淀粉水解物等可溶性物质作分散剂时，这种现象尤为明显。如果多孔质粉末等不溶性物质用量过大，则会口感粗糙。分散剂的添加量过低，制成品在热水中会形成疙瘩。常用的分散剂有乳糖、葡萄糖、蔗糖或淀粉水解生成物、面包粉、冻豆腐粉和组织状植物蛋白粉等多孔质粉末物质。

✏️ **复习思考题**

1. 名词解释：干燥蛋制品、蛋白液的发酵、蛋白片、蛋粉、焙藏。

2. 干蛋制品加工中为什么要进行脱糖？脱糖的方法和原理是什么？

3. 在生产干蛋白时，如何鉴定蛋白液的发酵是否成熟？

4. 蛋白液为什么要进行中和？

5. 简述蛋白片的加工工艺及操作要点。

6. 简述蛋粉的加工工艺、质量控制途径及原理。

CHAPTER 11 第十一章

蛋品饮料加工

学习目的与要求

　　掌握蛋乳发酵饮料的定义、工艺及操作要点；了解蛋乳发酵饮料生理功能；掌握鸡蛋酸奶的营养价值及生理功能；重点掌握凝固型鸡蛋酸奶的制备工艺及操作要点；掌握蛋液冰食冷饮制品的制备方法；了解加糖鸡蛋饮料、蜂蜜鸡蛋饮料、醋蛋功能饮料、干酪鸡蛋饮料、蛋黄酱饮料、蛋清肽饮料的制作方法。

第一节　乳酸发酵蛋品饮料

一、蛋白发酵饮料

蛋白是一种容易消化而且氨基酸比例平衡的蛋白质胶体溶液，含有抗菌成分，是生产功能性蛋白饮料很好的原料。但蛋白质加热后容易变性凝固，加之溶菌酶的杀菌、抑菌作用，给生产饮料带来很大困难；用作医药原料其抗生素含量较低，提取也很困难，因此蛋白利用受到很大限制。随着科学技术的进步，上述问题的解决取得了很大的进展。

蛋白发酵饮料的制造方法为：在鸡蛋蛋白液中加入 0.5%～10% 的蛋黄，或用皂土吸附法和其他抽提法除去蛋白液中的溶菌酶，可以防止蛋白液在杀菌过程中的热变性凝固，还可大大降低溶菌酶对乳酸菌的抑制作用。蛋黄用量不低于 0.5%，否则处理效果不好；蛋黄用量大于 10% 时，由于蛋黄比例增大，不仅蛋白的特性失去，而且蛋白的作用也会降低。经上述处理的蛋白液，可直接使用或加糖（蔗糖、葡萄糖或乳糖等）使用。加糖量不得超过 10%。然后蛋白液于 50～60 ℃加热 20～30 min。为了彻底杀菌，可采用间隔杀菌法。蛋白液灭菌后，接种乳酸菌进行乳酸发酵。接种之前须用盐酸或有机酸等调节 pH，使其达到乳酸发酵最适宜的 pH。

[例 11-1] 在蛋白液中，按表 11-1 的比例加入蛋黄，搅拌混合均匀后，分装在 30 个 100 mL 容量的无菌瓶中，每瓶装 50 mL，于 52～55 ℃水浴灭菌 30 min 后，置于室温下。第二天进行同样条件的加热灭菌，并用盐酸调节 pH 为 6.8～7.0。然后接种乳酸菌，在最适宜的温度下培养 18 h，即制成味道芳香、酸味柔和的蛋白液饮料。常用乳酸菌及其发育的最适宜温度分别为：乳酸链球菌 30～35 ℃，乳酪链球菌、丁二酮乳酸链球菌、柠胶明串珠菌以及戊糖串球菌均为 30 ℃，嗜热链球菌、嗜热乳酸杆菌、保加利亚乳杆菌、酪乳杆菌以及嗜酸乳杆菌均为 40～45 ℃。

表 11-1　蛋白和蛋黄的配比

成　分	编　号				
	1	2	3	4	5
蛋白量/%	99	98	97	95	90
蛋黄量/%	1	2	3	5	10

[例 11-2] 蛋白液搅拌混合后，按常法用 10% 皂土进行吸附处理，以除去所含溶菌酶，然后分装在 5 个上述无菌瓶中，并进行同样条件的灭菌处理。尔后，分别接种乳酸菌，在最适宜的温度下发酵 18 h，即得芳香的、酸味柔和的发酵蛋白液饮料。其 pH 和活菌数见表 11-2。

表 11-2　发酵蛋白液饮料的 pH 和活菌数

乳酸菌添加量	pH	活菌数/（个/mL）
粪链球菌 2%	5.20	4.1×10^8
嗜热链球菌 2%	5.45	1.3×10^8
嗜酸链球菌 2%	4.95	2.6×10^8

乳酸菌添加量	pH	活菌数/（个/mL）
干酪乳杆菌 2%	5.30	1.5×10^8
粪链球菌 1.5%	5.05	2.0×10^8

[**例 11-3**] 蛋白液搅拌混合后，用皂土吸附法除去溶菌酶，分装在 3 个无菌瓶中。为了促进发酵正常进行，各加入 3% 蔗糖、葡萄糖或乳糖，加热灭菌 30 min，灭菌 3 次，然后用酸调节 pH 到 6.8～7.0。接种可用脱脂奶培养基活化的粪链球菌种液 3%，并于 37～40 ℃ 培养 20 h，即得酸味柔和的蛋白液发酵饮料。其 pH 和活菌数见表 11-3。

表 11-3 加糖发酵蛋白液饮料的 pH 和活菌数

糖类	pH	活菌数/（个/mL）
蔗糖	4.60	4.0×10^8
葡萄糖	4.40	3.2×10^8
乳糖	4.74	3.7×10^8

二、蛋乳发酵饮料

鸡蛋在加热时易变性，因此，鸡蛋在饮料方面的应用受到一定限制。但如果加入 50% 以下的牛乳，于一定温度下灭菌一次或几次，再用乳酸菌进行发酵，就可制成无损于营养成分又没有其他异味的蛋乳发酵饮料。所用鸡蛋可用全蛋液、蛋黄液，奶可用全脂奶、脱脂奶、炼乳、奶粉等。加乳量不应超过 50%，否则会失去蛋的特性。蛋液中最好再加糖 5%～15%，如蔗糖、葡萄糖或乳糖等，根据需要还可以加洋菜、色素、香料和稳定剂等。

上述原料配成的混合液于 50～80 ℃ 加热灭菌 10～40 min。为了灭菌彻底需加热两三次、杀菌后冷却到 30～40 ℃。还可用盐酸或者有机酸调 pH 6.5～7.0，按常规法发酵即成蛋乳饮料。此类饮料可加入稳定剂、色素和香料，均质后用无菌水稀释到适当浓度，即制成低浓度发酵饮料。具体方法为：将鸡蛋全蛋液搅拌均匀后，加适量乳，放入 500 mL 的无菌瓶内，加棉塞灭菌后冷却，用盐酸调 pH 到 6.5～7.0，接种 3% 的嗜酸乳杆菌种液，发酵后取 20 份加糖 15 份、稳定剂 0.4 份、水 64.6 份、香料适量，混合均匀后再加热灭菌，制成低浓度蛋乳饮料。如用蛋黄液，则取 200 g 加适量乳，加水 200 mL、蔗糖 4 g，搅拌均匀后放在无菌瓶中，塞好棉塞，灭菌后，接种用脱脂乳培养的粪链球菌种液 3%，在 37～40 ℃ 下进行发酵；取此发酵蛋液 25 份，加蔗糖 20 份、稳定剂 0.4 份、水 54.6 份、适量红色色素和香精，搅拌混合后加热灭菌，制成低浓度发酵蛋黄乳饮料。如此类饮料不经水稀释，则制品称为蛋酸乳酪。

1. 鸡蛋乳发酵饮料的制作方法

（1）原料。新鲜鸡蛋、牛奶、脱脂奶粉、糖（白砂糖或蔗糖）、乳酸菌（保加利亚乳杆菌和嗜热链球菌）、稳定剂、香精、饮用水。

（2）工艺过程。

鸡蛋液→加水搅拌→杀菌 ⎫
                              ⎬→过滤→冷却→接种→灌装→发酵→冷却→成品
牛奶→加糖浆→搅匀→均质→杀菌→搅匀 ⎭

（3）加工方法 。

① 糖浆的制备：3%酸性羧甲基纤维素（CMC）与白砂糖干搅混匀后，加 60～70 ℃ 热开水溶解备用。

② 蛋液的处理：将新鲜鸡蛋消毒后去壳，取其蛋液，充分搅拌均匀，加适当水混匀，加热至 65～70 ℃，保温 20～30 min 杀菌。

③ 牛奶混合液的处理：取 0.5%的脱脂奶粉与白砂糖混匀，加适当水溶解成奶糖液。将 25%的脱脂奶加热至 50 ℃，然后将奶糖液和 CMC－Na 糖浆加入热奶中，不断搅拌使其溶解，进行均质，均质后再将牛奶混合加热至 90 ℃，保温 10 min 杀菌，冷却至 70 ℃备用。

④ 接种发酵：将蛋液和牛奶混合液混合，搅匀过滤，冷却至 45 ℃左右加 3%的发酵剂，拌匀后加盖，置于 40～45 ℃的温度下发酵 3 h 取出，冷却至 4 ℃，调节 pH 在 3.8～4.0。

2. 鸡蛋多肽发酵乳饮料

（1）工艺过程。

鸡蛋水解液 ┐　　乳酸菌纯培养物→活化→发酵剂
　　　　　　├→混匀→均质→杀菌→冷却→接种→发酵→发酵蛋乳→配料→
鲜乳→加糖和脱脂乳粉 ┘

均质→杀菌→成品←冷却←灌装

（2）制作方法。将已发酵好的蛋乳酸奶稀释 2.5 倍，加入稳定剂、糖、酸混匀，于 15～20 MPa下均质，非活菌型的乳酸菌饮料灌装后于 85 ℃、15～20 min 水浴灭菌（以延长成品的保质期），冷却后即为成品。饮料中糖酸的用量分别为：糖 12%、酸 0.2%，按此糖酸比例所调制的饮料酸甜可口，具有酸乳的香味；羧甲基纤维素钠（CMC－Na）与藻酸丙二醇酯（PGA）复配作为饮料的稳定剂，稳定效果比单独使用琼脂、CMC－Na 好。

3. 蛋酸乳酪生产实例

[例 11－4] 取鸡蛋全蛋液 5.6 份。混合均匀后再加入甜炼乳 2 份和水 1.5 份，混合于 60～70 ℃水浴中加热 30 min，然后冷却至 40 ℃。接种 2%嗜酸乳杆菌种液和 1%保加利亚乳杆菌种液，混合均匀后装入无菌瓶中于 37～40 ℃发酵，即制成芳香、酸味柔和的酸乳酪饮料。其 pH 为 4.2、活乳酸菌菌数为 3.2×10^3 个/mL。

[例 11－5] 取蛋白液 5 份、牛奶 4 份、蔗糖 1 份，再加 0.2%洋菜。混合后于 65 ℃加热灭菌 30 min，然后冷却至 40 ℃，接种 1.5%粪链球菌种液和 1.5%保加利亚乳杆菌种液。混合均匀后，分装于无菌瓶内于 37～40 ℃进行发酵，即制成芳香、酸味柔和的酸乳酪饮料。

[例 11－6] 取蛋黄液 5 份、脱脂奶粉 1 份、蔗糖 1 份、水 3 份，混合均匀后于 80 ℃水浴加热灭菌 10 min，冷却至 40 ℃，接入 3%干酪乳杆菌种液，再分装到无菌瓶内于 37～40 ℃进行发酵，即制成淡黄色、芳香、酸味柔和的酸乳酪饮料。

三、鸡蛋发酵饮料

鸡蛋发酵饮料是以新鲜鸡蛋为主要原料，经乳酸菌发酵而成的一种新型饮料。由于在鸡蛋发酵饮料的配料中一般有一定量的乳品，因此，又称其为蛋乳饮料。鸡蛋发酵饮料由于采用了营养价值较高的蛋、乳为主要原料及采用乳酸菌发酵工艺，从而使其含有丰富的营养成分，同时 B 族维生素的含量较所用原料还要高，而且易被人体消化吸收，具有一定的防治胃肠道疾病的功效，因此，是一种高营养功能性食品。

鸡蛋液与牛奶按一定比例配合，通过乳酸菌发酵所制成的饮料，颜色浅黄，黏度较低，组织状态均匀，口感清香醇厚、酸甜，无蛋腥味，目前在我国鸡蛋发酵饮料的生产工艺及配方尚未定型，故这里仅就其加工的基本情况做些介绍。

1. 工艺流程

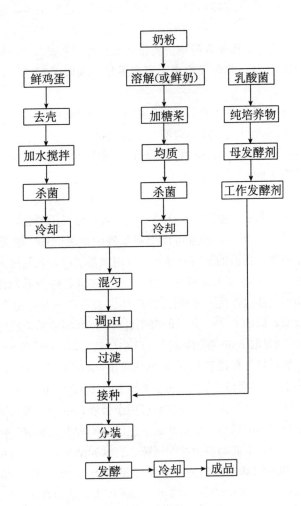

2. 发酵剂制备

（1）菌种的选择。可用于鸡蛋发酵饮料生产的乳酸菌种类较多，如嗜热链球菌、乳酸链球菌、保加利亚乳杆菌等。目前应用最多的是保加利亚乳杆菌和嗜热链球菌，且多为混合使用，其混合比例大体上为1∶1，接种量为2.5%～3.0%，其原因在于这两种菌的特性较为近似。嗜热链球菌最适生长温度为40～45℃，保加利亚乳杆菌为40～50℃，耐盐均为2.0%，前者产酸为0.8%～1.0%，后者产酸为1.5%～2.0%。这两种菌在发酵时有良好的配合性，且产品风味较好。

（2）培养基制备。在发酵剂制备前，需先制备培养基，应制备的培养基有脱脂牛乳培养基和蛋白胨葡萄糖培养基。

脱脂牛乳培养基制备：取新鲜牛乳1 000 mL，盛于三角烧瓶内，放入阿诺流动蒸汽灭菌器内加热30 min，冷却后放入冰箱内，1周后，乳脂上浮，取下面的牛乳，便是脱脂乳。脱脂乳无菌操作分装于试管或小三角烧瓶内，高压灭菌备用。或用离心法进行脱脂后，杀菌备用。

蛋白胨葡萄糖培养基制备：蛋白胨10 g，葡萄糖10 g，酵母膏30 g，氯化钠50 g，蒸馏水1 000 mL。制法是将上述成分混合搅匀，加热助溶，调节pH至2.0±0.1，分装，于121℃高压灭菌15 min，取出备用。

为了使培养物适应在鸡蛋液中生长繁殖，在培养基内加入适量无菌鸡蛋液。

（3）母发酵剂制备。用无菌吸管吸取适量纯培养物，接种于脱脂牛乳培养基或蛋白胨葡萄糖培养基内，37℃培养18 h左右，取该培养物反复接种两三次，使发酵菌保持一定的活力，然后用于调制发酵剂。

（4）发酵剂制备。无菌操作取母发酵剂接种于脱脂牛乳培养基或蛋白胨葡萄糖培养基内，接种量为培养基的1%～2%。充分搅拌均匀，置于所需温度下进行培养，达到菌群旺盛，取出放入冰箱内备用。

（5）发酵剂的质量要求。乳酸菌发酵剂的质量必须符合下列要求（以脱脂牛乳培养基为准）：

① 凝乳块应有适当的硬度，均匀而细滑，富有弹性、表面无变色、龟裂，不产生气泡及乳清分离等现象。

② 具有优良的酸味和风味，不得有苦味、腐败味、酵母味等异味。

③ 凝块完全，粉碎后质地均匀、细致滑润，不含块状物。

④ 按上述方法培养后，在规定时间内产生凝固，无延时凝固现象，测验时（滋味、强度、挥发酸、感官）符合规定指标。

3. 配料及相关工艺

（1）乳品用量及处理。鸡蛋发酵饮料生产可用鲜牛乳，也可用脱脂乳、炼乳、乳粉等。添加一定量乳品有利于乳酸菌生长繁殖，而且可以增强蛋液的抗凝固性，改善产品的风味和营养价值。乳品加入量因乳品品种及蛋液的不同而异。一般用鸡蛋清时，乳品加入量要少些；用鸡蛋黄时，乳品加入量可多些。鲜牛乳加入量可控制在10%～50%，脱脂乳粉添加量为30%～50%，但不论用何种乳品，均不宜超过50%，否则会使产品失去蛋的风味，也会影响产品的色泽及组织状态。有试验结果表明，以加25%～30%的鲜牛乳和1.5%的脱脂奶粉配合，效果较好。

乳品混合液的制备方法是取1.5%脱脂奶粉与1/2白砂糖混匀，加适量水溶解成乳糖液。将25%的脱脂乳加热至50℃，然后将乳糖液和CMC加到热乳中，不断搅拌，使其均匀，再在温度50℃、14.7～19.6 MPa压力下均质，然后将乳品混合液加热至90℃保持10 min杀菌，冷却至70℃备用。

（2）鸡蛋液用量及处理。加工鸡蛋发酵饮料可用全蛋液，也可用蛋白液或蛋黄液，但目前多用全蛋液。蛋液的用量对产品的风味、组织状态、色泽等均有重要影响。蛋液用量过多，会使产品浓稠、腻口；但用量过少，则显不出蛋品的风味。有试验结果表明，加6.5%～7.0%的蛋液所制得的产品色泽、风味和组织状态均较好。若蛋液量少于6.0%，则产品蛋味不足，黏稠度偏低；而当蛋液量高于8.0%时，则产品蛋味浓重、黏稠度大，适口性不好。

在将蛋液与其他配料混合前，要对蛋液做如下处理：将鲜鸡蛋清洗消毒后去壳，对蛋液进行充分搅拌，使其均匀，加入适量水混匀，再加热至65～70℃，保持20～30 min杀菌。蛋液灭菌温度不宜低于50℃，否则不能杀灭细菌，特别是沙门菌等致病菌；但也不能高于70℃，否则会使蛋液蛋白质变性凝固。

由于蛋液蛋白质的热稳定性相对较差，过度受热即变性凝固，因此，为了确保杀菌效果，又不致使蛋白质变性凝固而影响产品质量，可以利用糖、乳品对蛋白质的保护作用（即增加鸡蛋液蛋白质的抗变性和抗凝固性）。先将蛋液与处理好的乳品混合液充分混合，然后再进行杀菌操作。

（3）白砂糖与稳定剂用量及处理。糖的用量不仅对产品的风味和口感具有重要影响，而且加糖可增强蛋液的抗凝固性。可用的糖有蔗糖、葡萄糖和乳糖。但目前多用白砂糖（即蔗糖）。糖的用量一般在5%～10%。有试验结果表明，以添加8.0%左右的白砂糖较好。加糖量如超过10%，产品显得过甜；而少于5%，则甜味不足。

为了防止饮料中蛋白质颗粒沉降，影响产品的稳定性，可添加适量稳定剂（如CMC）。因为稳定剂本身是一种亲水性高分子化合物，可形成保护胶体，防止凝胶沉淀。稳定剂的用量为0.3%。为了增强稳定剂的作用，可将酸性CMC与部分白砂糖配成CMC糖浆使用。其配制方法是：取0.3%酸性CMC，与1/2白砂糖干搅混匀，再加入60～70℃热水溶解即可。

4. 酸的用量及pH 酸的用量对产品风味、稳定性及发酵有着重要影响。在饮料加工中，最常用的酸是柠檬酸，也可以用盐酸。

酸的用量一般根据所要求的 pH 而定。由于鸡蛋发酵饮料中含有对酸不太稳定的蛋白质，但蛋液的主要蛋白质卵白蛋白的等电点为 4.5~4.8，乳中的主要蛋白质酪蛋白的等电点为 4.6，而球菌的最适 pH 为 6.5，杆菌在 pH 为 5.5 时发育最旺盛，同时考虑在发酵过程中会产生乳酸，故可将混合液的 pH 调控至 6.5~7.0。在调整 pH 时，先将柠檬酸加水配成 10% 的溶液，再滴加或喷洒到混合液中，且边加边搅拌。添加酸液时不可过快、过集中，以防引起蛋白质变性凝固。

5. 其他工艺要点

(1) 过滤。当蛋混合液调配好并调整 pH 后，还需要对其进行过滤。其目的在于除去混合液中的杂质及杀菌，除去在 pH 调整过程中形成的凝固物，保证产品纯洁。因为在加热及 pH 变化时，可能有部分蛋白质变性凝固。

(2) 接种发酵。接种是将发酵剂加入过滤后的混合液中。将过滤后的混合液温度控制在45 ℃左右，加入混合液量 3% 左右的发酵剂，搅拌均匀。然后在 40 ℃左右条件下进行发酵。发酵时间因发酵温度高低、配料、所用菌种等的不同有所差异，但总的要求是使发酵液的 pH 降至4.0 左右。试验证明，按上述情况，在 40~50 ℃的温度下发酵 3 h 左右，再冷却至 4 ℃，发酵液的 pH 即可降至 3.8~4.0。但有的资料表明，在 38~40 ℃温度下发酵 12~18 h，其 pH 可降至4.0~4.2，这可能是因配料不同所致。

关于接种后的工序有多种情况。有的是接种后进行分装、加盖、密封，然后进行发酵，发酵后冷却即为成品。有的则是接种后不分装进行发酵，再加糖、稳定剂、香精等，搅拌均匀后再分装、加盖、密封，然后进行杀菌（杀菌条件与前述蛋液杀菌相似），冷却后即为成品。

第二节　鸡蛋酸奶的加工

酸奶作为一种发酵乳制品是以全脂或脱脂牛奶为基础原料，添加不同比例（占混合浆体积的10%~90%）的其他原料，经乳酸菌发酵而制成具有特殊风味和特殊营养价值的各种调配型酸奶，包括：蛋白原料类，如大豆酸奶、花生酸奶、绿豆酸奶、蚕豆酸奶等；高淀粉含量原料类，如玉米酸奶、马铃薯酸奶等；果蔬原料类，如草莓、菠萝、无花果等口味的酸奶；禽蛋类，如鸡蛋酸奶。

一、工艺流程

```
              乳酸菌纯培养物→活化→发酵剂┐
鸡蛋液┐                                 │
      ├→混匀→均质→杀菌→冷却→接种→分装→发酵成品
鲜乳 ┘
```

二、加工工艺要点

1. 原料乳的质量要求　用于制作发酵剂的乳和生产酸乳的原料必须是高质量的，要求酸度在 18°T 以下，杂菌数不高于 5×10^5 cfu/mL，总干物质含量不得低于 11.5%。不得使用病牛乳，如乳房炎乳和残留抗生素、杀菌剂、防腐剂的牛乳。

2. 原料鸡蛋液的处理　将新鲜鸡蛋消毒后去壳，取其蛋液，充分搅拌均匀，加适当水混匀，其添加量以 6.5%~7% 为宜。

3. 鸡蛋酸奶生产中使用的原辅料

（1）脱脂乳粉。用作酸奶的脱脂乳粉质量必须高，无抗生素、防腐剂。脱脂乳粉可提高干物质含量，改善产品组织状态，促进乳酸菌产酸，一般添加量为 $1\% \sim 1.5\%$。

（2）稳定剂。在搅拌型酸奶生产中，添加稳定剂通常是必需的，使用稳定剂的类型，一般有明胶、果胶和琼脂，其添加量应控制在 $0.1\% \sim 0.5\%$。

（3）糖。在酸奶生产中，一般用蔗糖或葡萄糖作为甜味剂，其添加量一般以 $6.5\% \sim 8\%$ 为宜。

4. 配合料的预处理

（1）均质。蛋液与鲜乳混合加入糖和脱脂乳粉，于 $15 \sim 20$ MPa 下均质 15 min，均质处理可使原料充分混匀，有利于提高鸡蛋酸奶的稳定性和黏度，并使鸡蛋酸奶质地细腻，口感良好。

（2）杀菌。由于蛋液蛋白质的热稳定性相对较差，过度受热即变性凝固，先将蛋液与处理好的乳品混合液充分混合，然后再进行杀菌操作。加热至 $65 \sim 70$ ℃，保温 $20 \sim 30$ min 杀菌。

（3）接种。杀菌后要马上降温到发酵剂菌种最适生长温度，约 42 ℃。制作酸奶常用的发酵剂为嗜热链球菌和保加利亚乳杆菌的混合菌种，二者的比例为 1∶1 或 2∶1；接种量为 $2\% \sim 4\%$。

5. 凝固型鸡蛋酸奶的发酵

（1）灌装。可根据市场需要选择玻璃或塑料杯。在装瓶前需要对玻璃瓶进行蒸汽灭菌。一次性塑料杯可以直接使用。

（2）发酵。用嗜热链球菌和保加利亚乳杆菌的混合发酵剂时，温度保持在 42 ℃左右，培养时间 $2.5 \sim 4$ h，达到凝固状态时就可终止发酵。

（3）冷却。发酵好的凝固酸奶，应立即移入 $0 \sim 4$ ℃的冷库中贮藏 24 h，迅速抑制乳酸菌的生长，以免继续发酵而造成酸度升高。

三、鸡蛋酸奶的营养与生理功能

1. 鸡蛋的营养价值　鸡蛋中含有丰富的蛋白质，生物价可达 94%，营养学家称之为标准蛋白质，同时鸡蛋中不仅含有 8 种必需氨基酸，而且含量丰富、比例适宜，通常用鸡蛋的氨基酸比例来评价蛋白质营养价值，即"氨基酸评分"的标准，几种常见食品的氨基酸评分见表 11-4。

表 11-4　几种常见食品的氨基酸评分

食物	氨基酸评分	食物	氨基酸评分
全蛋	100	大豆	74
人乳	100	稻米	67
牛奶	95	全麦	53

鸡蛋中含有大量的磷脂类物质，主要包括卵磷脂、脑磷脂、神经磷脂，这些物质对婴幼儿、儿童、发育期青少年的成长发育起着重要的作用，是大脑和神经系统所不可缺少的重要物质。此外，鸡蛋中还含有铁、磷、镁等矿物质和维生素 A、维生素 B_1、维生素 B_2 等营养成分。正因为鸡蛋的这些营养价值，人们常用鸡蛋作为婴幼儿断奶后的主要营养食品。

2. 牛乳的营养价值　牛奶富含蛋白质、维生素 A、钙、铁和必要的脂肪。牛乳中含有几乎所有已知的维生素，如脂溶性维生素 A、维生素 D、维生素 E、维生素 K 和水溶性的维生素 B_1、维生素 B_2、维生素 B_6、维生素 B_{12}、维生素 C 等。

牛乳被称为是婴儿的第一食物，尤其是钙质对儿童、青少年的牙齿、骨骼的发育至关重要。

而铁是活化细胞的重要物质，能预防贫血病的发生。对成人而言，特别是老年人，钙也是预防骨质疏松的重要元素。因此，牛奶的营养保健功能贯穿于人的一生。

乳蛋白除其营养作用外，还具有重要的生理作用，是生物活性肽的重要来源。乳蛋白经酶水解所产生的短肽，可以为新生儿的生长提供潜在的生物学功效。

3. 鸡蛋酸奶的营养与生理功能　牛乳中富含钙、磷等元素，但蛋白质含量较低且缺乏铁元素，鸡蛋中蛋白质含量高，但钙、铁含量不足，将牛乳与鸡蛋混合，新产品的营养更加均衡，而且还能有效去除蛋腥味，蛋乳的协同作用使得混合物的热凝胶性以及乳化性得到提高，更有利于二者在食品加工中的应用。同时，通过发酵转化，蛋乳中的蛋白质降解为肽和氨基酸，胆固醇含量降低。

鸡蛋酸奶的营养价值与其原料直接相关，它不仅具有其原料乳所提供的所有营养价值，还包含由于乳酸菌的发酵而使鸡蛋酸奶具有特殊的保健作用。

（1）酸奶对肠道菌群的平衡作用。对胆固醇代谢的研究表明，肠内菌群与人体老化和寿命有密切关系，酸奶中的乳酸菌能抑制有害菌的繁殖，维系肠道中菌群的平衡。

（2）抑制肠道致病菌的作用。在琼脂培养基上的测试表明，酸奶制品对金黄葡萄球菌、志贺菌、沙门菌、克氏菌、假单胞菌、大肠杆菌等致病菌均有抑制作用。其原因是：乳酸菌活菌在肠道内定殖，改变了肠道内菌系组成，从而抑制了有害菌的生长；乳酸菌能产生抗生素，如乳酸菌素和嗜酸菌素等，除抑制肠道致病菌外，还抑制牛痘、脊髓灰质炎病毒等；乳酸因改变了肠道中pH而抑制致病菌。

（3）促进机体对钙、磷、铁的吸收。防止婴儿佝偻病，防止老人骨质疏松症。

（4）降低血清中胆固醇的含量。现已证明，食用发酵乳制品尤其是嗜酸菌酸奶，能明显降低血清胆固醇量，其原因是嗜酸乳杆菌被饮用后在肠道内吸附、繁殖，从而干扰了小肠壁对胆固醇的吸附，还有人认为是奶在发酵过程中产生了一些降低血清胆固醇的因子。

（5）抑癌作用。已证明乳酸菌在生长和繁殖过程中能产生抑制癌细胞形成和生长的物质，这些物质主要集中在对结肠肿瘤和腹腔肿瘤的作用方面。关世斌等做了乳酸菌抑制内瘤 S-180 的生长实验，证明其机理为酸奶中存在降低 β-葡萄糖醛酸酶、偶氮还原酶、硝基还原酶活性的物质，这 3 种酶在肠道中均能转变为致癌的前体物质，因此酸奶可降低肿瘤的形成机会，另一方面乳酸被食用后，可激活体内大量的巨噬细胞，从而抑制癌病变。

（6）改善维生素的代谢。乳酸菌中许多菌种都能产生维生素 B 族。经来自人体肠道双歧杆菌研究表明，双歧杆菌能产生维生素 B_1、叶酸、维生素 B_6、维生素 B_{12} 等多种维生素，数量因种类不同而异。

鸡蛋酸奶具有较高的营养价值，而乳酸菌及其制品在促进人体健康方面的作用也广为人知，因此，利用鸡蛋、牛奶混合后加入乳酸菌进行生物发酵而制成的功能饮料和酸奶就成为了蛋乳综合利用、提高其附加值的一种趋势。

第三节　蛋液冰食冷饮制品

一、加工方法

1. 原料　蛋液可以是全蛋液，也可以是蛋黄液、蛋白液等。可以是鲜生蛋液，也可以用冻结蛋液、浓缩蛋液、蛋粉等，可以直接使用也可以适当地稀释后再使用。为了促进乳酸菌发酵可适当加些乳、糖等。乳可以是脱脂乳、奶粉、炼乳，添加量要在 50% 以下；糖可以是蔗糖、乳糖、葡萄糖、果糖，添加量在 10% 以下。

2. 工艺步骤

（1）搅拌。将蛋液或加乳、糖后的混合液搅拌。

（2）加热杀菌。仅用蛋液则加热温度为 50～60 ℃、蛋、乳、糖混合液可加热到 80 ℃。加热时间 2～40 min，可进行一次或数次加热。高温短时加热可防止蛋白质凝固；温度低，加热时间延长才能达到杀菌效果。新鲜优质蛋液加热一次即可，不新鲜的蛋液须进行两三次间歇加热。

（3）冷却、调整 pH。将灭菌后的蛋液冷却至发酵剂菌种适宜生长的温度，然后用食用酸调节 pH 至中性。这一步不是必须的，如蛋液本身就接近中性则不必调整 pH。

（4）发酵。选择链球菌属或乳酸杆菌属中一种或两种按常法发酵。链球菌属的菌有粪链球菌、嗜热链球菌、稀奶油链球菌、乳酸链球菌、丁二酮链球菌、干酪链球菌等，添加量为蛋液的 1%～5%。发酵条件依菌种而异，一般发酵温度为 30～40 ℃，时间为 6～24 h。在发酵蛋液中可加入冰淇淋或冰果的原料，如牛奶、脱脂奶、浓缩乳、脱脂奶粉、全脂奶粉、奶油等乳制品，蔗糖、葡萄糖等甜味剂，明胶、海藻酸钠、蔗糖酯、甘油硬脂酸酯等稳定剂，以及香精、色素等。再经过杀菌、均质、硬化等工序制造冰果类制品。可将发酵蛋液和其他原料混合杀菌，也可将其他原料预先混合后再加入发酵蛋液混合。

二、加工实例

［例 11-7］将鸡蛋全蛋液 10 kg 搅拌均匀，在 60 ℃、30 min 条件下杀菌后，搅拌、冷却，加盐酸将 pH 调整到 6.9，添加嗜酸乳杆菌发酵剂 300 g，在 36～40 ℃条件下培养 16 h，制成发酵蛋液。将发酵蛋液按如下比例制成冰淇淋混合液：发酵蛋液 18%，牛奶 35%，奶油 32%，白糖 14.5%，粉末明胶 0.5%。将混合液经均质机均质，70 ℃加热 30 min，然后冷却、凝冻、硬化。

［例 11-8］按例 11-7 方法制成果汁冰淇淋。其配方：脱脂乳 10%，蔗糖 15%，葡萄糖 10%，草莓果汁 15%，粉末果胶 0.3%，水 39.7%，发酵蛋液 10%。

［例 11-9］将蛋黄液 5 kg 加脱脂乳 5 kg，在 67 ℃加热 20 min，放一昼夜后进行一次加热。将预先活化的保加利亚乳杆菌和嗜热链球菌发酵剂以 2:3 的比例混合后，将发酵剂 500 g 加入混合液中，39～40 ℃培养 8 h，制成发酵乳蛋混合液。按例 11-7 方法混合配比后均质化，75 ℃、20 min 加热杀菌、冷却、凝冻、硬化，制得冰淇淋。

［例 11-10］鸡蛋慕斯的制作。配料：鸡蛋 3 只，牛奶 1 杯，明胶 25 g，白砂糖 150 g，香兰素少量，清糖浆适量。明胶用冷水浸泡，蛋清与蛋黄分离，蛋黄置容器中，加糖及香兰素，用小火加热，并不断搅拌，使糖溶化。牛奶加热至沸腾，投入泡软的明胶，保温使明胶充分熔化，然后倒入容器中，边加热边搅拌，过滤后用冷水冷却。蛋清搅打成泡沫状，倒入上述溶液中，搅匀，进冰箱冷冻，冻后倒扣于碟中，浇上清糖浆即可。

第四节　其他蛋品饮料加工

一、加糖鸡蛋饮料加工

1. 加糖鸡蛋饮料配方　鸡蛋 100 枚（即 3.75 kg 蛋液），白砂糖 6 kg，柠檬酸 18.9 g，香精适量。

2. 加糖鸡蛋饮料的加工技术

（1）选择新鲜的鸡蛋，进行清洗、消毒、去蛋壳等，得到蛋液。即先将合格的鲜蛋洗净，再将其放入 4% 的漂白粉溶液中浸泡 5 min，然后将蛋取出，利用温水将蛋冲洗干净、晾干，并打蛋取出蛋液。

（2）将 3.75 kg（100 枚鸡蛋）蛋液放于洁净的容器中，加入 3 kg 白砂糖，充分搅拌均匀后，置于 50 ℃ 热水锅内保温约 12 h，并不断搅拌，使一部分蛋白质变成稳定性良好的变性蛋白质，这样可以减轻蛋液的腥味。

（3）另取 3 kg 白砂糖，加 6 kg 水，加热煮沸使糖充分溶解，再冷却至 50 ℃，然后将此糖浆加入上述蛋液中，并充分搅拌均匀。

（4）取 18.9 g 柠檬酸，加 100 mL 水，并充分搅拌使其溶解，然后过滤去除杂质，再将其缓慢滴加（或喷洒）到糖蛋液中，边加边搅拌。在加酸液时，一定要注意不得过快、过于集中，以免造成蛋白质变性凝固。

（5）将上述蛋液过滤，去除杂质，再根据需要加入适量香精，并充分混合均匀。

（6）将上述调配的蛋液分装入经过高压或蒸煮灭菌后的玻璃瓶中，加盖、密封，然后在 80 ℃ 的热水中保持 30 min，以杀灭细菌。冷却后即为加糖鸡蛋饮料成品。

该饮料在常温下可保存数年，在饮用时，需加约 5 倍开水稀释。在进行加糖鸡蛋饮料加工时，还可用乳酸或酒石酸代替柠檬酸。

如果是以蛋白液为原料，可以考虑添加一些黄色食用色素，将成品色泽调成淡黄色，以改善其外观。在添加色素前，应先用 10% 的水将色素溶解。

二、蜂蜜鸡蛋饮料加工

1. 加工原理 该产品是针对儿童开发的一种营养型饮料，主要着重于风味。产品的风味是鸡蛋饮料生产中的一个重要技术问题，为了解决这一问题，选用蜂蜜、果汁为基本原料，从而使产品香气协调、酸甜爽口、无蛋腥味，且产品的营养成分更加丰富。

鸡蛋液的热稳定性较差（热凝固温度：蛋白为 62~64 ℃，蛋黄为 68~70 ℃），在加热时，蛋液易发生变性凝固，这是鸡蛋饮料生产上最大的技术问题。如采用间歇式低温巴氏消毒法对蛋液进行杀菌，其生产效率低，不易控制，对整个物料杀菌的效果不甚理想，故在此工艺中采用如下措施：一是先将蛋液加糖制成糖蛋液，使其耐热性提高到 80 ℃ 左右；二是通过加酸对蛋液进行酸化处理，可使蛋液的耐热性提高到 90 ℃ 以上。

稳定性是鸡蛋饮料生产中的又一技术问题，为了提高产品的稳定性，一是考虑添加适量的稳定剂，经试验证明，以羧甲基纤维素（CMC）和蔗糖酯并用效果较为理想；二是在原料混合时，对蛋液与酸液的混合采用反加法，即将蛋液缓慢地加入酸液中，这样可避开鸡蛋蛋白的等电点；三是通过均质使物料微细化；四是对所用水进行软化处理。通过上述各项技术的综合作用，提高产品的稳定性。

2. 主要原料配比 鸡蛋 9%，蜂蜜 2%，橘子汁 5%，白砂糖 8%，有机酸 0.2%，CMC 0.2%，山梨酸钾 0.02%，蔗糖酯 0.015%。

3. 工艺流程

鲜鸡蛋 → 打蛋 → 加 1/2 白砂糖的糖液 ┐

CMC 与 1/2 白砂糖 → 混匀溶解 → 加酸及果汁溶液 → 混合定容 → 一次均质 → 杀菌 → 二次均质 → 调香 → 罐装 → 二次杀菌 → 包装 → 成品

4. 工艺要点

（1）酸性糖液制备。将 CMC 与 1/2 白砂糖充分混匀，边搅拌边加入 80 ℃ 热水中溶解，然后加稀释过的酸溶液及果汁溶液。

（2）蛋液制备。将鸡蛋清洗消毒后，用打蛋机打蛋，取出蛋液，再与1/2白砂糖的溶液混合均匀。

（3）混合液制备。这是本产品工艺中最关键的一步，将蛋液经过物料混合泵打入酸性糖液中，加料过程中应充分搅拌，使用物料泵的目的在于加强蛋液的乳化作用。

（4）均质与杀菌。采用二次均质，以达到最佳稳定状态。杀菌采用多段式板式杀菌器，杀菌条件是90 ℃、15 s，出料温度为65 ℃。

（5）调香。在调配缸中加入所需香料。

（6）灌装。采用全自动塑料瓶灌装机灌装，容量为100 mL，铝箔封口。

（7）二次杀菌。采用常压式热水杀菌，要求在85～90 ℃，保持30 min。温度过低，杀菌效果不好；温度过高，包装容易开口。当包装材料的材质不同时，可结合杀菌效果和密封性对温度和时间进行调整。

5. 质量标准

（1）感官指标。应具有相应的色泽和香味，质地均匀，无任何不良气味和滋味。

（2）理化指标。可溶性固形物含量（20 ℃折光法）≥9%，蛋白质含量≥1.0%，总酸含量（以乳酸计）≥0.1%，总糖含量（以蔗糖计）≥7%，脂肪含量≥1.0%，铅含量（以 Pb 计）≤1 mg/kg，砷含量（以 As 计）≤0.5 mg/kg。

（3）微生物指标。细菌总数≤10 000 个/mL，大肠菌群≤250 个/100 mL，致病菌不得检出。

三、醋蛋功能饮料加工

醋蛋功能饮料就是以醋蛋液为原料，添加适量蜂蜜、果汁、糖、增稠剂等配料加工而成的一种有营养丰富、风味较佳且有一定保健作用的功能饮料。它特别适合于高脂血症的中老年消费者饮用。

1. 配方　醋蛋原液18%，白砂糖8%，澄清蜂蜜和橘子汁各4%，β-环状糊精0.5%，三聚磷酸钠0.01%，海藻酸钠和黄原胶各0.1%，甜蜜素0.3%，蔗糖酯0.015%。

制作醋蛋所用食醋以米醋最佳，也可用优质果醋代替；添加橘子汁和β-环状糊精的目的在于消除蛋腥味和增加产品的风味；添加黄原胶和海藻酸钠的目的在于提高产品的稳定性。

2. 工艺流程

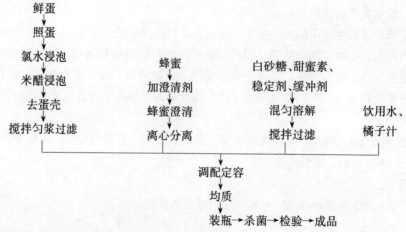

3. 工艺要点

（1）醋蛋原液的制备。通过检验剔除各种次劣蛋，对合格的原料蛋用50 mg/kg的氯水浸泡几分钟，以杀死蛋壳表面的沙门菌等有害菌，然后按每100 mL（浓度9%）的米醋加1枚鸡蛋（50 g左右）的比例加入鸡蛋，盖严浸泡7 d后，将软化的蛋壳挑破弃去，并加入溶解的β-环状糊精搅拌均匀，过滤备用。

（2）蜂蜜澄清。将优质蜂蜜用温水稀释到 40 白利度，加入 0.5％的碳酸钠和 0.05％的单宁，混合后静置，待沉淀完全后，用虹吸法结合过滤法得澄清蜂蜜。

（3）糖液制备。将白砂糖、增稠剂、缓冲剂等辅料按配方充分混匀，边搅拌边加入 80 ℃热水中溶解，然后过滤备用。

（4）调配定容。将澄清蜂蜜、橘子汁、醋蛋原液依次加入糖液中，然后用饮用水定容。调配过程中应边加物料边搅拌，转速需大于 120 r/min。

（5）均质。生产中应进行二次均质，以达到最佳稳定状态，首先采用 19.6 MPa 的压力、再采用 39.2 MPa 的压力。

（6）杀菌。采用无菌灌装后，再在恒温水浴锅中杀菌。杀菌条件是：63～65 ℃、30 min，间歇 3 次。杀菌后迅速冷却至常温，以减少营养、风味的损失。

（7）检验。严格按功能饮料质量标准进行理化和微生物检验，合格品即可销售。

4. 质量标准

（1）感官指标。应具有加入的相应原辅料的色泽和香味，质地均匀。

（2）理化指标。可溶性固形物含量≥9.0％，蛋白质含量≥1.0％，总糖含量（以蔗糖计）≥8.0％，总酸含量（以醋酸计）≥0.1％，钙含量≥100 mg/kg，砷含量≤0.5 mg/kg，铅含量≤1.0 mg/kg。

（3）微生物指标。细菌总数≤50 个/mL，大肠菌群≤3 个/mL，致病菌不得检出。

四、干酪鸡蛋饮料加工

干酪鸡蛋饮料是以鸡蛋、干酪及天然食用胶等分散于水中后，加热处理而制成的一种蛋类饮料。该饮料无鸡蛋的腥味。

原料蛋可以是鲜鸡蛋、冰全蛋、冰蛋黄、冰蛋白、蛋黄粉或酶处理的鸡蛋液等。用酶处理可使蛋白质分解为氨基酸和多肽，从而可降低蛋白质的热凝固性。干酪可以用天然的或加工的，通过高分子天然植物胶、干酪和鸡蛋的加热反应（70 ℃），可以除去鸡蛋所固有的腥味，并能增加鸡蛋和干酪在饮料中的分散性，使溶液稳定，从而制出具有鸡蛋的营养和美味、没有腥味的高级滋补饮料。还可以根据需要分别生产蛋黄饮料和蛋白饮料。蛋黄饮料供儿童饮用；蛋白饮料不含胆固醇，可供中老年人饮用。

1. 配方 I 及加工方法 天然干酪 1 kg，砂糖 700 g，天然植物胶（如精制的刺槐豆胶）10 g，鸡蛋（酶处理的）300 g，水 8 kg。

先将天然干酪和鸡蛋分散于水中，加上砂糖及天然植物胶，用均质机均匀分散后，于 70 ℃加热 30 min 即可。

2. 配方 II 及加工方法 加工干酪 1 kg，牛奶或脱脂乳 500 g，果糖 400 g，冰全蛋 200 g，冰蛋黄 100 g，黄菊胶 14 g，稳定剂适量，5 倍浓缩果汁 10 g，水 8 kg。

将加工干酪、牛奶（或脱脂乳）、鸡蛋及蛋黄分散于水中，加入甜味料和黄菊胶，用均质机均质后，在 85 ℃下加热 20 min，即成味道鲜美、稳定、黏度低的优质饮料。

五、蛋黄酱饮料加工

蛋黄酱饮料是将蛋黄、色拉油、酿造醋等混合，再添加葡萄糖或果糖溶液、薄荷脑水溶液、二氧化碳气体及酒石酸溶液加工而成的饮料。

1. 加工原理 将蛋黄、色拉油、酿造醋混合，并根据需要添加植物蛋白分解物（HVP）或动物蛋白分解物（HAP）以及切碎的蔬菜、番茄、苹果、柑橘等果蔬类，制成营养价值与蛋黄酱相同的混合物。

若在此混合物中加葡萄糖或果糖水溶液，则可防止混合物与水分离；若在混合物中添加薄荷脑水溶液，则可消除饮料中的油味；若在混合物中添加二氧化碳或酒石酸水溶液，则可使饮料具有清凉感。

2. 加工技术实例 将蛋黄 20 份、色拉油 20 份、酿造醋 15 份混合，再添加浓度为 80 g/L 的葡萄糖水溶液 4 份，在 25 ℃温度下加热 20 min，灭菌，然后添加浓度为 60 g/L 的薄荷脑水溶液 0.01 份，加入二氧化碳水溶液，制成蛋黄酱饮料。

另外，用酒石酸代替二氧化碳气体，在上述混合物中添加浓度为 30 g/L 的酒石酸水溶液 80 份，也可制成蛋黄酱饮料。

六、蛋清肽饮料加工

蛋清含有丰富的蛋白质，氨基酸组成适宜，但它受热易凝固、黏度大等性质限制了在食品加工中的应用。蛋清蛋白经蛋白酶水解处理后，功能性质发生很大变化，溶解性和热稳定性均增加，凝胶性降低，有利于进一步加工，拓宽了它的应用范围。关于蛋白质的水解研究已日趋成熟，利用水解可以改善鸡蛋蛋清蛋白的功能性质，从而可将其应用于更多的食品中。另外，经酶修饰的水解产物具有原料蛋白质无法比拟的生理活性，作为保健食品基料可广泛应用于医药、食品工业中。从经济、营养角度讲，鸡蛋的产量大，价格低廉，具有广泛的原料来源，且氨基酸配比好，鸡蛋蛋清蛋白进行酶水解对其功能和营养价值均破坏较小。

蛋清肽饮料的制作主要分为两部分：一是将蛋清蛋白水解成符合要求的蛋白肽，二是以蛋白肽为原料辅以其他原料，制成各种营养饮料。

1. 蛋清水解工艺流程

鸡蛋→分离蛋清→稀释→沸水浴变性→加入酶水解→调 pH、加热灭酶→冷却→离心取上清液→脱盐→干燥→蛋清蛋白水解物

2. 营养饮料的制作工艺

β-环状糊精、10％柠檬酸、蜂蜜等

↓

水解物→稀释至一定浓度→混料（一定程度加热）→灌装→杀菌→成品

3. 营养饮料配方的确定 根据不同人群的喜好，可以采用不同的配方制作不同风味的蛋清肽饮料，本文以蜂蜜风味蛋清肽饮料的制作为例，其配方：蛋清水解液 88.5％，β-环状糊精 1.0％，柠檬酸 0.5％，蜂蜜 10％。

4. 工艺要点

（1）确定营养饮料配方。由于蛋清蛋白水解物的溶解性和热稳定性好，故其添加量从 1％～5％均可，一般蛋白饮料的蛋白质含量＞1％，实际生产中要综合考虑营养和成本因素，确定蛋白质含量。

（2）其他辅料的配制。由于蛋清蛋白水解物可能带有一定程度的蛋腥味，所以在配方中可以加一定量的掩蔽剂（如环状糊精）来掩盖异味。

此外，根据不同风味的饮料可以加入不同的配料，如本工艺的蜂蜜风味饮料。酸味剂可以选择风味较好的柠檬酸、苹果酸、酒石酸等。

混料过程要注意混料均匀，且各种配料要充分溶解，否则产品质量会受到影响。

5. 质量标准

（1）感官要求。黄色，质地均匀，酸甜适口，无异味。

（2）理化指标。蛋白质≥1.0%，总酸含量（以柠檬酸计）≥0.1%，总糖含量（以蔗糖计）≥8.0%，砷含量≤0.5 mg/kg，铅含量≤1.0 mg/kg。

（3）微生物指标。细菌总数≤50 个/mL，大肠菌群≤3 个/mL，致病菌不得检出。

复习思考题

1. 解释下列名词：蛋乳发酵饮料、鸡蛋酸奶、醋蛋功能饮料、蛋黄酱饮料。

2. 列举几种生产蛋白发酵饮料时常用乳酸菌的名称，并简要说明他们的最适发育温度。

3. 简述凝固型鸡蛋酸奶的制备工艺。

4. 简述鸡蛋酸奶加工过程中的要点。

5. 简述鸡蛋酸奶的营养价值及生理功能。

6. 举例说明蛋液冰食冷饮制品加工方法。

7. 请列举几种蛋品饮料。

8. 简述加糖鸡蛋饮料的制作过程。

9. 简述蜂蜜鸡蛋饮料的加工过程及操作要点。

10. 简述醋蛋功能饮料的营养特性及保健作用。

11. 举例说明干酪鸡蛋饮料的制作方法。

第十二章 CHAPTER 12

蛋黄酱加工

学习目的与要求

　　了解蛋黄酱的特点，重点掌握蛋黄酱的生产工艺与配方，熟悉蛋黄酱的质量要求，了解蛋黄酱加工新技术，掌握影响蛋黄酱产品稳定性的因素，了解蛋黄酱及蛋黄沙拉酱国内外加工生产动态。

第一节　蛋黄酱的特点

蛋黄酱是西餐中常用的调味品，属调味沙司的一种，为半固体形态，是世界上使用范围最广的调味料之一。蛋黄酱生产开始于美国，1912年，佳道·赫鲁码最先在市场上出售其夫人手工制作的蛋黄酱，其味道淡雅，被称为"赫鲁码蛋黄酱"，尽管开始出现的时候引起很大争议，但是几经演变，逐渐成为现今风靡全球的蛋黄酱。蛋黄酱的特点可以归纳为以下几个方面。

（1）营养价值较高。目前世界各国生产的蛋黄酱主要是以蛋黄及食用植物油为主要原料，添加若干种调味物质加工而成的一种乳化状半固体蛋制品，其中含有人体必需的亚油酸、维生素A、维生素B、蛋白质及卵磷脂等成分，是一种营养价值较高的调味品。

（2）应用范围较广。优质蛋黄酱为黄色，有适当的黏度，有香味，无异味，乳化状态好。食用时可以调配各种西式风味的色拉冷菜，也可以涂在面包、馒头、三明治等的上面，或作汤类的佐料。

（3）品种较多。最近几年出现了色拉调味汁、乳化状调味汁、分离液状调味汁及固体蛋黄酱等多种蛋黄酱品种。日本一公司开发出了多种以蛋为配料的沙拉酱。

（4）能够抵抗微生物的破坏。蛋黄酱具有较低的pH和较高的脂肪含量，在很大程度上可以抵抗微生物的破坏，虽然酵母和霉菌的危害依旧存在，但蛋黄酱中却很少发现其他微生物。

（5）易遭受到化学方面的破坏。蛋黄酱很容易遭受到化学方面的破坏，主要包括乳化液的破坏、脂类的氧化以及风味物质的稳定性。

（6）蛋黄酱的稳定性能。蛋黄酱是以蛋黄及食用植物油为主要原料，添加若干辅料加工而成的一种乳化状的半固体食品，正因为蛋黄酱是一种乳状液，所以其稳定性的好坏是决定产品质量的关键，而蛋黄酱的稳定性与其所用原辅料的种类、质量、用量、使用方法等有关，还与生产工艺流程及操作方法和参数等有关。蛋黄酱的稳定性可通过黏度的大小来反映，黏度越大，稳定性越好。

乳状液有水包油型（O/W）和油包水型（W/O）两种，蛋黄酱属于O/W型乳化体系。但它在一定的条件下会转变为W/O型，此时，蛋黄酱的状态被破坏，导致流变性的改变，其黏度大幅度下降，在外观上蛋黄酱由原来的黏稠均匀的体系变成稀薄的"蛋花汤"状。在蛋黄酱加工时，是否能形成稳定的O/W型乳化体系是一个重要的问题，但这一问题受多种因素的影响。

早在1900年，蛋黄酱就应用于商业生产，随着方便食品的流行，人们对蛋黄酱的需求量日益增多。目前，我国蛋黄酱市场仍以进口为主，且品种不多，口味也不能满足不同人群的需要，所以开发生产适合我国人民口味的蛋黄酱制品很有必要。

第二节　蛋黄酱的生产工艺

一、原辅料的选择

蛋黄酱生产所用原辅料种类很多，且不同配方所用的原辅料的种类也有较大的差异，各种原辅料的特性、用量、质量及使用方法等对蛋黄酱的品质、性状等有着重要影响。蛋黄酱生产所用原辅料一般都包括鸡蛋、植物油、食醋、香料、食盐、糖等。

（一）蛋黄

蛋黄或全蛋就是一种天然乳化剂，蛋黄酱是围绕蛋黄所产生的乳化作用而形成的一种天然完全乳状液。使蛋黄具有乳化剂特性的物质主要是卵磷脂和胆甾醇，卵磷脂属 O/W 型乳化剂，而胆甾醇属于 W/O 型乳化剂。实验证明，当卵磷脂∶胆甾醇＜8∶1 时，形成的是 W/O 型乳化体系，或使 O/W 型乳化体系转变为 W/O 型。卵磷脂易被氧化，因此，如果生产蛋黄酱所用原料蛋的新鲜程度较低，则不易形成稳定的 O/W 型乳化体系。此外，蛋黄中的类脂物质成分对产品的稳定性、风味、颜色也起着关键作用。

（二）植物油

加工蛋黄酱的植物油一般应选用无色或浅色的油为好，要求其颜色清淡、气味正常、稳定性好，且硬脂含量不多于 0.125%。最常用的植物油是精制豆油，最好是橄榄油，也可以选用玉米油、米糠油、菜籽油、红花籽油等。有些油品如棕榈油、花生油等，因富含饱和脂肪酸结构的甘油酯，低温时易固化，导致乳状液的不连续性，故不宜用于制作蛋黄酱。乳化体系黏度与油脂含量的关系见表 12-1。

表 12-1　乳化体系黏度与油脂含量的关系

蛋黄＋植物油		蛋黄＋植物油＋白醋		蛋黄＋植物油＋白醋＋芥末	
油含量/%	黏度（峰面积）	油含量/%	黏度（峰面积）	油含量/%	黏度（峰面积）
52.7	20.0	67.7	6.5	52.4	12.5
64.5	34.0	75.5	12.0	63.8	15.0
68.0	55.0	77.5	16.0	73.5	20.5
71.5	78.0	80.0	17.5	81.5	31.5
72.7	120.0	82.2	27.5	85.4	42.0
74.4	150.0	83.7	42.0	88.2	56.5
75.4	184.0	86.0	60.5	89.1	78.0
78.1	111.0	87.6	68.0	89.6	115.0
81.8	67.0	88.1	101.0	90.7	134.0
84.0	19.5	88.8	109.0	91.2	110.0
85.0	16.0	90.0	101.0	91.4	81.5
		90.8	64.0	93.3	31.5
		92.7	18.0	95.0	10.0

注：黏度用流变仪测定。

从表 12-1 可以看出，在外相一定的条件下，蛋黄酱的黏度（峰面积）随着油脂用量的增加而增大，而当油脂用量增大到一定程度后，蛋黄酱的黏度又会迅速减小。从乳化机理分析可知，在油脂（内相）用量较少时，水等外相物质相对过剩，且未被束缚住，从而使乳化液的黏度较低；随油脂用量的增加，被束缚的外相却逐渐减少，故乳化液的黏度增大；但当油脂用量超过一定限度后，外相物质特别是乳化剂又会相对不足，导致 O/W 型乳化体系不易形成，或形成的 O/W 型乳化体系稳定性极差，甚至会使乳化体系从 O/W 型变为 W/O 型。

目前生产的蛋黄酱，普遍配有蛋黄、植物油、食醋和芥末，从表 12-1 可知，当油脂用量在 90.7% 时，产品的黏度（峰面积）最大。但考虑到随着油脂用量的增加，产品的破乳时间逐渐缩短，即所形成的乳化体系易被破坏，故蛋黄酱的油脂用量也不宜过高，一般认为油脂用量在 75%～80% 较为适宜。

（三）食醋

食醋在蛋黄酱中起双重作用，不仅可以作为保持剂以防止因微生物引起的腐败作用，而且也可以在其添加量适当时作为风味剂来改善制品的风味。蛋黄酱生产中最常用的酸是食用醋酸，一般多用米醋、苹果醋、麦芽醋等酿造醋，其风味好、刺激性小。食用醋酸常含有乙醛、乙酸乙酯及其他微量成分，这些微量成分对食用醋酸及蛋黄酱的风味都有影响。为了提高和改善蛋黄酱的风味，在蛋黄酱配方中也可以使用柠檬酸、苹果酸、酸橙汁、柠檬汁等酸味剂代替部分食用醋酸，这些酸味剂能赋予蛋黄酱特殊的风味。

蛋黄酱制作要求所用的食醋无色，且其醋酸含量在 $3.5\%\sim4.5\%$ 为宜。此外，由于食醋中往往含有丰富的微量金属元素，而这些金属元素有助于氧化作用，对产品的贮藏不利，因此，可考虑用苹果酸、柠檬酸等替代，也可选用复合酸味剂。

生产蛋黄酱时，在蛋黄和植物油的用量一定的情况下，添加食醋会使产品的黏度及稳定性大幅度降低，这可能与食醋的主要成分是水有关，但考虑到醋酸具有防腐及改善风味的作用，在蛋黄酱生产中多用适量食醋（或用其他有机酸和含酸较多的物料，如果汁），一般认为食醋的用量以使水相中醋酸浓度为 2% 为宜，即食醋（ 4.5% 醋酸）用量为 $9.4\%\sim10.8\%$ 。

（四）芥末

芥末是一种粉末乳化剂。一般认为蛋黄酱的乳化是依靠卵磷脂和胆甾醇的作用，而其稳定性则主要取决于芥末。当加入 $1\%\sim2\%$ 的白芥末粉时，即可维持体系稳定，且芥末粉越细，乳化稳定效果越好。从表 12-1 可以看出，在蛋黄、植物油和食醋用量一定的情况下，添加芥末粉可使产品的稳定性提高。同时考虑芥末对产品风味的影响，一般用量控制在 $0.6\%\sim1.2\%$ 。

（五）其他

糖和盐不仅是调味品，还能在一定程度上起到防腐和稳定产品性质的作用，但配料中食盐用量偏高会使产品稳定性下降，因而要将产品水相中食盐浓度控制在 10% 左右。此外，在配料中适当添加明胶、果胶、琼脂等稳定剂，可使产品稳定性提高。生产用水最好是软水，硬水对产品的稳定性不利。

随着蛋黄酱新品种的开发、新工艺的出现，必须关注起乳化作用的物质和乳化剂的复杂协同作用。乳化剂保护膜具有弹性，在破裂之前都是可变形的，从而使水包油型的乳状液体系非常稳定。除用蛋黄作为乳化剂外，柠檬酸甘油单酸酯、柠檬酸甘油二酸酯、乳酸甘油单酸酯、乳酸甘油二酸酯和卵磷脂复配使用，也能使脂肪细微的分布，并可改善蛋黄酱类产品的黏稠度和稳定性。若乳化剂用量过多或类型不对，都会影响产品的稠度和口感。为了使产品口感最佳，变性淀粉、水溶性胶体、起乳化作用的物质和乳化剂的复杂协同作用特别重要。选用的乳化剂和增稠剂必须是耐酸的，乳化剂不可全部代替蛋黄，其用量为原料总量的 0.5% 左右。有些国家则规定蛋黄酱不得使用鸡蛋以外的乳化稳定剂，若使用时，产品只能称为沙拉酱。

二、生产配方

1. 一般沙拉性调料蛋黄酱生产配方 蛋黄 10% ，植物油 70% ，芥末 1.5% ，食盐 2.5% ，食用白醋（含醋酸 6% ） 16% 。该配方产品的特点：淡黄色，较稀，可流动，口感细腻、滑爽，有较明显的酸味。其理化性质：水分活度 0.879 ，pH 3.35。

2. 低脂肪、高黏度蛋黄酱生产配方 蛋黄 25% ，植物油 55% ，芥末 1.0% ，食盐 2.0% ，柠檬原汁 12% ， α-交联淀粉 5% 。该配方产品特点：黄色，稍黏稠，具有柠檬特有的清香，酸味柔和，口感细滑，适宜做糕点夹心等。其理化性质：水分活度 0.90 ，pH 4.7。

3. 高蛋白、高黏度蛋黄酱生产配方 蛋黄 16% ，植物油 56% ，脱脂乳粉 18% ，柠檬原汁

10%。该配方产品特点：淡黄色，质地均匀，表面光滑，酸味柔和，口感滑爽，有乳制品特有的芳香，宜做糕点等表面涂布。其理化性质为：水分活度 0.865，pH 5.5。

4. 其他几种常用配方

（1）配方 1。蛋黄 9.2%，色拉油 75.2%，食醋 9.8%，食盐 2.0%，糖 2.4%，香辛料 1.2%，味精 0.2%。配方说明：油以精制色拉油为好，且玉米油比豆油更为理想；食醋以发酵醋最为理想，若使用醋精应控制其用量，通常以醋酸含量进行折算。

（2）配方 2。蛋黄 8.0%，食用油 80.0%，食盐 1.0%，白砂糖 1.5%，香辛料 2.0%，食醋 3.0%，水 4.5%。

（3）配方 3。蛋黄 10.0%，食用油 72.0%，食盐 1.5%，辣椒粉 0.5%，食醋 12.0%，水 4.0%。

（4）配方 4。蛋黄 18.0%，食用油 68.0%，食盐 1.4%，辣椒粉 0.9%，食醋 9.4%，砂糖 2.2%，白胡椒面 0.1%。

（5）配方 5。蛋黄 500 g，精制生菜油 2 500 mL，食盐 55 g，芥末酱 12 g，白胡椒面 6 g，白糖 120 g，醋精（30%）30 mL，味精 6 g，维生素 E 3～4 g，凉开水 300 mL。

三、生产工艺

1. 工艺流程　下面列举 3 种蛋黄酱的加工工艺流程。

（1）工艺流程 I。

食盐　糖　调味料 交替加植物油和醋
↓　　↓　　↓　　　↓
原料称量→消毒杀菌→搅拌→搅拌→搅拌→搅拌→成品

（2）工艺流程 II。

蛋黄→加入调味料、部分醋→搅拌均匀→缓加色拉油→加入余醋→继续搅拌→成品

（3）工艺流程 III。

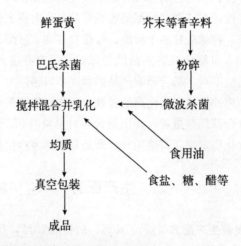

2. 操作要点　以工艺流程 III 为例说明其操作要点。

（1）蛋黄液的制备。将鲜鸡蛋先用清水洗涤干净，再用过氧乙酸及医用酒精消毒灭菌，然后用打分蛋器打蛋，将分出的蛋黄投入搅拌锅内搅拌均匀。

（2）蛋黄液杀菌。对获得的蛋黄液进行杀菌处理，目前主要采用加热杀菌，在杀菌时应注意蛋黄是一种热敏性物料，受热易变性凝固。试验表明，当搅拌均匀后的蛋黄液被加热至 65 ℃以上时，其黏度逐渐上升，而当温度超过 70 ℃时，则出现蛋白质变性凝固现象。为了能有效地杀

灭致病菌，一般要求蛋黄液在 60 ℃温度下保持 3～5 min，冷却备用。

（3）辅料处理。将食盐、糖等水溶性辅料溶于食醋中，再在 60 ℃下保持 3～5 min，然后过滤，冷却备用。将芥末等香辛料磨成细末，再进行微波杀菌。

（4）搅拌、混合乳化。先将除植物油以外的辅料投入蛋黄液中，搅拌均匀。然后在不断搅拌下，缓慢加入植物油，随着植物油的加入，混合液的黏度增大，这时应调整搅拌速度，使加入的油尽快分散。搅拌时间对产品黏度的影响见表 12-2。

表 12-2　搅拌时间对蛋黄酱产品黏度的影响

搅拌时间/min	黏度（峰面积）
0	28
5	43
10	62
15	157
16.5	12

在搅拌、混合乳化阶段，必须注意下面几个环节。

① 搅拌速度要均匀，且沿着同一个方向搅拌。

② 植物油添加速度特别是初期不能太快，否则不能形成 O/W 型的蛋黄酱。

③ 搅拌不当可降低产品的稳定性。从表 12-2 可以看出，适当加强搅拌可提高产品的稳定性，但搅拌过度则会使产品的黏度大幅度下降。因为对一个确定的乳化体系，机械搅拌作用的强度越大，分散油相的程度越高，内相的分散度越大。而内相的分散度越大，油珠的半径越小，这时的分散相与分散介质的密度差也越小，体系的稳定性提高。但油珠半径越小，也意味着油珠的表面积越大，表面能很高，也是一种不稳定性因素，因此，当过度搅拌时，乳化体系的稳定性就被破坏，出现破乳现象。

④ 乳化温度应控制在 15～20 ℃。乳化温度既不能太低，也不能太高。若操作温度过高，会使物料变得稀薄，不利于乳化；而当温度较低时，又会使产品出现品质降低现象。

⑤ 操作条件一般为缺氧或充氮。卵磷脂易被氧化，使 O/W 型乳化体系被破坏，因此，如果能够在缺氧或充氮条件下完成搅拌、混合乳化操作，能使产品有效贮藏期大为延长。

（5）均质。蛋黄酱是一种多成分的复杂体系，为了使产品组织均匀一致、质地细腻、外观及滋味均匀，进一步增强乳化效果，用胶体磨进行均质处理是必不可缺的。

（6）包装。蛋黄酱属于一种多脂食品，为了防止其在贮藏期间氧化变质，宜采用不透光材料，真空包装。

四、加工新技术

（一）植物甾醇油酸酯（PSO）蛋黄酱加工技术

湖北工业大学的陈茂彬研究了由植物甾醇与油酸直接酯化合成植物甾醇油酸酯（PSO）加工蛋黄酱的技术。

植物甾醇主要含有谷甾醇、豆甾醇、菜油甾醇、菜籽甾醇等多种成分，具有抑制人体对胆固醇的吸收等作用。2000 年 9 月，FDA 通过了对植物甾醇的健康声明，含植物甾醇的人造奶油和色拉酱被列入功能性食品，在许多西方国家已被广泛用于人群慢性病预防。由于植物甾醇在水和油脂中的低溶解性，限制了它的实际使用范围。植物甾醇的 C-3 位羟基是重要的活性基团，可与羧酸化合形成植物甾醇酯。作为一种新型功能性食品基料，植物甾醇酯具有比游离植物甾醇更好的脂溶性和更高效的降胆甾醇的效果，能以一定量添加于普通的高油脂食品中，成为喜食高脂食品人群的保健食品，亦可作为高脂血症和动脉粥样硬化患者的疗效食品。

利用植物甾醇油酸酯加工蛋黄酱的工艺流程和操作要点如下。

1. 工艺流程

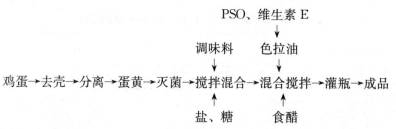

2. 操作要点

（1）植物甾醇油酸酯的加入量。植物甾醇油酸酯为黄色油状物质，可以直接添加到植物油中，用来制作蛋黄酱产品。根据植物甾醇酯的人体推荐摄入量 1.3 g/人（人体每天摄入 1.3 g 以上的植物甾醇酯即可达到降胆固醇的效果）确定的 PSO 添加量为 2.5%。加工中采取先将 PSO 溶解于大豆色拉油中，配制成 PSO 含量为 0.5% 的油液备用。

（2）天然维生素 E 的加入量。蛋黄酱是大面积的油暴露在水相中，而且含有不溶解的氧。另外，混合过程有可能引入气泡。像所有含有脂肪的食品一样，蛋黄酱很容易因为脂肪中不饱和脂肪酸和多不饱和脂肪酸发生自动氧化而受到破坏。天然维生素 E 被公认为是脂肪和含油食品首选的优良抗氧化剂，维生素 E 本身的酚氧基结构能够猝灭并能同单线态氧反应，保护不饱和脂质免受单线态氧损伤，还可以被超氧阴离子自由基和羟基自由基氧化，使不饱和油脂免受自由基进攻，从而抑制油脂的自动氧化。天然维生素 E 的添加量为 0.5%，采用与 PSO 一样先溶解于大豆色拉油中的添加方式，配制成天然维生素 E 含量为 0.7% 的植物油液备用。

（3）植物油的选择及其用量。用于蛋黄酱生产的植物油必须是经过充分精制的色拉油。蛋黄酱的乳化体系中，油量的多少、油滴的大小及油滴的分散情况都会影响蛋黄酱的品质。如果蛋黄酱中植物油含量少，脂肪含量太少，稠度和黏度变小，会使乳化的油滴粒径加大，导致水相分离。适当增大油含量可以提高蛋黄酱的稳定性，但油含量过大时，由水溶性成分构成的外相所占的比例就很小，会使乳化液由 O/W 型转变成 W/O 型，导致蛋黄酱乳化体系不稳定，油水很快分离。一般都是通过正交实验以确定植物油的最佳用量，若选用大豆色拉油，其最佳用量为 74%。

（4）食醋。在蛋黄酱生产的配方中，酸的用量要保证蛋黄酱外相（水相）中总酸量（以醋酸计）不低于 25%，起到防止蛋黄酱腐败变质的作用。由正交实验结果可知，食醋（含醋酸 4.5%）的用量为 9% 左右。

（5）食盐、白糖、香辛料等辅料。除上述几种主要原料外，为使蛋黄酱风味多样化及增强风味，还需要添加其他调味料。经过实验对比，采用白砂糖用量为 1.5%，精盐用量为 15%，香辛料虽然加入量少，但对风味和特色影响很大，香辛料主要有芥末、白胡椒粉、姜粉、香兰素等，总用量为 1% 左右。

（二）固体蛋黄酱加工技术

普通蛋黄酱为高黏度的糊状物，有流动性，使其包装及应用均受到一定的限制。为此，日本研究开发出了固体蛋黄酱，其硬度类似于奶酪，不需要特殊的包装材料，用纸包装即可，而且可以加工成粉末，撒到各种食品上食用，扩大了蛋黄酱的适用范围。固体蛋黄酱是以蛋黄、色拉油、酿造醋为主要原料，添加葡萄糖或果糖，香辛料即增稠剂而制成蛋黄酱主体；另将葛粉与明胶按 2：1 的比例混合，加水调成葛粉明胶液，其含量为 10%～20%，再将蛋黄酱主体与葛粉明胶液混合，搅拌后成固体蛋黄酱。将这种蛋黄酱通过粉碎可制成粉末蛋黄酱。由于葛粉与明胶具有加热融化的特性，因此将这种蛋黄酱加热到 60 ℃以上时，会使其变软。

固体蛋黄酱加工实例：将蛋黄 20 份、色拉油 20 份、酿造醋 15 份、浓度为 8% 的葡萄糖溶液 4 份、香辛料 1.5 份、增稠剂 9 份混合，搅拌后成为蛋黄酱主体。另将葛粉 2 份和明胶 1 份混合，调成浓度为 15% 的葛粉明胶液。再将 1 份葛粉明胶液与 12 份蛋黄酱主体混合，搅拌后即成蛋黄酱成品。

（三）低脂蛋黄酱加工技术

传统的蛋黄酱脂肪含量达到 70%～80%，过量摄入脂肪，易引发肥胖、冠心病、胰岛素抵抗、高血脂以及某些癌症（乳腺癌和结肠癌）等慢性疾病。然而，脂肪在食品中以一种特殊的方式影响食品的流变性能和感官特性，对食品的风味、口感和质地等有不可替代的重要作用。因此，国内外相继有学者研究脂肪替代品在低脂蛋黄酱中的应用，开发了多种脂肪替代品。如 Supachai Worrasinchai 等用废啤酒酵母生产的 β-葡聚糖替代部分脂肪制作低脂蛋黄酱，还有学者用改性淀粉、植物甾醇、菊糖、果胶、微晶纤维素、卡拉胶、增稠剂等进行了替代蛋黄酱脂肪的研究。刘贺等研究了以明胶和阿拉伯胶为原料通过相分离反应制备的脂肪替代品在低脂蛋黄酱中的应用效果，结果表明，低脂蛋黄酱的质构参数与全脂对照差别较大，但在感官上没有被区分出来；通过添加黄原胶 0.04%、卡拉胶 0.05% 作为低脂蛋黄酱的增稠剂，可以解决低脂蛋黄酱的质构缺陷问题。燕麦糊精取代脂肪会使蛋黄酱的风味有所减弱，但能改善由于脂肪的减少而造成的组织状态破坏问题，可使蛋黄酱更加均匀、细腻、爽滑。与全脂蛋黄酱相比，最优配方条件下所得低脂蛋黄酱除了口融性略低以外，其色泽、滋气味以及质地均与全脂蛋黄酱接近，而其黏度、可接受性、组织状态以及涂抹性能则均优于全脂蛋黄酱，尤其是黏度。

低脂蛋黄酱加工实例：申瑞玲等研究了利用燕麦糊精作为脂肪替代品制备蛋黄酱的作用效果，其低脂蛋黄酱制备的最优配方为蛋黄添加量 10.6%，此配方所得低脂蛋黄酱能量值为 25.02 kJ/g，脂肪替代率 27.9%，比全脂蛋黄酱降低了 16.5%。

低脂蛋黄酱加工实例（按质量分数计）：纯蛋黄 14%，大豆色拉油 46%，葡萄糖当量值为 8.1 的燕麦糊精 28%，食醋 2%，水 4.5%，精盐 2%，白砂糖 2.5%，芥末酱、香兰素等其他调味料 1%。

五、影响蛋黄酱产品稳定性的因素

（一）蛋黄酱乳化液的稳定性

蛋黄酱是由鸡蛋、醋、植物油以及香辛料（尤其是芥末）混合而成。目前典型的蛋黄酱一般都含有 70%～80% 的脂肪。虽然相对水分而言，蛋黄酱中脂肪的含量高，但它却是一种水包油（O/W）型的乳化液。制作时首先把鸡蛋、醋和芥末混合，然后缓慢地混合到植物油中。这一过程导致了乳化液中含有大量互相接近的油滴。相反，如果把油相和水相迅速地混合，结果产生的是油包水（W/O）型的乳化液，它的黏度和制作时所用植物油的黏度相似。

对于乳化液，如果在连续相中包裹一个理想的球状油滴，作为分散相的油滴最多只能达到总体积的 74%，而在蛋黄酱中，油滴的体积可以达到或者超过总体积的 75%。这就意味着油滴由原来正常的球状发生了扭曲，同时油滴间彼此接触使它们相互作用，这些因素使蛋黄酱具有很高的黏度。国外学者于1983年发现，与那些用肌肉或者大豆蛋白作为乳化剂制成的乳化液相比，由蛋黄制成的蛋黄酱乳化液的流体弹性在经过预处理后会很快达到最大值。可以推测是由于毗连的油滴絮凝形成了网状结构，本质上来说就是形成了微弱的凝胶体。油滴之间的作用力依靠的是范德华吸引力，在达到一定程度的静电学和空间阻力的平衡后，范德华力便会达到平衡。乳化液的质量依赖于范德华吸引力恰当的平稳，如果吸引力太大会导致牵引油滴而使水相挤出，促进油滴的结合，如果排斥力太大会使油滴彼此之间很容易摆脱，这会导致产生黏度很低的乳化液，造成乳状物沉淀或上浮的现象。

由于液态的蛋黄能保存的时间不是很长，生产上常用冷冻的或者干燥的蛋黄代替。然而试验表明蛋黄的乳化性质依赖于其结构，任何加工处理都会破坏它的结构而降低其乳化性能。经过巴氏杀菌的蛋黄不会过度地破坏其乳化性能，但是像冷冻和冷冻干燥等处理手段都会严重干扰它的乳化性能，用这种蛋黄制成的蛋黄酱含有大量的油滴而且很容易彼此结合。

纯净的蛋黄在−6 ℃冷冻后会产生凝胶，这一过程不可逆转。这会导致蛋黄和其他成分混合困难，从而限制其使用。这一凝胶过程能通过机械处理，比如均质和胶体磨的处理而抑制，也可以通过添加蛋白酶和磷脂酶的方法来抑制，但是最常用并且最能接受的是通过加糖或盐来抑制蛋黄凝胶。冷冻过的加糖或盐的蛋黄是相对稳定的，但是过度冷冻会使蛋黄的品质和功能改变。

蛋黄酱的pH对乳化液的结构有重要的影响，当蛋黄酱的pH和所有蛋黄、蛋白的平均等电点接近时，黏弹性以及稳定性最高，因为此时蛋白质的净电荷最少。当油滴表面的蛋白质具有较高的净电荷时，便会阻止其他蛋白质的吸附，导致油滴彼此排斥，从而起到了防止絮凝的作用，这些因素导致了蛋黄酱具有较低的黏弹性以及稳定性。

盐的添加也可以促进蛋黄酱的稳定，主要有3个原因。首先，盐可以驱散蛋黄颗粒，从而得到更多可以利用的表面活性物质。其次，加盐可以中和蛋白质表面的净电荷，使它们能吸附到油滴表面的保护层，并且进一步加强其保护作用。最后，中和蛋白表面的净电荷后，可以使毗连的油滴之间的作用力更强。

国外学者1986年的研究发现，用于盐渍蛋黄的盐的浓度和类型对蛋黄的结构和特性有重要的影响，他们研究了NaCl、碘化的NaCl和KCl，把它们应用于没有经过巴氏杀菌的蛋黄酱，结果发现蛋黄黏性会随着盐浓度的增加而增大。虽然添加的3种盐都会使蛋黄的乳化性能降低，但是用它们制作的蛋黄酱却具有很好的稳定性。

影响蛋黄酱乳状液稳定的因素主要有：蛋黄酱加工中各原料的配合量、加工程序、混合方式、操作温度、产品黏度及贮藏条件等。提高蛋黄酱乳化液稳定性的措施主要有以下几个方面。

① 加1%～2%的白色芥末粉可维持产品的稳定性能。

② 用新鲜鸡蛋乳化效果最好，因新鲜蛋黄卵磷脂分解程度低。

③ 最佳的乳化操作温度是15～20 ℃。

④ 酌量添加少量的胶（明胶、果胶、琼脂等）可以增加产品的稳定性。

⑤ 保证盐、醋合适的添加用量。若盐、醋用量偏高，产品稳定性降低。

⑥ 为了防止微生物污染繁殖，一些原料如鸡蛋、醋等可预先经60 ℃、30 min杀菌，冷却后备用，乳化好的产品可在45～55 ℃下，加热杀菌8～24 h，也可加入乳酸菌在常温下放20 d，增殖抑制有害菌。装瓶后的产品在贮藏期应防止高温和震动，以延长保质期。

⑦ 有的蛋黄酱在低温下长期存放后会发生分离现象，这是因为在低温下油形成固体结晶，使产品乳化性受破坏，所以用于蛋黄酱的蛋黄要取出固体脂和蜡质，使其在低温下不凝固。

（二）脂类物质的氧化

像所有含有脂肪的食品一样，蛋黄酱很容易因为脂肪中不饱和脂肪酸和多不饱和脂肪酸发生自动氧化而受到破坏。自动氧化过程包括3个阶段：初始、延伸和终止。初始阶段是一些外来的能量（如光），在一些催化剂的存在下（如重金属离子）作用于不饱和脂肪酸而产生自由基。在延伸阶段自由基和单线态氧作用形成过氧化物，这些过氧化物可以催化形成更多的自由基而使脂肪酸分解成为醛、酮和醇。一旦这些物质达到一定的浓度，他们便可以形成稳定的化合物而使产品具有典型的恶臭味。最后一个阶段是终止过程，天然的蛋黄酱往往是大面积的油暴露在水相中，而且含有不溶解的氧，另外混合过程有可能引入气泡，嵌于乳化液中。尽管潜在存在着这些问题，但是关于自动氧化对蛋黄酱破坏的研究报道很少。

Wills 等（1979）研究了 20 ℃情况下商业生产上的蛋黄酱自动氧化的发生情况。他们发现存贮 15 d 后，蛋黄酱的过氧化值就达到最大值 3.5，然后下降。

经严格训练的评定小组在 30 d 后就能感觉到蛋黄酱的腐败味，此时过氧化值已经下降，但是羰基化合物含量却迅速增加。因此，他们认为过氧化值可以用来预测蛋黄酱开始发生恶臭的时间，而羰基化合物的值主要用来预测这种腐败的程度。在蛋黄酱以及与之相似的乳化液体系中，氧化的开始阶段出现在油滴的交界处，这意味着小颗粒的油滴更有利于氧化的进行。但是在氧化的延伸阶段，油滴的尺寸和氧化没有直接的关系。

光的波长和脂类的氧化也有很大的关系。波长短的光更能促进脂类和脂类乳化液的氧化。Lennersten 等（2000）测定了不同波长的光（尤其是在紫外线范围的光）对蛋黄酱的氧化作用，他们发现 365 nm 波长的光很容易促进不饱和脂肪的氧化，即使脂肪本身在这一范围内对光并不吸收，而可见光在蓝色光范围内可以促进脂肪氧化并且使蛋黄酱变色，但是波长在 470 nm 以上的光没有这种作用，他们推测光导致的脂肪氧化是由于光敏感物质比如类胡萝卜素促发的。另外，研究发现用聚萘二甲酸乙二醇酯（PEN）纤维制成的包装材料虽然可以阻挡紫外线，但是蛋黄酱的氧化依旧会由于蓝色光而发生。

盐是蛋黄酱的重要成分，也是风味的重要组成部分，盐可以促进蛋黄酱乳化液的稳定性，而且会影响自动氧化的速度。Lahtinen 等（1990）研究了 2 种不同浓度（0.85%、1.45%）的 3 种盐对蛋黄酱氧化的效果（不添加防腐剂）。

蛋黄酱在室温下保存 60 d 后，NaCl 和矿物盐在不含抗氧化剂的情况下可以促进脂类的氧化，而低钠盐则不能。这种效果很大一部分会由于存在抗氧化剂而被抑制。在实际操作中，盐可能会促进氧化的形成，因为他们很容易被克服，而更为重要的是盐对乳化液稳定性和蛋黄酱的整体风味都有贡献。Jacobson 等（2000）发现通过异抗坏血酸、卵磷脂、生育酚 3 种抗氧化剂混合，能有效地阻止蛋黄酱中奶油的氧化，他们认为这是由于抗坏血酸盐能和蛋白中的铁反应，使它能催化形成自由基。

蛋黄酱的氧化稳定性同时也依赖于制作中所用油的种类。Hsieh 等（1992）制作的蛋黄酱含有 70% 的鱼油谷物油或者大豆油。Hsieh 等认为大豆油和谷物油分别含有高含量的亚油酸（18：2）和亚麻酸（18：3），而鱼油含有 EPA（20：5）和 DHA（22：6），正如预期的一样，用鱼油制作的蛋黄酱氧化迅速，谷物油其次，大豆油最慢，也可能由于豆油中天然抗氧化剂的含量比较高，尤其是生育酚。

（三）蛋黄酱风味的稳定性

蛋黄酱是一种由植物油、醋、蛋黄、糖和香料（主要是芥末）构成的混合物。这些成分构成了蛋黄酱的整体风味。其中糖和醋的成分相对稳定，因此其他成分的分解（比如植物油）、蛋黄中的蛋白质以及源于香料中的风味物质对综合风味的形成有重要的意义。

芥末的风味来源于一类含硫的挥发性物质——异硫氰酸酯，尤其是异硫氰酸丙烯酯。它们可以任意比例溶解于有机溶剂中，但是微溶于水。在乳化液中（如蛋黄酱），风味物质按照它们在水相和油相中的相对溶解度而分散开来。

一般认为蛋黄酱的初始风味来源于存在于水相中的风味物质，蛋黄酱食入口中后，在口中缓慢升温，当被唾液分解到一定程度后，油溶性的风味物质从油滴中驱散开来并且和味觉受体结合。因此对低极性风味化合物的感觉会随着蛋黄酱中脂肪的减少（水相更多）而获得。这和目前HiTech Food 研究的含有绿芥粉的蛋黄酱的结果一致，结果发现含有 30％脂肪的蛋黄酱比含有85％脂肪的蛋黄酱绿芥风味更浓，尽管它们的异硫氰酸酯的含量是一致的。

在水溶液中，异硫氰酸丙烯酯会和水以及 OH⁻ 离子反应，但是在加入柠檬酸盐和色拉油后会保持稳定，这意味着它在蛋黄酱中是稳定的。Min 等（1982）用气相色谱来测定新鲜和存贮过的蛋黄酱中风味物质的含量，尤其是油滴部分中的异硫氰酸丙烯酯，结果发现，异硫氰酸丙烯酯的含量在存贮 6 个月后变化不大，醋酸和醋酸酯的水平（来源于醋）也没有大的变化。油脂的氧化是产生蛋黄酱异味的主要原因，但因蛋黄酱是一种复杂的产品，抗氧化剂的选择并不简单。

在家庭自制以及早期商业化的蛋黄酱中，最有可能导致乳化液破坏的是油滴的上浮和絮凝。因此，对蛋黄酱乳化液形成过程中的这些物理和化学变化有充分的了解，能使我们制作出保存时间更长的蛋黄酱，可使保存期从原来的几周提高到几个月，但是随着蛋黄酱乳化液稳定性增加，缓慢的化学变化就会进行，尤其是自动氧化，结果可能导致蛋黄酱因为自动氧化而被破坏。

如今，一种添加了起稳定作用的变性淀粉的蛋黄酱，会在乳化液稳定结构破坏之前由于脂肪的自动氧化而酸败。蛋黄酱如果保存的时间并不是很长（在室温下不超过 6 个月），保持蛋黄酱风味的稳定并不是一个大问题。

目前大量不同的新的风味已经添加到蛋黄酱中，比如一些中草药、大蒜、番茄和酸性奶油。最近的趋势是生产脂肪含量低的蛋黄酱以及使用不同种类的植物油。为了适应消费者新的需求，蛋黄酱的新配方已经出现。

复习思考题

1. 蛋黄酱具有哪些特点？目前在全世界生产情况如何？
2. 蛋黄酱的生产有哪些主要生产工艺？组成配方的主要原料是什么？
3. 目前蛋黄酱的加工有哪些新技术？
4. 影响蛋黄酱产品稳定性的因素是什么？
5. 分析含蛋沙拉酱的发展趋势。

CHAPTER 13 第十三章

方便蛋制品加工

学习目的与要求

　　掌握卤蛋、醉蛋、虎皮蛋等风味熟制蛋的加工技术与工艺，熟悉蛋类果冻的制作过程和方法，了解鸡蛋酸乳酪、鸡蛋人造肉、调理蛋制品等其他方便熟食蛋制品的加工方法，了解我国方便蛋制品生产现状与发展动态，探讨目前我国市场上几种主要方便蛋制品的品质与风味特点。

方便蛋制品主要是指通过一系列加工以后，已经熟制能供消费者直接食用的一类蛋制品。这类蛋制品具有独特的风味，既可以供人们休闲或方便即时食用，也可以作为餐桌菜肴，还可以作为其他食品加工的原料或辅料。近些年来，随着我国食品加工业的发展，方便蛋制品在我国得到了很快的发展，生产消费量越来越大，品种也越来越多。

第一节　风味熟制蛋

一、五香茶叶蛋

五香茶叶蛋是鲜蛋经煮制、杀菌，使鸡蛋蛋白凝固后，再加以辅料防腐、调味、增色等工序加工而成的，产品色泽均匀、香气宜人，口感爽滑，营养丰富，集独特的色、香、味于一体。因其加工时使用了茶叶、桂皮、八角、小茴香、食盐等五香调味香料，故称为"五香茶叶蛋"。

加工用鲜蛋一般习惯使用鸡蛋，鸭蛋、鹅蛋以及鹌鹑蛋也可以制作。五香茶叶蛋对原料的要求并不十分严格，蛋壳完整、可食用的鲜蛋以及用淡盐水保存过或冰箱保存过的蛋都可作五香茶叶蛋的原料。但是蛋壳破损蛋、大气室蛋等因不耐洗，在煮沸过程中又容易破裂，不宜采用。五香茶叶蛋加工常用辅料为食盐、酱油、茶叶和八角等香料，也有的添加桂皮等。这些辅料要符合一定的质量要求，未经检验的化学酱油、霉败变质的茶叶等均不得采用。辅料用量视各地口味要求而定。加工五香茶叶蛋的设备很简单，南方习惯用蒸钵（砂锅）煮蛋，用它煮制的五香茶叶蛋风味较为别致。

五香茶叶蛋的配方及制作方法如下：

1. 原料配方　鸡蛋 100 枚，酱油 300 g，茶叶 100 g，八角、小茴香以及桂皮各 20 g，精盐 100 g，水 500 g。

2. 制作方法

① 将鸡蛋煮熟后，用筷子敲打鸡蛋壳，使脆裂。

② 取一净锅（最好是砂锅）放在火上，放入熟鸡蛋、酱油和盐，再倒入清水（使水没过鸡蛋）。用干净纱布包入茶叶、八角、小茴香、桂皮，投入锅内，用微火烧 0.5 h 即可。

3. 产品特点　蛋壳呈虎皮色，香味浓郁，可作旅途食品。

二、卤　　蛋

卤蛋（spiced corned egg）是用各种调料或肉汁加工而成的熟制蛋，如用五香卤料加工的蛋称为五香卤蛋，用桂花卤料加工的蛋称为桂花卤蛋，用鸡肉汁加工的蛋称为鸡肉卤蛋，用卤蛋再进行熏烤的蛋称为熏卤蛋等。卤蛋经过高温加工，使卤汁渗入蛋内，增进了蛋的风味。

1. 五香卤蛋

（1）原料配方。鸡蛋 100 枚、白糖 400 g、丁香 400 g、桂皮 400 g、白酒 100 g、酱油 1.25 kg。

（2）制作方法。

① 准备各种配料放入卤料锅，加水量以能将 100 枚鸡蛋浸没为准。

② 先将鲜鸡蛋洗净，用水煮熟，剥去蛋壳，放进配制好的卤料锅内，加热卤制。卤制时火力要小，用文火，使卤汁慢慢地渗入蛋内，约 1 h 方可卤好。

（3）食用方法。卤蛋可以热食，也可以冷食。热食香味浓厚，冷食多为外出旅游随身携带食用。存放卤蛋的容器或塑料袋，要清洁卫生，防止细菌和污物沾染。当天加工的卤蛋，要当天出售，未售完的卤蛋，第二天仍要放在卤汁中再行加热后才能销售，以保证卤蛋的品质和卫生。

（4）产品特点。五香卤蛋色泽浓郁，卤味厚重，营养丰富，食用方便。卤蛋的成熟过程是各种物理化学变化共同作用的结果，其中主要包括蛋白质的变性，食盐、香辛料的扩散和风味的形成。目前，对卤蛋的研究主要局限在工艺方面，在贮藏特性、风味物质方面的研究还很少。不同加工方法、不同的辅料对卤蛋的品质均有影响，因而，关于卤蛋风味物质、卤蛋加工的新工艺、卤蛋的贮藏特性等方面还有很多值得研究的问题。

2. 鸡铁蛋加工 以新鲜鸡蛋为原料，经过煮制、烘烤等一系列工艺而制成的一种色泽棕黑，蛋白柔韧，蛋黄油、沙、香，且较耐贮存的风味蛋制品。

（1）配方。酱油 260 g，白糖 360 g，食盐 36 g，黄酒 18 g，桂皮 30 g，小茴香 30 g，生姜 4 g，水 2 kg，原料蛋 30 枚。

（2）工艺流程。原料蛋选择→洗蛋→煮蛋→冷却→剥壳→加料煮制→烘烤→包装→成品→贮存销售。

（3）加工方法。

① 原料蛋选择、入锅煮蛋、冷却去壳等工艺与卤蛋的加工方法相同。

② 将去壳后的原料蛋放入锅内，再加入按照配方称好的水、食盐、白糖、黄酒等各种调味品；所用香料则以纱布包好后（注意不要外露）同时放入锅内，以免其在煮制过程中污染蛋体。

③ 用小火将锅煮开后，将火关闭，并在原锅中浸泡数小时。至蛋体呈棕红色时，将其取出，晾干。

④ 将浸泡、晾干后的蛋置于烘房或烤箱内进行烘烤，直至蛋白柔韧，蛋黄油、沙、香时为止。

⑤ 将烘烤过的蛋取出，并逐枚涂以少许芝麻香油，以便成品蛋具有良好的光泽。最后利用不同规格的塑料袋将蛋包装、密封、贮存或销售。

3. 鹌鹑铁蛋的制作 与鸡铁蛋加工工艺相似，但有很小区别。加工时应选用新鲜良好、形体完整的鹌鹑蛋以及食盐、绵白糖、酱油、茶叶、香辛料。

（1）工艺流程。鲜蛋→清洗→预煮→去壳→卤煮→烘烤→成品。

（2）技术要点。

① 清洗：用流动的清水把蛋壳表面上的泥污及杂物清洗干净，晾干待用。

② 预煮：将清洗后的蛋放入 50 ℃左右的淡盐水中加热，以微沸计时，5 min 左右，捞出冷却。在预煮时可加适量食盐，以利于剥壳及保证其完整性。

③ 香辛料用纱布包好，放入水中文火煮沸，加入糖、盐等调味料，再次煮沸至酱红色。

④ 卤煮时间以 3～5 h 为宜，卤煮过程中控制火力，以卤汁不沸出煮制锅为准。烘烤温度以 45～55 ℃、烘烤时间 4～6 h 为宜，并适时翻转，使烘烤均匀，色泽一致。

三、醉　　蛋

醉蛋是以新鲜鸡蛋或鸭蛋为原料，经过煮蛋、破壳，然后再以白酒浸泡而成的一种熟蛋制品。优质醉蛋成品，经切开后蛋白红白色相间且醇香扑鼻，食之味道鲜香并略带酒味。

1. 原料配方 优质酱油 5 kg，大曲酒 5 kg，原料蛋（鲜鸡蛋、鸭蛋均可）10 kg。

2. 加工方法

① 将选择好的原料蛋洗净、入锅煮熟和击破蛋壳，使之成为裂纹蛋（注意保持壳膜的完整）。

② 按配方称取酱油和白酒，使之混合均匀。

③ 将破壳蛋及混合好的料液放入清洁的坛内，使蛋能够完全浸渍于混合料液之中，然后密封坛口，经 3 d 后即可取出食用。若暂不食用，亦可在原坛内继续浸渍，而且浸渍时间愈长，其味道也就越香。

④ 浸泡液的再利用。浸泡液经调整后可留下继续使用。因此，醉蛋的另一种加工方法是将原料蛋置于冷水锅内煮沸 2～3 min，使之成为半熟状态；另将装蛋用的容器内倒入开水（开水用量以能将蛋淹没为度），并加入少量的花椒、八角及适量的食盐，待其冷却后，再加入适量的大曲酒，至料液具有酒香味时即可；最后，将击碎蛋壳的原料蛋放入料液中密封、贮存，一般经 6～7 d 即能成熟、食用。

四、虎 皮 蛋

虎皮蛋是我国民间传统的风味熟制蛋品，也是一种传统的烹调菜。因鸡蛋脱壳加工过程中，蛋白质油炸变性凝固，蛋清表面呈黄褐色皱纹、状似虎皮而得名。该产品外酥香软，肉质细嫩，吸卤多汁，汤汁醇厚，咸香可口，营养丰富。虎皮蛋是我国南方，特别是长沙、武汉等地非常流行的一种风味食品。

1. 配料 鸡蛋 10 枚，油菜心 25 g，水发玉兰片 25 g，水发冬菇 15 g，清油 1 kg（实耗 30 g），大油 20 g，花椒油 25 g，味精少许，料酒 15 g，酱油 35 g，水淀粉 25 g，盐、葱、姜、米各少许。

2. 制作方法

（1）将玉兰片切成长方片，油菜心切成长方片，冬菇大片改刀。

（2）把玉兰片、冬菇用开水焯一下，备用。

（3）将 10 枚鸡蛋煮熟，放入凉水浸一下，剥壳后放入酱油碗内腌上。

（4）坐油勺，用六七成热油将鸡蛋倒油勺中炸成虎皮色控出。

（5）原勺打大油，葱、姜碎末炝勺，烹料酒、酱油，打高汤，放入炸好的鸡蛋，加少量盐，把鸡蛋捞出，将每个鸡蛋一剖成两半，放入汤碗内，皮面朝碗，码好，把勺里的汁浇一半到汤碗里，上屉蒸 10 min，出屉，合入平盘内。

（6）将留有一半汤汁的勺上火，下油菜、玉兰片、冬菇加味精，开勺挂芡，淋花椒油出勺，浇在盘内鸡蛋上即成。

五、蛋 松

蛋松是鲜蛋液经油炸后炒制而成的疏松脱水蛋制品。因油的渗入及水分大量蒸发，蛋松的营养价值远比鲜蛋高。它是方便熟制品，随时可以食用；由于含水量较少，微生物不易繁殖，比较耐贮藏，而且体积小、重量轻，便于携带。

1. 蛋松的品质特点 色泽金黄油亮、丝松质软、味鲜香嫩、营养丰富、容易消化、保存时间长，为年老体弱和婴幼儿的最佳食品，亦是旅游和野外工作者随身携带的方便食品。

2. 蛋松的加工方法 蛋松的加工需要选用新鲜的鸡蛋或鸭蛋，其配方、加工工艺、加工过程如下。

（1）用料与配方。蛋松的生产配方有许多种，常见的产品配方见表 13-1。

（2）工艺流程。鲜蛋→检验→打蛋→加调味料→搅拌→过滤→油炸→出锅→沥油→撕或搓→加配料→炒制→成品。

（3）加工过程。我国各地因加工蛋松设备条件等不同，操作方法也有所区别，其一般加工过程如下：

① 取新鲜鸡蛋或鸭蛋 5 kg 去壳后放在容器中，充分搅拌成蛋液。

② 用纱布或米筛过滤蛋液。

③ 在滤出的蛋液中加入精盐 0.4 kg 和黄酒 0.2 kg，并搅拌均匀。

④ 把油倒入锅内烧开，然后使调匀的蛋液通过滤蛋器或筛子，成为丝条状，流入油锅中油煎，即成蛋丝。

⑤ 将煎成的蛋丝立即捞出油锅，沥油。

⑥ 沥油后的蛋丝倒入另一只炒锅内，再将糖和味精放入，调拌均匀后再行炒制。炒制时，宜采用文火。

表 13-1　蛋松加工用料配方　　　　　　　　　　　　　　　单位：kg

配方序号	鲜蛋液	食用油	精盐	食糖	黄酒	味精
1	50	7.5	1.35	3.75	2.5	0.05
2	50	4	5	5	1	0.1
3	50	适量	2.5	2.5	1.75	0.05
4	50	适量	0.5	2	2	0.05

注：表中数值是指加工 100 kg 鲜蛋的用料；食用油可用植物油或猪油。

一般都将蛋松作为营养品食用。南方地区，将蛋松作为喝米粥的菜肴，也有的作冷菜盘里的配料，以增加色彩。更多的是作为外出旅游的方便食品和休闲食品。

第二节　蛋类果冻

果冻是深受人们（特别是儿童）喜爱的食品之一，但目前国内市场上的果冻产品大多是以果冻胶为主要原料，添加各种甜味剂、增稠剂、色素和香精调制而成，营养价值不高。在传统的果冻配料中添加适量蛋品，生产既具有传统果冻的特性，又含有丰富营养成分的营养型果冻新品种，不仅产品附加值高，而且有广阔的市场开发前景。我国科技工作者已对此类食品做了一些研究，取得了一定的成果，开发出含蛋果冻和鸡蛋布丁等产品，市场销售良好。

一、蛋黄果冻加工

果冻目前在国内市场上大受欢迎，以蛋黄为主要成分的蛋黄果冻则是一种色、香、味、形且营养俱佳的儿童食品。

以鸡蛋蛋黄为原料，以白砂糖、凝固剂、β-环状糊精等为辅料，可制成蛋黄果冻。其中白砂糖溶于水得到的高浓度糖液本身能提高蛋黄的耐热性；凝固剂中的卡拉胶能与蛋黄中的蛋白质起络合反应，对其稳定性也起到保护作用；加工工序中的酸化处理也使蛋液的热稳定性有一定的提高；而 β-环状糊精的加入则进一步增强了蛋黄果冻的稳定性和弹性，并掩盖了蛋黄的腥味，使产品风味更纯正、组织状态更理想。

1. 原辅料　鸡蛋、卡拉胶、魔芋粉、白砂糖、β-环状糊精、柠檬酸、鲜橘汁等。

2. 产品配方

（1）配方一（以 100 kg 计）。白砂糖 15 kg，蛋黄 6 kg，柠檬酸 0.3 kg，混合凝固剂 1 kg，鲜橘汁 5 kg，β-环状糊精 0.05 kg。

（2）配方二（以 100 kg 计）。白砂糖 12 kg，蛋黄 7 kg，柠檬酸 0.35 kg，混合凝固剂 0.81 kg，

鲜橘汁 8 kg，β-环状糊精 0.05 kg。

3. 工艺流程 不同配方得果冻产品的生产工艺相似，具体加工工艺流程如下。

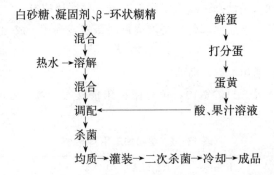

4. 操作要点

① 蛋黄液制备：将挑拣好的鲜蛋人工分蛋，再用打蛋机将蛋黄搅拌成蛋黄液备用。

② 凝固剂的溶化：将凝固剂、β-环状糊精与白砂糖混匀，在搅拌条件下加入 80 ℃的水中溶解。

③ 混合及调配：将蛋黄液通过物料混合泵打入糖液中，再加入酸及果汁溶液，搅拌均匀。

④ 杀菌：此时的料液有较强的耐热性，杀菌条件为 95 ℃保温 5 min，或进行高温短时杀菌。

⑤ 均质：物料冷却到 70 ℃时进行均质处理，这样产品口感更加光滑细腻。

⑥ 灌装、二次杀菌：采用灌装机灌装。然后进入连续热水杀菌机二次杀菌，条件为 80～85 ℃、20 min，并用风机吹干外面水滴。

5. 技术要点

（1）热稳定性。鸡蛋是热敏性物料，蛋黄的热凝固温度是 68～70 ℃。为了使物料在高温杀菌过程中不产生变性凝固现象，可采取如下措施：首先，将蛋黄液添加到较高浓度的糖、凝固剂混合液中，高浓度糖液本身能提高蛋黄的耐热性，凝固剂中的卡拉胶能与蛋黄起络合反应，对其稳定性也起到保护作用；然后，添加酸溶液，实验证明，酸化处理后的蛋液热稳定性也有一定程度的提高。

（2）胶凝性。胶凝性是该产品重要的质量指标。良好的产品应是胶凝性强、弹性好，没有或有极少量水滴析出。要达到这一要求，正确选用凝固剂是关键：一般使用的凝固剂有琼脂、果胶、卡拉胶等多种类型。本产品将卡拉胶与魔芋粉配合使用，不仅效果非常理想，而且成本较低。卡拉胶和魔芋粉在水中形成的凝胶强度大、透明度好，使用比例为 4：（3～4）。卡拉胶的凝固性受钾、钙等阳离子的影响很大，在一定范围内，凝固性随这些阳离子浓度的增加而增强，见表 13-2。

表 13-2 凝胶强度与氯化钾用量的关系

氯化钾添加量/%	0	0.1	0.2	0.3	0.5	1.0
凝胶强度/(g/cm²)	5	80	140	190	350	610

但在加工果冻时，不能一味地追求凝胶强度，因为强度过高的果冻易析出水滴。试验证明，在氯化钾添加量为 2%时，效果较为理想。

值得注意的是，卡拉胶在酸性条件下易发生水解作用，大分子降解为小分子，这样会使果胶的黏度和凝胶强度明显降低；高温条件下能加剧这种变化。因此，在果胶生产中应避免物料在高温情况下长时间受热。

（3）组织状态。采用该方法生产的蛋黄果冻晶莹剔透、光滑细腻、富有弹性、酸甜适口，无明显的水滴析出。添加的 β-环状糊精既能进一步增强果冻的稳定性和弹性，又能掩盖蛋黄的腥味。

二、全蛋营养果冻加工

鸡蛋蛋白营养价值非常高，其氨基酸组成、比例接近人体需要量模式，以全蛋为主料，辅以其他调料，经科学配方和加工工艺制成的全蛋果冻产品，不仅营养价值高，而且风味独特，有很大的市场开发潜力。

1. 技术要点

（1）原料蛋处理及用量。为了克服鸡蛋蛋白质受热易变性凝固这一特性，可采用枯草杆菌蛋白酶对鸡蛋液进行轻度水解，不仅可提高鸡蛋液的热稳定性，而且有利于鸡蛋蛋白质的吸收利用。

为了既能使产品达到一定的蛋白质含量，又能保持果冻食品的特点，通过对比试验证明，在卡拉胶用量为 0.8％的条件下，蛋液用量以 12％～15％较为理想。

（2）柠檬酸用量。在全蛋营养果冻加工中，柠檬酸主要用于调节产品风味，而柠檬酸的用量对凝胶的稳定性影响很大，用量＜0.2％时，口感太甜；而用量＞0.3％时，胶体不凝结，或凝结不好，有不均一的裂痕。多次试验证明，0.25％的全蛋果冻添加量，质地最佳。柠檬酸的添加方法为：先将所用的柠檬酸配成 10％的水溶液，然后加入料液中。

（3）蔬菜汁用量。为了进一步提高产品的营养价值，还可以添加天然生姜汁和番茄汁或其他植物营养成分。由于生姜等蔬菜水提取液中含有酚类及有机酸等物质，影响果冻中的蛋白质的稳定性，因而添加量不能太多。试验表明，在蛋液用量为 15％时，添加 0.5％的番茄汁和 1.5％的生姜水提取液，产品风味及凝结状态最好。

2. 工艺流程 全蛋营养果冻加工工艺流程如下。

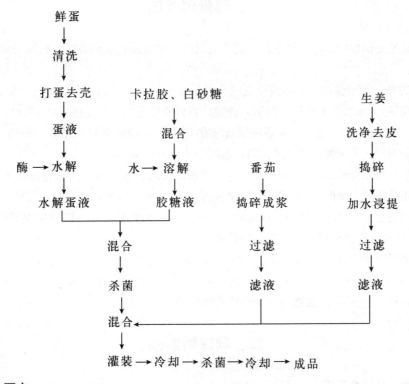

3. 操作要点

（1）蛋液水解。先将蛋液用水稀释成 50％的溶液，用碱调节 pH 至 8.0；枯草杆菌蛋白酶用少量水溶解后，过滤，取过滤后的酶液加入蛋液中。酶用量为 0.1％，在 40 ℃温度下，水解 3～4 h，使水解率达到 10％即可。

（2）胶糖液配制。卡拉胶与白砂糖按1∶10的比例混匀，加入温水中，边加边搅拌，缓慢升温至胶彻底溶胀、溶解，呈透明均一液状。

（3）番茄汁制备。番茄经捣碎、匀浆后，加1倍水，混匀加热煮沸后用滤布过滤，滤液备用。

（4）生姜水提取液的制备。取适量生姜，洗净捣碎后，加1倍水，于80℃提取2 h，过滤，滤液备用。

（5）原料混合。溶解的胶糖液在搅拌中加入适量的酶解蛋液，搅拌均匀后，85℃保温10 min，杀灭鸡蛋中可能存在的沙门菌等致病菌；趁热搅拌加入柠檬酸溶液、番茄汁、生姜水提取液，混匀后灌装。

（6）灭菌。原料在混合前都已分别灭菌，为避免可能的污染，灌装完冷却后，需再经85℃、5 min的巴氏杀菌。

4. 质量指标

（1）感官指标。外观：光滑、无裂痕、无颗粒；状态：凝胶状、有弹性；色泽：淡黄色；口感：细腻、光滑；风味：鸡蛋、番茄、姜的自然香味。

（2）理化指标。总糖含量：7%～8%；总蛋白质含量：1.6%～2.0%；食品添加剂：符合GB 2760标准。

（3）微生物指标。细菌总数＜100 个/g；大肠菌群＜3 个/100 g；致病菌不得检出。

第三节　其他蛋制品加工

一、鸡蛋酸乳酪

鸡蛋酸乳酪是国外研制的一种食品。它具有乳酸发酵食品特有的香味，色调美观，酸味协调且营养丰富。

1. 加工方法　在全蛋液、蛋黄液或蛋白液中，加10%～40%的牛乳、羊乳（全乳、脱脂乳、炼乳或奶粉均可），还可再加些糖、琼脂、色素、香料或稳定剂等。加糖量以5%～15%为宜，琼脂加入量在1%以下。将上述物料制成的混合液在50～80℃温度下加热灭菌10～40 min，加热温度因蛋液不同而异：用全蛋液或蛋黄液时，温度为70~80℃，蛋白液为50～60℃，加热时间为20～30 min。为了灭菌彻底最好要经过2～3次灭菌。灭菌后的蛋液，应缓慢降温至30～40℃。根据需要可用盐酸或有机酸将pH调节到碱性或弱碱性，然后接种乳酸菌进行发酵，乳酸菌为粪链球菌、嗜热链球菌、嗜酸乳杆菌、保加利亚乳杆菌或干酪乳杆菌等，接种量为蛋液量的1%～5%。上述蛋液经乳酸发酵后，即成鸡蛋酸乳酪。

2. 加工实例　鸡蛋黄液5份，脱脂奶粉1份，蔗糖1份，水3份混合均匀后，将盛混合液的容器放在80℃的热水中灭菌10 min，然后冷却到40℃，接种3%的干酪乳杆菌种子液，再分装到无菌瓶中，在37～40℃的温度条件下进行发酵即成。

二、调理蛋制品

调理蛋制品是用鸡蛋黄、鸡蛋白、淀粉、大豆蛋白、食盐、砂糖及其他调味料经混合、糊化、灌装、热凝固等工艺加工而成的一种方便食品。它具有适宜的硬度和鸡蛋风味，可直接用于拌色拉或夹在面包中食用，用途很广，而且具有良好的耐贮藏性。

1. 加工方法　先将大豆蛋白等不易混合的原料放入水中浸渍。然后，添加小麦淀粉和玉米淀粉等淀粉类、食盐、砂糖、甘氨酸、谷氨酸钠等调味料，用热混合机边加热边混合。在加热混合时，必须在淀粉糊化时立即冷却至 60 ℃以下（最好在 50～60 ℃）。然后，添加蛋黄液和卵磷脂等乳化剂，混合至均匀分散为止。再冷却至 45 ℃以下（最好在 40～45 ℃），得糊状基础原料。

将蛋黄液和蛋白液分别加热凝固，用切菜机等机械切成大小适当的块状物，与蛋黄酱、蛋白液一起，添加到上述糊状基础原料中并混合。在混合块状物时，尽量不弄碎蛋白部分。这样制品的风味好，而且有助于批量生产。在混合过程中，用食醋将 pH 调整至 5.0～5.5，然后将混合物填充到聚乙烯等合成树脂塑料袋中密封，用热水或蒸汽加热使之凝固，便成为包装蛋制品。

2. 加工实例 将淀粉 4.4 份、大豆蛋白 1.5 份、水 26 份、食盐 0.3 份、砂糖 0.2 份、谷氨酸钠及其他调味料 1.3 份等，用热混合机在 70 ℃的温度下加热混合。当呈糊化状后立即冷却至 55 ℃，在上述糊状物中添加蛋黄 2.3 份、乳化剂（卵磷脂）0.7 份，均匀混合后再冷却至 45 ℃以下，得糊化状基础原料 36.7 份。

将蛋黄液和蛋白液分别加热凝固，用切菜机切成大小适当的块状物。

将上述块状物 42 份（蛋黄部分 18 份，蛋白部分 24 份）、蛋黄酱 11 份、蛋白液 10.3 份添加到上述糊状基础原料中，边搅拌混合边将 pH 调整为 5.0～5.5。然后，填充到合成树脂塑料袋中，加热凝固后便得到调理蛋制品。

该产品不仅口味好，而且保存性也极好。按照食品行业所进行的一般食品保存性试验，在 37 ℃的恒温槽中保存 30 d，其性状与刚制好的制品相比无差异。

三、鸡蛋人造肉

鸡蛋人造肉是以鸡蛋白为原料，添加魔芋精粉、食盐、钙盐、淀粉、各种风味物质等，通过混合、调整酸碱度、喷丝、中和、成型等工艺加工而成的一类具有天然肉口感及风味的新型蛋制品，有些材料又称为工程食品类。

1. 人造鸡肉的加工 在鸡蛋白 1 kg 中，添加碳酸钙 5 g、磷酸钙 2 g 和氢氧化钠 1.5 g 等溶解后，再添加干燥的魔芋精粉 30 g、食盐 20 g、谷氨酸钠 7 g、肌苷酸钠 0.5 g、干酪素钠盐 15 g、大米淀粉 20 g 和砂糖 10 g，使之混溶，特别是要使魔芋精粉充分膨胀、溶化。其后，添加少量的鸡味调味品（如鸡汁等）和生菜籽油 20 g，经混合制成 pH 为 11.2 的浆料。把该浆料用碳酸氢钠调节 pH 至 10，通过喷丝头挤压入 90 ℃的碱性凝固液中，即抽制成丝，再浸入 10％的乳酸液中进行中和，中和后经水洗、热压，便制成人造鸡肉，其风味及咀嚼感酷似天然鸡肉。

2. 人造牛肉的加工 在 1 kg 鸡蛋白中，掺入魔芋精粉 35 g，使之充分膨润、溶解。另将食盐 25 g、谷氨酸钠 8 g、谷蛋白 50 g、大豆蛋白 20 g、小麦粉 30 g、磷酸三钠 5 g 和碳酸钙 3 g 预先混合后，添加于上述鸡蛋白与魔芋精粉的混合物中，充分混合。再添加牛油和少量的牛肉汁，混匀后用氢氧化钠调节 pH 至 10，制成浆料。其后，将该浆料经过喷丝头挤压到用蒸汽加热 105～110 ℃的密封容器中，即抽制成丝。把抽制成的丝浸入 50％的葡萄糖酸液中进行中和，中和处理后再将数十只纤维并列进行热压制，压成块状，冷却即制成人造牛肉。该制品营养丰富、全面，咀嚼感和风味皆与天然牛肉极其相似。

3. 人造螃蟹肉的加工

（1）方法 1。在鸡蛋白 850 g 中，添加干燥的魔芋精粉 30 g 以及氢氧化钙 0.4 g、磷酸三钠 3.5 g 混合均匀，待魔芋精粉充分膨润、溶化后，添加食盐 25 g、谷氨酸钠 6.5 g、肌苷酸钠 0.5 g、鸟苷酸钠 0.2 g，溶解后制成浆料。将该浆料用氢氧化钠调节 pH 为 10～10.5，通过喷丝头挤入 75 ℃的热水中抽丝。再将抽出的丝浸入 10％的柠檬酸溶液中进行中和处理，其后，经水洗即制成纤维状蛋白食品，这种食品的口味及食感均酷似于天然螃蟹肉。

（2）方法 2。先称取 4 kg 清水，添加鸡蛋白 70 g、淀粉 50 g、糯米粉 130 g、食盐及化学调味品 100 g、藻朊酸钠 20 g 和瓜胶 10 g，经混合得到胶体状物约 5 kg。再将上述 5 kg 胶体状物用口径 1 mm 的喷丝头挤压到 2% 的氯化钙水溶液中，得到纤维状物。其后，将纤维状物从氯化钙水溶液中取出，浸入 80 ℃ 的热水中恒温浸泡 3 min，使纤维热凝固。最后，将纤维状物切断为 2 cm 左右，即得到 4.8 kg 制品。该产品风味、色泽和食感十分类似于天然螃蟹肉。

四、蛋 肠

蛋肠是以鸡蛋或蛋制品为主要原料，适当添加其他配料，仿照灌肠工艺，经灌制、漂洗蒸煮、冷却等工序加工而成的一种蛋制品，具有营养丰富、味美鲜香、食用方便、易于贮存等特点，有蛋清肠、复合蛋菜肠、皮蛋肠、咸蛋清肠等产品，本书介绍几种常见的蛋肠加工方法。

1. 蛋清肠的加工 蛋清肠具有清香味美、鲜脆利口、蛋白质含量高、食之不腻等特点，深受人们喜爱。

（1）原料配方。瘦猪肉 100 kg，蛋清 10 kg，白糖 1.5 kg，胡椒面 100 g，味精 100 g，精盐 2 kg，白面 3 kg，淀粉 3 kg，硝酸钠 50 g。

（2）制作方法。

① 原料整理、腌制：将猪的前后腿部瘦肉去除筋腱后，切成长 7~8 cm、宽 2~3 cm 小块。按配料标准将盐、硝酸钠掺拌均匀，撒在肉面上，充分拌匀后放在 1~5 ℃ 冷库中，腌制 3~5 d。

② 绞碎、拌馅：将腌制好的肉，用 1.3~1.5 mm 孔板的绞肉机绞碎，按配料标准加入蛋清、调味料、白面、淀粉和适量的水进行充分搅拌。

③ 灌制：使用羊套管灌肠。肠内如有气泡，用针刺放气，然后把口扎紧。

④ 烘烤：将灌制好的肠子吊挂。推入 65~80 ℃ 的烘房，烘烤 90 min，至肠外表面干燥，呈深核桃纹状，手摸无初湿感觉时即可。

⑤ 煮制：将烘烤后的肠子放入 90 ℃ 的清水中煮 70 min 左右。用手捏时感到肠体挺硬、富有弹性时即可出锅。

⑥ 熏制：将煮制的肠子放熏炉中进行熏制。熏制的材料是刨花锯末，把这些材料放在地面上摊平。用火点燃，关闭炉门，使其焖烧熏烟，炉温保持在 70~80 ℃，时间为 40~50 min，待肠子熏至浅棕色时即可出炉为成品。

2. 复合蛋菜肠的加工 将鸡蛋辅以蔬菜制成蛋菜肠，使鸡蛋与蔬菜中的各种营养成分特别是膳食纤维互补。制作复合蛋菜肠选用富含维生素 A 的胡萝卜粉，富含铁、钙的菠菜粉，富含纤维素的芹菜粉、南瓜粉作为蔬菜填充物，以改善蛋菜肠品质结构。

（1）工艺流程。

原料蛋选择，打蛋搅拌 ⎫
各种辅料 ⎪ →搅拌均匀→灌制→绑扎→漂洗→煮制→冷却→成品
混合蔬菜粉复水 →预混 ⎬
糊化淀粉 ⎭

（2）技术要点。

① 原料选择：选择无破损、无异味、新鲜度高的鸡蛋。

② 打蛋：将原料蛋清理干净，打到搅打锅中，以 60~80 r/min 的搅拌速度搅打，6~7 min 时加入食盐，继续搅至蛋液均匀，在打好的蛋液中加入几滴植物油静置待用，全过程大约 15 min。

③ 蔬菜粉的复水：蔬菜粉按 1∶10 的比例复水，搅拌均匀。

④ 淀粉的糊化：准确称量淀粉后，取总淀粉量的 40% 加入烧杯中，加入淀粉质量 5 倍的水，搅拌使其成为淀粉悬浊液，将烧杯放在电炉上边加热边搅拌，加热到 70 ℃，停止加热，继续搅拌，直到淀粉变为较稠的糊状为止。

⑤ 各种原辅料的预混：待糊化后的淀粉稍冷却，趁微热将蛋液加入，搅拌均匀，再将复水的蔬菜粉、其他辅料及余下的淀粉一并加入混合液中，搅拌均匀。

⑥ 灌制：将搅拌均匀的混合料液静置至无气泡，用漏斗代替灌装机进行灌制。每根蛋菜肠长度 15 cm。

⑦ 漂洗：灌好的肠放在温水中漂洗，除去附着在肠衣上的污物。

⑧ 煮制：将清洗好的蛋菜肠放入 78～85 ℃水浴锅中煮制 25～30 min，当蛋菜肠的中心温度达到 72 ℃即可出锅。

⑨ 冷却：将煮制好的蛋菜肠从锅中捞出，并排挂在预先清洗好的竹竿上，放在阴凉通风处冷却至蛋肠表面呈干燥状。

3. 鸡蛋素食肠的加工 利用鸡蛋蛋白质加热后蛋白变性形成蛋白质凝胶体的特性，研究开发以鸡蛋为原料的鸡蛋素食肠，是科学增加鸡蛋食用方法的有益尝试。

(1) 原料。鸡蛋、绿豆淀粉、葡萄糖酸-γ-内酯、卡拉胶、氯化钙、复合磷酸盐。

(2) 生产工艺。

绿豆淀粉、卡拉胶等水溶液

鸡蛋 → 打蛋 → 混匀 → 灌装 → 水煮 → 冷却 → 成品 → 检测

鸡蛋去壳，打蛋，与其他原料混合搅拌，在搅拌时，应尽量避免气泡的产生。然后，灌入直径 50 mm 的收缩肠衣内，放入 90～95 ℃水中，煮制 30 min 左右，冷却即为成品。

4. 风味蛋肠的加工

(1) 全蛋松花风味肠。以 100 kg 原料为例。

① 取松花蛋（皮蛋）50 kg，顺蛋切 4～8 瓣备用（最好先用 85 ℃左右的热水煮 15 min，以使部分皮蛋蛋黄进一步凝固，同时起到杀菌效果）。

② 取鲜鸡蛋蛋液 50 kg，打成均匀的蛋浆。

③ 加水 10～15 kg，按蛋水质量的 1% 称取皮蛋肠发色剂 0.6～0.65 kg，用温水溶解，加入适量的盐、味精、五香调味汁，与蛋液混合搅匀，静置 30 min 后加入皮蛋即可灌肠。

④ 煮制时冷水下锅，缓慢升温至 85～90 ℃，煮 40～50 min（根据产品粗细），取出即可。这时产品已开始发色，但发色不到位，第二天颜色可达到理想状态。此产品是理想的高蛋白碱性食品，具有营养和食疗作用，松花蛋肠清香爽口，异香突出，出品率（按皮蛋和蛋液计）可达130%，在常温下保质期可达 20 d 以上。

(2) 蛋清松花风味肠和蛋黄松花风味肠。把蛋清和蛋黄分开，并分别按 20%～30% 加水搅成蛋浆。用蛋清浆制作蛋清松花风味肠，用蛋黄浆制作蛋黄松花风味肠。按制作全蛋松花风味肠的方法将松花蛋处理后与 1% 的食盐、味精、五香调味汁和蛋浆混在一起搅匀即可灌肠煮制。其产品特点为：蛋清松花风味肠的蛋清洁白如雪，松花隐现。蛋黄松花风味肠的蛋黄金光灿烂，松花闪烁，使人未食即垂涎欲滴。

(3) 水晶松花风味肠。按制作全蛋松花风味肠的方法把松花蛋处理后，用皮蛋肠色素腌制20 min，再用清水冲洗、晾干，按 1∶6 的比例（胶∶水）将食用明胶用水煮沸，加入盐、味精、五香调味汁后与处理好的松花蛋混匀，灌肠即成。产品晶莹透明，松花均匀齐整。

(4) 三色彩蛋风味肠和琥珀鹌鹑蛋风味肠。将鲜鹌鹑蛋煮熟剥壳，按需要的颜色用天然染蛋色素染色，制成红、黄、绿色彩蛋。将食用明胶煮沸，加入盐、味精、五香汁，将红、黄、绿 3

色彩蛋装入肠衣中，趁胶液热时灌制即成三色彩蛋风味肠；或用天然染蛋色素将胶液调至琥珀色待用，把彩蛋按设计要求装入肠衣中，趁胶液热时灌制即成色彩艳丽的琥珀彩蛋风味肠。

琥珀鹌鹑蛋风味肠中的鹌鹑蛋可在煮熟和染色过程中用不同的调味料进行熏制，使各蛋的颜色不同，口味不同，入口柔软，香滑。还可以通过此法加工五色（红、白、黑、绿、黄）彩蛋风味肠，兼具色、香、味、形四大优点。由于产品外观诱人及风味独特，配盘后价值可以成倍增加，深受各大饭店、宾馆欢迎，也可成为居民节假日餐桌上的高档素珍食品和旅游方便佳肴。

复习思考题

1. 解释下列名词：卤蛋、蛋松、铁蛋、醉蛋、蛋肠。
2. 简述五香茶叶蛋的操作要点。
3. 在制作各种风味蛋制品过程中，对原料蛋选择有何要求？
4. 简述鸡蛋人造肉的种类及其制作方法。
5. 说明蛋松的加工要点。
6. 说明全蛋营养果冻的制作过程及操作要点。
7. 简述常见蛋肠的种类及一般加工方法。
8. 我国目前方便蛋制品生产情况如何？其发展前景怎样？

CHAPTER 14 第十四章

禽蛋功能性成分提取与利用

学习目的与要求

　　了解鸡蛋中溶菌酶、免疫球蛋白、胆固醇、卵磷脂、蛋清寡肽、活性钙、蛋黄油、涎酸、卵黄高磷蛋白的基本性质，掌握各功能性成分的提取、分离、纯化技术，了解其在食品中的应用现状；掌握鸡蛋中溶菌酶、免疫球蛋白、胆固醇、卵磷脂、蛋清寡肽、活性钙等功能成分的主要功能活性，理解胆固醇对人体健康的作用，了解禽蛋中多种功能成分联合提取动态。

第一节 蛋清中的溶菌酶

溶菌酶（lysozyme，EC3.2.1.17）又称为胞壁质酶（muramidase）或 N-胞壁质聚糖水解酶，是一种碱性蛋白酶，易溶于水，不溶于普通有机溶剂，略有甜味。

溶菌酶的化学性质非常稳定，pH 在 1.2～11.3 范围内变化时其结构几乎不变；溶菌酶在酸性条件下遇热较稳定，在 pH 4.5、100 ℃加热 30 min 活力仍维持稳定，碱性条件下热稳定性差，高温处理时，酶活力降低。溶菌酶在 37 ℃时其生物学活性可保持 6 h，当温度较低时保持时间更长。

溶菌酶广泛存在于高等动物组织及其分泌物、植物及微生物中，在新鲜鸡蛋清中含量最高。迄今，鸡蛋清溶菌酶作为动植物中广泛存在的溶菌酶的典型代表，仍然是溶菌酶群中重点的研究对象，也是目前了解最清楚的溶菌酶之一。

溶菌酶的最主要生理功能是其抑菌活性。蛋白中溶菌酶主要对革兰阳性菌敏感，对革兰阳性菌破坏较小。这主要是由于革兰阳性菌细胞壁中含有大量 6-D-二乙酰胞壁酸，抑制酶的活性，而且革兰阳性菌的细胞壁中肽聚糖含量很少且都被其他一些膜类物质覆盖，溶菌酶很难进入革兰阳性菌细胞壁的肽聚糖层进行作用。很多病原微生物为革兰阳性菌，如典型的大肠埃希杆菌，溶菌酶对其抑制作用非常弱，这就限制了溶菌酶作为一种天然食品防腐剂的广泛使用。溶菌酶对一些酵母菌也有抑制作用，虽然这些酵母不含溶菌酶的主要作用底物肽聚糖，但它们的细胞表面含有溶菌酶可分解的成分——几丁质。

鸡蛋清中约含有 0.3% 的溶菌酶，该溶菌酶能分解溶壁小球菌、巨大芽孢杆菌、黄色八叠球菌等革兰阳性菌，对革兰阴性菌无分解作用。当有乙二胺四乙酸存在时，某些革兰阴性菌也可以被溶菌酶分解。溶菌酶的溶菌机理异常复杂，在其被发现的 30 年以后，人们才逐步认识到它的作用部位。鸡蛋清溶菌酶的相对分子质量为 14 000，等电点为 11.1，最适温度为 50 ℃，最适 pH 为 7，鸡蛋清溶菌酶是一种化学性质非常稳定的蛋白质。当 pH 在 1.2～11.3 范围内剧烈变化时，其结构仍稳定不变，遇热时，该酶液很稳定。在 pH 4～7 的范围内，100 ℃处理 1 min 仍保持原酶活性。但在碱性环境中，该酶对热稳定性较差。鸡蛋清溶菌酶的一级结构由 129 个氨基酸组成，其稳定性主要与多级结构中的 4 个二硫键及疏水键有关。

目前，溶菌酶的提取、分离、纯化方法在世界范围内有了广泛研究，多年来发明了多种有效的、工业上可行的方法。工业上生产溶菌酶，主要是从蛋清中提取的，蛋壳也是溶菌酶的来源。溶菌酶的提取主要依靠直接结晶法，分离纯化方法主要有离子交换法、亲和层析法、反胶束萃取法、超滤法等。

一、溶菌酶的提取

结晶法是提取溶菌酶的一种传统方法，又称为等电点盐析法。溶菌酶是一种盐溶性蛋白质，而蛋清中其他蛋白质的等电点都为酸性条件。利用这一特点，在蛋清中加入一定量的氯化物、碘化物或碳酸盐等盐类，并调节 pH 至 9.5～10.0，降低温度，溶菌酶会以结晶形式慢慢析出，而大多数蛋白质仍存留于溶液中。结晶体经过滤后再溶于酸性水溶液中，许多杂质蛋白形成沉淀析出，而溶菌酶则存留溶液之中；过滤后将滤液 pH 调节至溶菌酶的等电点，静置结晶，便得到溶菌酶晶体，可利用重结晶的方法将此结晶体反复精制，直至达到所需要的纯度为止。此方法的缺点是蛋清中含盐量高，蛋清的功能特性受到破坏，不能再利用，造成浪费。

二、溶菌酶的分离、纯化

1. 离子交换法 离子交换法是利用离子交换剂与溶液中的离子之间发生的交换反应进行分离的，分离效果较好，广泛应用于微量组分的富集。鸡蛋清中的溶菌酶是一种碱性蛋白质，最适宜的 pH 为 6.5，因此可选择弱酸型阳离子交换树脂进行分离，然后用氯化钠或硫酸钠溶液洗脱，达到分离目的。该法具有快速、简单、经济，并能实现大规模自动化连续生产。目前国内外用于溶菌酶分离纯化的离子交换剂主要有 724、732 弱酸型阳离子交换树脂，D_{903}、D_{201} 大孔离子交换树脂，CM-纤维素，磷酸纤维素，DEAE-纤维素，羧甲基琼脂糖，大孔隙苯乙烯强碱型阴离子交换吸附树脂，CM-Sephadex 阳离子交换树脂，Duolite C-464 树脂等。

2. 亲和色谱法 亲和色谱法是利用蛋白质和酶的生物学特异性，即蛋白质或酶与其配体之间所具有的专一性亲和力而设计的色谱技术。酶-底物复合物形成之后，在一定的条件下分离复合物便得到纯净的酶，因为是特异性的结合，所以得到的酶纯度好、活力高。制备溶菌酶所用的吸附剂主要有几丁质及其衍生物（如几丁质包埋纤维素、羧甲基几丁质等）、壳聚糖等。将这些吸附剂固定在一定载体上或直接作为柱材，利用溶菌酶和底物之间的专一性结合，将溶菌酶从蛋清中分离，再进行洗脱得到溶菌酶。该法生产的溶菌酶纯度高，但是所用的亲和吸附剂的成本也高。

3. 反胶束萃取法 反胶束是指分散于连续有机溶剂介质中的包含有水分子内核（"水池"）的表面活性剂的聚集体，与正常胶束有明显区别。反胶束中表面活性剂的极性部分在胶束内形成极性内核，而非极性链处于有机溶剂中，胶束中央为"水池"。反胶束溶液包括两相，一相是含有极少量表面活性剂和有机溶剂的水相，另一相为以有机溶剂为连续相的反胶束体。萃取时待萃取的蛋白液以水相形式与反胶束体接触，使蛋白以最大限度地转入反胶束体（萃取），而后含有蛋白的反胶束与另一个水相接触，通过调节 pH、离子强度等回收蛋白质（反萃取）。反胶束萃取法提取溶菌酶即利用溶菌酶分子质量小和 pI 高于蛋清中其他蛋白质的特点，调节蛋清溶液的 pH 至微碱性，使溶菌酶带正电荷，这样溶菌酶就可以选择性地进入阴离子表面活性剂形成的反胶束中，与其他蛋白质分离。该法萃取率高，但需加入有机溶剂和表面活性剂，易造成剩余蛋白的污染。

4. 超滤法 超滤是以压力为推动力，利用超滤膜不同孔径对液体进行分离的物理分离过程。蛋清溶菌酶是小分子物质，并与蛋清中其他相对分子质量高的蛋白质存在着静电作用力，以结合态存在，采用不同的前处理工艺，降低溶菌酶与其他蛋清蛋白之间的作用力，使溶菌酶处于解离状态后，采用超滤的方法对蛋清溶菌酶进行分离提取。

单一的溶菌酶分离纯化方法一般无法满足对溶菌酶纯度和回收率的要求，因此可以将两种或者几种方法结合起来，或者建立连续式的分离体系，应用于获得高纯度溶菌酶的规模化生产中。

三、溶菌酶的活力测定

溶菌酶按其所作用的微生物不同可分为两大类，即细菌细胞壁溶菌酶和真菌细胞壁溶菌酶。溶菌酶活性水平的测定，目前国内外报道检测溶菌酶的方法有 10 余种，由于方法条件各异，各家报道的结果差异很大。国内较为常用的测定方法有比浊法、琼脂板扩散法、比色法、高效液相色谱法以及琼脂糖火箭电泳法。

1. 活力测定方法 比浊法采用溶壁微球菌（*Micrococcus Lysodeikticus*）为底物。

琼脂板扩散法是借鉴抗生素的纸片琼脂平板扩散法测定生物效价的原理，建立了一种新的简便易行的溶菌酶活力测定方法，即把酶样定量滴在一定规格的圆形小纸片上，置于混有试验菌的琼脂平板上，样品在平板上以浓度为推动力的扩散产生相应大小的抑菌圈，通过测量抑菌圈的直径可以定量溶菌酶活力。

比色测定法，是将微球菌加等量艳红染料，同时加入一定量的 1.25 mol/L NaOH，搅拌一定时间，让染料渗入细胞壁内，然后洗除多余的染料，裂解的程度（颜色的深浅）与溶菌酶的含量成正比。

高效液相色谱法也在测定中应用。

采用琼脂糖火箭电泳法测定唾液溶菌酶活性，是将酶学方法和电泳技术结合，使溶菌酶在电场中泳动，在通过含有作用底物的凝胶时与溶壁微球菌发生水解作用，形成透明的溶菌峰，根据峰值与溶菌酶浓度的对数成正比的关系，求得样品溶菌酶含量。

2. 各种测定方法的优点　比浊法对单个样品测定速度快。琼脂平板法测定溶菌酶活性的方法与比浊法的实验结果基本一致。与比浊法相比，琼脂平板法具有以下优点：①重复测定数据离散程度小、变异率低、准确度高。②一次可检测样品数量大，减少了样品之间由于批次检测造成的系统误差。③在标准曲线范围内，可测酶浓度跨度大，500～30 000 μg/mL。实验结果表明，采用琼脂平板法测定溶菌酶活力，5 种酶质量浓度的测量值的变异系数均<5%，且标准差和变异系数都小于比浊法，说明采用琼脂平板法更稳定、准确，误差更小。这是由于纸片琼脂法是标准品与样品同时测定，从而排除了比浊法在温度和时间控制方面的微小差别以及仪器本身偏差，而且用比浊法还需将酶液稀释到合适的倍数，不好把握。

比色测定法测定线性关系良好，随反应时间延长，吸收度不断提高。在 10～15 min 时，反应曲线线性最好。实验时选用温育 15 min，反应温度越高，活性显著降低。测定结果不准确，易受肉眼的影响。

高效液相色谱法操作简便、快速、重现性好，结果可靠。

琼脂糖火箭电泳法简便、快速、稳定性好、灵敏度高、结果准确可靠。且由于电场的存在，溶菌酶以电泳代替了自由扩散，测定时间大为缩短，扩散法需 24 h 扩散，而电泳法在本实验条件下只需 90 min，其操作步骤也较比浊法简便，受影响因素更少。溶菌酶是一种低分子碱性蛋白质，分子质量为 14 400 u，pI 为 10.5～11.0，当它处于 pH6.4 的介质中时带正电荷，电泳时借助电场力的作用，推动溶菌酶泳向负极，使它在通过含有溶壁微球菌的琼脂糖凝胶时，与相应的微球菌发生水解作用，形成透明的火箭状溶菌峰，溶菌峰长度与溶菌酶浓度的对数呈线性关系。

3. 各种测定方法存在的问题

(1) 各种测定方法的缺点。比浊法对单个样品测定速度快，但操作复杂，一般人难以掌握；精确度较低，实验结果产生的偏差度较大，结果的重现性不好。主要原因是使用的溶球菌悬液体系是一个不均匀体系，由菌体颗粒和缓冲液组成的固-液相分布体系不稳定，在自然条件下菌悬浮液也会发生自身解体，中止反应时加入高浓度强碱也会促使菌体解体，以及菌悬液在反应前预热时间的长短、终止反应时间的控制等因素都会对结果产生影响。在比浊法中，溶菌小球菌胞壁中的肽聚糖被溶菌酶水解成可溶性的碎片，虽然可以减少溶液对光的吸收度，但仍有大量溶菌小球菌体悬浮液在溶液中，由于菌体本身多方面的差异，故悬浮在溶液中的持续时间不同，导致溶液对光的吸收度变化较大，给测定结果带来一定的误差。

琼脂平板扩散法虽简便，但重复性差，扩散法在扩散过程中还受到其他交叉性蛋白的干扰，唾液中的 IgA 在琼脂扩散时可形成透明的溶菌圈，致使结果偏高，这些都影响到结果的可靠性。菌粉的制备方法对活力测定的结果并无明显的影响，但活菌的溶菌环最为清晰。随着琼脂环厚度的增加，溶菌环的直径缩小，以 2 mm 厚度溶菌环最为清晰。溶菌环大小随琼脂浓度的增加而逐渐缩小，以 1% 浓度琼脂溶菌环最大，且边缘清晰、整齐。随着温度的增加，溶菌环直径逐渐增加，线性范围增宽。反应时间延长，溶菌环直径增大。加样量在 $5\sim25~\mu L$ 范围内与溶菌环直径呈线性关系。

比色测定结果不准确，受肉眼的影响大。

（2）影响各种测定方法的因素。用比浊法测定酶活，对于不同浓度的溶菌酶溶液，使用不同的研具研磨制备的底物悬浮液，对测定结果的影响偏差很大。溶菌酶浓度取 $10~\mu g$、$50~\mu g$ 测定时，不同研具制成的底物悬浮液对结果有较大影响，玛瑙研钵制得悬浮液测得结果一般高于其他研具，主要由于小球菌分散度的差异。玛瑙研钵光滑，受力均匀，菌体溶解分散好，用玛瑙研钵制成的悬浮液在显微镜下观察到基本为单个的小球菌，分散均匀。而用玻璃研钵和匀浆机制得的悬浮液，在显微镜下观察，黑色的未溶解分散的球菌团状物较多，影响菌体在悬浮液中的持续性，造成测定误差。酶液浓度也有影响，不同研具对 $10~\mu g$ 的浓度测得结果影响最大。在药典规定的测定方法下，需统一溶解底物的研具。

扩散法测定酶活性也受多种因素的影响。应重点注意：①尽量做到每次测定所用菌种代数、培养时间基本一致；②使用夹板法灌浇，使凝胶薄厚一致；③扩散温度、时间，每批应相同；④每块凝胶板均用系列标准制成曲线，用于该板样品含量换算；⑤为避免试验误差，可作平行标准及样品，取其均值；⑥取夹板应避免脱胶，挑取孔内凝胶不要破坏孔的完整性；⑦溶菌圈不圆时，测量最大及最小直径取其平均值。

在用高效液相色谱法测定溶菌酶口腔药膜中维生素 B_6 的含量的实验中。在标准维生素 B_6 溶液浓度梯度范围内，线性关系良好。按照处方配制不含维生素 B_6 的空白样品，分别按 UV 法和 HPLC 法配制供试液绘制。结论是，采用 HPLC 法可以排除其他成分的干扰，测得的维生素 B_6 的实际含量比采用 UV 法要低。

4. 影响溶菌酶活力的因素

（1）热和化学物质对溶菌酶的影响。溶菌酶在酸性条件下是稳定的，$100~℃$ 短时加热，溶菌酶仅有很小的活性损失，但在碱性条件下，却是不稳定的。溶菌酶可以通过二硫键聚合，$180~℃$ 时聚合和降解同时进行。当高于 $200~℃$ 时发生断裂和重组，聚合和降解变得更加剧烈。Genentech 和 Genencor 两公司用遗传工程的方法生产出一种改性 T_4 溶菌酶。此酶中有一个新的二硫键，这个键通过稳定酶的四级结构增加了溶菌酶的热力学稳定性，使其在食品防腐方面更有效。

溶菌酶的热稳定性和水是密切相关的。其他外侧的非极性氨基酸残基对变性无重要影响，从外侧极性氨基酸游离出的水在起始变性过程中起重要作用。水进入内部肽-肽键中，使蛋白质膨胀和伸展。研究者假定变性通过减少蛋白质结晶化，增加整个表面和可利用的极性水合部位，促进变构，使肽-肽键向肽-水键转变，引起进一步的蛋白质膨胀和伸展。当水加入体系时，其他水形成分子单层直至达到新加入的水不再影响蛋白质的电荷层数为止。

糖、聚烯烃、NaCl 能增加溶菌酶的稳定性。盐溶液的存在对溶菌酶的活性是十分必要的，在低盐浓度时，溶菌酶的活性是和离子强度密切相关的；在高盐浓度时，溶菌酶的活性受到抑制。阳离子的价态越高则其抑制作用越强。另外，具有—COOH 和—SH_3OH 的多糖对溶菌酶的活性有抑制作用。

（2）食品贮藏和加工对溶菌酶活性的影响。蛋白质和过氧化的脂类作用对食品的贮藏有着重要影响。自由游离基使不饱和脂肪酸过氧化产生 H_2O，导致产品的损坏。这类反应的一个特征是产品的溶解性下降。溶菌酶和过氧化甲基油酸盐一同培养，导致蛋白质溶解度的下降和增加了溶解部分的分子质量。由于在溶菌酶中产生了游离基，导致其与过氧化甲基亚油酸作用，这表明溶菌酶的游离基浓度随水活度的上升而下降。其原因可能是因为基团的重构和交换。在一个冷冻干燥的模拟体系中，溶菌酶在空气中和过氧化甲基亚油酸作用，有聚合生物活性损失和其他化学变化。溶菌酶和过氧化亚油酸的反应生成了二聚合高聚体；多聚体是因为随着水活性增加，共价键、交联键、蛋白质不溶性和酶活性损失增加引起的。溶菌酶作为一个纯蛋白质样品,在250 ℃几乎所有溶菌酶的氨基酸被分解。色氨酸、含硫氨基酸、碱性氨基酸和 β - OH 氨基酸较酸性氨基酸、脯氨酸、芳香氨基酸(除色氨酸外),有烷基侧链的氨基酸容易分解,这在氨基酸和还原糖间形成风味和有色物质的美拉德反应中是很重要的。

(3) 络合作用对溶菌酶的影响。溶菌酶和许多物质形成络合物导致其失活。等量蛋清和蛋黄的混合物其溶菌酶无活性。脱水整蛋仅保留部分溶菌酶活性。蛋黄在 pH6.2 磷酸盐缓冲液中使纯溶菌酶失活。观察发现,蛋黄污染蛋清仅有两个离子交换峰,而不是无污染的三个峰。整蛋的色谱分离时无溶菌酶,抑制机理主要是在溶菌酶和蛋黄化合物间形成静电相互作用的络合物所致。

N-乙酸葡萄糖胺的 β - 1,4 键多聚物是溶菌酶的底物。它们间形成一聚体、二聚体、三聚体、四聚体,是溶菌酶的抑制剂。SDS 和溶菌酶的相互作用,NMR、荧光和 UV 谱表明在没有引起酶分子整个构象变化的情况下,它们间形成了稳定的络合物。XFD 分析表明 SDS 结合在活性位上,剧烈地抑制了溶菌酶的活性。除此之外,其他和溶菌酶形成络合物的物质有:胸腺胞核、酵母胞核、甲状腺素、甲状腺球蛋白、咪唑和吲哚衍生物。阳离子如 Co^{3+}、Mg^{2+}、Hg^{2+}、Cu^{2+} 等可以抑制溶菌酶的活性。

四、溶菌酶的应用

溶菌酶广泛存在于动物组织和分泌物中,但尤以鸡蛋清中最丰富。鸡蛋清中溶菌酶的含量占蛋白质总量的 3.4%~3.5%,特别是蛋清外层稀液中溶菌酶含量较高。溶菌酶主要应用于食品工业及医药、生物领域。

1. 溶菌酶在食品工业中的应用

(1) 用作食品防腐剂。溶菌酶作为食品防腐剂在日本研究较多,且有多项专利。用溶菌酶溶液处理新鲜蔬菜、水果、鱼肉等可以防腐,用溶菌酶与食盐水溶液处理蚝、虾及其他海洋食品,在冷藏条件下贮藏,可起到保鲜作用,鱼糕、糕点、酒类、新鲜水产品等也可用溶菌酶来处理。1992 年 FAO/WTO 的食品添加剂协会已经认定溶菌酶在食品中应用是安全的。

(2) 溶菌酶是婴儿生长发育必不可少的抗菌蛋白,溶菌酶对杀死肠道腐败球菌有特殊作用。溶菌酶能够增强 γ - 球蛋白等的免疫功能,提高婴儿的抗感染能力,特别是对早产婴儿有防止体重减轻、预防消化器官疾病、增进体重等功效。所以溶菌酶是婴儿食品的良好添加剂。

(3) 溶菌酶是双歧杆菌的增殖因子,它直接或间接促进婴儿肠道双歧乳杆菌的增殖,促进婴儿胃肠道内乳酪蛋白形成微细凝乳,有利于婴儿消化吸收。

2. 溶菌酶在其他领域中的应用

(1) 医药临床领域。溶菌酶能参与人体的多糖代谢,因此能加速黏膜组织的修复,并具有抗感染、抗细菌、抗病毒的作用。溶菌酶的多种药理作用在于它能与血液中引起炎症的某些细菌或病毒结合,抑制或削弱它们的作用;它能分解黏厚蛋白,降低脓液或痰液的黏度使之变稀而排出;它能与血液中的抗凝因子结合,具有止血作用;还能提高抗生素和其他药物的医疗效果。所以,可制成消炎药与抗生素配合治疗多种黏膜炎症,消除坏死黏膜,促进组织再生,同时起到止血和生血的作用。

(2) 生物工程领域。由于溶菌酶具有破坏细胞壁结构的作用,用溶菌酶溶解菌体或细胞壁可获得细胞内容物(如原生质体等),用于细胞融合或原生质体转化以达到育种或生产蛋白质的目的。因此,溶菌酶是基因工程、细胞工程中细胞融合操作中必不可少的工具酶。

第二节 蛋黄免疫球蛋白

一、免疫球蛋白的提取

(一) 免疫球蛋白概述

免疫球蛋白 (Immunoglobulin，简称 Ig)，是指具有抗体活性，能与相应的抗原发生特异性结合的球蛋白。鸡蛋蛋黄中特异性存在着 IgG，由于其蛋白质的物理化学性质、免疫学性质等方面与哺乳动物 IgG 存在一定差异，且是蛋黄中唯一的免疫球蛋白类，所以在比较免疫学领域把从鸡蛋黄中获得的抗体称 Immunoglobulin yolk (IgY)。IgY 在分类上仍属于 IgG 型，它是一种 7S 免疫球蛋白，该蛋白质分子质量约为 180 ku，由两条轻链和两条重链组成 (2L＋2H)，其中轻链 (L) 相对分子质量约为 22 000，重链 (H) 相对分子质量约为 67 000，含氮量为 14.8％。

(二) IgY 的性质

1. IgY 的稳定性 IgY 的酸碱稳定性较好，在 pH<4 时，有部分 IgY 失活，在 pH 为 4～12 时，活性几乎不受影响，在 pH>12 时，迅速失活。有研究表明，在室温条件下，IgY 的活性可保持 6 个月；4 ℃贮存 6～7 年，活性下降仅在 5％以内；在 65 ℃时，IgY 活性仍可保持 24 h 以上；70 ℃加热 90 min 后活性下降；高于 80 ℃，大部分 IgY 丧失结合活性。而且，IgY 溶液在 400MPa 高压下和温度低于 60 ℃时处理 30 min，仍保持有活性，这表明 IgY 有较大的抗高压性能。冷冻及冷冻干燥对其活性也无影响。IgY 具有很好的耐反复冻融的特性，即使经过 5 次反复冻融，其抗原结合活性也几乎未受损失。以铝塑复合袋真空包装后室温下存放 2 年后，活性下降不到 10％。

IgY 对胃蛋白酶具有良好的抵抗能力 (pH>4)。对胰蛋白酶非常敏感，经 1 h 酶解处理，IgY 的结合活性完全丧失。

2. IgY 的抗体活性 IgY 结构虽然和 IgG 不同，但它仍具有免疫活性，且抗体活性很高，含量为 50 ng/mL 即有特异性活性。

3. IgY 不同于 IgG 的一些自身特点 IgY 在与抗原结合之外的其他功能上，具有一些不同于哺乳类动物 IgG 的生物学特性。①IgY 不会活化标本中的补体系统，不能与哺乳类动物的补体结合或者结合能力很弱；②类风湿因子可与哺乳类 IgG 的 Fc 段结合，但不能与 IgY 结合；③金黄色葡萄球菌蛋白 A 或 G 可与哺乳类 IgG 结合，但不能与 IgY 结合，因而特异性强。

4. IgY 的主要功能活性 IgY 具有较高的抗菌免疫活性，较高的抵抗细菌感染的能力，可抑制致病性大肠杆菌、沙门菌、金黄色葡萄球菌等常见肠道致病菌的生长。

(三) IgY 的制备

免疫球蛋白资源的开发一直备受关注，近几十年来，各国学者开始研究从蛋黄中提取免疫球蛋白 IgY，蛋黄作为免疫球蛋白提取材料的优点：①鸡蛋收集方便，无须采集动物血液，也不需要宰杀动物，成本低，易规模化生产；②产生有效免疫反应所需抗原量小，尤其是高度保守的哺乳动物蛋白质对种系发生学上距离较远的禽类通常有较强的免疫原性，且安全性高。这使得鸡蛋成为提取免疫球蛋白的最佳资源，鸡蛋黄 IgY 的开发日益受到重视。

IgY 的制备需先对母鸡进行免疫，使蛋黄中的免疫球蛋白含量提高，然后经提取、分离纯化及冷冻干燥而成。

鸡蛋黄含有水分 48.0%、蛋白质 17.8% 和脂肪 30.5%，其中几乎所有脂肪都与蛋白质相结合而以脂蛋白的形式存在，不溶于水，只有蛋黄球蛋白（α-蛋黄球蛋白、β-蛋黄球蛋白、γ-蛋黄球蛋白）是水溶性的，IgY 以活性蛋白的形式存在。分离纯化 IgY 的关键在于如何有效除去蛋黄中高含量的脂类，从水溶性的蛋白质中分离 IgY。

至今已建立了很多较为高效而经济的 IgY 分离提纯方法。这些方法大多以聚乙烯乙二醇、葡聚糖硫酸钠盐、聚乙二醇/冷乙醇法、水稀释法、硫酸铵或硫酸钠法等初步纯化。进一步分离纯化可用提纯蛋白质的其他方法，常见的有凝胶过滤、DEAE 纤维素阴离子交换柱色谱、亲和色谱等方法。通常将其中几种方法结合使用，也有用同一种方法而使用不同分离条件进行分离。

1. 水稀释法 简单的水稀释法可用于蛋黄液中亲水性部分和疏水性部分的分离。即将蛋黄液稀释一定倍数，调节溶液 pH，混匀静置后离心分离或长时间静置分离。该法易操作，几乎不使用化学试剂，生产成本低，适于规模化生产，但由于 IgY 被稀释，给后期提纯增加了一定困难。

（1）工艺流程。鸡蛋→去壳→去蛋清→稀释蛋黄→离心→盐析→浓缩→干燥→粗品 IgY。

（2）工艺要点。

① 获取蛋黄：鲜鸡蛋外壳用清水清洗干净后，控干，用蛋黄分离器获取蛋黄，并量出蛋黄体积。

② 稀释蛋黄：将蛋黄搅碎后，用一定体积的水稀释，并调酸度。

③ 离心：10 000 r/min、20 min，取上清液。

④ 盐析：加入硫酸铵至一定饱和度，调 pH 后离心，取上清液。

⑤ 浓缩：用超滤方法将上清液浓缩。

⑥ 干燥：将浓缩液冷冻干燥，干燥后的产品即为粗品 IgY。

2. 脂蛋白凝聚剂法 脂蛋白凝聚剂包括聚乙烯乙二醇、葡聚糖硫酸钠盐、酪蛋白钠盐、聚丙烯树脂和一些食品增稠剂，如卡拉胶、黄原胶等。这类物质能有效沉集蛋黄脂质与脂蛋白，但通常需要超速离心分离。有研究表明，在聚乙烯乙二醇分步沉淀法基础上提出的冷乙醇沉淀分级分离的方法，更适合于大规模制备 IgY。

3. 乙醇-CO_2 超临界脱脂法 先用乙醇将蛋黄粉中大部分磷脂质除去，然后用超临界 CO_2 将中性脂肪和残留的乙醇等同时除去。该法 IgY 活性没有损失，制得的含抗体的蛋白混合物是干燥状态的，易保存，而且可将蛋黄中与色、香、味有关的蛋黄脂类完全去除，适于批量制备 IgY 浓缩蛋白粉末（IgY 纯度约 10%）。

4. 重复冻融脱脂法 利用蛋黄脂质在低离子强度和中性 pH 条件下的凝集作用，将蛋黄水溶液反复进行冷冻和解冻，以加速脂质的凝聚作用，之后进行离心分离。此法回收率不高（50% 以上），但较经济。

5. 有机溶剂脱脂法 用事先预冷至 −20 ℃ 的有机溶剂，如乙醇等与蛋黄液混匀，反复多次浸提其中脂类物质。该法所制 IgY 的纯度高，回收率高，但有机溶剂用量大，成本高，不适于规模化生产。另外如果预冷不够，有机溶剂会使 IgY 部分变性。

6. 海藻酸钠提取法 较氯仿法与聚乙烯乙二醇法试剂用量少，且试剂基本无毒性。采用低浓度海藻酸钠，将蛋黄原液中的卵黄脂类除去，所以这些卵黄脂类中不含有毒物质，它可以用来提取卵磷脂等生化药品或试剂。

二、免疫球蛋白的应用

IgY 具有凝集、吞噬和中和细菌及毒素，增强机体免疫能力等作用。

1. 用作保健食品 近年来大量的研究证实 IgY 具有免疫保护作用，并将 IgY 当作功能性食品成分单独使用或添加到食品中。通过口服特异性抗体 IgY，达到口腔及消化道感染性疾病的预防与辅助治疗的目的，尤其对那些不能产生主动免疫应答的个体，如新生儿、有获得性免疫缺乏症的儿童，以及由于化学治疗、营养失调或老年化引起免疫功能下降的人群等，在食品中添加免疫抗体显得尤为重要。

IgY 作用机理：抗特定病原菌的 IgY 可能直接黏附于病原菌的细胞壁上，通过破坏病原菌细胞的完整性抑制病原菌的生长；IgY 又可黏附于细菌的菌毛上，使细菌不能黏附于肠道内膜细胞上，而大肠杆菌、沙门菌等首先需要黏附于动物肠道内膜细胞上才能增殖、产生毒素、感染动物；IgY 也可能在肠道内被消化酶降解为结合片段，这些片段含有抗体末端的小肽，这些小肽被肠道吸收进入血液后与特定病原菌的黏附因子结合，使病原菌不能黏附易感细胞而失去致病性，从而可对非肠道病原菌具有抑制作用。

2. 用于免疫学诊断和医药制剂 IgY 最初的应用领域主要在免疫学诊断和医药两方面：一方面应用于病毒的诊断、特定分子的测定、食品掺假及残留分析、测定复杂分子的结构和功能等；另一方面作为医药制剂。例如，用轮状病毒的抗体所产生的 IgY，预防小鼠轮状病毒感染；IgY 对预防婴幼儿的肠道疾病（腹泻）有显著疗效；用抗变异链球菌（一种致龋齿病原）抗体产生的 IgY，可用于预防龋齿；由肠道有害梭状芽孢杆菌制得的 IgY，或由肠道腐败菌产气荚膜腐败菌（梭状芽孢杆菌或产气荚膜梭状芽孢杆菌）产生的 IgY，有利于双歧杆菌等有益菌的生长；用绿脓杆菌抗原所得的 IgY，则具有抗绿脓杆菌的免疫特异性，对烧伤后的绿脓杆菌的肠源感染有防治作用。

第三节 胆 固 醇

长期以来，人们担心摄取蛋黄中的胆固醇会导致人体血清胆固醇水平升高，但正确认识蛋黄中胆固醇的作用，适当地食用鸡蛋，对增强人体体质具有实际意义。鸡蛋是一种价廉物美、营养丰富，对人体健康大有裨益的食品。

一、蛋中胆固醇的含量

蛋黄脂类中约含有 4% 的胆固醇及其脂类。每克蛋黄中含胆固醇为 12.9～14.8 mg，以蛋黄 19 g 为基数计算，每个蛋黄中含胆固醇 245～281 mg，蛋黄中的胆固醇平均含量为 258 mg。另外，蛋中胆固醇含量因试验用的鸡种不同或鸡所采食的饲粮组成成分不同，测得的结果不太一致，如每 100 g 褐壳、白壳与绿壳蛋中分别含胆固醇 303 mg、338 mg 及 359 mg。近年来测定的含量比过去低，可能与鸡产蛋数的提高或饲料成分变化有关。

二、胆固醇与人体健康

1. 蛋黄中胆固醇与人体健康 最早有人用胆固醇喂老鼠，发现有斑块形成，从而引起胆固醇的争论，但通过增加未氧化胆固醇的摄入量喂老鼠，发现并无此结果。但仍然有人认为蛋黄中胆固醇含量较高，会促进动脉粥样硬化，能导致冠心病和脑血管硬化等疾病，起因是在动脉粥样硬化心脏病患者的动脉较厚的内壁上发现有脂肪和胆固醇，造成了一些人对鸡蛋的畏惧。

1997 年，英格兰医学杂志一份研究报告指出："人体中高半胱氨酸含量偏高与冠状动脉疾病死亡率之间存在十分密切的联系，高半胱氨酸过高可能会导致血小板凝结和血管壁开始破裂，年纪较大的患者长期受到这种损害，可能使动脉结痂和变厚，从而为循环中的胆固醇提供变稠和积聚的场所。"没有高半胱氨酸对血管的损害、变厚，循环中的胆固醇也就无处积聚。由此可见，不能将动脉粥样硬化心脏病的起因简单归罪于胆固醇。

2. 蛋黄中胆固醇与血清胆固醇的关系　许多学者研究了摄取蛋中胆固醇对人体血清胆固醇的影响。有试验将一群人分为两组，一组人接受没有鸡蛋的膳食，另一组每人每天吃含有两个鸡蛋的膳食，数周后，两组人均未发现血清胆固醇的变化。O′Brien 及 Reiser、Flaim 等的研究表明：成年男人每天吃 4 个鸡蛋（膳食中胆固醇总摄取量为 1 400 mg），血浆胆固醇并未升高。很多试验表明，摄取高或较高水平的蛋黄胆固醇并未相应地提高人体血清中的胆固醇，两者之间无正相关。

3. 人体中胆固醇的合成与调节　食物中所含的胆固醇一部分与脂肪酸结合成为胆固醇酯，另一部分以游离状态存在。在肠内存在随胆汁及其他消化液分泌的是游离胆固醇。胆固醇酯在胰液和肠液中胆固醇酯酶水解作用下，产生游离的胆固醇与脂肪酸。

胆固醇为脂溶性物质，故必须借助胆盐的乳化作用才能在肠内吸收，但吸收的胆固醇约有 2/3 在肠黏膜细胞经酶的催化重新酯化，形成的胆固醇酯再进入淋巴管。因此，淋巴液和血液循环中的胆固醇大部分以胆固醇酯的形式存在。

（1）胆固醇的生物合成。机体内的胆固醇一部分来自动物性食物，成为外源性胆固醇；另一部分是由体内各组织细胞自行合成的，成为内源性胆固醇。成年人除了脑组织及成熟红细胞外，几乎全身各组织均可合成胆固醇，每天可合成 1 g 左右。肝是合成胆固醇的主要场所。体内胆固醇 70%～80% 由肝合成，10% 由小肠合成。

（2）胆固醇在体内的代谢转化。胆固醇在体内可转变成一系列有生理活性的类固醇化合物。

① 转变成胆汁酸：在肝中，胆固醇的主要去路是转变成胆汁酸，人体内约有 80% 的胆固醇可在肝中转变为胆酸，胆酸再与甘氨酸或牛黄酸结合成胆汁酸，胆汁酸以钠盐或钾盐的形式存在，称为胆盐。胆盐对脂类的消化和吸收起重要作用。胆酸的生成过程可简示如下：

$$\text{胆固醇} \xrightarrow[\text{7-α-羟化酶}]{\text{(肝)}} \text{7-α-羟胆固醇} \longrightarrow \longrightarrow \text{胆酸}$$

胆酸的生成受胆酸本身的调节，在肠道中重吸收的胆酸能抑制肝中的胆固醇 7-α-羟化酶。因此，胆瘘或其他抑制药物抑制胆酸从肠道的重吸收时，则失去胆酸抑制肝中 7-α 羟化酶的作用，而使胆酸的生成量大大增加，可比正常人高出 4～6 倍。体内增加胆酸的生成量，有利于降低体内胆固醇的含量。

② 转变成 7-α-脱氢胆固醇：在肝及肠黏膜细胞内，胆固醇可转变成 7-α-脱氢胆固醇，后者经血液循环运送到皮肤，在经紫外线照射，7-α-脱氢胆固醇可转变成维生素 D_3，维生素 D_3 能促进钙磷的吸收，有利于骨骼的生成，故儿童适当地进行日光浴对生长发育有促进作用。

③ 转变为类固醇激素：胆固醇在肾上腺皮质细胞内可转变为肾上腺皮质激素，在卵巢可转变成孕酮及雌性激素，在睾丸可转变成睾酮等雄性激素。

（3）胆固醇在人体内的排泄。胆固醇在人体内不能彻底氧化，部分胆固醇可由肝细胞排入胆管，随胆汁吸入肠道，或者在肠腔通过肠黏膜脱落入肠中，入肠后一部分被肠肝循环重新吸收进入血液，一部分在肠道被细菌作用还原为粪固醇，随粪便排出体外。因此，患胆道阻塞的病人，血中胆固醇的含量就会明显升高。胆固醇排泄的另外一种形式是在肝内经氧化转变成胆酸，随胆汁排出，在肠内除一部分随肠肝循环重吸收外，也有一部分胆汁酸经肠道细菌作用后排出体外。

健康人的体内含胆固醇 50～80 g。由于人体组织及生理功能等耗费，人体每天需胆固醇 1～2 g，人体中内源性胆固醇合成的数量受摄入的外源性胆固醇多少的影响，如从食物中摄入的外源性胆固醇偏多，肝中合成的内源性胆固醇就会下降，消化道对胆固醇的吸收量也会减少，正是机体的这种调节作用，故每人每天从蛋中摄入约 500 mg 或 1 000 mg 胆固醇，血清中的胆固醇不会升高。

三、胆固醇的摄入量

胆固醇是人体正常生理机能需要的，也是维护人体健康和防止一些疾患发生需要的。由于人体合成量不能满足机体需要，可以通过膳食补充一些胆固醇。

若每人每天吃 2、3、4 个鸡蛋，在膳食外分别增添 500 mg、750 mg、1 000 mg 胆固醇。增添 1 000 mg 者，即使不计其膳食中或多或少存在一些胆固醇，其添加量也超过了应补充量的 1 倍左右，试验者在经过 28～84 d 后，血清胆固醇与试验前无变化。1980 年美国国家科学院食品与营养部发表了题名为《转向健康膳食》的报告，其中提到"本国随意生活的居民，胆固醇的摄入量与血清胆固醇无显著相关"。在很大程度上消除了人们对蛋中胆固醇的担心。

对健康人来说，由于人体内胆固醇的合成与代谢可以正常调节，即通过合成量与吸收多少来调节，即使摄入量多也无甚危害。但若经常摄入较多的胆固醇和脂肪（以适度为佳），宜多吃蔬菜、水果、杂粮等含纤维较多的食物，吃一些花生米，有条件的饮一些红葡萄酒以补充白黎芦醇，并且适当运动，这些都有助于防止血清中胆固醇的上升。

对胆固醇偏高一些的人，美国心脏病学会的报告认为，即使每天吃两个鸡蛋也不致产生不良影响。如胆固醇指标比正常值高一些而无其他病症，表明机体胆固醇的代谢与调节有些异常，但未影响健康，可不必为吃蛋担心。蛋黄中有胆固醇，但也有卵磷脂（占脂肪总量的 18% 左右），卵磷脂是一种乳化剂，能起很强的乳化作用，可使血中胆固醇与脂肪乳化成极小的微粒，透过血管壁为人体组织所利用。

不是说所有的人都可以无视膳食中胆固醇的含量，极少数同时受到血中胆固醇过多症和遗传性血管疾病威胁的人，必须严格控制胆固醇的摄入量。即便如此，某些情况下更有效的办法还是药物控制。

四、蛋黄中胆固醇的提取方法

随着生活水平的日益提高，人们越来越重视健康饮食。鸡蛋是营养丰富的食品，含有优质蛋白质、维生素和矿物质。但一枚中等大小的鸡蛋约含胆固醇 250 mg，根据国际组织的推荐，正常人胆固醇的摄入量不应高于 300 mg/d。尽管胆固醇是高等真核细胞膜的重要组成部分，在细胞的生长发育中是必需的，且可调节肠胃消化道中膳食脂肪的吸收，是胆汁酸、类固醇激素和维生素 D 合成的前体物质。但血清中胆固醇水平升高常使动脉粥样硬化的发病率增高，所以人们普遍认为食品中的胆固醇及其在贮藏过程中产生的胆固醇氧化物与心血管疾病有关。人体内的胆固醇大部分是自身合成的，另一部分来自食物，胆固醇的某些代谢产物，如类甾醇和类甾烷酮有致癌作用，因此研究脱除蛋中胆固醇具有重要意义。

研究人员着手研究低胆固醇蛋制品的最佳提取方法，以去除蛋黄中大部分胆固醇，并适量保留部分胆固醇，同时保证蛋制品原有的营养价值和功能性质。

1. 有机溶剂抽提法　有机溶剂抽提法是根据蛋黄中脂质（包括胆固醇在内）与其他组分在有机溶剂中溶解度的不同而进行分离的一种方法。关键是溶剂的选择，通常采用的溶剂有正己烷、异丙醇、丙酮、石油醚、甲醇等。无论采用哪种溶剂来萃取蛋黄胆固醇，必须以蛋黄功能特性不受影响为前提，否则就没有实用性。既可以用单一溶剂，也可以用混合溶剂，从彻底去除胆固醇的角度来看，混合溶剂比较优越，但混合溶剂回收复杂。

有机溶剂抽提法能在一定程度上提取蛋黄中的胆固醇。但有其缺点：①消费者不希望在产品中残留任何有机溶剂，而提取有机溶剂的工艺复杂；②在低温下提取效果不好；③有机溶剂不能选择性地提取胆固醇，会混有一定量的卵磷脂，严重影响剩余蛋黄的功能特性。

2. 超临界 CO_2 萃取法 超临界 CO_2 萃取分离过程的原理是利用超临界 CO_2 的溶解能力与其密度的关系，即利用压力和温度对超临界 CO_2 溶解能力的影响而进行的。在超临界状态下，将超临界 CO_2 与待分离的物质接触，使其有选择性地把极性大小、沸点高低和分子质量大小不同的成分依次萃取出来。当然，对应各压力范围所得到的萃取物不可能是单一的，但可以控制条件得到最佳比例的混合成分，然后借助减压、升温的方法使超临界流体变成普通气体，被萃取物质则完全或基本析出，从而达到分离提纯的目的，超临界 CO_2 萃取过程是由萃取和分离组合而成的。

随着萃取温度、压力的升高，蛋黄中的蛋黄总脂质含量下降，胆固醇含量也明显降低。选用30.6 MPa、45 ℃的条件萃取，既可以脱去胆固醇，又基本上不破坏蛋黄液的乳化稳定性。萃取时间也是影响蛋黄粉中脂肪和胆固醇脱除的主要因素。随着萃取时间的延长，胆固醇的脱除率会大大增加。

超临界流体技术在低胆固醇、低脂肪蛋黄粉的生产上有良好的前景。美国已于 1996 年开发出了具有低脂、低胆固醇特点的蛋黄基料。就是在鲜蛋液状蛋黄中加少量山梨糖醇，干燥脱水，经超临界 CO_2 萃取除去脂肪与胆固醇，卵磷脂留在产品中。1 份该蛋黄基料加 3 份水，得到的液状蛋黄与相当量的蛋清混合还原成的再制蛋液与鲜蛋液相比，其乳化性有所提高。

3. 微胶囊脱除技术 食品中胆固醇的微胶囊脱除技术是建立在天然高分子壁材物质对胆固醇分子有特殊选择性的基础上，经过最优化条件下的实验探索，形成相对稳定的包埋复合物，然后利用高分离手段，使复合物脱离原承载体系，从而形成其他方法难以达到的高脱除效率。

用微胶囊法脱除蛋黄中的胆固醇成分，其壁材物质可选用 β-环状糊精。它是由 7 个葡萄糖残基以 α-1，4 糖苷键连接构成的环状化合物。β-环状糊精中心有一个空穴，在亲和力的作用下，可以与分子规格相匹配的疏水性客体分子或客体分子的疏水基团形成稳定的超分子包结化合物。此包结物既不溶于水，也不溶于油脂。由于胆固醇属于这样的非极性疏水化合物，并且分子结构与 β-环状糊精的疏水空腔相适应，因此作为壁材物质的 β-环状糊精对具有芯材特性的胆固醇分子具有一定的亲和作用，从而产生最佳包埋效果，形成紧密的复合物，在低温下形成沉淀。工艺流程如图 14-1。

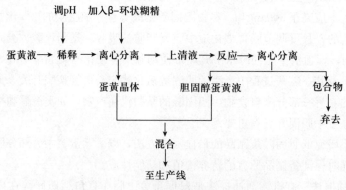

图 14-1 微胶囊法脱除蛋黄中的胆固醇

（1）蛋黄液。鸡蛋打壳后，利用蛋清和蛋黄的黏度不同，分离出蛋黄。

（2）稀释和调节 pH。加水稀释和调 pH 目的是使蛋黄体系完全分散，这是保证 β-环状糊精与蛋黄中胆固醇充分作用的不可缺少的环节。加入 2.5 倍的水稀释，调节 pH 为 9.5。对蛋黄液先稀释后调整 pH，不但可避免蛋黄发生胶凝化作用，便于操作，而且还可在产品中保持较多的磷脂成分。

（3）加入 β-环状糊精反应。

① 温度：工艺过程中体系温度不宜过高，不可超过蛋白质的变性温度，否则影响蛋黄中胆固醇的去除率。通常加热到 50 ℃。

② 按环状糊精与胆固醇物质的量之比为 1∶5 的比例加入 β-环状糊精，以保证去除适量的胆固醇而成品中 β-环状糊精的残留量较低。

③ 搅拌混合：40 ℃下搅动 5 h，冷却到 5 ℃搅拌 1 h，工艺过程中搅拌强度对胆固醇的去除率有较大的影响。搅拌速度以料液不产生明显的泡沫为宜，避免蛋黄浆中蛋白质表面变性。

④ 离心：离心程度对胆固醇的去除有较大的影响，离心时间太长会使物料温度升高，不利于胆固醇的去除，以 3 500～4 000 r/min 离心 10 min，上层液经浓缩得到低胆固醇蛋黄液，下层沉淀即为胆固醇 β-环状糊精包合物。离心前体系冷却至 5 ℃，有利于 β-环状糊精胆固醇包合物与低胆固醇蛋黄的分离。

（4）混合。待将上清液经脱胆固醇处理后，再将蛋黄晶体与之混合、均质。经脱胆固醇工艺处理后，其胆固醇含量降低了 80%以上，蛋黄液中脂肪含量稍有降低，但符合要求。

（5）从蛋黄中除去残留 β-环状糊精。将淀粉酶加入经过处理且 pH 降到 5.5 的蛋黄中，40 ℃静置 2 h，残留的 β-环状糊精被分解为葡萄糖，因此，在蛋黄中检测不到 β-环状糊精。

利用 β-环状糊精包合法制备低胆固醇蛋黄液时，会产生副产物胆固醇-β-环状糊精包合物。该物质含胆固醇（湿基含量 2%以上），常作为废弃物处理，造成资源浪费。

有利用酶法回收胆固醇-β-环状糊精包合物中胆固醇的，但酶法生产成本较高，生产周期较长，并且酶法将导致 β-环状糊精的糖苷键断裂，使其化学结构遭到破坏而无法回收再利用。也有报道利用有机溶剂回流提取的方法，在将胆固醇-β-环状糊精包合物中胆固醇释放出来的同时，使 β-环状糊精得以回收利用。

根据相似相溶原理，胆固醇易溶于石油醚、三氯甲烷等非极性有机溶剂，但是这些有机溶剂有一定毒性，其残留物难以彻底去除。乙醇是广泛应用在食品工业上的有机溶剂，通常将胆固醇溶于热乙醇中。

胆固醇-β-环状糊精包合物释放胆固醇的工艺流程：包合物→水洗→离心→均质→加乙醇→调节 pH→常压回流→趁热抽滤→热乙醇洗涤两次→β-环状糊精沉淀干燥。

采用的反应条件：水/包合物为 2，无水乙醇/包合物为 8，洗涤用无水乙醇/包合物为 4，3 200 r/min 下离心 40 min，80 V 电压下用乳化均质机均质 3 min，pH 9.0，常压回流 1 h，85 ℃干燥 4 h。

4. 生物方法　人们很早就发现许多微生物具有转化胆固醇的能力，已知具有转化胆固醇能力的微生物有芽孢杆菌属（*Bacillus*）、节杆菌属（*Arthrobacter*）、短杆菌（*Brevibacterium*）、棒状杆菌（*Corynebacterium*）、分枝杆菌（*Mycobacterium*）、诺卡菌（*Nocardia*）、假单胞菌（*Pseudomonas*）、沙雷菌（*Serratia*）、链霉菌（*Streptomyces*）等，这些微生物中存在胆固醇氧化酶，具有能够氧化降解胆固醇的能力。有人对含有胆固醇降解酶的菌株进行筛选和培育，选育出了胆固醇降解酶活性较高的微生物菌株，培养该微生物并进行发酵，将其发酵液的上清液用于蛋黄胆固醇降解，取得很好的降解效果。还有研究者从奶油中分离得到的红球菌也可降低蛋黄中的胆固醇，该研究者将蛋黄添加到红球菌的培养基中一起进行培养，结果显示，该菌可降低 70%的蛋黄胆固醇。

在直接利用微生物降低蛋黄中的胆固醇时，由于微生物发酵液中胆固醇氧化酶浓度、纯度的不确定性以及发酵液中多酶体系复杂性，可能会使胆固醇氧化降解的时间延长，更有可能会产生许多复杂的转化产物。因此，最好是将微生物发酵液中的胆固醇氧化酶分离纯化后再对蛋黄胆固醇进行转化应用，分离纯化的胆固醇氧化酶可以迅速降低蛋黄中的胆固醇。另外，磷脂酶有助于促进胆固醇氧化酶转化胆固醇。酶法降低蛋黄中的胆固醇可大大提高胆固醇的转化效率，且转化产物相对单一。胆固醇的主要转化产物为胆甾 4-烯-3-酮，该产物具有辅助降血脂、辅助减肥的功效，是名贵中药蛤蟆油的主要成分之一。因此，该方法不仅能经济有效地降低胆固醇含量，还会产生具有特殊功用的功能性成分，其应用前景十分广阔。

另外，也可用胆固醇还原酶将胆固醇还原为不被人体肠道吸收的代谢物粪甾醇。

5. 其他方法　美国一专利将食盐、食用酸和水及油形成混合物，加入蛋黄中，油与蛋黄比为 $(2.4:1) \sim (1:1)$，水：盐：油＝0.3：0.14：0.03 或 0.7：0.45：0.056，然后剧烈摇晃并离心分离成上下两层，上层含胆固醇与油，下层含蛋黄与水。而德国一专利则在设定的温度和压力下，将一种流态食用级脂类压进干蛋内部，以部分取代干蛋制品中的天然脂质（包括胆固醇）。

采用阴离子型螯合剂与稀释蛋黄中脂蛋白形成复合物而沉淀，然后分离沉淀，脂质和胆固醇就从含脂蛋白的沉淀中分离除去，这种蛋品基本不含胆固醇。

第四节　蛋黄卵磷脂

卵磷脂（lecithin）是一种广泛分布在动植物中的含磷类脂类生理活性物质，化学名称为磷脂酰胆碱。主要成分有磷脂酰胆碱（PC）、脑磷脂（PE）、肌醇磷脂（PI）和磷脂酸（PA）。通常情况下，它呈淡黄色透明或半透明的蜡状或黏稠状态。卵磷脂是人体生物膜的基础构成物质，有极高的营养和医学价值，具有延缓衰老、提高大脑活力、防治动脉硬化、预防心脑血管疾病、预防脂肪肝、滋润皮肤等多种生理功能，同时还具有很好的乳化作用和抗氧化性能。因此，卵磷脂在医药、食品、化妆品等行业的应用十分广泛。

近年来，我国蛋黄卵磷脂的研究和应用取得了较大进展，利用鸡蛋或变质蛋为原料提取卵磷脂的工艺流程如图 14-2 所示，但是还未能大批量地从蛋黄中提取高纯度的食用、医药用卵磷脂。我国禽蛋丰富，价格低廉，而且活性卵磷脂对人体保健功能正逐渐引起人们的关注，市场的需求量不断扩大，因此，研究开发提取高纯度卵磷脂产品意义重大。这不仅可解决我国蛋黄粉的积压问题，同时也可得到高纯度的卵磷脂产品。下面介绍几种提取禽蛋蛋黄中卵磷脂的方法。

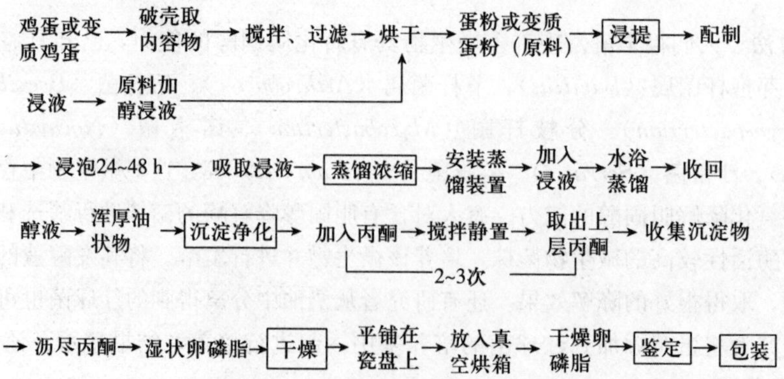

图 14-2　卵磷脂提取的工艺流程

一、蛋黄卵磷脂的提取

1. 有机溶剂法 有机溶剂分离技术是一种传统的分离提纯卵磷脂的方法，它是根据蛋黄中各组分在不同溶剂中的溶解度差异进行分离的。

（1）原理。卵磷脂在低级醇中溶解度较大，但卵磷脂不溶解于丙酮。通过调整溶剂的 pH、浓度、温度等条件，使蛋白质发生变性和沉淀。利用此性质将蛋黄粉或鲜蛋黄与一定量的有机溶剂一起搅拌，然后调整 pH、静置、离心，沉淀部分为蛋白质，上清液则为中性脂肪和卵磷脂的混合物。再将此溶液减压浓缩，除去溶剂。因为卵磷脂不溶于丙酮而中性脂肪易溶，再用丙酮对混合溶液进行萃取，即可分离出卵磷脂。这种方法是先去除蛋白质，然后分离卵磷脂和中性脂肪，也可以先去除蛋黄油，再分离卵磷脂和蛋白质。此方法的缺点在于卵磷脂和水一同回收，因此需要脱水和干燥，但是卵磷脂只能用冷冻干燥法进行干燥，产品的成本较高。

（2）工艺流程。有机溶剂法提取蛋黄卵磷脂工艺流程见图 14-3。

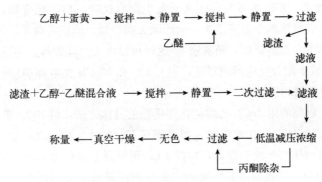

图 14-3 有机溶剂法提取蛋黄卵磷脂工艺流程

（3）操作要点。

① 有机溶剂的选择：分离时，所选用的有机溶剂一般为石油醚、乙醚、氯仿、甲醇、乙醇、丙酮等。

② 有机溶剂萃取：称量一定量的均质鸡蛋蛋黄（去蛋清）于洁净的带塞三角锥形瓶中，加入一定量的乙醇，用强力电动搅拌器搅拌 30 min 后静置一定时间，加入乙醇用量 1/3 的乙醚，搅拌 15 min，静置相同时间后过滤，滤渣进行二次萃取，加入乙醇-乙醚混合液（3:1，体积比），搅拌静置相同时间，二次过滤。

③ 分离：合并两次滤液，低温减压浓缩后，加入一定量丙酮除杂，卵磷脂沉淀，然后过滤，滤饼用丙酮冲洗，直到冲洗液无色。

④ 干燥：在真空干燥箱中干燥，充入氮气后称量，计算提取率。

⑤ 注意事项：有机溶剂萃取时，对萃取效果产生影响的因素有很多，如有机溶剂的种类、用量、浓度，萃取的温度、时间，溶液的 pH，萃取的次数等。抽提卵磷脂时使用极性-非极性混合溶剂比使用单一溶剂效果好，不宜温度过高，因为卵磷脂在高温条件下，不饱和脂肪酸容易氧化失去生理活性。

2. 层析法 柱层析法是一种高灵敏度、高效的分离技术，它在分离纯化卵磷脂方面得到了广泛应用。在层析柱内装有层析剂，它是分离中的固定相或分离介质，由基质和表面活性官能团组成。基质是化学惰性物质，它不会与目的产物和杂质结合，吸附柱层析和离子交换柱层析常被采用。活性官能团会有选择地与目的产物或杂质产生或强或弱的结合性，当移动相中的溶质通过固定相时，各溶质成分与活性基团的吸附力和解吸力不同，由此它们在柱内的移动速度产生差异，将目的产物分离出来。

赵彬侠研究用吸附柱层析制备高纯度卵磷脂的方法，其提取技术要点为：取 73 kg 蛋黄，用 9 L 乙醇萃取 2 次，接着用乙醇-己烷混合液萃取 3 次（体积比分别为 3∶4、2∶4、15∶35），分离己烷上清液，过硅胶柱，用乙醇-己烷-水（体积比为 60∶130∶120）洗脱，可获卵磷脂含量高于 97% 的产品。另有资料报道，15 cm×40 cm 的色谱柱，以硅胶为吸附剂，用梯度差为 $V(CH_3OH)∶V(CHCl_3)=(1∶2)\sim(2∶1)$ 的甲醇/氯仿混合液（pH 为 3~4）进行凹型梯度洗脱，可以对卵磷脂进行分离，洗脱剂仅为柱体积的 5~6 倍，洗脱时间仅为 6 h 左右。对于离子交换层析而言，离子交换树脂作为固定相，它是一种不溶于酸、碱和有机溶剂的固态高分子材料。可以说，离子交换树脂是一类带有官能团的网状骨架，连接在骨架上的官能团和官能团所带的相反电荷的可交换离子，当溶液流过柱时，由于溶质所带电荷性质和电荷量的不同，因而在固定相和移动相之间发生可逆交换作用，使各溶质移动速度产生差异，从而得到分离。另有专利报道将粗磷脂 200 g 溶于 2 L 热甲醇中，冷却，取上清液，用 25 L 80% 的甲醇溶液稀释，过 XAD-2 型离子交换柱，柱温保持 20 ℃，用 4.65 L 90% 的甲醇溶液洗脱，可获得 632 g 卵磷脂。

3. 金属离子沉淀法　卵磷脂可与金属离子发生配合反应，形成配合物，生成沉淀。利用此性质可以把卵磷脂从有机溶剂中分离出来，由此除去蛋白质、脂肪等杂质，再用适当溶剂分离出无机盐和磷脂杂质（主要是脑磷脂、鞘磷脂），这样可以大大提高卵磷脂的纯度。$CaCl_2$、$MgCl_2$、$ZnCl_2$ 均可与卵磷脂发生配合反应形成复盐，但 $CaCl_2$ 和 $MgCl_2$ 提取卵磷脂效率较低，且毒性较大，所以 $ZnCl_2$ 是较理想的沉淀剂。

赵彬侠（2003）研究的用 $ZnCl_2$ 乙醇纯化卵磷脂的具体方法：将 100 g 粗卵磷脂溶于 1 L 95% 的乙醇中，再加入 45 g $ZnCl_2$，生成淡黄色卵磷脂 $ZnCl_2$ 复盐沉淀，离心分离此沉淀物，在氮气保护下，用 25 mL 冰丙酮与沉淀物混合，搅拌 1 h，可得到含量高达 99.5% 的卵磷脂。

4. 膜分离法　膜分离法提取蛋黄卵磷脂主要是利用膜对组分的选择透性而将特定组分分离出来，半透膜上分布着一定孔径的大量微孔。孔径的大小决定了分离物质的分子质量或粒度大小。通过膜的组分以膜两侧的浓度梯度为推动力进入膜的另一侧，利用膜的这种被动传递形式将组分分离。粗卵磷脂中含有一定量的蛋白质、中性脂肪、脑磷脂、鞘磷脂等杂质，它们的粒度大小、分子质量与卵磷脂有较大区别，所以它们通过半透膜的难易程度不同，由此卵磷脂得到分离。

用己烷-异丙醇混合溶剂溶解的粗磷脂通过聚丙烯半透膜，收集流过膜的溶液，蒸发溶剂，可使粗卵磷脂得到纯化。日本也在试验应用膜分离技术制备高纯度卵磷脂，将磷脂溶于溶剂中，形成微胶囊，根据不同分子质量进行膜分离，得到不同分子质量的磷脂组分，从而制得高纯度卵磷脂产品。

5. 超临界 CO_2 萃取法　超临界流体萃取通常用于天然化合物或药物的功效成分萃取、分离。凡极性较小的脂溶性物质都可以被某一条件下的超临界 CO_2 流体萃取出来。此技术应用超临界流体 CO_2 替代有机溶剂作为萃取剂，由于 CO_2 处于临界压力、临界温度时，其物理性质介于液体与气体之间，同时具有液体的高密度和气体的低密度双重特性，溶质在这种超临界流体 CO_2 中的扩散速度为普通溶剂的 100 倍，萃取效率大大提高。在高于临界压力、临界温度条件下，若改变压力、温度，则可改变萃取能力，能选择性萃取、分离不同有效成分。当压力与温度恢复到常压、常温时，溶解在 CO_2 中的溶质可与气态 CO_2 分离，达到萃取或分离的目的。

超临界流体萃取与常规的有机溶剂萃取相比具有下述特点：①可在低温下提取，防止有效成分的氧化及逸散，适合于对热稳定性差的物料的提取；②产品无溶剂残留，不污染产品和环境；③萃取剂 CO_2 可长期循环使用，萃取和蒸馏合为一体，可大大提高生产效率，节约能源。

用超临界 CO_2 萃取蛋黄卵磷脂的过程：首先将蛋黄粉装入萃取器，将液态 CO_2 经泵送入汽化器，形成所需要的超临界状态，处于超临界状态的 CO_2 经过蛋黄粉床时，胆固醇和甘油三酯便溶解在其中，进入分离器后，通过降低压力破坏它的溶解条件，胆固醇和甘油三酯便与 CO_2 分别聚集在分离器中，而 CO_2 经过冷凝器变为液体进入液态贮罐，这样密闭循环数小时后，蛋黄粉中的胆固醇和甘油三酯便被萃取掉，所余物质即为含有卵黄蛋白和磷脂的粗蛋卵磷脂。

6. 有机溶剂法结合高压脉冲电场法 自 20 世纪 90 年代初期，国外开始对非热杀菌技术（冷杀菌）在食品工业中的应用研究进入高潮，其中包括对超高（静）压杀菌、高压脉冲电场杀菌、脉冲强光杀菌等冷杀菌技术的研究。高压脉冲电场杀菌是研究的热点之一，它是通过高强度脉冲电场瞬时破坏微生物的细胞膜使细菌致死。由于利用高电位而非电流杀菌，因此杀菌过程中的温度低（最高温度小于 50 ℃），从而可以避免热杀菌的缺陷。目前，高压脉冲电场杀菌技术的应用研究主要集中在对液态食品（如饮料、牛奶等）的杀菌。经高压脉冲电场杀菌加工处理的饮料具有安全、风味和口感近似新鲜饮料、营养好的特点，故此技术对食品生产厂家有极大的吸引力，具有良好的市场前景。

高压脉冲电场系统主要由高压脉冲供应装置和食品处理室两部分构成，高压脉冲处理系统的脉冲可以采用指数衰减波、方波、振荡波和双极性波等形式；处理室有平行盘式、线圈绕柱式、柱-柱式、柱-盘式、同心轴式等。高压脉冲电场处理能破坏细胞膜，改变其原料通透性。Zimmermann 等（1974）认为这可能是电场处理导致了电介质破坏。使用高压电场将细胞膜极化穿孔的过程叫电极化。每个细胞内外都有一自然电位差，外加电场时使得这一膜内外位差（称为穿透膜电位，简称 TMP）增高。当 TMP 高于 IV（生物细胞膜自然电位差）时，细胞破裂就发生了。这种破裂导致了细胞膜结构紊乱、极的形成和通透性的提高。通透性的改变可能是可逆的，也可能是不可逆的，这主要取决于电场强度 E、脉冲宽度和脉冲次数（即处理时间）。受到电场处理后，细胞膜等离子体能透过小分子，渗入导致细胞膜膨胀，最后细胞膜破裂。

蛋黄有效成分的提取为溶剂渗透、溶剂溶解和溶剂扩散的一系列现象的综合过程，影响传质速率的因素即为提取过程的影响因素。蛋黄可以被看成一种蛋白质（卵黄球蛋白）溶液中含有多种悬浮颗粒的复杂体系，其中游离着卵黄高磷蛋白与卵黄磷脂蛋白的聚集体。高压脉冲电场的作用机理分析，该聚集体在几万伏的脉冲电压下，连接键上产生感生电压，使连接键出现断裂现象，从而使得卵磷脂能快速与有机溶剂接触，提高萃取效率；高压脉冲电场对极性物质具有较强的作用，而对蛋白质、脂肪等大分子物质几乎没有作用，因此易于卵磷脂的进一步分离纯化；脉冲电场的提取是在常温下进行，因此不会影响提取物的生物活性；高压脉冲电场能耗很低，功率只要 300 W，处理速度可达到 50 mL/min，是一种比较节能的加工方式。

吉林大学刘静波等（2005）研究了有机溶剂结合高压脉冲电场提取蛋黄粉中的卵磷脂。蛋黄粉的主要成分是蛋黄卵磷脂（质量分数为 17% 左右）、中性脂质（又称为蛋黄油，主要成分是甘油三酯和胆固醇，质量分数 >40%）和卵黄蛋白（质量分数 >40%）。中性脂质，尤其是其中的胆固醇是心脑血管的大敌，应该从卵磷脂产品中去除；而卵磷脂的含量，特别是磷脂酰胆碱（PC）的含量是衡量卵磷脂产品质量高低的主要指标。研究过程表明，高压脉冲电场处理蛋黄粉，而后采用有机溶剂萃取的方法，能够提取出高纯度、低变性、高产量卵磷脂成品。

二、蛋黄卵磷脂的应用

目前商业蛋黄卵磷脂主要应用于化妆品、医药和食品领域。

在化妆品领域，蛋黄卵磷脂多被用作乳化剂，能刺激头发的生长，对治疗脂溢性脱发有一定疗效。

在医药领域，蛋黄卵磷脂可用于脂质体和脂肪乳剂的制备。脂质体是一种新型制剂，作为药物载体在释药系统中的研究已成为当前制剂工业的主要方向之一。有研究对蛋黄卵磷脂、大豆卵磷脂、猪脑卵磷脂制成的脂质体载药性能做了对比，结果证明蛋黄卵磷脂制成的脂质体载药性能最佳。脂肪乳注射液是一种应用于临床的营养型注射液，是胃肠外能量补给品，能为患者补充必需脂肪酸和能量，而蛋黄卵磷脂作为一种重要组分——乳化剂应用于其中。由于卵磷脂是生物膜的重要组分，还可作为药物载体与其他药物成分形成复合物，可直接将药物成分运送到患病部位，提高其生物利用率。

在食品领域，蛋黄卵磷脂可作为保健品、乳化剂及风味剂来应用。蛋黄卵磷脂中花生四烯酸的水平与母乳接近，脂肪酸平衡性高，所以蛋黄卵磷脂也可作为原料应用于婴儿奶粉中。

蛋黄卵磷脂还应用于饲料、农作物的杀菌剂、水果及花卉等的保鲜剂、油墨乳化剂、石油产品等。

第五节 蛋清寡肽

蛋清寡肽主要是指通过酶解蛋清中的多种蛋白质，从而生成具有 2～9 个氨基酸残基的小肽，这种肽就称为蛋清寡肽。由于蛋清寡肽具有较多的功能特性，同时机体对于寡肽的吸收速率比游离的氨基酸快，吸收效率高，并且具有操作简单、生产成本低等特点，因而备受广大蛋品科学工作者的青睐。国外对于蛋清寡肽的研究起步较早，有许多国家已经将蛋清寡肽的研究应用于实际生产中，并获得了较高的收益。

一、蛋清寡肽的功能特性

1. 蛋清寡肽可改善病人的营养状态 肝硬化或肝性脑病的病人，特别是蛋白不耐受（protein-intolerance）的病人，如果摄入膳食蛋白往往会出现血氨增高，频频发生肝昏迷。在临床上如果给予蛋清寡肽制剂，则能解决患者的蛋白营养问题，使机体出现正氮平衡，其正氮平衡的程度可达到同当量的膳食蛋白的正氮平衡程度而不会引起肝昏迷。在患者摄入正常蛋白膳食时，血清谷丙转氨酶活性增高，而摄入寡肽制剂，则血清谷丙转氨酶活力下降，血清白蛋白增加。

支链氨基酸不仅是肌肉能量代谢的底物，而且还具有促进氮潴留和蛋白质合成、抑制蛋白质分解的作用。由于蛋清寡肽中含有大量的支链氨基酸，因而它现已广泛应用于高代谢疾病如烧伤、外科手术、脓毒血症和长期卧床鼻饲等患者的蛋白质营养补充，并取得了比较满意的效果。

高代谢病人和长期卧床鼻饲病人的代谢特点之一是蛋白质合成代谢减弱，分解代谢增强，使机体处于负氮平衡状态。同时，血浆中氨基酸模式也发生改变。临床上应用了蛋清寡肽制剂，可使机体的总体蛋白质合成得到改善，运铁蛋白和视黄醇结合蛋白明显升高。支链氨基酸调节蛋白质代谢的作用机理是因为亮氨酸-tRNA 是蛋白质合成的关键，亮氨酸在肌细胞中含量增高时可促进蛋白质合成。也有人认为支链氨基酸在肌肉组织中氧化脱氨，生成相应的 α-酮酸，再进入三羧酸循环氧化供能，而脱下的氨基则由丙酮酸接受，经过血液到肝，其氮基形成尿素，碳架经糖异生转化为糖，进入糖代谢。补充外源性支链氨基酸，可节省来自蛋白质分解的内源性支链氨基酸。

2. 蛋清寡肽的抗疲劳作用 多巴胺和 5-羟色胺分别是脑内中枢兴奋性神经递质和抑制性神经递质，前者能系统地调节肌肉紧张，使机体做好运动的准备，并在大脑皮层冲动的触发下发动某一动作，而脑内 5-羟色胺的作用则是通过降低中枢向外周发射神经冲动来降低运动能力。在正常情况下，多巴胺与 5-羟色胺在脑内保持平衡以共同维持机体的活动，使机体协调运动。在长时间运动时，支链氨基酸从血液进入运动肌氧化供能，色氨酸/支链氨基酸比值升高，游离色氨酸透过血脑屏障进入脑并增多，脑内5-羟色胺合成增加，导致多巴胺和5-羟色胺比例失调，致使运动机能下降，疲劳产生。

支链氨基酸不仅是供能物质，而且还能影响芳香族氨基酸入脑，脑内芳香族氨基酸数量的增多，也是造成疲劳的重要因素之一，在赵稳兴等的研究中还认为通过使用寡肽制剂补充支链氨基酸可降低蛋白质的分解，而且补充支链氨基酸可促进糖异生，可能还促使生长激素的分泌，有利于脂肪的氧化。长时间大强度运动补充支链氨基酸还可阻止血红蛋白降解，阻止马拉松跑后血浆谷氨酰胺的下降，改善生理和心理方面适应能力，有抗中枢疲劳的作用。

许志勤、金宏等对服用过支链氨基酸的大鼠做了游泳耐力实验，结果发现，支链氨基酸可明显提高大鼠游泳存活率，抑制游泳运动后大鼠的血乳酸浓度、乳酸脱氢酶活力、骨骼肌过氧化脂质的升高幅度，抑制骨骼肌乳酸脱氢酶活力和膜流动下降的趋势，还可增加甘氨酸在骨骼肌蛋白质中的滞留时间，可以改善运动后骨骼肌线粒体功能，缓解运动性疲劳。

因此可见，蛋清寡肽混合物在临床可用于治疗肝性脑病，补充患者的膳食蛋白营养，纠正负氮平衡，促进机体建立正氮平衡。对高强度工作者及运动员，还可及时补充能量，使机体适应高强度的工作和训练。

3. 蛋清寡肽可促进矿物元素的吸收利用 许多研究都证实，蛋清寡肽能促进矿物元素的吸收和利用，它具有与金属结合的特性，主要是由于蛋清寡肽中的磷酸化丝氨酸残基可与钙、铁结合，提高了它们的溶解性，从而促进矿物元素的吸收。

研究发现，寡肽铁能自由地通过成熟的胎盘，而硫酸亚铁进入血液后，经主动转运途径被结合于运铁蛋白而吸收，由于其相对分子质量相当大，被胎盘滤出。所以通过动物试验，将母猪饲喂寡肽铁后，母猪乳和仔猪血液中有较高的铁含量，从而也证明了蛋清寡肽的功能特性。

4. 蛋清寡肽可抑制癌细胞增殖 癌症患者对于支链氨基酸消耗较多，从而加速病情的发展。日本正幸等进行的动物试验证明，支链氨基酸在促进荷瘤大鼠肌肉蛋白合成改善平衡的同时，对移植的吉田肉瘤生长无刺激作用。日前尚无应用氨基酸制剂后病人体内肿瘤生长加速的报道。为此有学者正在研究配制不平衡氨基酸输液配合化学治疗以抑制癌细胞的生长，从而达到治疗癌症的目的。

5. 蛋清寡肽可治疗或减轻肝性脑病症状 肝性脑病是指各种原因引起的急、慢性肝细胞功能衰竭。门静体循环分流，导致来自肠道的有毒物质直接由门静脉进入体循环，并通过血脑屏障导致的以大脑功能障碍为主要特征的神经精神症状运动异常等继发性神经系统疾病。对于肝性脑病的发病机理目前还未得到完全的阐明，其学说主要包括氨中毒学说、氨基酸代谢失衡学说、假性神经递质学说等，大量的动物试验和临床资料证明注射和口服寡肽混合物，可使人血液中的支链氨基酸浓度上升，纠正血脑中氨基酸含量比例失调的病态模式，有效改善肝昏迷程度和精神状态，缓解氨基酸代谢失衡。

二、蛋清寡肽的制备

目前对于蛋清寡肽混合物的制备主要采用的是酶法水解蛋清蛋白。

1. 工艺流程

（1）原料预处理的工作流程。

原料鸡蛋→洗蛋、消毒→打分蛋→搅匀→稀释至底物浓度4%→变性水解→离心取上清液→水解液

（2）水解生产的工作流程。水解生产的工作流程见图14-4。

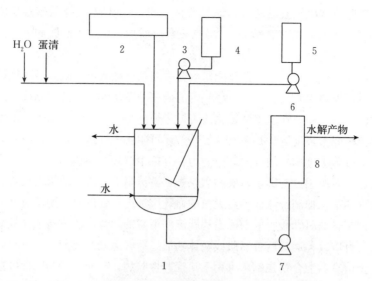

图 14-4 蛋清水解生产蛋清寡肽混合物的工作流程

1. 水解反应器　2.pH、温度测定控制装置　3、6、7. 泵
4. 碱液罐　5. 酸液罐　8. 离心机

2. 操作要点

（1）水解条件的确定。

① 水解温度和时间的确定：将加热变性后的一定浓度的蛋清 10 kg 作为底物，按照试验设计调节至所需温度，加入一定量的酶进行水解，水解时间为所设计时间。水解过程中不断搅拌，并不断加入适当浓度的氢氧化钠溶液以维持 pH 在规定的范围内（±0.05）。

② 蛋清蛋白质水解底物浓度的确定：将原蛋清进行稀释，在水解反应器中以 700 r/min 搅拌均匀，变性处理后观察搅拌效果，然后在温度 68.5 ℃、pH 8.21 条件下进行水解，测氮回收率，比较各浓度的差异。

③ 蛋清蛋白质水解变性条件的确定：扩大试验为模拟连续操作，即稀释、变性、水解在同一容器中进行，因此变性过程是一个连续的升温过程，当容器内稀释蛋清温度达到 60 ℃时开始出现变性现象，此时开始计时，选择 15 min、20 min、25 min 3 个时间进行变性试验，然后将变性后蛋清调至水解温度进行水解，测定氮回收率，选出适宜的变性条件。

试验表明，蛋清蛋白质在枯草杆菌碱性蛋白酶的作用下，水解温度 68.5 ℃、pH 8.21，水解时间 140 min 的条件下，水解效果较好。生产设计时须注意搅拌器类型的选择、pH 的控制和一些辅助设备的配置。

（2）水解终止。水解完成后，加入 6 mol/L 的盐酸调节 pH 至 4.5，枯草杆菌碱性蛋白酶在pH 为 4 时，50 ℃以上 30 min 便可使其失活。为防止蛋白质对酶的保护作用，将灭活温度提高至60 ℃，然后迅速冷却至室温，置于离心机中，4 000 r/min 离心 30 min，取上清液，记录总体积（mL）。

（3）脱盐。蛋清蛋白质在酶水解过程中，需要不断加入氢氧化钠溶液来维持反应所需 pH，在反应终止时，加入盐酸调节水解液 pH 至蛋清蛋白质的等电点（pI4.5），此时水解物中粗盐分含量（主要为 NaCl）占固形物的 20%左右。

盐分的脱除有多种方法，如离子交换、超滤、电渗析等物理和化学方法。超滤和电渗析可以有效脱除大分子化合物中的盐分，但对蛋白质水解物来说，采用超滤或渗析技术处理会造成一些低肽分子的损失，影响氮回收率。通常采用离子交换法脱除蛋白水解液中的盐分，在经过 H+ 型

阳离子交换树脂和 OH^- 型阴离子交换树脂后，大部分盐分被交换除去，水解液中残留盐分与蛋白质含量之比不超过生理需要量。营养学要求每人每日进食 50 g 优质蛋白质、5 g NaCl，依此计算，食品中盐分与蛋白质含量之比不应超过 1∶10。因水解液通过树脂时的流速是离子交换树脂脱盐的一个重要指标，故研究要使在满足残留盐分不超过生理需要量的同时，有尽可能高的氮回收率。

（4）脱异味。水解过程中由于肽键的断裂，一些巯基化合物释放出来，使水解物具有异味，影响产品品质。异味的浓淡程度与温度相关，温度越高，异味越大，当温度高于 50 ℃时，异味明显；当温度低于 20 ℃时，异味不明显。

去除异味有多种方法，如使用活性炭选择性分离，苹果酸等有机酸及果胶、麦芽糊精的包埋等，考虑到活性炭处理会造成蛋白质的损失，通常选用 β-环状糊精对异味物质进行包埋。

第六节 活 性 钙

对鸡蛋壳组成成分的分析证明，鸡蛋壳的主要成分为 $CaCO_3$，另外含有少量的有机物、P、Mg、Fe 及微量 Si、Al、Ba 等元素。目前国内鸡蛋壳的利用主要是粉碎后拌入饲料，作为家畜的钙添加剂。将鸡蛋壳用有机酸处理后，使不溶性的有机活性钙转化为可溶性的有机活性钙，作为食品钙强化剂是一条变废为宝、综合利用鸡蛋壳的有效途径。下面简要介绍利用分离出的蛋壳制备葡萄糖酸钙、乳酸钙和醋酸钙等 3 种主要有机活性钙制剂的制备工艺。

一、葡萄糖酸钙

1. 工艺流程

蛋壳→清洗→分离→干燥→粉碎→煅烧→水溶→中和→抽滤→干燥→浓缩→成品

2. 操作要点

（1）壳膜分离。称取一定量的蛋壳放入烧杯中，加入一定温度的热水，恒温缓慢加入 HCl，搅拌后放置一定时间，加水洗涤 3 次，除去残留的酸，回收水面漂浮的蛋壳膜，蛋壳经水洗晾干后，于 110 ℃下烘干除水，粉碎得蛋壳粉。

（2）煅烧分解。称取一定量的蛋壳粉，在马弗炉内 1 000 ℃下煅烧 2 h，得白色蛋壳灰分 CaO。

（3）中和反应。将蛋壳灰分（以 CaO 计）研细，加入一定量蒸馏水制成石灰乳，在不断搅拌下缓慢加入一定浓度的葡萄糖酸溶液，加热搅拌，至溶液澄清，静置，过滤。滤液经适当浓缩后，低温放置自然结晶。

（4）分离提纯。自然结晶后过滤，母液经适当浓缩后多次放置结晶，收集合并结晶，并用冷蒸馏水洗涤 3 次，置 110 ℃下烘干 1 h，得白色颗粒状葡萄糖酸钙产品。

二、乳 酸 钙

1. 工艺流程

蛋壳→水洗→分离→水洗→干燥→煅烧→水溶→乳酸中和→浓缩→干燥→粉碎→成品乳酸钙

2. 操作要点

（1）壳膜分离。称取一定数量鸡蛋壳放入烧杯中，加入一定温度的热水，恒温缓慢滴加酸或碱，搅拌，放置一定时间后，加水洗涤 3 次，除去残留的酸、碱、盐，回收水面漂浮的蛋壳膜，蛋壳经水洗晾干后，在干燥箱中 110 ℃下烘干除水 1 h，经粉碎得蛋壳粉。

（2）煅烧分解。称取一定量的蛋壳粉置于马弗炉中，900 ℃下煅烧分解 1.5 h，得白色蛋壳粉 CaO。

（3）中和制备乳酸钙。将白色蛋壳粉研细加入一定量的水，制成石灰乳，然后在不断搅拌下，缓慢加入乳酸溶液，继续搅拌至溶液澄清即得乳酸钙溶液。将乳酸钙溶液过滤，除去不溶物，滤液移入蒸发皿中加热，蒸发浓缩，然后在干燥箱中于 120 ℃下烘干脱水，得白色粉末状无水乳酸钙。

三、醋 酸 钙

1. 工艺流程

蛋壳→壳膜分离→蛋壳粉→煅烧分解→蛋壳灰分→石灰乳→中和→蒸发浓缩→烘干→成品

2. 操作要点

（1）壳膜的分离。称取一定量的蛋壳放入烧杯中，加入一定温度的热水，恒温缓慢加入分离剂，搅拌，放置，水洗，回收水面漂浮的蛋壳膜，蛋壳经水洗晾干后，于 110 ℃下烘干除水，粉碎得蛋壳粉。

（2）煅烧分解。称取一定量的蛋壳粉，在马弗炉内 900 ℃下煅烧 25 h，得白色蛋壳灰分 CaO。

（3）中和反应。将蛋壳灰分（以 CaO 计）研细，加入一定量蒸馏水，制成石灰乳，在水浴加热及不断搅拌下缓慢加入一定浓度的酸性溶液，当反应过程不再有气泡产生时，即表示中和反应已基本结束。

（4）分离提纯。待有机活性钙溶液冷却后过滤，滤液移入蒸发皿中蒸发浓缩至溶液黏稠，置干燥箱中于 120 ℃下烘干脱水，得白色粉末状醋酸钙。

第七节 其他功能性成分

一、蛋清白蛋白

蛋清白蛋白是某些蛋品加工副产物，含有丰富的蛋白质，是营养学界公认的最优质的蛋白质。它含有人体必需的多种氨基酸、维生素及矿物质，且氨基酸的配比均衡性好，是机体利用率最高的一种蛋白质。此外，其营养成分和分子结构与人体血浆白蛋白十分相似，因而极具营养及保健作用，是一种理想的营养强化剂。目前，在蛋白饮品和一些营养液的加工中，蛋清白蛋白多作为营养强化剂直接加入，但这样会影响其蛋白质利用率，同时易产生混浊而影响产品的感官品质。

研究表明，蛋白质经蛋白酶适度水解，可提高蛋白质的吸收率，保持和改进营养价值，改善其溶解性、乳化性、起泡性以及持水性等功能特性。为改善蛋清白蛋白在食品及药品中的营养性及功能性，用蛋白酶将蛋清白蛋白适度水解，制得复合氨基酸及活性多肽类水解液，经澄清、纯化等操作制得营养丰富的蛋白营养液，为蛋清白蛋白的开发与利用提供了一条新途径。

蒋雪薇等利用蛋白酶水解蛋清白蛋白制得活性肽混合物，而后将其纯化，作为功能因子加入其他功能食品中，不仅极大地提高了食品的功能性及营养特性，而且促进了蛋清白蛋白的消费，提高了蛋品利用率，极大地增加了蛋的附加值，是一条理想的功能食品开发途径。

二、蛋　黄　油

蛋黄油脂（甘油三酯和磷脂）的脂肪酸中不饱和脂肪酸超过 60％，其中油酸、亚油酸、棕榈油酸含量较高，此外，还含有少量的亚麻酸、花生四烯酸、二十二碳四烯酸和二十二碳六烯酸（二十碳以上主要是磷脂结合的）。蛋黄油脂相对其他动植物油脂而言，主要特征是富含卵磷脂和不饱和脂肪酸。蛋黄油可作乳化剂用于制造肥皂，医药上可治溃疡及风湿等，也可供油画工业使用。

油酸作为一价不饱和脂肪酸，近年来已引起人们重视，经确认它具有比多价不饱和脂肪酸更高的氧化稳定性以及更优的生理活性，可以起到降低低密度胆固醇（LDL 胆固醇）但不降低高密度胆固醇（HDL 胆固醇）的独特作用，从而对预防动脉硬化更加有效。亚油酸作为人体必需脂肪酸，与中枢神经系统的活动、脉搏与血压的调节、前列腺素的合成、平滑肌的收缩等有关。还具有使脑活性化和阻止脑血栓等重要作用。但亚油酸在降低胆固醇作用时，并不是数量越多越好，一旦高于 15％，在降低 LDL 胆固醇的同时又大大降低 HDL 胆固醇，效果反而大为下降，因此，在总的脂肪酸的摄入量中，不宜超过 15％，这一点对于蛋黄中的油脂质来说，亚油酸含量十分合适。

此外，亚麻酸也具有明显降血脂、降胆固醇和促进脂肪代谢、肝细胞再生等作用。近年来，花生四烯酸（ARA）和二十二碳六烯酸（DHA）开发受人关注。ARA 属 n-6 系列必需脂肪酸，具有更显著的降胆固醇作用，同时还具有保护胃黏膜、保护肝脏、抗皮肤干癣、抑制癌细胞等生理功能，其功效超过亚油酸 3.5 倍以上。DHA 也具有显著的降胆固醇、降甘油酯的功效并具有促进神经系统发育、抗肿瘤、抗过敏、抗脂肪肝、预防阿尔茨海默病、健脑和提高记忆力等作用。曾风靡一时的脑黄金主要有效成分就是 DHA。蛋黄油脂质在国内外的主要现行制备技术如下。

（一）蒸馏法

蒸馏法制备蛋黄油为我国民间常用的传统制备方法。贾传春等报道其制备步骤：将鸡蛋煮熟后去壳取蛋黄，置锅内文火加热，待水分蒸发后再用武火，在 280 ℃左右即可熬出蛋黄油，过滤装瓶备用即可。此法制备简便，但是出油率非常低，并且其他蛋黄成分不能利用。

（二）有机溶剂法

有机溶剂法提取蛋黄油是工业上普遍采用的，其原理：根据蛋黄油不溶于水却能溶于脂溶剂（如乙醇、三氯甲烷、乙醚、苯等）的性质而进行分离的方法。但是由于溶剂的种类和萃取的条件不同，被提取出来的脂质数量和组成也有很大的差异。国外多采用混合溶剂法制备，例如采用正己烷-异丙醇，一般提取率为 75％，产品质量较高，但是混合溶剂相对单一溶剂而言残留更多，并具有一定的毒性。国内多采用乙醇制备，一般提取率为 70％，其中磷脂质含量较前者高，质量较好，但同样会存在溶剂残留。另外，副产品蛋白块也变性严重，同时也存在溶剂残留。

有机溶剂法提取蛋黄油的方法主要包括冷浸法和热浸法两种。

1. 冷浸法提取蛋黄油

（1）原料处理。将蛋黄液放入搪瓷盘内，于 50 ℃的烘房内烘干，磨成粉末备用。

（2）浸出脂肪。将原料粉放入缸中，加入 2～3 倍的三氯甲烷，使原料粉全部被浸泡于溶剂里，在室温下浸泡 2～3 h，然后过滤。残渣用三氯甲烷进行多次浸洗、过滤，滤液合并于第一次滤液中，残渣放入绢绸内压榨，取出全部溶剂。

（3）蒸馏浓缩。将滤液于 62～64 ℃ 的水浴上加热（脂溶剂用乙醚时，蒸馏水温为 35 ℃；若用酒精抽出时，蒸馏水温为 78 ℃），回收三氯甲烷（可重复使用），脂肪则滞留于瓶底。

（4）烘干去水。蒸馏浓缩后的蛋黄油倒入瓷盘内，在 100 ℃ 的条件下（或 70～75 ℃ 的真空箱内）烘 3～4 h，使其含水率不超过 1%，即为蛋黄油成品。

2. 热浸法提取蛋黄油 将原料包在滤纸套筒内，再放入油浸器内，用适量的三氯甲烷倒入油浸器的烧瓶内，装在水浴锅上，加热至 64 ℃ 左右，循环 30～40 次（溶剂的循环频率为 4～6 次/h），即可将原料中的蛋黄油抽尽。收回溶剂，继续将存有浸油的蛋黄油置于水浴锅上蒸发剩余溶剂，再放入烘箱内烘去水分，即得纯蛋黄油。

（三）超临界 CO_2 萃取法

超临界 CO_2 萃取法制备蛋黄油是一项现代颇为流行的高新萃取技术，其原理是在一定压力和温度下，CO_2 变成超临界流体后作为溶剂将油从原料中浸出，然后改变压力和温度使 CO_2 变为气态，从而使油滞留下来，达到萃取的目的。这项技术对应用于制备蛋黄油脂质而言，蛋黄磷脂质是主要产品，蛋黄油（甘油三酯和胆固醇）是副产品。

（四）酶法取油的国内外研究进展

酶法制备蛋黄油工艺作为一种新兴的油脂提取技术，国外在此方面的研究和应用报道很多，其研究成果也日趋成熟。Fullbrook 等（1983）使用水解蛋白酶等从西瓜籽、大豆和菜籽中制取油脂和蛋白质，大豆油回收率高达 90%，菜籽油为 72%。McGlone 等（1986）用聚半乳糖醛酸酶、淀粉酶和蛋白酶来提取椰子油，油脂收率为 80%。Sosulski 等（1993）对 Canola 油料先进行酶处理后再进行压榨，出油率可达 93%，而未经酶处理的 Canola 压榨出油率仅为 72%。至于酶法提取蛋黄油方面，国外学者也有研究报道。R. Ohba 等（1993、1994、1995）研究用粗酶 Newlase 从蛋黄中提取蛋黄油和水解蛋白液，83% 的磷脂富集到蛋黄油中。Katsuya Koga 等（1994）采用蛋白酶 Kokurase 进行酶解法获取蛋黄油，最后获得产率达 77% 的蛋黄油，其质量研究表明优于蒸馏法。

三、卵类黏蛋白

鸡蛋时常引发过敏症，目前有很多研究已经把重心集中在卵清蛋白上。目前，对于提取蛋清中过敏性物质的反应报告已经远远超过了蛋黄的研究。蛋清中混有 40 多种不同的蛋白质，其中卵清蛋白（OA）、铁传递蛋白（OT）、卵类黏蛋白（OM）和溶解酵母（LY）是蛋过敏症的主要过敏原。OA、OT、OM 和 LY 等分别占蛋白总蛋白质质量的 51%、12%、11% 和 3.5%。一些文献报告，卵类黏蛋白在一些过敏反应的发病机理中，比蛋清中其他蛋白质起着更为重要的作用。

卵类黏蛋白是一种高溶解度的高糖蛋白，分子质量大概在 28 000 u，其免疫抗原即使在沸水中仍然是可溶的。有人报道，通过沸水煮会使卵清中的卵类黏蛋白耗尽，从而使易于患鸡蛋过敏症的人群中的 55% 不再患病。但卵类黏蛋白即使在沸水中煮仍然很难从沉淀物中分离。然而，由于其他的卵清蛋白很容易热变性，从而使结果很难达到预期的目的。

下面介绍通过乙醇法生产的低卵类黏蛋白的技术要点。

蛋白粉 0.5 g，在蒸馏水（5 mL）中溶解并且利用 1 mol/L 的 HCl 调整 pH 至 5 或 7，然后在蛋清中加入 25% 的乙醇溶液，室温条件下将混合物搅拌 10 min，再以最大相对离心力为 5 000g 的离心分离机离心 10 min。沉淀物用相同体积的水与乙醇的混合液清洗 3 次。产生的沉淀物中含有水

（5 mL）包含混合 4 mol/L 尿素、十二烷基硫酸钠 SDS（4％）、2-疏基乙醇（10％），然后在沸水中加热 10 min，此时所得到的物质可通过蛋白质化验或蛋白质分子质量测定分析（SDS-PAGE）来确定。在沉淀物中通过加入乙醇可以使 16％的原料蛋白质还原出来。

实验中使用酶联免疫吸附分析法（ELISA 法），使得 70％的卵类黏蛋白小片段被游离出来。然而，许多重要功能的蛋白质如卵清蛋白、卵黄磷肽和溶解酵素等仍然保持在此沉淀物中。这些结果可能主要是由于沉淀物中的卵类黏蛋白极易溶于乙醇和水的混合物中。通过食物质量评估可知，仍然具有高度的安全性，并且其泡沫的稳定性与低卵类黏蛋白的原料蛋清有相对的稳定性。因此这种产品将会被用作一种新型的功能食品的原料，特别是对卵类黏蛋白食物敏感的群体有着重要的作用。

四、涎 酸

涎酸，又称为唾液酸，是神经氨酸的涎基诱导体的总称，广泛存在于植物之外的生物体中，目前已有 30 多种生物体中都发现有此类物质存在。其中，神经氨酸的 5-乙酰化合物为 N-乙酰神经氨酸（Neu5Ac），该物质广泛存在于自然界，其分子式为 $C_{11}H_{19}NO_9$，相对分子质量为 309.28，熔点为 185～187 ℃，含有羧基，其等电点约为 2.6。涎酸在生物体内有游离型和结合型两种形式，后者是以糖苷结合的涎酸低聚糖形态存在。涎酸具有的生化作用，在于合成含有涎酸的复合糖质以及涎酸诱导体酶等。利用此特性，涎酸可应用于医药品中，如可作为抗炎症药物的成分等。涎酸在生物体内较多的场合，不是以游离的状态存在，而是与各种糖蛋白和糖脂质结合存在，从而显示出糖蛋白和糖脂质的性质。

1. 涎酸低聚糖的生理功能 经研究表明涎酸低聚糖具有许多生理功能，最主要是在生物体内的防御机制中起较重要的作用。将脱脂蛋黄经蛋白酶分解得到溶液，再用超滤（UF）处理，分离得到涎酸低聚糖组分，再经离子交换树脂精制处理，可得到中性糖组分、涎酸低聚糖组分和涎酸低聚糖多肽。

人的母乳中含有高浓度的低聚糖，涎酸含量也较高。此外，母乳中的涎酸结合复合糖链具有较重要的生物学意义，经大量研究发现，其与婴儿的发育以及感染防御机制具有较大的关系。此外，研究显示涎酸还具有抑制引起下痢原因的病毒感染的作用和提高学习能力的效果。

涎酸低聚糖经口摄取至排泄，大约为 24 h，在机体内可吸收 58.7％左右。其在消化管内的滞留时间比游离涎酸要长，从而对轮状病毒的抑制时间也较长。此外，还确认一部分的涎酸移至脑内，从而与脑的发育具有较大的关系。

实验证明，涎酸对大脑的发育与智力的提高具有明显的促进作用，同时涎酸还具有抑制血压升高的功效。据世界卫生组织统计，全世界每年约有 1.5 亿的儿童患有轮状病毒引起的幼儿疾病，然而，涎酸对于轮状病毒具有明显的抑制作用。若能够将游离的涎酸进行微胶囊造粒技术处理，从而达到缓释的目的，相信其效果会更好。

2. 涎酸的制备 鸡蛋是丰富的涎酸源，鸡蛋中各部分涎酸含量：蛋壳 0.004％，蛋壳膜 0.07％，蛋白 0.1％，蛋黄 0.19％，蛋黄膜 1.80％，系带 2.4％，在系带以及蛋黄膜中的含量较高。另外，鸡蛋中的涎酸主要为 Neu5Ac，从而鸡蛋蛋黄可作为 Neu5Ac 的制备原料。

目前，国内外的涎酸制备方法主要是采用日本太阳化学株式会社的生产方法，将脱脂的蛋黄加酸进行水解，游离出涎酸，之后经中和、过滤、脱盐，再用离子交换树脂进行精制，可得到纯度为 97％以上的涎酸（Neu5Ac）。蛋黄作为涎酸原料的制备方法已确立，特别是蛋带以及蛋黄膜广泛应用，大大促进了涎酸的生产，降低了涎酸生产的成本。

五、卵黄高磷蛋白

卵黄高磷蛋白是由脂蛋白-卵黄脂磷蛋白形成的复合体，相对分子质量 35 000，含氮量 11.9%，含磷量 9.7%（占蛋黄总磷量的 80%），糖类含量为 6.5%。卵黄高磷蛋白是卵黄颗粒中主要的蛋白质之一，占蛋黄总重的 11%。分析表明，卵黄高磷蛋白是由 217 个氨基酸残基组成，其中包括 124 个丝氨酸残基，占总氨基酸含量的 56%（其中 98% 的丝氨酸残基与磷酸基团结合）。卵黄高磷蛋白含有两种蛋白质结构，即 α-卵黄高磷蛋白和 β-卵黄高磷蛋白，两者的蛋白组成和理化性质不尽相同，α-卵黄高磷蛋白含有 59.2% 的丝氨酸和 10.2% 的磷；而 β-卵黄高磷蛋白则含有 51.5% 的丝氨酸和 8.9% 的磷，并且两者糖类的含量也有差别。卵黄高磷蛋白是所有蛋白质中磷酸化程度最高的一种，在溶液中表现出与酸性多肽同样的特性，易与多种阳离子结合，尤其是它与铁离子的结合能力极强，超过了柠檬酸、铁传递蛋白等与铁离子的螯合作用，从而，使其在蛋及其他制品中可作为有效的抗氧化剂。目前，研究重点主要集中在卵黄高磷蛋白的提取、高度磷酸化的特殊结构及其主要功能、卵黄高磷蛋白磷酸肽持钙及促进钙吸收能力等方面。

目前工业上生产卵黄高磷蛋白主要是通过乙醇萃取法。由于卵黄高磷蛋白具有较好的乳化性、热稳定性，并且兼具安全、营养等优越性，可作为磷酸丝氨酰残基的资源库。同时，其本身或水解产物都有可能作为很好的钙强化的辅助剂，对于提高铁离子与锌离子的生物利用率有较大的作用。在医疗保健方面，卵黄高磷蛋白可作为药用成分，用来治疗心肌炎、冠心病等心脏疾病，同时，也可作为功能食品的成分。

✎ **复习思考题**

1. 解释下列名词：反胶束萃取法、免疫球蛋白、胆固醇的微胶囊脱除技术。
2. 简述溶菌酶的基本性质和在食品工业中的主要应用。
3. 蛋清中溶菌酶的提取方法有几种？说明溶菌酶活力测定的方法及各自的优缺点。
4. 免疫球蛋白的分离提取方法有哪些？
5. 请列举胆固醇与人体健康之间的关系。胆固醇的提取方法有哪几种？
6. 蛋黄卵磷脂有哪些作用？蛋黄卵磷脂有几种提取方法？
7. 蛋清寡肽有哪些功能特性？简述蛋清寡肽的制备程序。
8. 利用蛋壳分别制备葡萄糖酸钙、乳酸钙、醋酸钙的技术要点有哪些？
9. 分别阐述蛋清白蛋白、蛋黄油、涎酸、卵黄高磷蛋白的提取方法。

CHAPTER 15 第十五章

禽蛋副产物加工利用

学习目的与要求

　　熟悉蛋壳的利用，重点掌握蛋壳中钙的利用方法，掌握主要产品加工利用方法的不同点，了解蛋壳膜粉与残留蛋清的利用；熟悉鸡胚蛋的有效利用方式，熟悉禽蛋加工副产物利用的意义，思考禽蛋加工副产物的其他有效利用方法。

随着科学技术的快速发展及人民生活水平的迅速提高，我国禽蛋生产水平也有了很大发展，鸡蛋的消耗量大幅度增加。在禽蛋的加工和利用中，食品加工厂消耗的大量鸡蛋也仅利用其常规的食用部分（禽蛋的可食部分为87%~88%），大量的蛋壳被扔弃（以蛋壳为主的副产物占全蛋的12%~13%），特别是蛋粉厂和蛋类制品加工厂每月都要产生堆积如山的蛋壳，中国每年扔掉的蛋壳约400万吨，这不仅导致巨大的资源浪费，而且造成一定的环境污染。鸡蛋壳有很高的利用价值，既可作为提供绿色钙质的钙源，又可作为理疗的新元素等，其利用价值不可小视。

禽蛋副产物的利用主要是残留蛋清、蛋壳和蛋壳内膜的利用。如能将所有的蛋壳充分利用，不仅可变废为宝，为社会增加财富，还可解决蛋壳对环境所造成的污染。另外，从禽蛋中提取某些生理活性物质如免疫球蛋白、溶菌酶及开发食疗鸡蛋、鸡胚蛋等产品具有潜在的价值。因此，用现代科技手段对鸡蛋进行系统、深入的开发利用，不仅能促进家禽饲养业、食品加工业和医药生产行业的发展，而且对环境保护具有重要意义。

第一节　蛋清残液、蛋壳及膜的利用

一、蛋清残液与利用

食品厂丢弃的鲜蛋壳中，残留的蛋清占蛋壳质量的27.6%~30.8%。蛋壳经用蒸馏水多次洗涤，可得洁净蛋壳和浓度高达50%的蛋清液，将其分别进行处理，可制得许多有用物质。

（一）从蛋清残液中提取溶菌酶

蛋清中的溶菌酶可用离子交换法提取，控制蛋清液浓度在30%~50%，用阳离子交换树脂吸附后，经分离、多次洗脱、超滤浓缩、脱盐及冷冻真空干燥等工艺从废弃蛋壳的残留蛋清中提取溶菌酶。有关蛋清中溶菌酶的提取详见第十四章的内容。

溶菌酶是一种国内外很紧俏的生化物质，作为一种有抗菌作用的黏多糖酶，是制造抗菌消炎药物的重要原料之一，既可制成片剂，用于治疗慢性咽喉炎；可制成滴眼剂，用于治疗眼科炎症；可制成滴鼻剂，用于治疗鼻炎；还可制成外用药膏，用于消炎止痛。

在食品加工领域，溶菌酶可加入鲜牛奶中，增强饮奶婴儿的抗病能力；溶菌酶也是优良的天然防腐剂，可用于食品的防腐保鲜，加入肉制品、干酪、奶油糕点等食品及部分饮料中，可延长食品的保存期；还可用作食品包装膜的防腐剂。尤其重要的是，溶菌酶还成为基因工程中的工具酶。

（二）提取溶菌酶后的蛋清液的处理及应用

将提取溶菌酶后的蛋清液调整到一定的浓度，用酸或碱法水解，或用酶法水解制成水解蛋白。水解蛋白具有直接营养人体的皮肤、毛发和加速新陈代谢的功能，有抗衰老、防皱的特效，在国外广泛用于洗发香波、染发剂和冷烫液中。此外，利用蛋壳内的残留蛋清，还可生产鞣酸蛋白。鞣酸蛋白在碱性溶液和碳酸液中分解，在胃中不会分解，儿童内服可治疗急性胃肠炎和非细菌性腹泻，外用可治疗湿疹和溃疡等。

可用酶法经过滤、调pH、搅拌预热、葡萄糖氧化酶处理、间断加双氧水、升温调pH、胰酶处理、过滤、中和、烘干制成干蛋白片。干蛋白片是糕点和糖果生产中常用的发泡剂。若过滤后经喷雾干燥可制成蛋白粉末，蛋白粉末是食品加工业中的原料，也可制蛋白饮料，还可用作山枣酒生产中的澄清剂。

二、蛋壳的利用

随着养禽业及蛋品加工的不断发展，不仅鲜蛋和蛋制品的产量在不断增长，作为废弃物丢弃的蛋壳的数量也在同步增长。据资料介绍，我国每年蛋壳的产量达到 400 万吨，若将蛋壳进行综合利用，每千克蛋壳可获得 75 元以上的收益。

对鸡蛋壳组成成分的分析证明，蛋壳主要由无机物组成，占整个蛋壳的 94%～97%，有机物占蛋壳的 3%～6%。无机物主要是 93% 的 $CaCO_3$，其次有少量的 $MgCO_3$（约占 1%），及 $Ca_3(PO_4)_2$、$Mg_3(PO_4)_2$。有机物中主要是蛋白质，属于非胶原态蛋白，其中约有 16% 的 N 和 3.5% 的 S；还有多糖类及原卟啉色素等，其中的多糖类约有 35% 为 4-硫酸软骨素和硫酸软骨素，蛋壳中的原卟啉是近似于血液中的正铁血红素的原卟啉，它是决定蛋壳颜色的主要色素物质。资料介绍，每千克鸡蛋壳中原卟啉含量在 8.6～66.3 mg，且蛋壳颜色越深，其含量越高。由此可以说明，在蛋壳中含有较多的铁元素。由蛋壳的组成成分可见，蛋壳是一种理想的天然钙源，可利用价值很高，有必要加大蛋壳综合利用，采用高新技术、现代化设备，综合开发系列蛋壳产品，把"废品"蛋壳变成新产品。

20 世纪 90 年代以来，人们利用蛋壳中碳酸钙以及从蛋壳上获得蛋壳膜，对蛋壳进行深加工，并逐渐应用到各个行业。蛋壳和蛋壳膜均是实用价值很高的医药和食品等方面的原料。

（一）蛋壳膜提取溶菌酶技术

利用蛋壳可以提取生物制剂溶菌酶。以蛋壳、氯化钠、盐酸、聚丙烯酸、磷酸钙、氯化钙为原料，将蛋壳洗净、晾干，粉碎成粉末备用。取备用蛋壳粉加入等量的氯化钠，调节 pH 为弱碱性，用水溶解，加热到 40 ℃，保温搅拌 1 h，趁热过滤，滤渣加入氯化钠，按上述方法再抽提两次。合并 3 次滤液，边搅拌边调节 pH 为弱碱性，用水溶解，加热至 80 ℃。保温搅拌 1 h，冷却至室温，离心分离，取出清液，用氧化钠调节 pH 为弱碱性，搅拌下加入总液量 10% 的聚丙烯酸，用碳酸钠调节 pH 为弱碱性，静置后搅拌下用盐酸和氯化钠调节 pH 为弱酸性，离心分离，清液用于回收聚丙烯酸沉淀。用氢氧化钠调节 pH 为弱碱性，离心分离，收集沉淀。加入等量的氯化钠溶液，静置 12 h，滤取晶体，抽干，再用氢氧化钠重结晶一次，过滤，抽干，于 60 ℃ 真空干燥，即得溶菌酶成品。

（二）蛋壳制备有机钙技术

钙制剂是药食同源的制剂。作为药物，可以治疗因钙缺乏引起的多种疾病，疗效显著；作为保健食品，在预防各种钙缺乏疾病发生、保证人体健康方面，也有良好的效果。

化学上一般将补钙强化剂分为有机钙和无机钙。乳类、豆类和动物骨骼中的钙、乳酸钙、柠檬酸钙、苹果酸钙、醋酸钙、抗坏血酸钙、泛酸钙、甘油磷酸钙、葡萄糖酸钙、葡萄糖醛酸内酯钙、门冬氨酸钙、氨基酸钙、L-苏氨酸钙等为有机酸钙；碳酸钙、磷酸钙、磷酸氢钙、磷酸二氢钙、硫酸钙、氢氧化钙、氧化钙（活性钙）、氯化钙等为无机钙。一般情况下有机钙大多可溶于水，人体吸收率较高，无机钙大多难溶于水，以微粒悬浮于水溶液中。

随着科学技术的进步，人们对钙制剂功效的认识不断提高。国内外资料报道及多年临床实践进一步说明，生物活性的小分子有机酸钙，有优越的生物相容性，吸收率和生物利用度均高。因此，近年来国内外的钙制剂研制者集中精力进行有机钙的研制，并进行了深层次的理论研究及大量的科学试验。

蛋壳作为一种天然钙源，将其经过壳膜分离处理，可与有机酸反应制备活性钙制剂。如利用蛋壳制备醋酸钙、丙酸钙、乳酸钙、柠檬酸钙、葡萄糖酸钙及生物碳酸钙等。利用蛋壳综合加工系列精细化学品，不仅可变废为宝，综合利用，且生产规模可大可小。

1. 醋酸钙的制备 有机钙中醋酸钙是一种新的补钙强化剂，它溶于水可以立即解离为醋酸根和钙离子两部分：醋酸根参与人体三羧酸循环，降低血液黏稠度，有利微循环；钙离子被肠道直接吸收进入人体被利用。

醋酸钙俗名醋石，分子式 $(CH_3COO)_2Ca \cdot H_2O$，白色针状结晶、颗粒或粉末；微有乙酸味，极易吸湿，相对密度 $1.5\,kg/cm^3$，在 $150\,℃$ 以下不失去全部水分，但加热到 $160\,℃$ 时分解成丙酮和碳酸钙；能溶于水，微溶于醇；$0.2\,mol/L$ 醋酸钙溶液的 pH 为 7.6。醋酸钙一直作为分析试剂，并用于制备乙酸、乙酸盐和丙酮、食品稳定剂、腐蚀阻抑剂和印染及制药工业中。

（1）醋酸钙作为补钙制剂的主要特点。

① 有效钙是指可利用钙，它是由产品中钙含量和产品的溶解度两个因素决定的。醋酸钙在水和胃液中溶解性能强，可全部离子化，所含钙量 22.7%～23.2%全部被利用，故具备了有效钙含量高、溶解性能好的双重特点。

② 醋酸钙补钙作用见效快。用同位素示踪法研究显示，经小鼠服用本品 3 d 后，用放射性自显影法观察到在小鼠全身骨骼、牙齿及尾巴中有明显的钙沉淀。

③ 溶解速度快。溶解于水，溶液清澈透明。

④ 醋酸钙的水溶液呈中性（pH 6.5～7.5），服用后胃、肠道无不适感。在食品和药品的加工中容易调整口味，而不改变其他添加物的化学性质。

⑤ 醋酸钙中保留了原料中的生物天然营养成分，如：胶原蛋白、牛磺酸、硒、镁、磷及 20 余种微量元素。

⑥ 在体内分解的醋酸根是人体新陈代谢的成分。

醋酸钙食疗效果及临床验证：自 1990 年醋酸钙以药品（或医院药房制剂）、食品添加剂、保健食品陆续投放市场以来，在治疗方面，对儿童佝偻病、老年性骨质疏松症、高血压、糖尿病、类风湿关节炎取得十分可喜的成果；在妇幼保健方面，尤其是孕期服用对胎儿的生长发育及妊高症的防治，有明显成效；又由于醋酸钙有杀菌、消炎的作用，因此，在治疗胃肠炎、伤口杀菌、止牙痛等方面也有显著效果。

（2）醋酸钙的制备方法。目前醋酸钙的制备方法主要有两种（按制备原料分）：一种是以碳酸钙或石灰为原料与醋酸反应制备醋酸钙；另一种是以鸡蛋壳为原料制备醋酸钙。后者又可分为间接法和直接法两种。

① 间接法：先将蛋壳除去有机成分，蛋壳中的主要成分碳酸钙煅烧成氧化钙，再将氧化钙制成石灰乳，与醋酸反应。例如：

a. 单烧法（在制备过程中只煅烧一次）：

实验原理：
$$CaCO_3 \longrightarrow CaO + CO_2 \uparrow$$
$$CaO + H_2O \longrightarrow Ca(OH)_2$$
$$Ca(OH)_2 + 2CH_3COOH + 3H_2O \longrightarrow Ca(CH_3COO)_2 \cdot 5H_2O$$

工艺流程：蛋壳→加酸水洗→晾干粉碎→煅烧→中和过滤→静置沉淀→抽滤洗涤→干燥→成品

b. 双烧法（在制备过程中煅烧两次）：

工艺流程：鸡蛋壳→壳膜分离→煅烧→加酸溶解→过滤→加碳酸钠沉淀→离心分离→洗涤→煅烧→中和过滤→浓缩结晶→过滤洗涤→干燥→成品

以上两种方法都是利用鸡蛋壳制备醋酸钙最常用的间接法，但由于煅烧蛋壳生产周期较长，能耗高，产品的纯度较低，且产生大量二氧化碳气体，造成二次环境污染。

② 直接法：将蛋壳粉碎成一定细度的粉末，直接与醋酸反应制备醋酸钙，其优势：能耗低，不产生二次环境污染；鸡蛋壳作为新的钙来源简单易得。将鸡蛋壳用有机酸处理后，将不溶性碳酸钙转变为可溶性有机酸钙，变废为宝。目前利用鸡蛋壳已制得丙酸钙、醋酸钙、乳酸钙、柠檬酸钙等一系列产品。

将高温煅烧改为在常温下进行的直接法，其工艺流程如下：

鸡蛋壳→粉碎→壳膜分离→中和→抽滤→浓缩→烘干→成品

实践证明，此工艺具有操作简单、成本低、产品纯度高、可溶性好、不产生新的环境污染且易于工业化等优点。

2. 柠檬酸钙的制备

(1) 制备原理。蛋壳洗净除去杂质烘干后高温煅烧分解，蛋壳灰化除去有机杂质，得 CaO 含量高于98%的蛋壳灰分，然后在蛋壳灰分中加水制得石灰乳，加入柠檬酸进行中和反应，纯化浓缩后得食品级柠檬酸钙 $[Ca_3(C_6H_5O_7)_2 \cdot 2H_2O]$。

$$3Ca(OH)_2 + 2HO-\underset{\underset{CH_2COOH}{|}}{\overset{\overset{CH_2COOH}{|}}{C}}-COOH = Ca_3(HO-\underset{\underset{CH_2COOH}{|}}{\overset{\overset{CH_2COOH}{|}}{C}}-COO)_2 \cdot 2H_2O + 4H_2O$$

(2) 工艺流程。

蛋壳→加酸水洗→晾干、粉碎、干燥→煅烧→中和、过滤→沉淀→抽滤、洗涤→干燥→成品

采用以上酸碱中和反应法制备的柠檬酸钙具有产品收率高、色泽洁白、无异味等特点，是一种安全无毒的优质有机补钙品和用途广泛的食品添加剂。柠檬酸钙广泛用于浓缩乳、甜乳、稀奶油、奶粉、果冻、果酱、罐头、冷饮、面粉、糕点和发酵豆酱等食品中。

3. 丙酸钙的制备 丙酸钙作为新近发展起来的一种新型食品添加剂，在食品工业上主要用作防腐剂，可延长食品保鲜期。它对霉菌、好气性芽孢杆菌、革兰阴性菌有很好的防灭效果，而对酵母菌无害，还可以抑制黄曲霉菌的产生，广泛用于面包糕点等食品的防腐。其毒性远低于广泛应用的苯甲酸钠，也是人体内代谢的中间产物，与其他脂肪酸一样可被人体吸收，供给人体必需的钙，而且又较山梨酸便宜得多。

作为食品保存剂的丙酸盐，丙酸钙和丙酸钠均可用于焙烤制品，用于面包防霉时，添加量的不同可影响到面团产气的时间（表 15-1）。

表 15-1 丙酸盐的加入量对面团产气时间的影响

丙酸盐加入量	对照	0.2%丙酸钙	0.4%丙酸钙	0.2%丙酸钠
面团产气时间/min	152	152	194	194

由此可知，丙酸钙在面包生产中使用较合适。原因在于丙酸钠使面包的 pH 升高，延迟生面的发酵；而糕点中多用丙酸钠，是因为糕点的膨松采用合成膨松剂，没有 pH 上升引起的酵母发酵问题。此外，丙酸钙使甜、咸面包存放（不包装）时间比不添加此盐者延长 20 h。

丙酸钙对冷藏真空包装的鲜牛肉中的细菌有较强的抑制作用。真空包装的鲜牛肉在冷藏状态下的菌相由常温、含氧状态时的一些革兰阴性菌、酵母菌、霉菌和需氧菌变成了以乳酸菌为优势菌和一些非致病性菌，其中包括假单胞菌、八叠球菌等一些腐败菌。丙酸钙虽不能抑制乳酸菌的生长，但却能抑制很多腐败菌和霉菌的生长。其抑菌作用可能是抑制腐败微生物体内 β-丙氨酸的合成，因 β-丙氨酸是泛酸的前体物质。泛酸、CoA、ACP 的合成均不能顺利进行，这样可能

使细菌体内物质代谢发生紊乱，从而对细菌的生长、繁殖起到抑制作用。此外，丙酸钙对李斯特杆菌也有较强的抑制作用，这更进一步消除了冷鲜牛肉中食用不安全的隐患。

在医药中，丙酸盐可做成散剂、溶液和软膏治疗皮肤寄生性霉菌引起的疾病。软膏（液）含2.3%丙酸钠，散剂含5%丙酸钙，对霉菌引起的皮肤病有较好的治疗作用。此外，丙酸钙还可用于丁基橡胶，防止老化和延长使用寿命。

此外，丙酸钙还对酱油起防腐作用，因为它能抑制醋酸杆菌属和产膜酵母之类微生物引起的腐败变质。丙酸钙对月饼也具有明显的防霉保鲜作用。据报道，经丙酸钙处理后的豆腐，由于它抑制了细菌蛋白酶的活性，延长了豆腐变质时间，还又防止豆腐发黏、发酸。在国外，也有将它用作饲料防腐剂。

据联合国粮农组织和世界卫生组织（FAO/WHO）报道，丙酸钙与其他脂肪酸一样可通过代谢作用被人体吸收利用，供给人体必需的钙，对人体无害，这一优点是其他防腐剂所无法比拟的。

由于丙酸钙具有以上诸多性能，且食用安全，可被人体吸收，使其在许多方面得到应用，并正在更广泛的领域中被开拓新的用途。

根据国内外文献报道，丙酸钙制备的方法有以下几种：

（1）以氧化钙为钙剂与丙酸直接反应制备。将 CaO 加入一定量水，制成石灰乳，然后在不断搅拌下，缓慢加入丙酸溶液，继续搅拌至溶液澄清得丙酸钙溶液，待冷却后过滤，除去不溶物，滤液移入蒸发皿，浓缩得白色粉末状丙酸钙，于干燥箱中 120～140 ℃烘干脱水，得白色粉状无水丙酸钙产品。

（2）碳酸钙为钙剂与丙酸直接反应制备。在 1 000 mL 烧杯中逐步加入丙酸和碳酸钙（物质的量比为 2∶1.3）搅拌，并加入适量蒸馏水，在持续搅拌下加热，温度控制在 70～90 ℃，pH 为7～8，反应进行 2～3 h 后已基本完全。待反应液冷却后进行抽滤，除去未反应的固体及杂质，得到成品溶液。将滤液加热浓缩至黏稠状，在 140 ℃下烘干 2 h，得到鳞片状白色晶体或固体粉末，稍有气味，收率约为 88%。

（3）蛋壳为钙剂与丙酸间接反应制备。蛋壳洗净除去杂质晾干后，高温煅烧分解，蛋壳灰化除去有机质，得 CaO 含量高于 98%的蛋壳灰分，蛋壳灰分加水后，制得石灰乳；加入丙酸溶液进行中和反应；纯化浓缩后得食品用丙酸钙。

（4）蛋壳为钙剂与丙酸直接反应制备。蛋壳经壳膜分离粉碎后成为蛋壳粉。取一定量的蛋壳粉放入烧杯中，再加入一定量的蒸馏水，在水浴加热及不断搅拌下，缓慢滴加丙酸，直到反应过程中不再有气泡产生时，即表示中和反应基本结束。将上述反应液进行抽滤，得成品溶液，将成品溶液进行中和、浓缩和烘干，得到白色丙酸钙固体粉末，或用水进行重结晶，然后再蒸发水、烘干，便得到鳞片状白色结晶。

用鸡蛋壳制备丙酸钙操作原理基本上与柠檬酸钙相似，所制备的丙酸钙不受蛋壳色素及有机成分的影响，无色无味、纯度高、质量好。

4. 乳酸钙的制备　乳酸钙为白色或乳白色结晶状颗粒或粉末，分子式为 $C_6H_{10}CaO_6 \cdot 5H_2O$，无毒无臭，溶于冷水，易溶于热水，不溶于乙醇、乙醚或氯仿，在 120 ℃时失去结晶水。乳酸钙具有溶解度高、酸根直接被吸收代谢而无积留等优点。因此，乳酸钙的用途相当广泛，在医药行业用作人和动物的补钙剂，在轻工行业作为除垢剂用于牙膏中，在食品工业中乳酸钙是一种安全的食品添加剂、稳定剂及增稠剂等，此外，乳酸钙还被认为是最具有潜在市场价值的饲料添加剂，可用于水产养殖中。作为药品其参与骨骼的形成与骨折后骨组织的再建，参与肌肉收缩、神经传递、腺体分泌、视觉生理和凝血机制等。

工艺流程：蛋壳→预处理→壳膜分离→中和反应→过滤→浓缩结晶→过滤→干燥→成品

利用鸡蛋壳制备工艺简单可行，成本低、纯度高、可溶性好，是一条比较具有竞争力和发展前景的生产路线。

（三）蛋壳粉加工

在生产蛋制品的工厂，如冰蛋厂、干蛋厂和糕点厂等，蛋壳一般作为废品处理。若将这些废弃的蛋壳加工成蛋壳粉，具有一定的经济价值。

工艺流程：蛋壳干燥→去杂质→制粉→过筛→包装→成品

1. 加工方法

（1）蛋壳收集。将蛋厂加工蛋制品或糕点厂使用鲜蛋所废弃的蛋壳收集起来，放于专门堆放蛋壳的库房里。

（2）蛋壳烘干。蛋壳烘干可用两种方法，一为加热烘干法，二为自然晒干法。

① 加热烘干法：蛋壳烘干是在烘干房里进行的。烘干房为一密闭室，内设加热设备，房顶设有出气孔 1~2 个。蛋壳放在烘干房里的木架上，将室内加温到一定的温度（80~100 ℃），蛋壳水分被加热蒸发，而使蛋壳烘干；烘干房温度上升达 100 ℃左右，持续 2 h 以上，蛋壳水分蒸发，蛋壳便成干燥状态。

② 自然晒干法：如果没有烘干房，也可采用日光晒干法。即将蛋壳平铺在稍有倾斜度的水泥地面上，借太阳热蒸发蛋壳水分。为使蛋壳水分容易蒸发，蛋壳不宜铺得太厚，约 3.3 cm 厚。摊开后，不宜翻动，蛋壳里的水分可自然流出，其表面的水分借阳光热蒸发后，再进行翻堆，这样蛋壳水分容易蒸发。

（3）拣杂质。蛋壳干燥后便送至拣杂质室拣除杂质。蛋壳因堆存不当，往往有夹杂物存在，如竹片、木片、小铁片、铁钉和铁丝等，在蛋壳加工成粉末之前，必须拣出。

（4）制粉。干燥的蛋壳，拣去夹杂物后即可进行制粉。由于使用工具不同，可分为电动磨粉法和蛋壳击碎法两种。

① 电动磨粉法：主要是使用电动磨粉器把干燥的蛋壳磨碎。进行操作时，将干燥蛋壳不断地由上层磨孔送入钢磨内，启动电机，钢磨转动，转速 400~800 r/min，蛋壳经过磨碎，便成细粉末状。磨出的蛋壳粉由输粉带送入贮粉室。

② 蛋壳击碎法：主要是使用蛋壳击碎器将干燥的蛋壳击碎成粉末状。操作时将干燥的蛋壳放入臼内，启动电机带动击槌上下击动，蛋壳借槌的击动力量被击碎成为粉末状。

（5）过筛。磨碎或击碎成粉状的蛋壳粉粗细不均匀，因此必须过筛。一般用筛粉器进行过筛，蛋壳粉过筛后，筛下的便是粗细均匀的蛋壳粉，留在筛上较粗的蛋壳粉可再送至磨粉器或击碎器里加工。

（6）包装。制成的蛋壳粉应进行包装。包装材料可用双层牛皮纸袋或塑料包装袋，每袋可分为 10 kg、5 kg 等几种规格。成品密封袋口、加印商标，贮存于干燥的仓库里，待运出厂。

2. 蛋壳粉的化学成分 经过上述方法制成的蛋壳粉，大部分的无机成分和有机成分均未损失。H. Z. Walton（1975）报道，干燥的蛋壳平均含灰分为 91.9%，粗蛋白质含量为 7.56%，脂肪含量为 0.24%。其中碳酸钙含量最高，平均达到 90.9%。

蛋壳经水洗处理后，要损失蛋白质黏液 5.32%，粗蛋白质 5.15%。Walton 用不经水洗处理的蛋壳做试验，其化学元素的组成：钙 36.4%、磷 0.116%、钠 0.152%、铜 0.389%、硫 0.09%、钾 0.097%、镁 0.002%，还发现蛋壳中含有部分氨基酸，胱氨酸 0.41%、赖氨酸 0.35%、异亮氨酸 0.34%、蛋氨酸 0.28%。

蛋壳中含有这样多的营养成分，Walton 认为将蛋壳制成粉末加入鸡的饲料中喂食，是有营养价值的。美国密苏里大学（1977）研究报道，蛋壳粉能提供氨基酸。他们将蛋壳粉配合在鸡饲料里，与熟石灰粉混合的饲料对比，使用蛋壳粉喂的鸡，其体重和蛋重都高于使用熟石灰粉的，这是因为蛋壳粉中含有有效的氨基酸。

3. 蛋壳粉的超微细化 随着现代工程技术的发展，超微粉碎技术的应用，将蛋壳粉制备成蛋壳超细粉体。国内目前对超细粉体的定义范围为粒径100%小于30 μm的粉体。超细粉体分为微米级、亚微米级和纳米级粉体，微米和亚微米级的材料由于其表面积的增大，表面性质会发生很大变化。因此当食品、药品及营养品经超细化到微米级时，易被人体或皮肤吸收，大大增加了功效。

目前国内在超细粉碎方面所使用的方法，主要是物理方法，该法粉碎成本低，产量大，所用的机械设备主要有球磨机、气流粉碎机等。其生产工艺流程：

蛋壳→清洗→壳膜分离→壳烘干→除杂→粗碎→超细粉体制备→过筛→包装→成品

日本开发出用蛋壳制造超细钙粉的新技术。由湿式球磨机制造的这种蛋壳粉，平均粒径只有0.3 μm，极其细小，完全可以与其他食品成分混合，可用于多种加工食品。这种新钙粉天然钙的含量高达37%，而磷含量极低，仅占0.1%左右。从显微结构看，化学合成的碳酸钙呈坚实片状，而蛋壳粉呈不规则的多孔结构，并且构成蛋壳基质的蛋白质与胃蛋白酶的反应能使蛋壳粉迅速分解，因此，超细蛋壳粉比碳酸钙更易被人和动物吸收。超微细蛋壳粉主要用来补钙，其吸收率大于普通钙源。Anne和GerArd（1999）将鸡蛋壳粉添加到分别以酪蛋白、大豆分离蛋白为基料的饲料中喂养小猪，发现蛋壳粉的补钙效果比纯的碳酸钙好得多。

若将蛋壳粉制备成超细粉体而用在面类食品、畜、鱼肉加工品中，如在中式面条、日本切面中加入面粉用量0.5%～1%的食用蛋壳粉，面的强度得到了强化，并且面团筋道；在香肠等畜、鱼肉加工制品中加入食用蛋壳粉，黏性及弹性得到提高。出现这种效果的原因在于钙的添加，加热前的肌浆球蛋白分子呈高级次结构变化；蛋壳粉用在油炸食品中，有抑制油炸用油氧化的作用，并可使产品松脆感增加。

（四）蛋壳的其他利用

1. 在畜牧养殖业和农业上的利用

（1）制成蛋壳粉饲料。蛋壳内含有家禽、畜生长发育所需要的钙、铁、磷等营养物质，将蛋壳粉经改良可作为优良的钙质饲料添加剂，广泛用于畜、禽的养殖，可以促进畜禽生长发育，是家禽优良的钙质饲料添加剂。

（2）制成蛋粉肥和复合肥料。蛋壳粉与动物废血混合拌匀，阴干粉碎即成花卉和蔬菜育苗的优良肥料，用于盆栽花木、果树盆景，可使其生长旺盛；将蛋壳粉15 kg和人尿15 kg混合在一起，经100 ℃高温煮沸，然后加入石膏粉和明矾粉各10 kg。再煮沸，待呈干燥状态后取出冷却晒干，即是良好的复合肥料。

2. 在轻工等方面的利用

（1）蛋壳粉可制成熔块瓷料。这种瓷料可用于塑性成型的制品中，而后在1 140～1 180 ℃烧成制品，具有光亮的白色表面，省去了施釉工序，且制品具有较高的半透明度。

（2）作高档瓷器的辅助材料。蛋壳经1 000 ℃煅烧后分析结果表明，氧化钙约占96%，氧化镁约占4%，另外含有微量硅、铝、钡。蛋壳经粉碎过筛后加入高档瓷器的原料中，可降低坯料的共熔点和陶瓷原料的成本，同时可提高瓷器的透明度和机械强度。

据资料记载，我国早在宋代就用蛋壳合成一种有名的"白色碎文釉"。煅烧温度为1 250～1 350 ℃，所制得釉面形成了有均匀网络的釉面。据报道，苏联用蛋壳粉合成了这种"白色碎纹釉"；其次用蛋壳粉合成了淡紫红色的色料，在这种色料内剔除了贵重的金属元素，使成本大大降低。此色料可为釉上色料和精陶色料、色釉、釉下料等，并具有耐高温的性能。日本用蛋壳制成了天然型不含任何有毒成分的防霉剂。

（3）可制作人造象牙等。将鸡蛋壳洗净、晒干、粉碎，加入油脂分解酶和用以调节密度的二氧化碳，进行充分搅拌，然后进一步加工制成人造象牙。这种人造象牙，从质地到外观，都很接近天然象牙，可用于制造钢琴键、印章、筷子和各种饰物等。

（4）可做净化剂。水壶中有一层厚厚的坚硬水垢，只要用它煮上两次鸡蛋壳，水垢即可全部去掉；若将碎蛋壳放入油垢不净的小颈玻璃瓶中，加水放置 $1\sim2$ d，摇晃几次，油垢自行脱落。

（5）生产包装盒。世界首家以 $CaCO_3$ 为原料生产食品包装的企业——瑞典爱克林集团带此技术落户（天津）泰达，从而让鸡蛋壳这类富含 $CaCO_3$ 的废物重新利用成为可能。

3. 在医药、食品等方面的利用

（1）加工成蛋壳粉直接入药。将洗净的蛋壳在铁锅里温火烘黄、粉碎过筛、装入胶囊即为成药。有止痛、解毒的功效，可治疗感冒、胃病及十二指肠溃疡等胃肠道疾病，同时它还对疮、疥也有一定的疗效。将蛋壳粉和陈皮、鸡内金按一定比例配合，加工后服用可治腹泻；将处理后的蛋壳粉与甘草混合，取 5 g 用适量的黄酒冲服，可治妇女头晕。

（2）鸡蛋壳可驱虫。将蛋壳用火煨成微焦以后碾成粉末撒在墙角处，可以杀死蚂蚁；将蛋壳晾干碾碎，撒在墙根及下水道四周，可驱走鼻涕虫。

（3）在营养食品制造业方面，可用作食品钙强化剂，制作黏结剂和发泡剂，改善食品的结构和性能。美国宾夕法尼亚州立大学将蛋壳和膜分离后对壳进行深入加工。Sugura（1998）报道，用蛋壳粉补钙，尤其对老年人，其吸收率大于普通钙源，还可用于制作面包和糖果。

三、蛋壳膜粉的加工与利用

蛋壳膜是指蛋壳与蛋白间的纤维状薄膜，含蛋白质 90％左右、脂质体 3％左右、糖类 2％左右、灰分及 20 种氨基酸，最大特点是含胱氨酸多，还含人体皮肤弹性素中的特有成分及胶原蛋白中特有的羟脯氨酸。

（一）蛋壳膜粉的加工

1. 加工原理　蛋壳膜粉的加工是利用蛋壳膜不溶于稀酸，而硬壳在酸性溶液中可溶这一特性，使蛋壳膜与硬壳分离，然后，对所得的蛋壳膜进行干燥粉碎。常用的稀酸是浓度为 5％～10％的醋酸溶液。

2. 操作要点

（1）蛋壳预处理。将收集的蛋壳用清水冲洗干净、晒干，然后粉碎成蛋壳粉。

（2）分离提取。将蛋壳粉与醋酸溶液按 10∶1 的比例混合，并浸泡 $24\sim48$ h，再进行加热，使蛋壳膜浮于液面，而其他成分沉淀或溶解，然后进行过滤，分离出蛋壳膜。

（3）干燥粉碎。将获得的蛋壳膜在烘房烘干或自然晒干，然后粉碎，即得蛋壳膜粉。

（二）蛋壳膜粉的利用

1. 医药卫生方面　提取凤凰衣（蛋壳上附着的蛋壳膜即"凤凰衣"）。蛋壳洗净控干、趁湿粉碎、振荡分离、取出蛋壳内膜、晒晾干透。由于蛋壳膜含有角质蛋白及少量黏蛋白纤维，有润肺、止咳、止喘、开音等功能，制成内服药可治疗慢性气管炎、咽痛失音、结核等疾病；若再经过化学处理可以用作医药外用药的基剂配制，制成的特效水、火烫伤外用药等，可促进消炎，可加速上皮生成、肌肤生长，对烫伤、创伤有明显疗效。但目前对蛋壳膜的治病机理及有效成分研究较少。另外，利用蛋壳膜也可提取溶菌酶。

2. 日用化工方面　蛋膜可作为高级化妆品中的营养添加剂，具有防止及减轻皮肤粗糙、促进老化表皮脱离、加速新生表皮的形成、防止及消除皱纹、雀斑、粉刺等作用；目前使用蛋膜及其水解产物来配制护肤霜、洗发香波等在国外已大量生产。掺入蛋膜后制成的护肤化妆品功效胜于珍珠粉，可降低造价 85%；配制成滋养毛发的化妆品润丝定型膏，具有防止脱发、减少头屑、增加光泽等作用。

3. 轻工方面 1993 年，日本 Oyamaa Toshio 用胶黏剂与纤维材料与小片蛋膜通过高压制得蛋膜纸。该法可以减少森林伐木或用于水质除放射性元素。1997 年，日本 Kawaguchi Yoshihiro 将蛋膜粉用于敛油剂、除皮脂剂等的制备取得成功。

4. 水处理方面 在工业上，卵壳膜对金属有良好的吸附性，可利用其回收金属。日本 Tohoku 大学应用生物化学系 Kyozo Suyama 等用蛋膜吸附放射性污染水体中的铀、钍和钚放射性元素，分别在 pH 为 5.0、3.0、2.0 条件下吸附效果良好。由此可见，蛋膜在选择性消除污染方面有广阔的应用前景。

第二节 纳米活性 $CaCO_3$ 的提取

普通碳酸钙粉体为亲水性无机化合物，其亲水疏油的性质使得碳酸钙与有机高聚物的亲和性差，易形成聚体，直接应用效果不理想。为了提高碳酸钙的补强作用以及在复合材料中的分散性能，改进碳酸钙填充复合材料的物理性能，通常会对碳酸钙进行表面改性。经表面改性过的碳酸钙即为活性碳酸钙。活性碳酸钙具有良好的补强性能和分散性，在与普通碳酸钙用量相等的情况下，活性碳酸钙可提高产品的拉伸强度、冲击强度等方面的质量。纳米碳酸钙是 20 世纪 20 年代开发的一种新型超细固体材料，一般是指颗粒大小在 1~100 nm 的超微细粉末碳酸钙。

一、纳米级碳酸钙的制备方法

根据反应体系不同，纳米材料的制备方法可以分为固相法、液相法、气相法三大类。纳米碳酸钙主要采用液相碳化法合成。即以 $Ca(OH)_2$ 水乳液作为钙源，用 CO_2 气体碳化制得 $CaCO_3$。该反应系统原料丰富，成本低廉，可生产多种晶体形状的产品，目前国内绝大部分纳米碳酸钙的制备采用该方法。根据反应器类型的不同，又可分为一般碳化法、喷雾碳化法和超重力反应结晶法。

（一）一般碳化法

一般碳化法为轻质碳酸钙的传统制备方法，是在鼓泡塔中进行反应，重要的是必须对反应条件进行严格的控制才能获得纳米级碳酸钙，主要的控制因素有 $Ca(OH)_2$ 乳液浓度、CO_2 流量、反应温度、添加剂种类等。通过控制不同的条件，目前已经制备出单位粒径（或短径）大于 10 nm 的多种纳米碳酸钙产品，晶体形状有链状、针状、片状、立方形、球形等。

由于一般碳化法投资少、易于转化、操作简单，目前对它的研究开发较多，绝大多数纳米碳酸钙产品可由该法制得，是工业上应用最多的方法。该工艺不足之处在于生产效率低，产品晶形不易控制，且一次成型颗粒大，粒径分布不均，因而也有待于进一步的发展完善。

（二）喷雾碳化法

喷雾碳化法是将精制的石灰乳雾化成直径为 0.1 mm 的液滴，均匀地从碳化塔顶端淋下，与塔底进入的 CO_2 混合气体逆流接触，进行碳化反应，制得纳米碳酸钙。采用这种方法制备的 $CaCO_3$ 产品粒径均匀且不易生成重晶、孪晶及二次凝聚。喷雾碳化法一般采用二段或三段连续碳化工艺，由于碳化过程是分段进行的，因此可以对晶体的成核和生长过程进行分段控制。与一般碳化法相比，晶体的粒径和形状更易控制。目前已用喷雾碳化法制得了粒径为 $5 \sim 20$ nm 的纳米碳酸钙，晶体形状有片状、针状等。喷雾碳化法的主要控制因素有喷雾液滴粒径、氢氧化钙浓度、碳化塔内的气液比、反应温度、各段的碳化率等条件。

喷雾碳化法生产能力大且生产效率高，碳化时间短，可制得优质稳定的纳米碳酸钙产品，适应于规模生产。但由于其投资高、管路复杂、技术含量高、管理难度大、磨损大等因素的影响，目前应用较少。

（三）超重力反应结晶法

超重力反应结晶法是对传统的碳化过程进行改进，以强化传递为主控的反应。该技术的核心在于碳化反应是在超重力反应器（旋转填充床反应器）中进行。同时将碳酸钙成核过程与生长过程分别在两个反应器中进行，即将反应成核区置于高度强化的微观混合区，宏观流动形式为平推流，无返混，晶体生长区置于宏观全混流区（带搅拌的釜式反应器）。用该方法可以制备粒径为 $15 \sim 40$ nm 的纳米沉淀碳酸钙，晶形为立方形。采用超重力反应结晶法进行碳化反应的时间较传统的碳化法大大缩短。

二、活性碳酸钙的改性

碳酸钙改性为活性碳酸钙有两种途径：第一种是改变颗粒的大小，通过物理化学的方法使得碳酸钙颗粒微细化或者是超微细化，从而改善碳酸钙在树脂中的分散性，增大比表面积，用于塑料和橡胶制品中具有增强作用；第二种是改善碳酸钙表面性能，由简单的无机的物理性能向有机性能转化，增大与有机物的相容性，溶解于有机溶剂中，使制品的加工性能和物理性能得到改变。

（一）表面物理改性

碳酸钙活化过程中的表面物理改性是指加入的改性剂不与碳酸钙粒子发生化学反应，而是覆盖在粒子表面依靠物理作用和物理化学作用结合的改性方法。常用有机酸作为物理改性剂。由于有机酸在碳酸钙表面上的作用主要是物理吸附过程，在与树脂的混合过程中，在碳酸钙与树脂界面间提供润滑作用，所以用有机酸改性，可以改变物料的流变性能和加工性能，对制品的物理性能几乎没有改进。

1. 表面活性剂包覆改性 利用物理或者是化学吸附原理，使有机包裹材料覆盖到无机颗粒的表面，形成连续完整的包裹层。由于有机酸的定向排列，使得无机颗粒的物理性能表现出表面包裹材料的有机性能。例如：碳酸钙和陶瓷粉末类似，都是无机粉末，通过加入乙二酸或者是硬脂酸可以使无机的陶瓷粉末表面包裹改性，解离表面的水分，在正己烷中悬浮，由极性变成非极性物质。

2. 沉积包覆改性沉积法 是将覆盖物质的金属盐溶液加入纳米碳酸钙粉末中的水悬浊液中，然后向溶液中加入沉淀剂使金属离子发生沉积反应，在纳米碳酸钙表面析出并对其进行包覆。常用的沉积剂有 $NH_3 \cdot H_2O$、NH_4HCO_3、pH 缓冲液、尿素等。该沉积法认为，晶核在颗粒表面形成时可以降低吉布斯自由能，从热力学上考虑是不均匀的成核比均匀成核具有优势。由于物质的表面能很高，首先会吸附到颗粒的表面来降低能量，随着吸附的进行能量减低，表面厚度增加，形成包覆体。金属盐在与碳酸钙表面结合过程中也可以形成牢固的化学键结合。化学键不仅可以很好地解释纳米微粒表面包覆改性的机理，也很好地解释了纳米颗粒表面的改性。

3. 粉体与粉体包覆改性 设法使小粒子黏附在较大粒子表面，若小粒子熔点低，可以加热使小粒子熔化形成包膜，若大粒子熔点低，可以加热使其表面软化后让小粒子镶嵌覆盖于大粒子表面。使大粒子表面形成均匀的包裹，改变大粒子表面的物理、化学性质，达到碳酸钙表面活化的效果。

（二）表面化学改性

由于碳酸钙表面本身不带有接枝位点，需要在碳酸钙表面包覆一层偶联剂，利用偶联剂一端的活性基团产生接枝的活性点。偶联剂分子的一端可以与碳酸钙的表面产生反应，形成牢固的化学键，另一端可以与有机高分子发生某种化学反应或者是机械作用，把两种性质差异很大的材料紧密地接合起来，借助偶联剂分子在碳酸钙表面形成的分子桥，使得碳酸钙表面具有很高的活性，可以与高分子较好地相容或者是溶解于有机溶剂中，具有很广泛的工业用途。

近年来，经深入研究表明，用偶联剂对碳酸钙进行改性时，偶联剂分子的亲无机端和亲有机端分别能与碳酸钙的表面及有机树脂发生化学反应，同时与有机树脂产生缠结作用，在交联剂存在下也能出现交联现象。这一作用不仅改变了碳酸钙的表面极性，也增大了碳酸钙与有机树脂的界面黏合力，所以用偶联剂改性，可以改善碳酸钙填充剂。

三、蛋壳源活性碳酸钙的制备技术

（一）壳膜分离

禽蛋蛋壳由蛋壳和蛋壳膜组成，蛋壳中不仅含有碳酸钙，还含有磷酸钙、硫酸镁等无机盐。蛋壳膜中含有 70 % 的有机物，有机物中大部分为蛋白质，仅少量的糖类和脂类，是一种宝贵的生物材料，可用于食品、化妆品、医药、环保和材料等多个领域，具有极高的利用价值。制备蛋壳源活性碳酸钙的第一步是壳膜分离。蛋壳膜中角蛋白与蛋壳基质蛋白结合紧密，而角蛋白内含有较高密度的二硫键，分子结构紧密，自然条件下性质稳定，不易分开。在已报道的研究中实现壳膜分离的方法有化学法和物理法。

化学法即选择不同的壳膜分离剂如盐酸、醋酸、乳酸、柠檬酸等浸泡蛋壳，使蛋壳和蛋壳膜中角蛋白发生反应后，降低结合力，在搅拌作用下实现壳膜分离。徐红华实验证明醋酸作为壳膜分离剂的效果最好。化学法虽然可使蛋壳与蛋壳膜较好地分离，但是耗时较长，酸耗量过大，蛋壳回收率较低，还会引起环境污染，分离成本增加。

物理法是只通过物理的方法使蛋壳与蛋壳膜发生分离。将蛋壳经洗涤后，在滚筒干燥器中干燥后，粗碎，部分蛋壳膜与蛋壳脱离，通过振动筛过筛后得第一部分蛋壳膜，然后将剩余部分细碎后通过阀门放出，用鼓风的方式使壳膜分开。马美湖等以水为媒介采用蛋壳粒径梯度处理结合水相分离法实现了鸡蛋的壳膜分离。蛋壳回收率为 94.47 %，蛋壳中蛋壳膜残留率为 0.27%。蛋壳与蛋壳膜的物理化学性质不发生变化，使蛋壳和蛋壳膜均得到有效的综合利用。

（二）碳化

分离蛋壳膜后的蛋壳制备活性碳酸钙的工艺与普通碳酸钙的制备工艺基本相同。在碳化时要求非常严格，其目的主要是控制生成的碳酸钙的粒子大小。反应得到的碳酸钙为小粒子的普通碳酸钙。

（三）表面改性

碳化后的蛋壳源碳酸钙与普通碳酸钙无明显差异，要想获得活性碳酸钙就必须对碳酸钙表面进行活化。工业上常用的活化剂为酞酸酯偶联剂、硬脂酸、木质素等，活化后的碳酸钙工业应用更加广泛。

第三节 鸡胚蛋的利用

一、鸡胚蛋的利用

鸡胚蛋由于含有特殊的活性成分，正越来越受到科技界的重视。无论是实验研究还是临床应用，均显示出可观的前景。

（一）鸡胚活性蛋白的开发

鸡胚在生长发育过程中发生一系列生物转化，是一种理想的外源性氧自由基消除剂。将鸡胚匀浆，加热除去杂蛋白，用水提取、过滤，获得的活性蛋白含量为 1 mg/mL，超氧化物歧化酶（SOD）活性为 20～30 U/mL，具有很好的稳定性，能有效清除 O_2 和—OH；对酪氨酸活性有强烈抑制作用。将鸡胚活性蛋白制成霜剂用于临床，对 60 例患者观察 2 个月，结果患者皮肤粗糙好转率达 100%，色素沉着和面部皱纹均有好转，且无一例发生过敏反应。

（二）鸡胚蛋下表层卵黄 DNA 的提取

DNA 在医学和生物化学研究中占有重要的位置，中国科学院研究人员最近发现，鸡胚蛋下表层卵黄中存在 DNA，他们利用免疫组化和原位杂交技术对此进行了证实，并建立了一种简便快速地提取 DNA 的方法，从每个鸡蛋的 0.2 mL 胚的下表层卵黄中可回收 10 ng DNA。

（三）应用代用蛋壳孵化鸡胚

我国科技人员已成功地将正常孵化 72 h 的鸡胚转移到代用蛋壳内培养。利用代用蛋壳孵化鸡胚，可用肉眼观察胚胎发育过程，有利于研究药物、放射线及诸多外界因素对胚胎发育的影响，对基础医学和临床医学的发展具有重要的意义。

二、鸡胚营养素的开发

鸡胚蛋是孵化后形成鸡胚但未出壳的鸡蛋，民间称它为"活珠子""毛蛋"等。由于其具有增食欲、健脾胃、抗衰老、益智等多种功效，近来越来越受到食品及医学界的重视。

（一）鸡胚营养成分分析

用现代手段对鸡蛋在胚胎发育过程进行全面分析，蛋内各种营养物质，如水、糖类、脂肪、蛋白质、无机盐等在酶的作用下，进行一系列的物质代谢，其代谢产物的消长是不同的。

1. 鸡胚蛋营养成分比较（表 15-2）

表 15-2 不同日龄的鸡胚营养成分（以 100 g 干物质计）

成　分	0	5 d	10 d	15 d	19 d	21 d
蛋白质含量/%	46.8	47.2	50.7	53.1	53.8	62.2
脂肪含量/%	41.8	40.3	39.2	37.8	36.7	27.5
Ca 含量/mg	212	213	224	403	812	1 062
P 含量/mg	679	680	692	754	810	1 402
维生素 E 含量/mg	4.4	6.5	11.3	121.2	382.7	510.0
牛磺酸含量/mg	3.2	5.4	17.8	35.6	76.5	84.3

由表可知，21-龄鸡胚，蛋白质含量增加，脂肪含量下降，而其他成分含量皆达到最大值。

2. Ca、P、Fe 的含量　鸡胚蛋在发育过程中，从蛋壳中吸收了大量的无机盐，使蛋体内 Ca、P、Fe 含量大增，而且从有机转化为无机，使人体容易吸收利用，这对促进儿童骨骼生长发育、防止老年人骨质疏松都有特殊的功效，也是孕产妇补钙、补铁的好食品。由表 15-2 可知，鸡胚发育过程中蛋体内 Ca、P、Fe 都有不同程度的增加，其中钙增加 4 倍左右，磷增加 1 倍左右，故鸡胚及制品是补充 Ca、P、Fe 的良好食品。

3. 维生素 E　21 日龄鸡胚维生素 E 增加 100 多倍。维生素 E 因其特殊功效特别是防老抗衰、提高免疫力、治疗肿瘤疾病等方面，受到医学界、营养界的重视。

4. 牛磺酸　牛磺酸又称为氨基乙酸，是一种促生长因子，对婴儿尤为重要，日本将其作为婴儿食品添加剂广泛应用，并收到良好的营养学效果。由于牛磺酸的来源少，鸡胚蛋及其制品亦可作为婴儿摄取牛磺酸的重要来源。由表 5-2 可知，鸡蛋孵化 10～21 d 牛磺酸急剧增加，几乎是鲜蛋的 25 倍。

5. 产品中胆固醇含量对比（表 15-3）

表 15-3　产品中胆固醇含量对比（以 100 g 干物质计）

含量	鸡蛋	鸡胚	鸡胚宝	鸡胚精
总胆固醇/mg	672.3	202.7	157.3	92
游离胆固醇/mg	256	63.79	56	48.4

由表 15-3 可知，用鸡胚蛋生产的鸡胚宝和鸡胚精，其产品中的胆固醇比鸡蛋有明显降低，对中老年人防治心血管疾病有重要的作用。

另外，据资料介绍，19 日龄鸡胚中的氨基酸、游离氨基酸增加 1％以上；免疫球蛋白增加 50％；具有抗菌的溶菌酶活性增加 1 倍；必需脂肪酸中的亚油酸增加 1 倍。从综合效果来看，鸡胚蛋的营养和功效价值远高于鲜鸡蛋，是一种营养价值高，具有滋补、保健功能的食品，有抗衰老、抗疲劳、调节脾胃、促进生长等特殊功效。这对人体营养保健和防病治病有着重要作用。

（二）鸡胚营养素的生产

鸡胚营养素是选用营养成分含量高的健康鸡胚为原料，采用先进工艺，最大限度地保留了鸡胚自身的营养，且产品经处理后风味良好，使用方便，克服了直接食用的诸多缺陷，为鸡胚的广泛食用提供了新的途径。鸡胚营养素生产工序如下：

1. 原料处理

（1）选胚。要求选用健康、营养价值高的原料，经反复对比实验，确定 21 日龄鸡胚最为合适。

（2）剥壳，预煮。对剥出的鸡胚的感官要求是健康，无发臭、变色、湿脏等异样感，60 ℃预煮 10 min，目的是去除鸡胚污物、鸡部分气味、病菌，便于下一步清理。

（3）清理。除去已形成的毛及黏附的杂质，用清水漂洗。

（4）绞碎。用绞碎机将其整只绞碎。要求颗粒＞150 目。

2. 提取

（1）酶解。将蛋白质酶解为氨基酸，工艺条件是：调液温至 50 ℃，加入 0.1％的蛋白酶，8～12 h，经检测，其蛋白质利用率为 57％。反应后过滤，清液留用，滤渣交下道工序处理。

（2）水解。主要是对骨渣中的有效成分的提取，用不同浓度的盐酸分别做正交试验，对比结果，选择 10％ HCl 溶液，室温 25 ℃浸 8 h 较合理。

（3）真空浓缩。将滤液置于浓缩液缸中，真空度为 82.6～98.6 kPa，物料温度 60 ℃，将水分蒸发到一定程度，适当加入配料，过滤即可得鸡胚精成品。产品感官澄清透明、微棕色，底部允许有少量蛋白质沉淀，口感纯正，具有特有的鸡香味及甜鲜味。

3. 鸡胚宝生产

（1）配料。鸡胚加适量的香精、色素，根据需要加入其他营养成分和调味料。由于鸡胚干燥后易形成碎末，凝聚性差，需加入淀粉作为载体。淀粉用量以 3%～5% 为宜。

（2）磨碎。磨碎的目的：一方面使物料充分混合；另一方面使口感细腻，营养成分更易吸收，粒度<100 目。

（3）烘干。为保证其营养成分不受破坏，采用真空干燥，真空度 86.6 kPa，物料温度 50～60 ℃，使水分降至 10%。

干燥后物料经粉碎、过筛后即可包装，可作为胶囊食品、颗粒补品或食品原料，成品保持了鸡胚原有风味和全部营养，感官灰白色（无色素添加），风味良好，口感微甜，有鸡肉特有的鲜味。鸡胚宝、鸡胚精两种产品营养成分对比见表 15 - 4。

表 15 - 4　鸡胚宝、鸡胚精营养成分对比

产品	蛋白质含量/%	脂肪含量/%	Ca 含量/(mg/100 g)	P 含量/(mg/100 g)	维生素 E 含量/(mg/100 g)	牛磺酸含量/(mg/100 g)
鸡胚宝	56.2	26.7	1 057	1 438	440	79.2
鸡胚精	52.2	19.8	1 032	1 402	423	72.8

比较鸡胚宝、鸡胚精营养效用，分别从体重、抗衰老、抗疲劳、耐缺氧、改善胃肠功能等诸多方面进行对比，发现在相同干物质下，鸡胚宝与原料差别不明显，鸡胚精不同程度地优于原料。理化试验也得知，两种产品皆基本保持了原料中固有的养分，而鸡胚精已将蛋白质、矿物质等水解，更有利于人体充分吸收。

总之，鸡胚蛋产品能更好地发挥保健、滋补作用，简便实用，是能针对不同的对象提供营养及有辅助疗效的新型保健食品。

✏️ **复习思考题**

1. 试述从蛋壳残留的蛋清中提取溶菌酶的主要作用。

2. 试述蛋壳中主要成分及含量。

3. 化学上将补钙强化剂分为几种？简述有机钙和无机钙种类及特征。

4. 简述各种有机钙的主要特点。

5. 制备有机钙的方法有几种（按原料分）？简述直接法和间接法的主要区别。

6. 简述蛋壳膜粉的加工原理。

7. 活性碳酸钙的改性方法主要有哪几种？

8. 蛋壳源活性碳酸钙的制备须注意哪些要点？

9. 简述鸡胚蛋的营养价值。

10. 何谓"超微细化"？

11. 何谓"胚蛋"？"胚蛋"如何利用？

参考文献

蔡朝霞，马美湖，王巧华，等，2012. 蛋品加工新技术 [M]. 北京：中国农业出版社.

常皓，2010. 蛋黄卵磷脂研究概况 [J]. 食品工业科技，5：414-420.

陈路，张日俊，2004. 生物活性肽（或寡肽）饲料添加剂的研究与应用 [J]. 动物营养学报，16（2）：12-15.

迟玉杰，田波，2004. 蛋清寡肽制备技术的研究 [J]. 食品科学，25（11）：177-179.

褚进安，1999. 鸡的免疫接种技术. 安徽农业（10）：32.

褚庆环，2007. 蛋品加工技术 [M]. 北京：中国轻工业出版社.

邓杰，刘静波，潘风光，等，2010. 蛋粉的功能特性研究 [J]. 中国家禽（24）：39-41.

杜利成，2001. 鸡蛋壳及其综合利用 [J]. 饲料研究，1：21-22.

冯杰龙，林炜铁，徐晓飞，等，2001. 生物活性肽及其蛋白酶水解法制备探索 [J]. 广州食品工业科技，18（3）：36-38.

高兆建，甄宗圆，2003. 蛋黄卵磷脂的分离提纯及鉴定研究 [J]. 肉类工业，4：15-18.

耿国银，刘文静，2001. 蛋黄卵磷脂制备工艺探讨 [J]. 科技情报开发与经济，11（3）：126-127.

耿岩玲，迟玉杰，扬帆，2003. 双烧法从鸡蛋壳中制备乳酸钙的研究 [J]. 食品研究与开发，24（3）：8-11.

胡瑞江，2001. 寡肽的营养研究新进展 [J]. 动物科学与动物医学，18（2）：43-45.

胡艳，朱春红，单艳菊，等，2011. 肠炎性沙门氏菌的污染途径. 中国家禽（4）：40-44.

江波，2001. 卵黄高磷蛋白的酶解及磷酸肽的持钙性质 [J]. 食品工业，5：32-33.

李灿鹏，吴子健，2013. 蛋品科学与技术 [M]. 北京：中国标准出版社.

李卫，2001. 柱层析法分离卵磷脂和脑磷脂 [D]. 湖北工学院学报，16（2）：63-65.

李卫，邵友元，2001. 世界卵磷脂（PC）纯化工艺研究概况 [J]. 贵州化工，26（1）：14-16.

李晓东，2005. 蛋品科学与技术 [M]. 北京. 化学工业出版社.

李亚琴，吴守一，2001. 乙醇溶剂与超临界 CO_2 相结合提取高纯度卵黄磷脂的研究 [J]. 农业工程学报，17（2）：144-147.

李亚琴，吴守一，马海乐，1998. 蛋黄中胆固醇的脱除方法. 江苏理工大学学报，19（6）：11-16.

李勇，刘新民，2001. 鸡蛋的功能性及其制品 [J]. 中国食品与营养（5）：28-29.

励建荣，封平，2004. 功能肽的研究进展 [J]. 食品科学，25（11）：415-419.

林淑英，迟玉杰，2004. 卵磷脂储存加速的研究 [J]. 食品科学，23（5）：135-137.

林松毅，郭洋，王莹，等，2010. 蛋清抗氧化肽增效剂的优化 [J]. 华南理工大学学报（自然科学版），08：100-104.

刘景圣，2005. 功能性食品 [M]. 北京：中国农业出版社.

刘静波，林松毅，2004. 鸡蛋制品综合开发现状及未来发展趋势 [C] // 中国蛋品科技大会论文集. 北京：中国畜产品加工研究会：21-23.

刘静波，于志鹏，赵文竹，等，2011. 蛋清源 ACE 抑制肽结构鉴定及其稳定性 [J]. 吉林大学学报（工学版），02：579-584.

刘静波，周玉权，刘丹，等，2013. 高压脉冲电场辅助溶剂提取蛋黄卵磷脂效果及品质保证 [J]. 农业工程学报，05：251-258.

鲁红军，2001. 食品中胆固醇的微胶囊脱除技术 [J]. 肉类研究（4）：12-14.

罗有福，佟健，盛绍基，2002. 鸡蛋膜的最新研究进展 [J]. 云南化工，29（1）：21-23.

马美湖，2003. 禽蛋制品生产技术 [M]. 北京：中国轻工业出版社.

马美湖，2004. 动物性食品加工学 [M]. 北京：中国轻工业出版社.

马美湖，2007. 蛋与蛋制品加工学 [M]. 北京：中国农业出版社.

马美湖，2016. 禽蛋蛋白质 [M]. 北京：中国农业出版社.

马美湖，2000. 我国蛋品工业科技的发展 [J]. 中国家禽（4）：1-5.

马爽，刘静波，王二雷，2011. 蛋粉加工及应用的研究现状分析 [J]. 食品工业科技（2）：393-397.

马绪荣，苏德模，2000. 药品微生物学检验手册 [M]. 北京：北京科学出版社.

倪莉，王璋，许时婴，1999. 鸡蛋中蛋黄高磷蛋白的提取 [J]. 无锡轻工大学学报，18（2）：55-59.

盛淑玲，高丽，2004. 鸡蛋壳制备丙酮酸钙 [J]. 许昌学院学报，23（2）：109-112.

盛淑玲，郑学锋，孟凡清，2003. 鸡蛋壳制备柠檬酸钙的研究 [J]. 许昌学院学报，22（2）：115-117.

苏宁，2000. 鸡蛋品质的营养调控 [J]. 四川畜牧兽医，27（113）：90-95.

苏循志，丁峰，2000. 鸡的免疫接种技术. 四川畜牧兽医（3）：44.

唐传核，彭志英，2001. 鸡蛋蛋黄活性成分的生理功能及开发 [J]. 广州食品工业科学技术，16（2）：53-55.

田冰，刘亚军，2000. 高效快速提取蛋黄卵磷脂的新方法 [J]. 食品科学，2：31.

田波，迟玉杰，吴非，2003. 蛋清蛋白质酶改性条件的研究 [J]. 食品与发酵工业，29（2）：30-33.

田波，迟玉杰，2002. 蛋清蛋白水解物的水解程度与分子量关系的研究 [J]. 食品工业科技，11：14-15.

田波，迟玉杰，2003. 蛋清蛋白质水解物的精制 [J]. 食品科学，24（1）：90-92.

王维琴，王剑平，2004. 高压脉冲电场在食品灭菌方面的应用 [J]. 农机化研究，1（1）：205-208.

王喜波，迟玉杰，石冬冬，2003. 卵黄高磷蛋白的研究进展 [J]. 食品科技，11（6）：43-45.

吴晓英，林影，叶倩君，等，2004. 蛋黄卵磷脂的制备研究 [J]. 食品科学，25（5）：115-119.

肖然，张华江，迟玉杰，等，2013. 不同处理方法对鸡蛋表面消毒效果的比较研究 [J]. 食品工业科技（2）：129-132.

徐彩娜，殷涌光，王二雷，等，2011. 基于遗传算法的卵黄高磷蛋白提取工艺优化 [J]. 吉林大学学报（工学版），03：876-881.

徐彩娜，殷涌光，王二雷，等，2013. 卵黄高磷蛋白及其磷酸肽稳定性和抗氧化性 [J]. 吉林大学学报（工学版），02：544-549.

杨景芝，孙衍华，白吉冈，等，2004. 鸡蛋清溶菌酶提取工艺的改进 [J]. 食品与发酵工业，30（5）：85-87.

杨严俊，张亚辉，2003. 鸡蛋清中卵转铁蛋白的分离提取 [J]. 无锡轻工大学学报，22（4）：37-40.

张佳程，骆承庠，1999. β-环状糊精脱除蛋黄中胆固醇的三种工艺流程的比较 [J]. 食品科技（4）：27-28.

张伟，廖益平，2001. 寡肽营养研究进展 [J]. 畜禽业，4：12-14.

张小燕，范晓东，张勤，等，2003. 卵黄高磷蛋白的分离与检测 [J]. 食品科学，24（8）：109-112.

张小燕，李小丽，范晓冬，2002. 卵黄高磷蛋白的工艺研究 [J]. 食品科学，23（8）：85-87.

赵彬侠，许晓慧，2003. 用柱层析法分离纯化蛋黄卵磷脂 [D]. 西北大学学报，2（4）：171-173.

赵彬侠，张小里，2004. 蛋黄卵磷脂的提纯工艺研究 [J]. 西北大学学报，34（3）：297 - 300.

赵立，屠康，潘磊庆，2004. 不同处理对绿壳鸡蛋保鲜效果的研究. 食品工业科技（11）：69 - 71.

赵晓芳，张宏福，2003. 寡肽的营养与制备 [J]. 饲料博览，12：4 - 6.

郑坚强，2007. 蛋制品加工工艺与配方 [M]. 北京. 化学工业出版社.

中国标准出版社第一编辑室，1999. 中国食品工业标准汇编（肉、禽、蛋及其制品卷）. 北京：中国标准出版社.

中华人民共和国卫生部药典委员会，1989. 中华人民共和国卫生部药品标准，生化药品（第一册）. 北京：科学出版社.

Burley R W, Vadehra D V, 1989. the avian egg: Chemistry and biology [M]. New York: John Wiley and Sons, 65 - 128.

Caina Xu, Chengbo Yang, Yongguang Yin, et al, 2012. Phosphopeptides（PPPs）from hen egg yolk phosvitin exert anti - inflammatory activity via modulation of cytokine expression [J]. Journal of Functional Foods, 4: 718 - 726.

Cecile Rannou, Florence Texier, Michelle Moreau, et al, 2013. Odour quality of spray - dried hen's egg powders: The influence of composition, processing and storage conditions [J]. Food Chemistry, (2 - 3): 905 - 914.

Freeman B M, Lake P E, 1972. Egg formation and egg production [M]. Edinburgh, Scotland: British Poult. Sci. Ltd. , 65 - 86.

Huopalahti R, Lopez - Fandino R, Anton M, 2007. Bioactive egg compounds [M]. Germany: Springer Verlag, 61 - 68.

Liu J, Yu Z, Zhao W, et al, 2010. Isolation and identification of angiotensin - converting enzyme inhibitory peptides from egg white protein hydrolysates [J]. Food Chemistry, 122: 1159 - 1163.

Liu J b, Yu Z p, Zhao W z, et al, 2010. Liquid chromatographic assay of peptides activity with inhibiting angiotensin converting enzyme [J]. Chemical Research in Chinese Universities, 26: 712 - 716.

Mine Y, 1995. Recent advances in the understanding of egg white protein functionality [J]. Trends Food Sci Tech, 6: 225 - 232.

Nys Y, 2003. Quality of eggs and egg products [M]. Saint - Brieuc, France: ISPAIA, 388 - 394.

Lin Songyi, Jin Yan, Liu Mingyuan, et al, 2013. Research on the preparation of antioxidant peptides derived from egg white with assisting of high - intensity pulsed electric field [J]. Food Chemistry, 139: 300 - 306.

Lin Songyi, Guo Yang, Liu Jingbo, et al, 2011. Optimized enzymatic hydrolysis and pulsed electric field treatment for production of antioxidant peptides from egg white protein [J]. African Journal of Biotechnology, 10: 11648 - 11657.

Lin Songyi, Guo Yang, You Qi, et al, 2013. Effects of high - intensity pulsed electric field on antioxidant attributes of hydrolysates derived from egg white protein [J]. Journal of Food Biochemistry, 37: 45 - 52.

Lin Songyi, Guo Yang, You Qi, et al, 2012. Preparation of antioxidant peptide from egg white protein and improvement of its activities assisted by high - intensity pulsed electric field [J]. Journal of the Science of Food and Agriculture, 92: 1554 - 1561

Zhang Tiehua, Zheng Jian, Ye Haiqing, et al, 2011. Purification technology and antimicrobial activity analysis of antimicrobial peptide from ovotransferrin [J]. Chemical Research in Chinese Universities, 27: 361 - 365.

William J Stadelman, Owen J Cotterill, 1995. Egg science and technology [M]. New York: Food Products Press.

Yamamoto T, Juneja L R, Hatta Hand Kim M, 1997. Hen eggs, their basic and applied science [M]. New York: CRC Press Inc, 37 - 56.

Yu Yiding, Zhang Mingdi, Lin Songyi, et al, 2013. Assessment the levels of tartrate - resistant acid phosphatase (TRAP) on mice fed with eggshell calcium citrate malate [J]. International Journal of Biological Macromolecules, 58: 253 - 257.

Yu Zhipeng, Liu Boqun, Zhao Wenzhu, et al, 2012. Primary and secondary structure of novel ACE - inhibitory peptides from egg white protein [J]. Food Chemistry, 133: 315 - 322.

Yu Zhipeng, Zhao Wenzhu, Liu Jingbo, et al, 2011. QIGLF, a novel angiotensin I - converting enzyme - inhibitory peptide from egg white protein. Journal of the Science of Food and Agriculture, 91: 921 - 926.

Yu Zhipeng, Yin Yongguang, Zhao Wenzhu, et al, 2011. Characterization of ACE - Inhibitory Peptide Associated with Antioxidant and Anticoagulation Properties [J]. Journal of Food Science, 76: C1149 - C1155.

Yu Zhipeng, Yin Yongguang, Zhao Wenzhu, et al, 2011. Novel peptides derived from egg white protein inhibiting alpha - glucosidase [J]. Food Chemistry, 129: 1376 - 1382.

Yu Zhipeng, Yin Yongguang, Zhao Wenzhu, et al, 2012. Anti - diabetic activity peptides from albumin against alpha - glucosidase and alpha - amylase [J]. Food Chemistry, 135: 2078 - 2085.

图书在版编目（CIP）数据

蛋与蛋制品加工学／马美湖主编 . —2 版 . —北京：
中国农业出版社，2019.1

普通高等教育农业农村部"十三五"规划教材
ISBN 978 - 7 - 109 - 24273 - 9

Ⅰ. ①蛋…　Ⅱ. ①马…　Ⅲ. ①蛋制品-食品加工-高
等学校-教材　Ⅳ. ①TS253.4

中国版本图书馆 CIP 数据核字（2018）第 138718 号

中国农业出版社出版

（北京市朝阳区麦子店街 18 号楼）

（邮政编码 100125）

策划编辑　甘敏敏　王芳芳

文字编辑　李　蕊

———————————

中国农业出版社印刷厂印刷　　新华书店北京发行所发行

2007 年 1 月第 1 版　　2019 年 1 月第 2 版

2019 年 1 月第 2 版北京第 1 次印刷

———————————

开本：889mm×1194mm　1/16　印张：17.5

字数：475 千字

定价：43.80 元

（凡本版图书出现印刷、装订错误，请向出版社发行部调换）